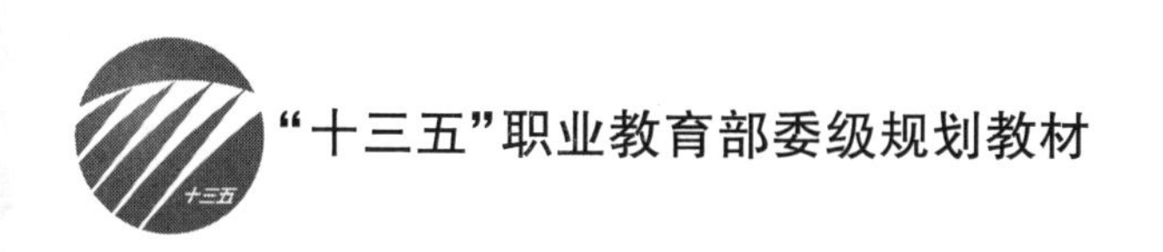

染整技术（前处理分册）

王华清　主编

季　莉　夏建明　副主编

中国纺织出版社有限公司

内 容 提 要

本书简要介绍了前处理加工的重要性和前处理加工技术的发展，系统介绍了各类纺织纤维制品前处理的基本知识，包括前处理加工的原理、工艺及设备等。全书采用项目化结构形式，共设置了7个学习情境，每个学习情境下又设置了多个学习任务。书后还附有实验项目指导书供学生进行实战练习。书中以二维码形式提供了教师上课的教学课件，使教学内容更丰富，教学形式更生动直观。

本书可作为高职高专院校及中等职业学校染整技术专业的教学用书，也可作为高等学校独立学院轻化工程专业（染整工程）的教学指导用书，还可供印染行业的技术人员参考学习。

图书在版编目（CIP）数据

染整技术. 前处理分册/王华清主编. --北京：中国纺织出版社有限公司，2020. 7 (2022.5重印)
"十三五"职业教育部委级规划教材
ISBN 978-7-5180-7512-6

Ⅰ. ①染… Ⅱ. ①王… Ⅲ. ①染整—前处理—高等职业教育—教材 Ⅳ. ①TS19

中国版本图书馆 CIP 数据核字（2020）第 105450 号

责任编辑：朱利锋　　责任校对：寇晨晨　　责任印制：何　建

中国纺织出版社有限公司出版发行
地址：北京市朝阳区百子湾东里 A407 号楼　邮政编码：100124
销售电话：010—67004422　传真：010—87155801
http://www.c-textilep.com
中国纺织出版社天猫旗舰店
官方微博 http://weibo.com/2119887771
三河市宏盛印务有限公司印刷　各地新华书店经销
2020 年 7 月第 1 版　2022 年 5 月第 3 次印刷
开本：787×1092　1/16　印张：19.25
字数：418 千字　定价：58.00 元

前言

《染整技术》是高职高专染整技术专业以及高等学校独立学院轻化工程专业(染整工程)核心课程的配套教材,是根据国家教育部统一教学大纲,由全国纺织服装职业教育教学指导委员会组织专家及资深教师编写的。该套教材按照纺织品加工内容共分为四个分册:第一分册为前处理分册,第二分册为染色分册,第三分册为印花分册,第四分册为后整理分册。

本教材为《染整技术》前处理分册,在系统介绍各类纤维制品前处理工艺的基础上,尽可能结合当前行业的生产实际和最新发展,增加了较多的生产实践知识和成熟的新型前处理技术,突出项目化教学方式,重视技能的培养。

教材共设置了7个学习情境,学习情境1、学习情境3中学习任务3-1和学习情境5由浙江纺织服装职业技术学院王华清编写;绪论、学习情境2(除学习任务2-2)由王华清和广州纺织服装职业学校林细姣编写;学习情境3中学习任务3-2由山东轻工职业学院杨秀稳和淄博大染丝绸集团有限公司刘伟编写;学习情境4由浙江纺织服装职业技术学院夏建明编写;学习情境2中学习任务2-2及学习情境6由江苏工程职业技术学院季莉编写;学习情境7由夏建明和宁波华科纺织助剂有限公司夏韶东编写;附录由王华清和夏建明编写。

全书由王华清担任主编并统稿,季莉、夏建明担任副主编。

本教材在编写过程中,参考了大量国内外染整前处理资料和文献,尤其是国内印染界前辈所出版的相关著作和文献;参加编写的老师有纺织院校染整专业的老师,也有纺织染整行业的技术骨干,他们也提供了很多资料,在此谨向他们表示衷心的感谢!

由于编者水平有限,难免存在疏漏和不妥之处,恳请读者批评指正。

编者

2020年3月

课程设置指导

课程名称 纺织品前处理工艺实践与管理(或染整工艺)

适用专业 染整技术

总 学 时 68

课程类型 理论实践一体化

课程性质 本课程是高职高专染整技术专业以及高等学校独立学院轻化工程专业(染整工程)的核心课程,是专业课程体系的重要组成部分,为必修课。

课程目的

1. 使学生能根据纺织品的风格特点选用合适的前处理方法及设备。

2. 使学生能根据纺织品的风格特点制定合适的前处理工艺,包括助剂的选用、前处理液的配制。

3. 使学生掌握常用纺织纤维制品前处理的加工方法、原理及工艺。

4. 使学生能对前处理过程中产生的质量问题进行原因分析并提出解决方法。

5. 使学生能对前处理半制品的质量进行检测,包括白度、毛效和纤维的损伤等。

6. 使学生了解织物前处理技术的发展方向。

课程教学基本要求

1. 教学资料:包括教学大纲、授课计划、课程教学指南、项目任务书、项目评价表、教学课件、作业、视频等。通过各教学环节,重点培养学生实际操作的能力,提高学生分析问题、解决问题的能力以及团队协作能力。

2. 教学组织:全班分成若干小组,每组4~5人,确定组长人选,各项任务以组为单位进行方案的讨论、计划决策以及实施,共同完成。

3. 课堂教学:采用线上线下相结合的方法进行教学。

4. 考核:为全面、客观地考查学生对本课程的学习情况,突出高职教育的特点,本课程采用项目过程考核和期末综合考核相结合的课程考核评价体系。项目过程考核涵盖项目任务全过程,考核内容包括专业知识、技能(包括项目专业知识的应用、项目实施方案、实施过程及项目总结报告等)、态度和情感等方面,考核成绩由主讲教师和学生共同评定,项目过程考核成绩占总成绩的60%;期末综合考核主要通过完成期末理论试卷来进行考核,由主讲教师评定,期末综合考核占总成绩的40%。各学习情境的详细考核方式与考核标准见下表。

各学习情境的考核方式与考核标准

学习情境	考核要点	考核方式	评价标准					成绩比例
			优	良	中	及格	不及格	
染整用水和表面活性剂	染整用水 表面活性剂	综合						5%
纤维素纤维织物的前处理	棉织物的前处理 麻纤维及其织物的前处理 再生纤维素纤维织物的前处理	综合						20%
蛋白质纤维及其织物的前处理	羊毛纤维及其织物的前处理 蚕丝织物的前处理 再生蛋白质纤维及其织物的前处理	综合						10%
合成纤维织物的前处理	涤纶织物的前处理 锦纶织物的前处理 腈纶织物的前处理 新合纤织物的前处理 合成纤维织物的热定形	综合						10%
混纺(或交织)织物的前处理	棉型混纺(或交织)织物的前处理 中长纤维混(或交织)纺织物的前处理 聚乳酸纤维混纺(或交织)织物的前处理	综合						5%
弹性织物的前处理	棉氨弹性织物的前处理 涤纶弹性织物的前处理	综合						5%
其他类型织物的前处理	针织物的前处理 绒类织物的前处理 色织物的前处理 纱线的前处理	综合						5%
期末综合理论考试		考试						40%
合计								100%

注 1. 各学习情境除完成任务的考核之外，还应包括公共考核点的内容。公共考核点内容一般为工作职业操守、学习态度、团队合作精神、交流及表达能力、组织协调能力等。

2. 考核方式可以为教师评价、学生自评、学生互评或几种方式结合。

教学学时分配表

学习情境	学习任务	工作项目	课时
染整用水和表面活性剂	染整用水		2
	表面活性剂		
纤维素纤维织物的前处理	棉织物的前处理	棉织物的退浆、煮漂、丝光	18
	麻纤维及其织物的前处理	麻织物的练漂	6
	再生纤维素纤维织物的前处理	天丝织物的纤维素酶处理	4
蛋白质纤维及其织物的前处理	羊毛纤维及其织物的前处理	羊毛织物的漂白	6
	蚕丝织物的前处理		4
	再生蛋白质纤维及其织物的前处理		2
合成纤维织物的前处理	涤纶织物的前处理	涤纶织物的退浆精练 涤纶织物的碱减量	4
	锦纶织物的前处理		1
	腈纶织物的前处理		1
	新合纤织物的前处理		2
	合成纤维织物的热定形	涤纶织物的热定形	2
混纺(或交织)织物的前处理	棉型混纺(或交织)织物的前处理	涤/棉混纺织物的前处理	3
	中长纤维混纺(或交织)织物的前处理		1
	聚乳酸纤维混纺(或交织)织物的前处理		
弹性织物的前处理	棉氨弹性织物的前处理	棉/氨织物的前处理	3
	涤纶弹性织物的前处理		1
其他类型织物的前处理	针织物的前处理	棉针织物的练漂	4
	绒类织物的前处理		1
	色织物的前处理	色织物的练漂	2
	纱线的前处理		1
合计			68

目录

绪　论

纺织纤维不论是天然纤维还是化学纤维，本身或多或少都含有杂质，尤其是天然纤维，含杂较多且成分复杂，而且纤维在纺织加工过程中又添加了各种浆料，沾染了油污。这些杂质（包括天然和人为杂质）的存在，在不同程度上影响了纤维的力学性能，降低了织物的润湿性和白度，造成织物手感粗糙，妨碍染色及印花过程中染料的上染，影响色泽鲜艳度和染色牢度，影响成品风格。因此，漂白、染色或印花产品一般都需要进行前处理。

前处理的目的是应用化学和物理机械作用，去除纤维所含的天然杂质以及在纺织加工过程中施加的浆料和沾上的油污等，充分发挥纤维的优良品质，使织物具有洁白的外观、柔软的手感和良好的渗透性，以满足使用要求，并为染色、印花、整理提供合格的半制品。

一、前处理过程

前处理过程一般包括原布准备、烧毛、退浆、煮练、漂白、丝光和热定形等工序。其中，除热定形必须以平幅加工处理外，其他过程均可以绳状或平幅的形式加工。具体加工形式的选择，应根据原布品种和后续加工的要求而定。就棉而言，前处理的过程主要有原布准备、烧毛、退浆、煮练、漂白、丝光。通过这些过程的处理以去除棉纤维中的天然杂质和外加的浆料等，改进织物的外观，提高织物的内在质量。

羊毛的前处理主要有洗毛和炭化工序，以去除羊毛纤维中的羊脂、羊汗、土杂及植物性杂质。

蚕丝织物的前处理主要是脱胶，以去除生丝中大部分的丝胶及其他杂质。

化学纤维较纯净，不含有天然杂质，只有浆料和油污等，因此，前处理较简单。特殊的品种有其特殊的要求，前处理也就有所不同，如碱减量等。

二、前处理在染整加工中的重要性

众所周知，前处理的效果直接关系到染色、印花后整理工序的质量。欲生产出优良的染整产品，关键在于前处理半制品的质量，可见前处理工序在染整过程中是个基础工程，它对稳定后续工序的产品质量、提高经济效益和满足客户各种不同的要求起着极其重要的作用。但由于历史的原因，前处理的重要性没有得到足够的重视，直到目前，仍有简单化的趋势，以致半制品质量下降，一些表面上是染色、印花、后整理的质量问题，实质上成品的质量问题，70%左右是由于前处理的质量问题造成的。因此，我们必须重视前处理加工。根据不同的纤维、织物及加工要求来选择设备和工艺，以生产出合格的前处理产品，为后道染整加工提供优良的半制品。

三、前处理加工技术的发展

随着科学技术的进步,前处理工艺、设备、助剂等不断地发展,前处理加工技术发生了很大变化。如前处理工艺从传统的退浆、煮练、漂白三步法发展到今天的高效短流程工艺,并从传统的常压前处理工艺发展到高温快速的前处理工艺。助剂的发展也带来了工艺的改进,如漂白从传统的次氯酸钠、亚氯酸钠发展到目前的特种漂白剂漂白以及低温双氧水漂白、生物酶漂白等;退浆从传统的碱退浆法发展到生物法、超声波法退浆;设备上,从加压煮布锅,发展到绳状和平幅连续汽蒸练漂机、高温高压快速练漂机等。这些新工艺、新技术、新设备的开发,推动了前处理进一步向高速高效、连续化、自动化、节能环保、清洁生产方向发展,从而将前处理加工提高到一个更新、更高的水平。

复习指导

1. 掌握前处理的目的,认识前处理的重要性。
2. 了解前处理工艺过程及发展。

思考与训练

1. 各种纺织纤维制品前处理的目的是什么?
2. 试简要分析前处理的质量对纺织品染色、印花、后整理工序质量的影响。

学习情境1　染整用水和表面活性剂

学习目标

1. 了解染整用水对印染产品加工的影响和染整用水的质量要求。
2. 理解水的硬度的概念，并了解水质的软化方法。
3. 学会对印染用水质量的检测。
4. 了解表面活性剂、表面张力、临界胶束浓度、浊点等概念。
5. 了解表面活性剂在印染加工中的作用及应用。

案例导入

案例1　某印染厂，每年到农民插秧播种的时候，按照原来制订的加工工艺对织物进行染色时，总是会出现产品质量问题，这是什么原因呢？一直都很成熟的工艺，为什么在这段时间总是出现质量问题呢？原来是因为插秧时使用了化肥，致使水质发生了变化，影响了染整加工质量。符合什么要求的水才能作为染整加工用水呢？

案例2　洗碗时用清水不能把碗上的油洗掉，为什么加入洗洁精后，会快速地把碗上的油渍洗除呢？染整加工中，为了提高产品质量或使各工序顺利进行，使用了各种类型的助剂，使用了哪些助剂呢？起到了什么作用？

引航思问

1. 什么叫硬水？水的硬度如何表示？
2. 符合哪些指标要求的水才能用于染整加工？
3. 水中的杂质对染整加工有哪些危害？
4. 什么是表面活性剂？作为表面活性剂必须具备哪些条件？
5. 表面活性剂应具有怎样的结构特征？其基本作用有哪些？
6. 表面活性剂在染整加工中有哪些用途？

学习任务1-1　染整用水

知识点

1. 染整用水的来源、水质特点、软化方法及指标要求。
2. 水中杂质对染整加工的危害。

3. 水的硬度、暂时硬度和永久硬度的概念。

技能点

1. 能根据不同产品的加工要求选择、确定印染加工用水的质量。

2. 能对印染加工用水进行质量检测。

3. 能对硬水进行简单的软化处理。

在目前的染整加工过程中,水是染料及助剂最理想的溶剂和载体,是必不可少的生产资源。从退浆、煮练、漂白、丝光到染色、印花、后整理以及锅炉供汽都要耗用大量的水,其中,练漂用水量占一半以上。水质的好坏直接影响加工产品的质量、锅炉使用效率、染化料和助剂的消耗等。因此,染整加工中使用的大部分水均须符合一定的水质要求。

一、水源和水质

1. 水源

天然的水源包括地面水和地下水。地面水主要是指江、河、湖水等,杂质含量随气候、雨量和地质环境的改变而差异较大,地面水中悬浮杂质含量较高,而矿物质含量较少,水质的处理相对较容易。地下水多指泉水和井水,多由雨水经土壤和岩层渗入地下而形成。由于土壤的过滤作用,地下水中含悬浮性杂质极少,但含有一定量的碳酸盐和其他矿物质,水质处理较困难。自来水是经过加工后的天然水。

2. 水的硬度

水的硬度是染整用水的主要监测指标,它可用来表示水中钙、镁等盐类杂质的含量。盐类杂质含量越多,水的硬度越高。水的硬度一般分为暂时硬度和永久硬度,两者的总和称为总硬度。

(1)暂时硬度。经过煮沸,水中存在的杂质能以沉淀的形式析出,这种水称为暂时硬水,其硬度称为暂时硬度。可形成暂时硬度的杂质大多为钙、镁离子的酸式碳酸盐,它们受热时可分解出不溶性的碳酸盐。例如:

$$Ca(HCO_3)_2 \xrightarrow{\triangle} CaCO_3\downarrow + H_2O + CO_2\uparrow$$

生成的碳酸盐沉淀可从水中分离去除,从而降低水的硬度。

(2)永久硬度。不能用煮沸的方法,必须经化学处理才能除去所含杂质的水,称为永久硬水,其硬度称为永久硬度。可形成永久硬度的杂质多为钙、镁离子的硫酸盐、氯化物等,可使用化学方法将它们从水中去除。例如:

$$CaSO_4 + Na_2CO_3 \longrightarrow CaCO_3\downarrow + Na_2SO_4$$

通常,地面水的硬度较小,而地下水的硬度较大。

水的硬度表示方法目前尚未统一,通常以一百万份水中所含碳酸钙的份数来表示,一般用mg/L,而水中其他杂质都要通过折算成碳酸钙的含量来表示。

按照水中钙、镁盐等杂质含量的不同,通常将水质硬度大小分为如下几类,见表1-1。

表 1-1　硬水和软水的划分

水质	硬度/(mg/L)	水质	硬度/(mg/L)
极软水	15	硬水	100~200
软水	15~50	极硬水	>200
略硬水	50~100	—	—

3. 水质指标

染整用水除了要求无色、无臭、透明、pH=6.5~7.5之外,还要求达到如下指标,见表1-2。

表 1-2　染整用水的水质指标

项目	硬度/(mg/L)	项目	硬度/(mg/L)
总硬度	0~60	碱度①	35~64
铁	<0.1	溶解的固体物质	65~150
锰	<0.1	—	—

①表示水中可能存在的碳酸钠等碱性物质的含量。

需要指出的是,由于印染厂用水量很大,全部使用软水有一定难度,故可根据生产加工的不同要求而使用不同质量的水。例如:在配制染液、皂洗液时,一般宜使用18mg/L以下的软水;配制煮练液、漂白液时,可使用50mg/L以下的软水;而对于洗涤用水,硬度可适当高些。目前,有些印染厂从节水节能、环境保护的角度出发,开始使用处理后的废水(也叫回水),但回水的质量直接影响染整质量,所以必须加强废水处理,保证回水质量,以确保染整产品的质量。

4. 水中杂质对染整加工的危害

染整加工对水质要求较高,水的质量往往会制约生产过程的正常进行,如果使用不符合要求的水进行生产加工,会给染整过程带来许多严重危害。

(1)白色品种不白或白度不持久,有色品种色光不纯正、不鲜艳、色牢度降低。

(2)含有钙、镁离子的水,能与肥皂或某些染化料结合形成沉淀物或絮状物,从而不仅增加了肥皂或染化料的耗用量,还由于形成的沉淀物、絮状物等会沉积于织物表面,而对织物的手感、色泽、色牢度等产生不良影响。

(3)含有铁盐(锰盐)的水,会使织物表面泛黄甚至产生锈斑,铁盐也能催化双氧水分解,影响氧漂效果,并使天然纤维、再生纤维等发生脆化,甚至使织物产生破洞。

(4)含有钙、镁等金属离子的水,由于能与某些染料形成沉淀,致使过滤性染色加工不能顺利进行(如筒子纱染色、经轴染色等)。

(5)含有过多氯化物的水会影响织物的白度,水中有机杂质多,也会影响染色均匀度等。

(6)若煮练过程中使用硬水,则煮练后织物的吸水性会明显降低。

总之,使用不合格的水进行染整加工,不仅直接影响加工产品的质量,还会明显增加染化料的耗用量,延长生产加工周期,从而造成生产加工成本不同程度的增加。

二、水的软化

硬水软化的目的就是根据需要采用适当的方法降低水中钙、镁等离子的含量,使硬水软化为软水,这种处理过程称作水的软化。

目前,水的软化主要采用化学方法进行,经常使用的有软水剂法和离子交换法。

1. 软水剂法

该法是用化学药品作为软水剂,与水中的钙镁离子作用,或生成不溶性沉淀使之从水中去除,或形成稳定的可溶性络合物,从而降低水的硬度。

(1)沉淀法。通常使用石灰和纯碱,使水中的钙离子形成 $CaCO_3$ 沉淀、镁离子形成 $Mg(OH)_2$ 沉淀而从水中除去,从而降低水的硬度,称为石灰—纯碱法。该法较经济实用。

①与酸式碳酸盐的作用。

$$Ca(HCO_3)_2+Ca(OH)_2 \longrightarrow 2CaCO_3\downarrow+2H_2O$$

碳酸氢镁与石灰作用时,先转变为微溶性的 $MgCO_3$,再继续与石灰作用才能转变成不溶性的 $Mg(OH)_2$ 而沉淀出来。反应如下:

$$Mg(HCO_3)_2+Ca(OH)_2 \longrightarrow MgCO_3+CaCO_3\downarrow+2H_2O$$

$$MgCO_3+Ca(OH)_2 \longrightarrow Mg(OH)_2\downarrow+CaCO_3\downarrow$$

②与氯化物和硫酸盐的作用。

$$CaCl_2+Na_2CO_3 \longrightarrow CaCO_3\downarrow+2NaCl \quad MgCl_2+Ca(OH)_2 \longrightarrow Mg(OH)_2\downarrow+CaCl_2$$

$$CaSO_4+Na_2CO_3 \longrightarrow CaCO_3\downarrow+Na_2SO_4 \quad MgSO_4+Ca(OH)_2 \longrightarrow Mg(OH)_2\downarrow+CaSO_4$$

去除钙、镁离子的同时,水中的铁锰盐也被转变成了不溶性的氢氧化物沉淀而除去。

若硬水中只加纯碱(Na_2CO_3),经煮沸也可以降低水的硬度,但由于碳酸镁在水中仍有一定的溶解度,故软化程度不高。

磷酸三钠也是常用的软水剂,它能与水中的钙、镁离子作用生成磷酸钙、磷酸镁沉淀,具有较好的软水效果,如:

$$3Ca(HCO_3)_2+2Na_3PO_4 \longrightarrow Ca_3(PO_4)_2\downarrow+6NaHCO_3$$

$$3CaSO_4+2Na_3PO_4 \longrightarrow Ca_3(PO_4)_2\downarrow+3Na_2SO_4$$

经纯碱或磷酸三钠处理的软水,往往含有较高的碱度,仅可直接用于碱性条件下的前处理、染整加工等。

工业上采用石灰—纯碱法进行软水处理时,是将水与需要量的化学药品在反应器中混合,处理后放出软水,沉淀物由反应器底部排出。而纯碱和磷酸三钠往往是适量添加到前处理和印染工作液中,起到软水剂的作用。

(2)络合法。六偏磷酸钠是染整加工中经常使用的络合型软水剂,它能与水中的钙、镁离子形成稳定的水溶性络合物,从而将钙、镁盐杂质去除,起到软化水的作用,反应如下:

$$Na_4[Na_2(PO_3)_6]+Ca^{2+} \longrightarrow Na_4[Ca(PO_3)_6]+2Na^+$$

$$Na_4[Na_2(PO_3)_6]+Mg^{2+} \longrightarrow Na_4[Mg(PO_3)_6]+2Na^+$$

由于六偏磷酸钠在软化水过程中不会产生不溶性沉淀物,故更适合作为软水剂直接添加到染整工作液中,但价格相对偏高。

除了六偏磷酸钠以外,乙二胺四乙酸钠和氨三乙酸钠、氨基三亚甲基膦酸(ATMP)、羟基亚乙基二膦酸(HEDP)等是更优良的络合型软水剂,少量使用即有良好的软水效果,生成的水溶性络合物也更加稳定,在工业上已有大量应用,但必须考虑络合剂的生物降解、含磷含氮等环保因素。磷酸三钠类磷酸盐、含磷络合剂等含有磷,已限制使用。

2. 离子交换法

离子交换法是利用具有一定化学反应活性的离子交换型材料,将硬水中的钙、镁离子吸附到固体材料中,从而降低水的硬度,达到软水的目的。常用的离子交换型材料有泡沸石、磺化煤、离子交换树脂三种。由于离子交换树脂具有机械强度较好、化学稳定性优良、交换效率高、使用周期长等突出优点,目前,已逐渐取代其他两种材料而成为工业中大量生产软化水的主要材料。

(1)离子交换树脂。离子交换树脂是一种具有化学反应活性的高分子材料,有阳离子交换树脂和阴离子交换树脂两种。

①阳离子交换树脂。阳离子交换树脂可交换水中的各种阳离子,如 Ca^{2+}、Mg^{2+} 等。目前广泛采用国产 732 型聚苯乙烯强酸性阳离子交换树脂,出厂时多为钠型。这种高分子材料中带有具有反应性的磺酸基,可吸收水中的绝大部分 Ca^{2+}、Mg^{2+} 等,从而使水质软化。其作用原理如下:

先将比较稳定的钠型树脂用酸转型为活性较高的氢型树脂:

$$R—SO_3Na+H^+ \longrightarrow R—SO_3H+Na^+$$

然后将硬水缓慢通过氢型树脂层,产生离子交换作用,使水软化:

$$2R—SO_3H+Ca^{2+} \longrightarrow (R—SO_3)_2Ca+2H^+$$

②阴离子交换树脂。阴离子交换树脂可交换水中的各种阴离子,如 Cl^-、SO_4^{2-} 等。目前广泛采用国产 717 型聚苯乙烯强碱性阴离子交换树脂,出厂时多为氯型。这种高分子材料中带有具有反应性的季铵基,可吸收水中的 Cl^-、SO_4^{2-},可使经阳离子交换树脂软化后的水由酸性变为中性,并使软水进一步得以净化。其作用原理如下:

首先,将比较稳定的氯型树脂用碱转型为活性较高的氢氧型树脂:

$$R—CH_2N(CH_3)_3Cl+OH^- \longrightarrow R—CH_2N(CH_3)_3OH+Cl^-$$

然后与硬水或已经阳离子交换树脂软化的水缓慢接触,产生离子交换作用,进一步净化水质或使软水变为中性:

$$2R—CH_2N(CH_3)_3OH+SO_4^{2-}+2H^+ \longrightarrow [R—CH_2N(CH_3)_3]_2SO_4+2H_2O$$

(2)树脂再生处理。通常,离子交换树脂使用一段时间后,树脂吸附能力会达到饱和,失去化学反应活性。故需经必要的再生处理,使其重新具有吸附反应活性。

失去活性的阳离子交换树脂可用 HCl 溶液使其再生:

$$(R—SO_3)_2Ca+2H^+ \longrightarrow 2R—SO_3H+Ca^{2+}$$

失去活性的阴离子交换树脂可用 NaOH 溶液使其再生:

$$[R—CH_2N(CH_3)_3]_2SO_4+2OH^- \longrightarrow 2R—CH_2N(CH_3)_3OH+SO_4^{2-}$$

再生后的阳、阴离子交换树脂又可以重新投入软水处理过程。由上可见,离子交换树脂可以在很长时期内反复交换、再生、循环使用,而不需要经常更换。

学习任务 1-2　表面活性剂

知识点

1. 表面张力、表面活性剂的概念及分类。
2. 表面活性剂的结构特点及性质。
3. 表面活性剂的基本作用及用途。

技能点

1. 能根据不同产品的加工要求选择印染加工所使用的表面活性剂。
2. 能根据表面活性剂的性质,正确合理地使用表面活性剂。
3. 能根据表面活性剂的使用特点,解决生产加工中遇到的问题。

在染整加工过程中,为了提高产品质量或使各道工序顺利进行,必须使用各种类型的助剂。在大量的助剂产品中有许多均属于表面活性剂,其品种数量约占助剂总量的一半以上。因此,为了合理选择和正确使用表面活性剂,有必要对它的结构、性质、用途加以介绍。

一、表面张力和表面活性剂

1. 表面张力

任何物质内部都存在着分子间作用力,由于分子间作用力大小的显著差异,使得自然界中的各种物质主要以气、液、固三种形态存在,而气、液、固这三相物质在相互接触时,就会产生气—液、气—固、液—液、液—固、固—固五种界面。在形成界面的两相物质之间,由于它们各自内部存在的分子间作用力与两相界面处的分子作用力不同,会使其中一相产生表面积收缩现象,这种能使某物质表面积发生收缩的分子间作用力被称作界面张力。习惯上将物质与气相组成的界面叫作表面,因此,与气相有关的界面张力习惯上称为表面张力。

下面以液—气两相表面为例。如图 1-1 所示,液相内部的分子受到其周围分子的作用力

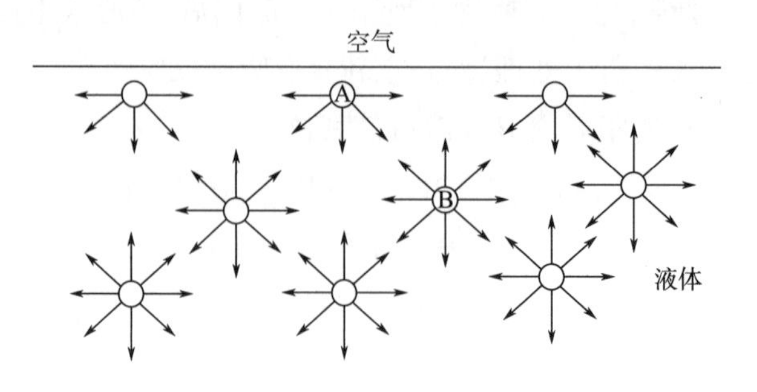

图 1-1　液体表面和内部分子受力情况

是对称的,大小相等、方向相反,其合力为零,分子可在液相内部自由移动。而处于液体表面上的分子除受到来自液体内部分子的作用力之外,还受到来自气体的分子间作用力,使得液体表面处分子所受到的合力不为零,并产生一个合力方向指向液体内部的总作用力。在此力的作用下,液体表面的分子总有自动向液体内部迁移的倾向,并导致液体表面发生自动收缩。这个能使液体表面自动收缩的作用力,就是该液体的表面张力。

在日常生活中,经常可以看到许多现象,例如:草叶上的露水总是珠状、水龙头滴下的小水珠总是保持球形等,这都是由于水的表面存在着较大的表面张力的缘故。

染整加工要使用大量的水作为中间载体和染化料的溶剂。由于水存在较大的表面张力,它会妨碍水及染化料向纤维内部的渗透、扩散,影响染整加工过程的顺利进行。因此,必须采取措施来降低或消除水溶液的表面张力,保证染整加工过程正常进行。而降低水溶液表面张力的理想方法,就是在染整工作液中合理使用表面活性剂。

2. 表面活性剂的定义

把各种物质以不同浓度配制成水溶液,并测定它们的表面张力,从而可将各种物质水溶液表面张力与该物质浓度的关系归结为三种类型,如图1-2所示。

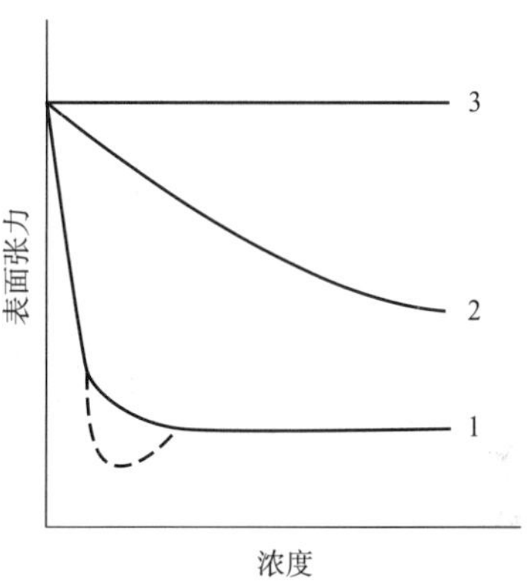

图1-2 三类物质表面张力曲线图

由图1-2可知,第一类物质如肥皂、合成洗涤剂等(图1-2中曲线1),在水溶液浓度很低时,就能使溶液的表面张力急剧下降,它们对溶剂(水)具有良好的表面活性,我们把这类物质称作表面活性剂(Surface Active Agent,简称SAA)。因此,表面活性剂可被定义为:使用很少量就能显著降低溶剂(一般为水)的表面张力或两相间界面张力的一类物质。由上述定义可知,表面活性剂必须具备两个突出特点:一是用量少,二是表面张力下降效果最著。只有同时具备这两个特点,才可称为表面活性剂。第二类物质如乙醇、醋酸等(图1-2中曲线2),虽然也能使水溶液的表面张力有一定程度的降低,也具有一定的表面活性,但由于其用量大、降低效果不显著,故一般不称它们为表面活性剂。而第三类物质如食盐、烧碱等无机物(图1-2中曲线3),不仅不能降低水的表面张力,反而会使水溶液的表面张力略有上升,它们不具有表面活性,称为非表面活性物质。

3. 表面活性剂的分子结构特征

表面活性剂的分子结构都有着共同的特点,即表面活性剂分子都是由非极性的疏水基和极性的亲水基两部分构成。因此,表面活性剂具有既亲油又亲水的两亲性质。表面活性剂之所以具有许多优异的表面活性功能,正是因为它具有这种独特的分子结构。

例如:硬脂酸皂($C_{17}H_{35}COONa$)就具有两亲结构,其疏水基为$C_{17}H_{35}$—,亲水基为—COONa。表面活性剂的分子结构示意如下,其形状像一根火柴,火柴棒表示疏水基,火柴头表示亲水基。

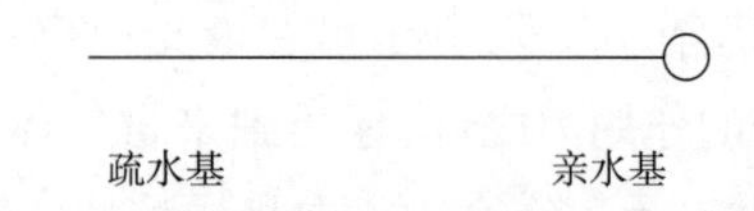

当然,许多表面活性剂的分子结构并非都如此简单,诸如亲水基分布在疏水基两端、疏水基含有支链、分子结构中含有多个亲水基团等更加复杂的表面活性剂分子,也可表示为:

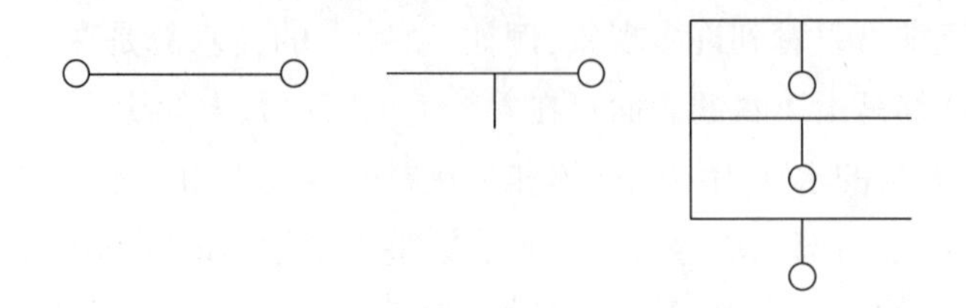

二、表面活性剂的分类

表面活性剂品种繁多,分类方法也各不相同,目前主要有如下三种分类方法。

1. ISO 分类法

即国际标准分类法,基本分类方式如图 1-3 所示。

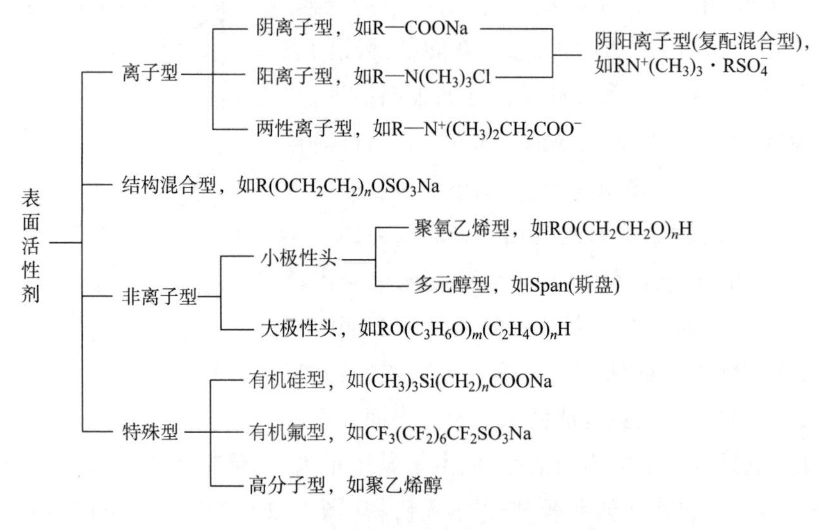

图 1-3　表面活性剂的标准分类

该方法分类详细,国际通用性强。

2. 离子类型分类法

即将表面活性剂按离子类型加以分类,国内常采用此分类方法。根据表面活性剂分子在水溶液中是否发生电离或电离后离子的带电形式,划分为四类:阴离子型表面活性剂、阳离子型表面活性剂、两性离子型表面活性剂、非离子型表面活性剂。

3. 用途分类法

根据用途将表面活性剂分类。此分类法实用性强,工业生产中多采用此法。染整工业中常用的表面活性剂或以表面活性剂为主而制得的产品有：洗涤剂、精练剂、渗透剂、乳化剂、分散剂、起泡剂、消泡剂、匀染剂、缓染剂、修补剂、固色剂、剥色剂、柔软剂、防水剂、防油剂、阻燃剂、抗静电剂等。

三、表面活性剂溶液的性质

表面活性剂通常以水溶液的形式应用，所以要对其溶液的基本性质有所了解。

1. 表面活性剂溶液的动态特性

由于表面活性剂分子具有两亲结构，所以它在水溶液中单独存在时总是处于一种既被吸引，又被排斥的不稳定状态中。因此，表面活性剂分子总是尽量减少与水的接触面积，使自身具有的能量保持最低，从而达到稳定状态。表面活性剂在水中一般通过两种动态行为寻求稳定，如图 1-4 所示 。

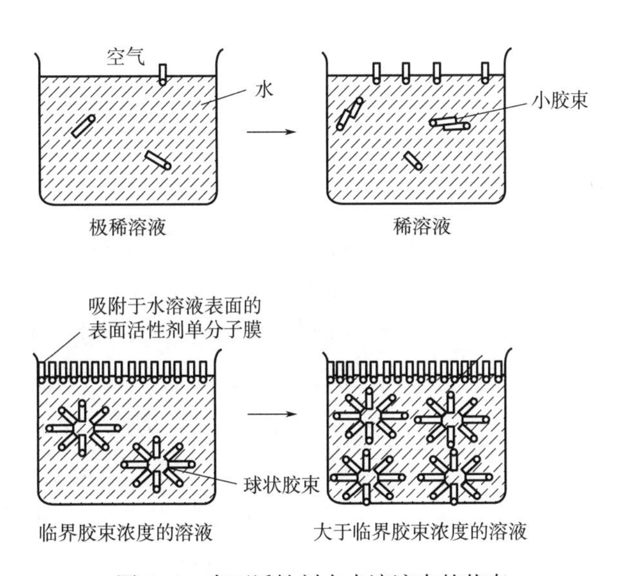

图 1-4　表面活性剂在水溶液中的状态

（1）正吸附。如图 1-4 所示，将少量表面活性剂溶于水中，表面活性剂分子的疏水基在水的排斥作用下指向空气，而亲水基则指向水中，并逐渐在水溶液表面定向排满。这种表面活性剂分子向水溶液表面定向排列的结果，导致液面处的表面活性剂浓度高于溶液内部的表面活性剂浓度，这种现象就叫作“正吸附”。由于正吸附的发生，使表面活性剂分子整齐而紧密地排列于水面（或水与其他疏水基的界面），从而改变了水的表面结构，使原来的水分子与空气直接接触变为表面活性剂的疏水基与空气直接接触，于是水的表面张力急剧下降。因此可以说，正吸附是导致水溶液表面张力或两相间界面张力降低的主要原因。

表面活性剂分子定向吸附于水溶液表面之后，由原来的不稳定状态变成相对稳定状态，正吸附形成的过程，是表面活性剂分子在水中实现稳定存在的第一种方式。

（2）胶束化。如图 1-4 所示，随着表面活性剂在水溶液中的浓度继续增加，当表面活性剂分子在水溶液表面定向排满后，则表面活性剂分子会通过在水溶液中自身相互吸附的形式而寻求稳定存在。自身相互吸引的结果,使得表面活性剂分子的疏水基与疏水基之间通过分子间作用力相互吸附在一起,而将它们的亲水基朝向水,形成一种自聚型缔合体,这些由自身吸附而形成的聚集体叫作“胶束”,形成胶束的过程叫作“胶束化”。这些在水溶液中形成的胶束微粒,由于疏水基向内、亲水基向外,所以能在水溶液中稳定存在,这是表面活性剂分子在水中寻求稳定的第二种方式。依据表面活性剂溶液浓度的不同,胶束的形状有板状、球状、棒状、层状等多种形式,如图 1-5 所示。

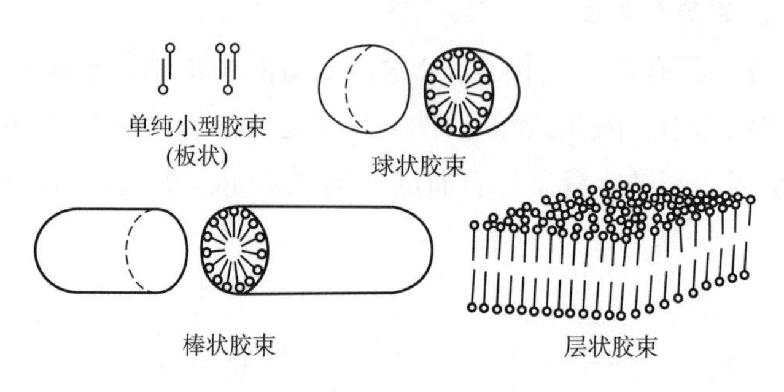

图 1-5 各种胶束的形状示意图

2. 临界胶束浓度(CMC 值)

如上所述,水溶液的表面张力与表面活性剂在水溶液中的浓度直接相关,油酸钠水溶液的表面张力随浓度的变化关系如图 1-6 中所示。可以看到,表面张力随浓度变化的关系曲线有一个明显的转折点,在转折点之前,表面张力随浓度的微小增加而急剧下降;在转折点之后,即使浓度有大量增加,表面张力也基本趋于稳定,不再继续下降。

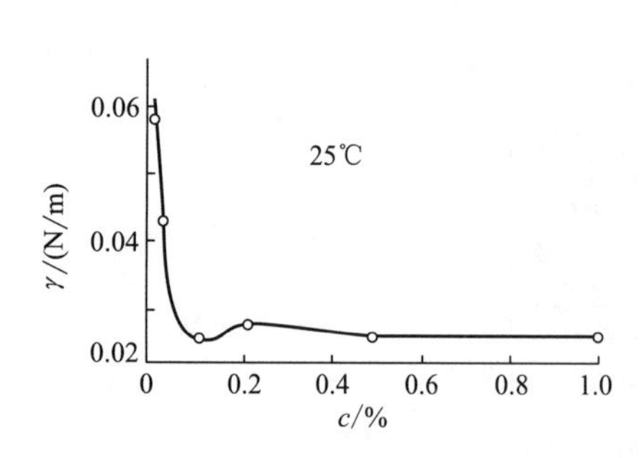

图 1-6 油酸钠水溶液的表面张力随浓度的变化关系

实际上,在转折点之前,是正吸附发生的阶段,而转折点之后,则是胶束化发生的阶段,一旦超过此转折点,水溶液中就会有大量胶束微粒生成。因此,我们把表面活性剂在水溶液中开始形成大量胶束时的浓度,叫作“临界胶束浓度”,简称 CMC 值。

CMC 值是表面活性剂的一个主要性能指标,它是一个浓度的概念,与表面活性剂的用量直接相关。某一表面活性剂的 CMC 值越低,说明其用量越少、效率越高。

3. 表面活性剂的一般性质

(1)溶解度。

①一般规律。在一定温度下,溶解度随表面活性剂亲水性的提高而增加。

②离子型表面活性剂的溶解度及临界溶解温度。离子型表面活性剂的溶解度随温度的升高而变大,至一定温度后,溶解度增加很快,并有一明显的突变点(图 1-7),此时的温度称作临界溶解温度,也称克拉夫特点(Krafft point),用 T_k 表示。由图 1-7 可知,同系列表面活性剂,随疏水基链长的增加,其临界溶解温度相应提高。

③非离子型表面活性剂的溶解度及其浊点。聚氧乙烯型非离子表面活性剂一般在低温时易溶解，随着温度升高，其溶解度反而下降，当温度升至一定程度后，溶解性被破坏，表面活性剂从水中析出，使溶液变混浊，此时的温度称作浊点。几种亲水基相同的非离子型表面活性剂的浊点见表1-3。

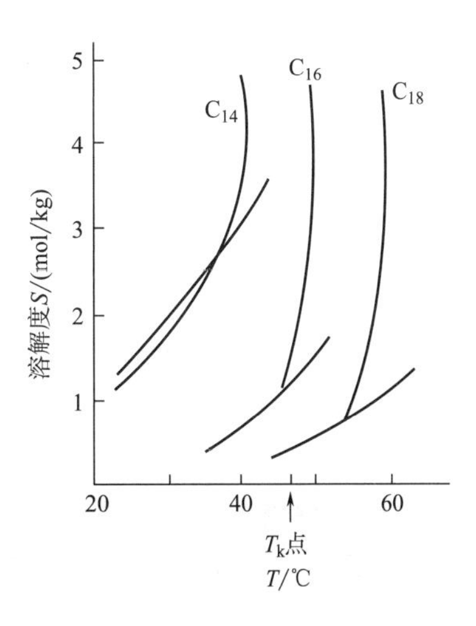

图1-7　烷基磺酸钠的溶解度与温度的关系

由表1-3可知，聚氧乙烯型非离子表面活性剂的浊点随其亲水性的增加而提高，反之下降。这是因为这类表面活性剂与水之间主要以氢键形式结合，形成的氢键数目越多，要破坏这些氢键就需要提供更高的能量（温度）。如果将聚氧乙烯型非离子表面活性剂与阴离子表面活性剂共用，其浊点会显著提高，因此，这两类表面活性剂经常共同混用，以提高聚氧乙烯型非离子表面活性剂在高温下的应用性能。另外，溶液中添加食盐等无机物，会导致浊点下降；而添加乙醇等低分子极性有机物，则会使浊点有所上升。

表1-3　几种亲水基相同的非离子型表面活性剂的浊点

表面活性剂	浊点/℃	表面活性剂	浊点/℃
$C_{12}H_{25}O(CH_2CH_2O)_{10}H$	88	$C_{16}H_{33}O(CH_2CH_2O)_{10}H$	71
$C_{14}H_{29}O(CH_2CH_2O)_{10}H$	75	$C_{18}H_{37}O(CH_2CH_2O)_{10}H$	57

（2）化学稳定性。

①酸、碱稳定性。一般阴离子表面活性剂在强酸液中不稳定，如羧酸皂易析出游离脂肪酸，硫酸酯盐易水解，但磺酸盐则较稳定；而在碱液中，它们均较稳定，一些磷酸酯盐耐浓碱的能力较强。

在阳离子表面活性剂中，铵盐类在碱液中易析出游离胺，而在酸液中稳定；季铵盐类耐酸、碱性均较好。

一般非离子表面活性剂在酸、碱液中均较稳定，但脂肪酸的聚乙二醇酯或环氧乙烷加成物例外，它们较不耐酸。

两性离子型表面活性剂一般易受pH值变化而改变性质，在等电点时，形成内盐而沉淀析出。如分子中含有季铵盐结构，则无此现象发生。

②无机盐稳定性。阴、阳离子型表面活性剂易产生盐析，多价金属离子对羧酸类表面活性剂影响更大，而非离子和两性离子型表面活性剂不易产生盐析。

③氧化稳定性。离子型表面活性剂中磺酸盐类和非离子型表面活性剂中聚氧乙烯醚类抗氧化性较好，结构最为稳定。

④生物活性。表面活性剂的生物活性包括毒性和杀菌性两个方面。阳离子表面活性剂的毒性和杀菌力均较大，其中的季铵盐类更大，对皮肤的刺激和黏膜的损伤较大；阴离子表面活性

剂的毒性和杀菌性明显小于阳离子表面活性剂;非离子表面活性剂的毒性和杀菌性一般较小,但含芳香结构的烷基酚聚氧乙烯醚的毒性较大;两性离子型表面活性剂的毒性很小,但杀菌力却很强,经常被作为高效杀菌剂使用。另外,使用天然原料加工生产的表面活性剂产品,其毒性和刺激性均好于合成原料的产品。

⑤生物降解性。表面活性剂的生物降解性还未见很系统的评价,一般认为:分子结构支链化程度越高,越难降解;季铵结构氯化物、烷基吡啶氯化物较难降解;聚氧乙烯链越长,越难降解;分子结构中引入芳香环的,难于降解;亲水基中引入—OH、—S—、—NH—等基团,会明显提高其降解难度。

4. 表面活性剂的配伍性

将几种表面活性剂一起使用或表面活性剂与无机助剂、有机助剂及高分子助剂一起使用的性能称作配伍性。表面活性剂经配伍使用,可明显提高其应用效率和应用效能,可弥补表面活性剂存在的某些缺陷,有时还可产生优异的"协同效应",明显降低加工应用成本。因此,表面活性剂多经配伍处理,复配形成一定配方之后再加以应用。

四、表面活性剂的基本作用

表面活性剂是两亲分子,使它在水溶液中具有两种界面(表面)吸附功能。其一,通过正吸附可迅速降低水的表面张力,体现了表面活性剂的润湿、渗透作用;其二,通过胶束化可在水中形成大量胶束,并有效降低两相间的界面张力,使液体、固体、气体能在水中稳定存在,体现了表面活性剂的乳化、分散、发泡、增溶等作用。而洗涤作用则是表面活性剂发挥润湿、渗透、乳化、分散、发泡、增溶等各种功能的综合过程。

1. 润湿和渗透作用

剪一块坯布样品轻放于水面,这块坯布会在水面上停留一段时间再慢慢沉入水底。若在水中加入少许表面活性剂 JFC,我们发现放于水面的布样会马上润湿并沉入水底,这是测试表面活性剂润湿能力的一个常见方法。能使润湿过程迅速发生的表面活性剂,被称作润湿剂或渗透剂,表面活性剂在这个过程所起的作用称作润湿作用或渗透作用。

2. 乳化作用

两种互不相溶的液体,其中一相以微滴状分散于另一相中,这种作用称为乳化作用。如果在油和水中加入一定量的表面活性剂,再给以搅拌,由于表面活性剂在油—水界面上有定向吸附的能力,亲水基伸向水,疏水基伸向油,从而降低了油—水间的界面张力,使体系的界面能下降。在降低界面张力的同时,表面活性剂分子紧密地吸附在油滴周围,形成具有一定机械强度的吸附膜,当油滴相互接触、碰撞时,吸附膜能阻止油滴的聚集,从而使乳液稳定存在。这种能使乳化作用顺利发生的表面活性剂叫作乳化剂。

染整加工过程中要经常使用一些乳化工作液,以油/水型乳状液居多。常使用的乳化剂有平平加 O 系列、EL 系列、斯盘—吐温系列、异构醇醚系列等。

3. 分散作用

将不溶性固体物质以微小的颗粒均匀地分散在液体中所形成的体系,称为分散体或悬浮体,这种作用称为分散作用,能使分散作用顺利发生的表面活性剂称为分散剂。被分散的固体颗粒称为分散相(内相),分散的液体称为分散介质(外相)。乳化与分散这两种作用十分相似,其主要区别是乳状液的内相是液体,而分散液的内相是固体。

常用的分散剂有扩散剂NNO、马丙共聚系列、分散剂WA、分散剂IW等,其中阴离子型表面活性剂较多。

4. 发泡作用

气体分散在液体中的状态称为气泡,大量气泡聚集在一起形成的分散体系称为泡沫,能促使泡沫形成的能力称为发泡作用。被分散的气体叫分散相(内相),分散的液体叫分散介质(外相)。泡沫类似于乳状液和悬浮液,所不同的是内相为气体,而不是液体和固体。泡沫在表面活性剂的作用下更容易产生和稳定存在,能促进泡沫生成的表面活性剂称为发泡剂或起泡剂;能促使泡沫稳定存在的表面活性剂称为稳泡剂。

在染整加工过程中,发泡多用于泡沫染整工艺,更多的场合则要求低泡或无泡,因而如何抑泡和消泡更受人们的关注。

5. 增溶作用

在溶剂中完全不溶或微溶的物质进入表面活性剂形成的胶束中得到溶解,并成为热力学稳定的溶液,这种现象称为增溶作用,所形成的透明溶液称为增溶溶液或胶束溶液,被增溶的物质称为增溶溶质,起增溶作用的表面活性剂称为增溶剂。

增溶作用与乳化作用和分散作用既有区别又有联系。其区别在于:

(1)乳化作用仅限于液体—液体之间形成的分散体系,分散作用仅限于固体—液体之间形成的分散体系,而增溶作用所溶解的物质,既可以是液体,也可以是固体;

(2)乳化作用和分散作用形成的是热力学不稳定的多相分散体系,而增溶作用形成的是热力学稳定的均相体系;

(3)外观上明显不同,乳状液和分散液多为乳白状和悬浊状,而增溶溶液为透明状。

其联系在于:增溶作用可以看作是乳化作用或分散作用的极限阶段、理想状态,它们之间有可以相互转化的途径。例如:乳状液也可以成为微乳状液——外观由乳白状转为透明状,接近增溶溶液;向增溶溶液中继续加入增溶溶质达到一定数量时,增溶溶液即转变为乳状液——外观由透明状转为乳白色。

增溶作用对于染整加工也有许多特殊作用,例如:分散染料经合适的增溶剂增溶处理,其在水中的溶解度会明显提高,有利于工作液稳定并提高染色效果;在去除织物上重型污垢的过程中,增溶也发挥重要的去污作用。

6. 洗涤作用

从浸在某种介质(多为水)中的固体表面除去异物或污垢的过程称为洗涤,能发挥洗涤作用的化学品称为洗涤剂,洗涤剂多以表面活性剂作为主要成分。

洗涤作用较复杂,是表面活性剂的润湿、乳化、分散、增溶等综合作用以及搅拌、揉搓、水流等机械作用的共同结果。织物洗涤过程见图1-8。

作为洗涤剂而使用的表面活性剂,通常分子结构为直链型,亲水基处于末端的表面活性剂

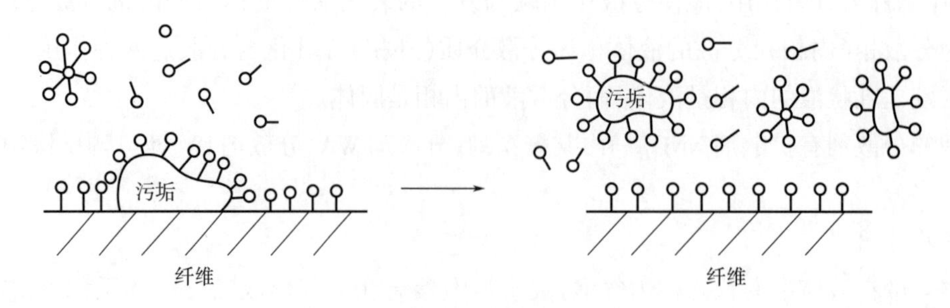

图1-8 织物洗涤过程

洗涤作用更强。由于纤维在水中多带负电荷,因此,阴离子型表面活性剂对织物具有优良的洗涤效果。这是因为阴离子型洗涤剂在污垢周围形成的界面层同样带有负电荷,这就使织物与污垢之间产生一定的排斥力,有利于污垢从织物表面脱离,并稳定地悬浮在水溶液中。适合于染整加工用的洗涤剂品种很多,如LAS、AS、AES、LS、105等净洗剂产品。现在多采用阴离子与非离子复配的净洗剂。采用有机溶剂作为清洗介质的洗涤过程称为干洗。

复习指导

1. 了解染整用水的质量指标,理解硬度概念,了解水质软化的方法。

2. 了解表面活性剂的结构、分类及其溶液的性质,理解表面张力、临界胶束浓度、浊点等概念。

3. 掌握表面活性剂的基本作用及在染整加工中的应用。

思考与训练

1. 什么叫硬水?水的硬度通常如何表示?单位是什么?
2. 什么是水的暂时硬度和永久硬度?它们各有什么特点?
3. 染整用水有哪些质量指标和具体要求?
4. 水中杂质对染整加工有哪些危害?
5. 水的软化有哪些常用方法?各有何特点?
6. 什么是表面活性剂?作为表面活性剂必须具备哪些条件?
7. 表面活性剂有什么结构特征?请举例说明。
8. 表面活性剂在染整加工中有哪些用途?

学习情境2　纤维素纤维织物的前处理

学习目标

1. 了解棉、麻、天丝等织物前处理的工序及每道工序的原理、方法及特点。

2. 能够设计出较为合理的棉、麻、天丝等纤维素纤维织物的退、煮、漂前处理工艺，并能对织物进行前处理操作。

3. 学会根据产品加工要求调整各工序、工艺处方及条件，为实现工艺设计奠定基础。

4. 通过各工序的助剂使用，学会使用退浆剂、精练剂、漂白剂、丝光剂等的基本方法。

5. 学会对棉、麻织物半成品的规格检测和退浆率、毛效、白度、强度等性能指标的检测。

案例导入

案例1　某印染厂现接到一大批白色、素色或印花家用纺织品订单，织物品种有棉织物、麻织物、黏胶纤维织物、莫代尔织物、天丝织物、竹纤维织物等。客户要求根据织物的特性和用途，选择合适的设备和工艺对织物进行前处理，以满足客户需要或后续染整加工对织物白度、毛效、光泽的要求。请根据该厂实际生产情况选择合适的前处理设备和工艺，生产出与客户要求一致的成品，送与客户确认。

案例2　某印染厂接到一五星级宾馆的订单，要求定制3000套宾馆用四件套，对白度、力学性能、吸水性能提出了具体要求，生产管理部门要求我们判断能否加工。签订加工合同后，生产管理部门要求确定该品种具体的加工工艺和质量检测指标，并对该品种进行工艺实施，完成后进行质量检验并出具相关报告。

引航思问

1. 天然纤维素纤维和再生纤维素纤维有哪些性质上的区别？它们的前处理工序有哪些不同？

2. 棉织物加工选用前处理工序、设备的主要依据是什么？

3. 棉型织物染整前处理有哪些工序？各工序的主要作用是什么？

4. 麻和棉织物在前处理工序上有什么不同？工艺条件上有哪些不同？

5. 在麻类织物的“氯—氧”双漂工艺中，其各自的工艺目的是什么？

6. 黏胶纤维织物的前处理过程中要注意的问题有哪些？黏胶纤维织物能否进行丝光？为什么？

7. 莫代尔纤维、天丝纤维及竹纤维织物如何进行前处理？

纤维素纤维主要成分是纤维素，包括天然纤维素纤维和再生纤维素纤维。天然纤维素纤维包括棉、麻类(苎麻、亚麻、黄麻等)等,再生纤维素纤维包括黏胶纤维(人造棉、人造毛、人造丝)、莫代尔、天丝、竹纤维等。由纤维素纤维制成的织物品种繁多,可归类为机织物、针织物、非织造织物。

纺织品可根据不同用途加工成漂白布、染色布、印花布等,统称为印染产品或印染布。印染加工过程一般包括前处理、染色、印花、整理四部分内容。本情境主要内容为棉织物的前处理加工,也涉及麻类织物和再生纤维织物的染整前处理。

学习任务 2-1　棉织物的前处理

知识点

1. 棉纤维中的杂质及其对织物性能的影响。
2. 棉织物烧毛、退煮漂、增白、丝光的原理、方法及加工工艺。
3. 染整前处理设备操作要点。
4. 棉织物的高效短流程处理工艺。
5. 前处理织物性能的变化及半制品的评价方法。

技能点

1. 能制订棉织物前处理的工艺流程,并对每道工序进行熟练操作。
2. 能根据棉织物的特点对选定织物进行前处理工艺设计和实施操作,并能根据产品的加工要求,对工艺中不合理的地方进行调整。
3. 能熟练使用测试仪器,对处理后的效果如白度、毛效、强力、光泽等进行检测。
4. 能对棉织物前处理过程中出现的质量问题进行分析,并提出解决问题的方案。

棉织物因纤维含有纤维素伴生物、织布生产过程中多数需要经纱上浆而在纱线上形成的浆料以及在纺纱、织布、运输、储存等过程中不可避免地形成沾污,需要在染色或印花之前进行加工,以去除部分纤维素伴生物、浆料、各种沾污等,有时也要通过加工改善织物的染色或印花性能,提高织物质量,这些染色或印花前的加工过程统称前处理。印染产品的前处理工艺对后续加工质量、产品性能、加工成本等均具有较大的影响。通过前处理,去除棉纤维上所含有的天然杂质以及在纺织加工过程中施加的浆料和沾上的油污等,改善织物的外观,提高织物的内在质量。

棉织物根据织造方法不同可分为针织物和机织物两大类型。针织物是由线圈结构组成的。机织物又称梭织物,是由经纬纱交织形成的织物。机织物按组织规格分为平布、府绸、斜纹、哔叽、华达呢、卡其、绒布等;也可按照织物厚度分为厚重织物、中厚织物、轻薄织物等;还可按照染整加工品种分类为漂白布、染色布、印花布等。本次任务只介绍机织物的前处理加工,针织物、纱线等的前处理在后续情境中介绍。

棉织物的前处理包括原布准备、烧毛、退浆、煮练、漂白、开幅、轧水、烘干和丝光工序,有些漂白产品、印花产品有时还需要增白处理,但并非每一织物都必须经过全部过程,而是根据客户要求及产品染色、印花等的需要选用全部或部分加工工序。

一、原布准备

织布厂织好的布称为原布或坯布。原布准备包括原布检验、翻布(分批、分箱、打印)和缝头。

(一)原布检验

为了加强生产管理,确保印染产品的质量和避免不必要的损失,原布进厂后,在进行练漂加工之前都要进行检验,以便发现问题,并及时采取措施,同时又能促进纺织厂进一步提高产品质量。检验的内容主要包括物理指标和外观疵点的检验。一般检验率为10%左右,也可根据原布的质量情况和品种的要求适当增减。

物理指标检验包括原布的长度、幅宽、经纬纱的规格和密度、强力等。由于原布的规格标准直接影响到印染成品的规格标准,例如原布幅宽不足,将影响到成品的幅宽和织物纬向的缩水率等。因此,加强对原布的检验是保证印染产品质量的首要工作。

外观疵点检验主要是检验纺织过程中所形成的疵病,如缺经、断纬、跳纱、棉结、筘路、破洞、油污渍等,另外,还检查有无铜、铁片等杂物夹入织物。严重的外观疵点不仅影响产品质量,而且还可能引起生产事故。如纬密过稀或过密将造成染色布的横档和条花等疵病,严重的油污将影响成品的外观等。一般来说,漂白布、色布对外观疵点的要求较严格,而花布对外观疵点的要求相对低些。外观检验时如发现问题应及时修补或做适当处理。

(二)翻布(分批、分箱、打印)

染整生产的特点是批量大、品种多。为了避免混乱,便于管理,常将同规格、同工艺的原布划为一类,并进行分批、分箱。分批的数量原则上应根据原布的情况和设备的容量而定。若采用煮布锅,则以容布量为依据;若采用绳状连续练漂加工,则以堆布池的容量为依据;若采用平幅连续练漂加工,一般以十箱为一批。

为了便于布匹在加工过程中的运输,每批布又可分为若干箱。分箱的原则是按照布箱大小、原布规格和便于运输而定。为了便于绳状双头加工,分箱数应为双数。卷染加工织物还应使每箱布能分解成若干整卷为宜(如2~3卷)。

原布分箱目前多采用人工翻布,即把一匹匹布翻摆在堆布板或堆布车上,同时把布的两端拉出,以便缝接。翻布时,织物的正反面要一致,堆布要整齐,布头不能漏拉。每箱布上都附有一张分箱卡,注明织物的品种、批号、箱号等,以便于管理和检查。很多厂已采用计算机软件管理,分箱卡上还有二维码或芯片,扫描即可得知相关信息,包括所有的织物规格、工序流程、质量指标、客户要求等。

印染加工的织物品种和工艺过程较多,在加工不同的品种或进行不同的工艺时,为便于识别和管理,避免将工艺和原布品种搞错,每箱布的两头要打上印记。印记一般打在离布头10~

20cm 处,印记上标明原布品种、加工类别、批号、箱号、发布日期、翻布人代号等。打印用的印油必须耐酸、碱、氧化剂、还原剂等化学药品和耐高温,而且要快干,不沾污布匹。目前,常用的印油多以机油和炭黑为原料,将 40#或 50#机油加热后加入炭黑或油溶性染料,其比例为(5~10):1,搅拌均匀后即可使用。或者利用专用的记号笔书写。

(三)缝头

缝头是将翻好的布匹逐箱逐匹用缝纫机连接起来,以适应印染生产连续加工的要求。缝头要求平直、坚牢、边齐,针脚均匀,不漏针、跳针;缝头的两端针脚应加密,加密长度为 1~2cm,以防开口和卷边。同时应注意织物正反面要一致,不漏缝等,如发现坯布开剪歪斜,应撕掉布头歪斜的部分再缝,以防织物产生纬斜。

常用的缝头方法有平缝、环缝和假缝三种。平缝采用一般家用缝纫机,它的特点是使用灵活、方便,缝头坚牢,用线量少,适合于各种机台箱与箱之间的缝接,但布层重叠,易损伤轧辊和产生横档等疵病,因此,不适用于轧光、电光及卷染加工织物的缝接。环缝采用环缝式缝纫机(又称满罗式或切口式缝纫机),其特点是缝头平整、坚牢,不存在布层重叠的问题,适宜于一般中厚织物,尤其是卷染、印花、轧光、电光等加工的织物。假缝缝接坚牢,用线也省,特别适用于稀薄织物的缝接,但同样存在着布层重叠的现象。

缝头用线多为 14tex×6(42 英支/6)或 28tex×4(21 英支/4)的合股强捻线,薄织物及卷染织物用 10tex×6(60 英支/6)纯棉线。针迹密度般为 30~45 针/10cm。稀薄织物的针迹应加密(40~45 针/10cm),厚重织物可稀一些(30~35 针/10cm)。

二、烧毛

如果将原布拉平,举在眼前,可以沿着布面观察到一层长短不一的绒毛。这层绒毛是由暴露在纱线、织物表面的纤维末端所形成的,它不仅影响织物的光洁度、外观,容易沾染尘污,而且还给后续加工带来麻烦,甚至产生各种疵病,影响产品质量。如绒毛落入丝光碱液,使碱液含杂增加,影响丝光效果和回收碱液的质量;绒毛落入印花色浆,造成拖浆等疵病。因此,除某些特殊品种(如绒布)外,一般棉织物都要进行烧毛。

烧毛是将原布平幅迅速地通过火焰(气体烧毛)或擦过赤热的金属表面(铜板烧毛或圆筒烧毛),此时布面上的绒毛很快升温而燃烧,而织物本身因结构紧密,升温较慢,在温度尚未达到着火点时已经离开了火焰或赤热的金属表面,从而达到既烧去绒毛又不损伤织物的目的。

烧毛机按照热源及加热面与织物接触方式分为气体烧毛机、铜板烧毛机、圆筒烧毛机三种。其中以气体烧毛机应用较为广泛。根据织物经过烧毛装置的方式不同,可将烧毛分为接触式烧毛和无接触式烧毛两种,气体烧毛属于无接触式烧毛,而铜板和圆筒烧毛均属接触式烧毛。

(一)气体烧毛机烧毛

气体烧毛机是目前使用最广泛的烧毛机,它具有结构简单、操作方便、劳动强度较低、适用性强、烧毛质量较好等优点。但对低级棉织物及粗厚织物的烧毛效果不及铜板烧毛机。

1. 气体烧毛机的组成及作用

气体烧毛机由进布、刷毛、烧毛、灭火和落布等装置组成,如图2-1所示。

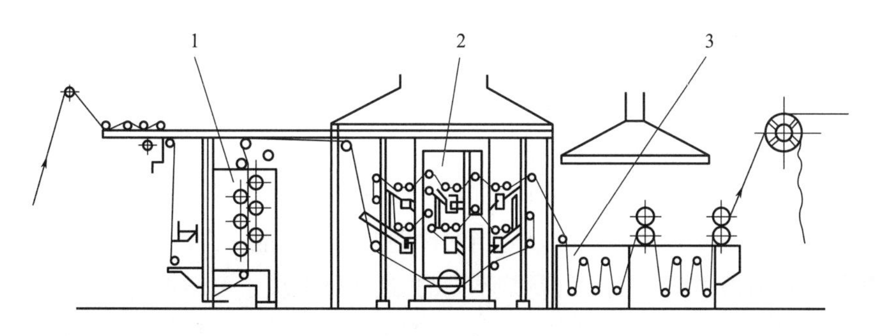

图2-1　气体烧毛机

1—刷毛箱　2—烧毛火口　3—灭火槽

(1)进布装置。烧毛机的进布装置主要由导布轨组成。由于烧毛机车速较快,为了避免织物起皱,进布架应适当高些、长些,以加大张力。

(2)刷毛装置。刷毛的目的是刷去织物表面的纱头、尘埃和杂物,防止浮在织物表面的纱头等在烧毛时使织物产生破洞;并使绒毛竖立,以利烧毛。刷毛箱内有4~8只鬃毛或尼龙刷辊,逆织物前进方向而转动,箱旁装有吸风机,使纱头、绒毛、杂物等落入箱底,并送进收集装置。

(3)烧毛装置。主要由火口、可燃性气体和空气混合器组成。

火口是气体烧毛机的主要部件。一般气体烧毛机有4~6个火口,为了使双层布同时烧毛,火口也有多至12个的。火口的性能直接影响到可燃性气体的燃烧情况、烧毛的效率和质量。一个优良的火口,火口喷射速度应快,火焰温度应高而均匀;火口结构要简单,且不易变形,维修方便;同时耗用燃料少,热能利用率高。

火口种类很多,目前常用的火口有火焰式和火焰辐射热混合式两种。此外还有双喷射式火口、火焰混合式火口、异型砖通道式火口等。火焰式火口多用于棉织物,火焰辐射热混合式火口多用于涤棉混纺织物。火焰式火口又可分为狭缝式和多孔式。其中,狭缝式火口使用较早,并一直沿用至今,其结构示意如图2-2所示。

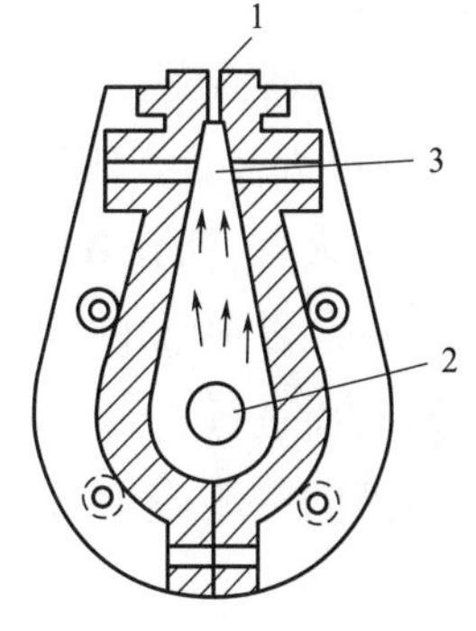

图2-2　狭缝式火口

1—火口缝隙　2—可燃性气管

3—可燃性气体与空气的混合器

狭缝式火口是一狭长形铸铁小箱,箱内是可燃性气体和空气的混合室,上部有一个可调节的狭缝(又称喷口),以供喷射可燃性气体用。狭缝的宽度根据可燃性气体燃烧速率的快慢加以调节,燃烧速率快的,狭缝要窄些,如城市煤气对应的狭缝宽度为0.8mm;燃烧速率慢的,狭缝要宽些,如丙丁烷对应的狭缝宽度为1~2mm。狭缝的长度一般与加工织物的幅宽一致。为了节省能源,常在火口两端装上活动压板,根据织物幅宽来调节狭缝的长短。这种火口的特点是结构简单,维修方便,但燃烧不充分,火焰不均匀,强度较低。

完全燃烧火焰式火口是在火焰式火口的基础上发展起来的,它与火焰式火口的主要区别是增加了一个气体混合器。完全燃烧火焰式火口具有两个气体混合器,燃烧气体经两次混合,气体燃烧充分,燃烧温度高达1200℃,车速可达140m/min,且烧毛效果好。目前,国内生产的设备在火口设计上采取了一系列的措施,并有了一定的突破,新型的火口提高了燃烧温度和车速,车速高达250~300m/min,并能保证烧毛效果。

常用于气体烧毛机的可燃性气体有:城市煤气、发生炉煤气、丙丁烷等,其中以城市煤气应用较为广泛。可燃性气体必须与空气以适当的比例混合后才能完全燃烧,获得较高的温度。各种可燃性气体燃烧时所需的理论空气量是不同的,这主要取决于可燃性气体的化学组成及热值大小。热值越高,所需的空气量越大。在实际生产中,一般可通过观察火焰颜色及其状态来判断可燃性气体和空气的混合比例是否适当及其燃烧是否正常。以城市煤气为例,火焰应是光亮有力的淡蓝色。

可燃性气体与空气的混合器的结构如图2-3所示。

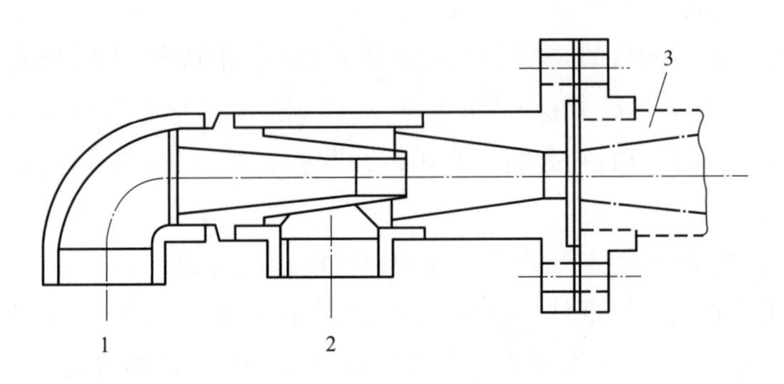

图2-3　可燃性气体与空气的混合器的结构示意图

1—空气　2—煤气　3—火口

由于空气进口管径大,出口管径小,所以在出口处形成很高的流速,周围空气形成负压而将可燃性气体按比例吸入混合室,然后流经管径较大的扩散管,进入火口,在火口混合室进一步混合后喷出狭缝燃烧。

(4)灭火装置。织物经烧毛后,布面温度较高,甚至粘有火星,如不及时降低织物表面温度和扑灭火星,就会造成织物的损伤,甚至引起火灾。因此,烧毛后的织物必须立即进行灭火。灭火装置通常由1~2格平洗槽组成,灭火方法通常有蒸汽喷雾灭火和浸渍槽灭火两种。前者对布面进行蒸汽喷射灭火,适用于干态落布;后者则将烧毛后的织物浸入盛有热水或退浆等溶液的浸渍槽中,以达到灭火的目的,此法多用于湿态落布。目前以后者应用较为广泛。

(5)落布装置。落布装置根据织物的状态不同,通常有两种不同的方式:一种是烧毛后需进行绳状加工的织物,出布时经导布磁圈变成绳状;另一种是烧毛后需进行平幅加工的织物,则通过落布架往复摆动而平整地堆于布箱中,或采用大卷装平幅打卷。

2. 烧毛工艺

(1)工艺流程。进布→刷毛→烧毛→灭火→出布

(2)工艺条件。火焰温度:800~900℃;车速:稀薄织物 100~150m/min,一般织物 80~100m/min,厚重织物 60~80m/min,织物与火焰距离:稀薄织物 1.0~1.2cm,一般织物 0.8~1.0cm,厚重织物 0.5~1.8cm。烧毛面:一般平布、府绸等织物正反面烧毛次数相同,如二正二反;斜纹、卡其等有正反面之分的织物,以烧正面为主,如三正一反;稀薄织物一般采用一正一反。

(二)铜板烧毛机烧毛

铜板烧毛机是将织物迅速地擦过赤热的铜板表面,从而烧去织物表面的绒毛。铜板烧毛机除烧毛装置与气体烧毛机不同外,其余的组成部分大体相同。烧毛装置主要由铜板、炉灶、摇摆装置等部分组成,如图 2-4 所示。

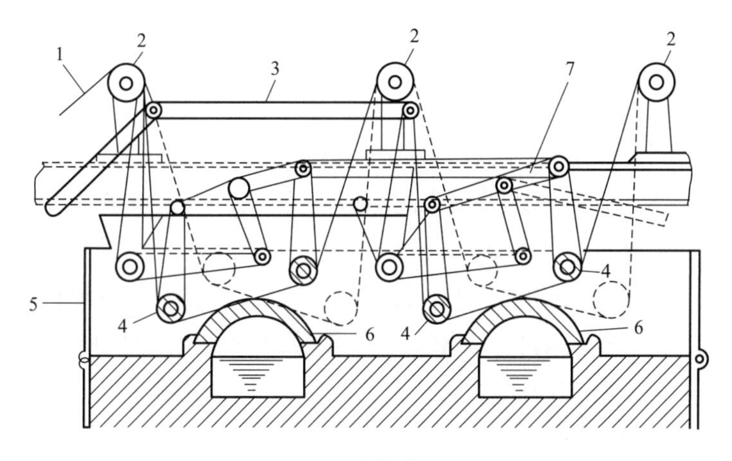

图 2-4　铜板烧毛机

1—织物　2,4—导布辊筒　3—导布杠杆　5—炉灶　6—铜板　7—摇摆装置

一般铜板烧毛机有 2~4 块半弧形铜板,分别置于炉膛上。铜板上方装有摇摆装置,烧毛时可利用摇摆装置来调节织物与铜板的接触面,以防止铜板局部冷却和磨损,提高烧毛效果。

铜板烧毛机铜板温度一般控制在 700~900℃。车速根据织物的厚薄而定,厚织物为 50~80m/min;一般织物为 80~120m/min。铜板与织物的接触宽度:厚织物 5~7cm,一般织物 4~5cm。烧毛次数可根据不同织物采用二正一反或三正等。

铜板烧毛机烧毛时织物与铜板直接接触,除杂效果较气体烧毛机好,因而特别适用于低级棉和粗厚织物的烧毛。但设备清洁保养比较麻烦,不适合于提花和轻薄织物的烧毛。

(三)圆筒烧毛机简介

圆筒烧毛机的主要部件是 1~3 只由铸铁制成的圆筒。烧毛时,织物迅速通过不断转动的赤热圆筒,织物前进方向与圆筒转动方向相反。圆筒烧毛温度一般为 600~900℃,车速根据织物厚薄不同予以调节,一般为 120~150m/min。圆筒烧毛机热耗大,清洁保养麻烦,目前已很少

应用。

(四)烧毛质量的评定

烧毛质量是在保证织物强力符合要求的前提下,根据绒毛的去除程度来评定的。评定时,取烧毛后的半制品置于明亮处,参照颁布的标准目测布面质量(视线与布面平行),并按下列标准进行评级:

1 级　原坯布未经烧毛;

2 级　长毛较少;

3 级　基本上没有长毛;

4 级　仅有较整齐的短毛;

5 级　烧毛洁净。

一般织物烧毛要求达 3~4 级,质量要求高的织物达 4 级,稀薄织物达 3 级即可。

三、退浆

棉织物在织造过程中,经纱受到较大的张力和摩擦,常有断经现象发生。为了减少断经,提高织造效率和坯布质量,在织造前,通常需要经纱上浆。经纱上浆率的高低视织物品种不同而异,一般上浆率为 4%~8%。纱支细、密度大的织物,经纱上浆率应高些,如府绸类可高达 8%~14%;线织物可以不上浆或上浆率在 1%以下;针织物一般不上浆。

经纱上浆有利于织造的顺利进行,但却给后续的染整加工带来了一定的困难,它不仅影响织物的润湿、渗透性,阻碍染料、化学药品和纤维的接触,增大染化料的耗用量,增加练漂加工的负担,而且还会造成印染疵病,影响印染产品质量。因此,棉织物在煮练、漂白前一般都要进行退浆处理。将织物上的浆料去除的前处理过程称为退浆。退浆不仅可以去除织物上的浆料,而且还可以去除棉纤维上的部分天然杂质。

(一)常用浆料及其性能

经纱上浆用浆料可分为天然浆料、变性浆料及合成浆料三类。天然浆料主要有各种淀粉(如小麦、玉米、甘薯、马铃薯、木薯等)、海藻类(如海藻酸钠等)及植物类(如槐豆粉等)等;变性浆料有糊精、可溶性淀粉、氧化淀粉、羧甲基纤维素等;合成浆料主要有聚乙烯醇(PVA)、聚丙烯酸酯(PA)等。纯棉织物一般采用淀粉类天然浆料或天然浆料—合成浆料的混合浆。聚乙烯醇(PVA)生物降解不好,不建议使用。

浆料的种类很多,各种浆料的结构、性能又不相同,而且上浆时有的采用单一浆料,有的采用混合浆料。为了能更好地根据浆料的性能选择合适的退浆剂及退浆工艺,现将常用浆料的结构和性能介绍如下。

1. 淀粉

淀粉是一种多糖类天然高分子化合物,是由 α-葡萄糖通过 1,4-苷键连接而成的链状化合物,其分子式为$(C_6H_{10}O_5)_n$。包括小麦淀粉、玉米淀粉、薯类淀粉等。淀粉按其分子结构不同分为直链淀粉和支链淀粉。直链淀粉的聚合度较低,为 200~1000,其结构式如下:

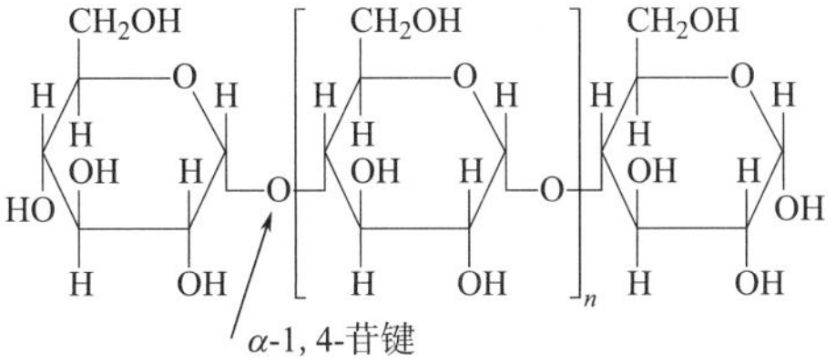

α-1,4-苷键

支链淀粉的聚合度较高,在 600~6000,其结构较直链淀粉复杂,除 1,4-苷键结合成主链以外,还有 1,6-苷键形成支链,其结构式如下:

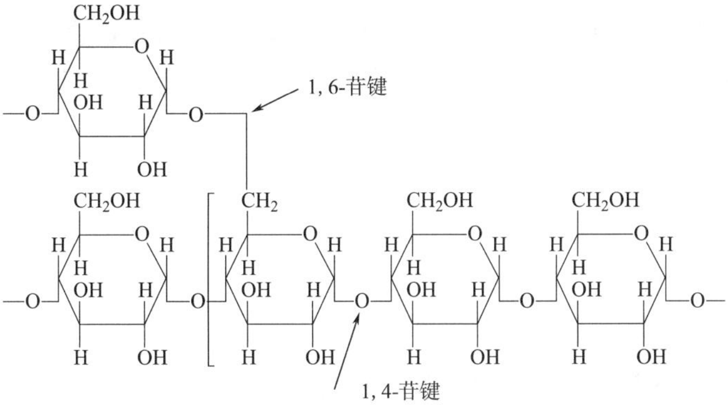

1,6-苷键

1,4-苷键

淀粉中直链淀粉和支链淀粉的比例与淀粉的种类有关,大多数淀粉含有 75%~85%的支链淀粉和 15%~25%的直链淀粉。两者因分子结构不同,其性能也有差异。直链淀粉微溶于水,遇碘呈深蓝色;支链淀粉则难溶于水,遇碘呈紫红色。淀粉在热水中能发生膨化,支链淀粉溶液黏度较大,直链淀粉溶液黏度较小。碱对淀粉的作用随温度而异,在室温及低温下,淀粉在烧碱溶液中可发生剧烈膨化;若在高温及有氧存在时,碱也能使淀粉分子链中的苷键断裂,聚合度降低,黏度下降。淀粉遇酸,苷键发生水解,形成相对分子质量较小、黏度较低和溶解度较高的可溶性淀粉、糊精等中间产物,最后水解成葡萄糖;淀粉遇氧化剂会被氧化分解。淀粉酶对淀粉也有很好的水解作用。因此,淀粉的退浆方法可采用酶退浆、碱退浆、酸退浆及氧化剂退浆等。

2. 聚乙烯醇

聚乙烯醇简称 PVA(Polyvinyl Alcohol),是一种典型的水溶性合成高分子物。它是用聚醋酸乙烯酯在氢氧化钠的存在下加入甲醇溶液醇解而得到的,所以聚合度和醇解度(被醇解的百分率)是决定 PVA 主要性能的两个重要指标。聚乙烯醇的结构式为:

$$\left[CH_2-\underset{\displaystyle OH}{\underset{|}{CH}} \right]_n$$

市售聚乙烯醇一般为白色或微黄色粉末状或纤维状固体。由于其分子结构中含有很多亲水性的羟基,因而具有一定的水溶性,而且其水溶性随聚合度的增大而下降;黏度随聚合度、浓度的升高而升高,随温度的升高而降低。醇解度对聚乙烯醇的水溶性也有一定的影响,醇解度在 98%以上的溶解度较低,醇解度在 87%~89%的溶解度较高。聚乙烯醇是一种优良的浆料,可用于多种纤维的上浆,并可作为主体浆料单独使用或作为混合浆料的主要组分。

聚乙烯醇对酸碱的作用比较稳定,不致发生降解,但能被氧化剂氧化而降解,形成黏度较低、相对分子质量较小的产物,经剧烈氧化后的产物是二氧化碳和水。在高温作用下,聚乙烯醇的物理状态或性能发生变化,水溶性降低,如果条件剧烈,甚至可以使羟基之间发生脱水反应,使其溶解度进一步下降。

聚乙烯醇可采用热水退浆、碱退浆和氧化剂退浆。低黏度的 PVA 用含有表面活性剂的水溶液润湿,然后经堆置或汽蒸,使 PVA 浆膜膨化和软化,最后用大量热水冲洗,即能达到退浆的目的。热碱液能使 PVA 浆膜发生膨化,其退浆效果比热水退浆好。但这两种退浆方法都未能使 PVA 大分子发生降解,因此对黏度高的 PVA 退浆效果较差。更有效的方法是采用氧化剂退浆,目前生产中常采用的氧化剂有双氧水、过硫酸钠(钾)和亚溴酸钠等。

3. 聚丙烯酸类

聚丙烯酸简称 PA(Polyacrylic Alcohol),聚丙烯酸类浆料是丙烯酸类单体的均聚物、共聚物或共混物的统称。

生产上常用的聚丙烯酸类浆料是含固量在 15%~50%的水分散性乳液或溶液,呈白色或带蓝光的乳白色胶体状。这类浆料在水中具有一定的溶解度,耐酸不耐碱。在一定的温度和碱性条件下,浆料侧基上的酯基、氰基等易发生皂化反应,形成聚丙烯酸钠盐,从而增加了其自身在水中的溶解性能。另外,聚丙烯酸类浆料在氧化剂(如双氧水)的作用下可发生降解。因此,其常用的退浆方法有碱退浆和双氧水退浆。

聚丙烯酸类浆料很少单独使用,一般多与其他浆料混合使用。

4. 羧甲基纤维素

羧甲基纤维素 CMC(carboxyl methyl cellulose)是一种水溶性阴离子型线形高分子化合物,由纤维素和一氯醋酸在烧碱存在下经醚化反应而得。其结构式如下:

CH_2OCH_2COOH H OH
H O H
H —O— OH H
···O— OH H H —O···
H H O
H OH CH_2OH

羧甲基纤维素无毒、无味,外观为白色粉状或纤维状,其水溶性主要取决于聚合度和醚化度(取代度)的大小,有的能溶于水,有的仅能溶于碱。低黏度的 CMC 能溶于水,并形成透明的黏糊状。热碱能使 CMC 膨化,氧化剂能使 CMC 降解。因此,CMC 可采用热水退浆、碱退浆和氧化剂退浆。

CMC 具有良好的混溶性,增稠效果好,所以常与其他浆料混合使用。

(二)常用退浆方法与工艺

棉织物常用的退浆方法主要有碱退浆、酶退浆、氧化剂退浆和酸退浆。在实际生产中,可根据织物品种、浆料组成、退浆要求和设备条件等选用适当的退浆方法。

1. 碱退浆

碱退浆是印染厂使用较为广泛的一种退浆方法,其适用性广,可用于各种天然和合成浆料的退浆。但碱退浆的退浆率并不高,在50%~70%,余下的浆料只能在煮练过程进一步去除。

碱退浆主要是通过两个方面来实现的:一方面,不论是天然浆料还是化学浆料,在热碱溶液中都会发生溶胀,从凝胶状态变为溶胶状态,与纤维的黏着变松,在机械力的作用下,从织物上脱落下来;另一方面,某些浆料如羧甲基纤维素、聚乙烯醇等在热碱液中本身溶解度较高,再经水洗便可获得较好的退浆效果。

热碱液除了有退浆作用外,对棉纤维上的天然杂质也有分解和去除作用,因而有减轻煮练负担的效果。由此可见,退浆和煮练虽然是两个目的不同的加工过程,但两者又是相互渗透、密切相关的。用于退浆的碱大多数是煮练或丝光废碱,成本低,又不损伤纤维,因此这种方法被广泛地应用。

值得强调的是,碱退浆仅能使浆料与织物的黏着力降低,并不能使浆料降解,随着退浆和水洗的进行,水洗槽中洗液的黏度会不断提高,因此,退浆后的水洗必须充分,必要时还需更换洗液,以防浆料重新黏附到织物上,降低退浆效果和影响后加工的进行。

碱退浆可采用浸轧法将织物浸轧烧碱溶液,再进行汽蒸或堆置,或采用浸渍法直接将织物浸在烧碱溶液中加温。碱退浆的工艺如下:

(1)工艺流程。

堆置法:平幅轧碱→堆置→热水洗→冷水洗

汽蒸法:平幅轧碱→汽蒸→热水洗→冷水洗

(2)工艺处方。

烧碱	8~15g/L(堆置法浓度稍高)
润湿渗透剂	1~2g/L

(3)工艺条件。

碱液温度	70~80℃
堆置时间	6~12h
汽蒸温度	100~102℃
汽蒸时间	30~60min
热水洗温度	80℃以上

平幅轧碱可在烧毛机的灭火槽中进行。碱退浆时,碱的浓度、温度、汽蒸或堆置时间、水洗情况等都直接影响退浆效果,因此工艺上必须严格控制。

2. 生物酶退浆

(1)酶的催化特点。酶是一种高效生物催化剂,通常是由生物体产生的对某些物质具有特殊催化能力的一类蛋白质。它具有一般蛋白质的结构和物理化学性质。酶作为一种生物催化剂,具有以下特点:

①催化专一性强。酶的催化作用具有高度专一性,即酶对作用物有严格的选择性。一种酶只能对一类或一种物质具有催化作用,例如:淀粉酶只能催化淀粉水解成糊精和低聚糖,蛋白酶

只能催化蛋白质水解成氨基酸或肽,而对其他物质则没有催化作用。酶的催化专一性应用于生产,可以有选择地使用某一种酶催化某一物质进行反应,而保留另一些物质。淀粉酶用于棉织物退淀粉浆,也正是利用酶的这种专一性,在不损伤棉纤维的前提下去除淀粉浆料。

②催化效率高。酶的催化能力远比无机催化剂高得多。一般工业用酶制剂(大多数含有杂质和填料)的催化反应效率比无机催化剂高 $10^5 \sim 10^7$ 倍。因此,酶用量少,作用快,效果显著。

③催化条件缓和。由淀粉或纤维素变成葡萄糖,或由蛋白质变成氨基酸往往需要高温、高压、强酸或强碱等条件,经过复杂的反应才能完成。但如果采用酶制剂,则可在常温、常压、缓和的酸碱条件下进行,因为酶具有非凡的催化能力,使这些反应能够高效、快速地进行。如果条件过分剧烈,反而引起酶的变性,导致酶催化功能的丧失。

④环保。酶本身无毒,反应过程中也不产生有毒物质,公害少,对环境保护有利。

(2)酶的种类。酶种类繁多,分类也有多种方法。根据酶的来源不同可分为动物酶、植物酶和微生物酶。按其催化作用的性质分为氧化还原酶、水解酶、裂解酶、转移酶等。对淀粉水解具有催化作用的酶,称为淀粉酶。淀粉酶又可分为两种:α-淀粉酶和 β-淀粉酶。

α-淀粉酶可对淀粉分子链中 α-苷键具有水解催化作用,它能催化水解任意位置的 α-苷键,迅速形成糊精、麦芽糖和葡萄糖等水解产物,从而使淀粉的黏度很快降低。α-淀粉酶具有很强的液化能力,又称“液化酶”。β-淀粉酶只能从淀粉分子链的非还原性末端作用于 α-1,4-苷键,逐步水解生成麦芽糖和葡萄糖,而对支链淀粉分支处的 α-1,6-苷键不起作用,黏度下降不如前者快,但是形成的葡萄糖累积量大,淀粉液的还原能力上升快,又称为“糖化酶”。在实际生产中,应用于退浆的淀粉酶主要是 α-淀粉酶,并以 BF-7658 淀粉酶和胰酶应用最广。胰酶取自动物的胰腺,BF-7658 淀粉酶是从枯草杆菌中分泌出来的细菌酶。

(3)淀粉酶的退浆原理。主要是淀粉大分子中的 α-苷键在 α-淀粉酶的催化作用下发生水解断裂,生成相对分子质量较小、黏度较低、溶解度较高的一些低分子化合物,然后经水洗而去除,从而达到退浆的目的。淀粉酶用于退浆,就是改变了淀粉水解的反应过程,降低了活化能和增加了反应分子间的碰撞率,从而使淀粉的水解作用迅速进行。

酶的催化能力通常用酶的活力(或转化率)来表示。所谓活力是用 1g 酶粉或 1mL 酶液在特定条件(60℃,pH 值为 6.0,1h)下转化淀粉的克数。如 BF-7658 淀粉酶的活力为 2000,即 1g 淀粉酶在上述条件下可以转化 2000g 淀粉,而胰酶的活力为 600。

(4)影响淀粉酶催化作用的因素。酶的活力与溶液的温度、pH 值、活化剂或抑制剂等条件有很大的关系。

①温度。温度对酶的催化反应产生两个方面的影响。一方面,温度升高,酶催化淀粉水解反应的速度加快。另一方面,酶的稳定性(指酶的活力的保持程度)随着温度的升高而降低。因此,酶退浆时应该综合考虑上述两方面的作用来确定温度。

酶的活力随着温度的改变而改变。低温时,酶的活力很低,随着温度的升高,酶的活力逐渐增加,在某一温度下,酶的活力表现最高,此温度称为酶的最适温度。当温度超过最适温度后,随温度升高,酶的活力迅速下降。酶的活力在 1h 内丧失一半时的温度,称为酶的临界失效温度。当温度超过临界失效温度,酶的活力丧失极快,所以,每种酶都有其稳定温度范围。所谓稳定温度是指酶在该温度范围内是稳定的，不发生或极少发生失活现象。酶退浆时应选择所用酶的最适温度，以充分发挥酶的功效。细菌淀粉酶的活力与温度的关系如图 2-5 所示。

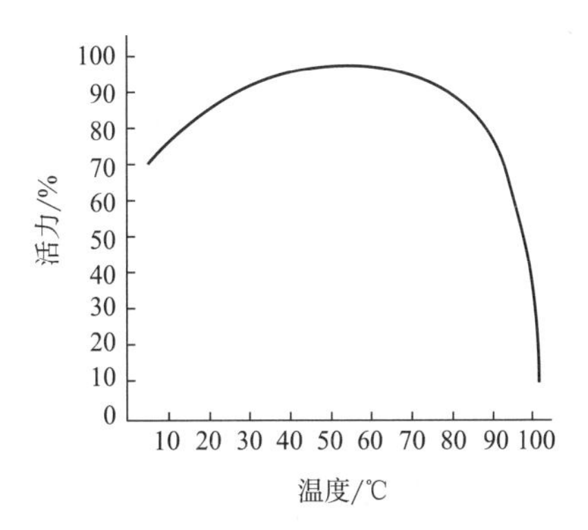

图 2-5　淀粉酶的活力与温度的关系

从图 2-5 中可以看出，BF-7658 淀粉酶的耐热性较好，在 40~85℃活力较高，在 20℃时仍有很强的活力，即使到达 100℃，活力仍未完全消失。不同的酶具有不同的最佳使用温度，BF-7658 淀粉酶的最适温度为 80~85℃，胰酶最适温度为 40~55℃。对于一些稳定性很好的酶，其酶液温度可达 90℃以上。

BF-7658 淀粉酶的最适温度与作用时间的关系如表 2-1 所示。

表 2-1　BF-7658 淀粉酶的最适温度与作用时间的关系

与淀粉作用时间/min	60	30	15	2~3
与淀粉作用最适温度/℃	70	80	90	100

由表 2-1 可知，BF-7658 淀粉酶的最适温度随反应时间的缩短而提高。在实际生产中，往往采用短时间高温的加工工艺，如织物经浸轧 BF-7658 淀粉酶液后（浸轧温度为 55~60℃），采用 100℃左右的高温汽蒸，使酶快速发挥作用，并使生产连续化。

②pH 值。pH 值对酶的活力及稳定性影响很大，不同 pH 值下测得的酶的活力及稳定性是不同的，如图 2-6 所示。

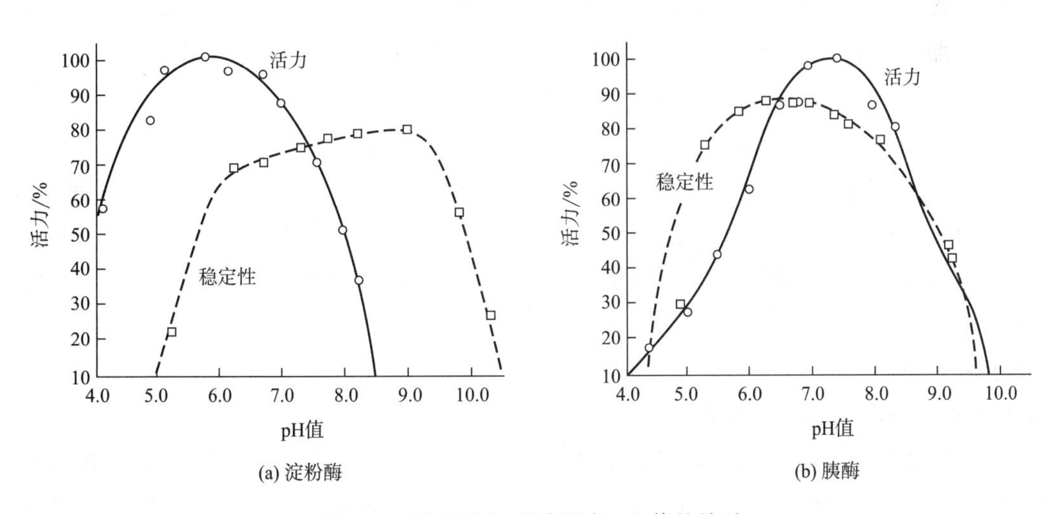

图 2-6　酶的活力、稳定性与 pH 值的关系

由图 2-6 可以看出，酶的最大活力和最大稳定性所需的 pH 值是不同的。酶都有一定的酸碱稳定性范围，超出这个范围，酶就会变性失效。因此，在选择时要兼顾酶的活力与稳定性。淀粉酶退浆的 pH 值以控制在 6.0~6.5 最为适宜，胰酶的 pH 值则以 6.8~7.0 为宜。

③活化剂与抑制剂。淀粉酶对淀粉的消化作用常受到一些药品的影响而变得活泼或迟钝,这种现象叫活化(激化)或抑制(阻化),这种化学药品称为活化剂(激化剂)或抑制剂(阻化剂)。例如:一些金属离子和盐可以活化酶的反应,其中较为常用的有氯化钠和氯化钙。所以为了提高酶的活力,酶退浆时不必用软水或加软水剂。而一些重金属盐类如 Fe^{3+}、Cu^{2+}、Hg^{2+}、Ag+、Zn^{2+} 等离子的盐类能使酶的活性减弱,所以称为抑制剂。另外,一些离子型表面活性剂也有抑制作用,所以酶退浆液中若要使用表面活性剂,则只能使用非离子型表面活性剂,如渗透剂 JFC 等。

(5)酶退浆工艺。酶退浆工艺一般都由四个过程组成:预水洗、浸轧或浸渍酶液、保温处理、水洗后处理。

①预水洗。淀粉酶一般不易分解淀粉或硬化淀粉皮膜,为了使酶制剂能在浆膜中较好地渗透,提高淀粉酶对淀粉的水解效率,在酶处理前通常采用热水进行预处理。这一方面可以促使浆膜的溶胀,使酶液较好地渗透到浆膜中去,同时还可以去除织物上的防腐剂、酸性物质等杂质,有利于淀粉酶对淀粉浆的作用。预处理通常在烧毛后进行,并采用较高的洗涤温度(80~95℃)。为提高预水洗的效果,可在洗液中加入适当的非离子表面活性剂。

②浸轧或浸渍酶液。这是织物对酶液的吸收过程,可以通过浸轧、浸渍或喷淋等方法来实现。经预水洗的织物在 65~70℃或更高温度条件下浸轧或浸渍酶液,pH 值一般控制在微酸性至中性(pH=5.5~7.0)。所用酶制剂的性能不同,浸轧或浸渍的温度和 pH 值不同。酶的浓度与加工的方法有关,一般连续轧蒸法的酶浓度应高于堆置和轧卷法。织物的带液率控制在 100%左右,并加入适量的对酶起活化作用的电解质或金属离子(钠离子、钙离子等)。

③保温处理。淀粉酶分解淀粉需要一定的时间,保温处理使酶在一定的温度和时间条件下对淀粉进行充分的水解,使淀粉浆易于洗除。保温处理的温度和时间是两个重要的工艺参数,随着酶制剂、工艺和设备条件的不同而不同。保温处理可以采用堆置法、汽蒸法、浸渍法(直接进行酶液循环处理)或以其中两者结合的方式进行。

保温堆置法是将织物保持浸渍温度(70~75℃)卷在有盖的布轴上或放在堆布箱中堆置 2~4h,或者于较低温度下堆置过夜。为了缩短保温时间,也有采用先堆置较短的时间(如 20min),然后汽蒸 1~5min 的堆置和汽蒸结合的方法。汽蒸法是连续化的加工工艺,适合于高温酶,可在 80~85℃浸轧酶液后,进入汽蒸箱于 95~100℃汽蒸 1~3min,或在 100~110℃汽蒸 15~120s。浸渍法多采用喷射、溢流或绳状染色机进行。卷染机上退浆,实际上是堆置和浸渍酶液交替进行,总处理时间决定于交替卷绕的次数。

④水洗后处理。只有将浆料或其水解物充分从织物上去除后退浆才算完成,而淀粉浆经淀粉酶水解后,其水解产物仍然黏附在织物上,需要通过水洗才能去除。因此酶处理的最后阶段,要用洗涤剂在较高的温度下进行清洗。对厚重织物,还可以加入烧碱进行碱性洗涤,以提高洗涤效果。

⑤棉织物酶退浆工艺举例。棉织物退浆的方法和工艺较多,在此举两例仅供参考。

a. 保温堆置法(轧堆法)。

工艺流程：

浸轧热水→浸轧(或喷淋)酶液→堆置→水洗

工艺处方：

BF-7658 淀粉酶(2000)	1~2g/L
食盐	2~5g/L
非离子渗透剂	0~2g/L

工艺条件：

浸轧热水温度	65~70℃
浸轧酶液温度	55~60℃
pH 值	6.0~7.0
轧液率	110%~130%
堆置温度	45~55℃
堆置时间	2~4h

$$轧液率=\frac{浸轧后织物质量-浸轧前织物质量}{浸轧前织物质量}\times 100\%$$

b. 汽蒸法(轧蒸法)。

工艺流程：

浸轧热水(60℃)→浸轧(或喷淋)酶液(室温,轧液率 100%)→堆置→汽蒸→水洗

工艺处方：

高温退浆酶	1~2g/L
食盐	2~5g/L
渗透剂	0~3g/L
pH 值	6.0~7.0

工艺条件：

堆置时间	20min
汽蒸温度	100~102℃
汽蒸时间	5~10min

酶退浆方法简单,退浆率高(可达 90%),退浆速率快,对棉纤维无损伤,且适用于连续化生产,是一种很好的退浆方法,但它对棉纤维的共生物及其他浆料的去除效果差。

3. 酸退浆

酸退浆的原理是基于稀硫酸在适当条件下能使淀粉等浆料发生一定程度的水解,转化为水溶性较高的产物,从而易从织物上洗除,达到退浆的目的。同时,酸还能去除部分天然杂质,如灰分、果胶等,但酸对纤维素有一定程度的损伤。在不损伤纤维的前提下,淀粉并未得到充分水解,退浆率不高。所以,酸退浆一般不单独使用,常与碱退浆或酶退浆联合进行,以提高退浆效率。这种联合退浆的方法分别称为碱—酸退浆、酶—酸退浆。退浆工艺是织物先经碱或酶退浆,并充分水洗及脱水后,再经酸退浆处理,具体工艺如下。

工艺流程:

碱退浆(或酶退浆)→水洗→脱水→轧酸→堆置→水洗

工艺条件:

碱退浆或酶退浆:工艺同前

酸退浆:

浓硫酸	3~5g/L
轧酸温度	30℃
堆置时间	30~60min

酸退浆时,必须严格控制工艺条件,如酸的浓度、酸液温度等。堆置时防止风干,否则将严重损伤纤维。

4. 氧化剂退浆

氧化剂退浆可用于天然或合成浆料的退浆,退浆迅速,退浆率较高,并兼有部分漂白作用,但氧化剂对纤维素有一定的损伤。因此,退浆的工艺条件须严格控制,以尽量减少纤维的损伤。氧化剂退浆多在碱性条件下进行,可以与煮练或漂白同浴处理,实现退煮漂一步法。

在碱性条件下,氧化剂使浆料氧化、降解,水溶性增大,再经水洗去除而达到退浆的目的。氧化剂退浆适用于PVA及以PVA为主的混合浆。常用的氧化剂有过氧化氢(双氧水)、过硫酸钠,亚溴酸钠等。

过氧化氢不仅对聚乙烯醇(PVA)有着独特的退浆效果,而且对天然浆料如木薯淀粉也有良好的作用。过氧化氢与烧碱组成的溶液使浆料迅速氧化、降解,促使其相对分子质量降低,增大了其水溶性,减小了溶液的黏度,再经水洗,可达到良好的退浆效果。双氧水—烧碱退浆可采用一浴法或二浴法。其退浆工艺如下。

(1)一浴法退浆工艺。

工艺流程:

浸轧退浆液→汽蒸(或堆置)→热水洗→冷水洗

工艺处方:

30%双氧水	4~6g/L
双氧水稳定剂	2~4g/L
烧碱	10~15g/L
润湿渗透剂	2~4g/L

工艺条件:

浸轧温度	室温
汽蒸温度	100~102℃
汽蒸时间	20~30min
热水洗温度	80~85℃

(2)二浴法退浆工艺。

工艺流程：

浸轧双氧水→浸轧碱液→热水洗→冷水洗

工艺处方：

双氧水液：

30%双氧水	4~6g/L
双氧水稳定剂	2~4g/L
润湿渗透剂	2~4g/L

碱液：

烧碱	8~10g/L

工艺条件：

双氧水液：

浸轧温度	40~50℃
pH 值	6.5

碱液：

浸轧温度	70~80℃

热水洗：

温度	80~85℃

双氧水在碱性条件下，极易分解形成过氧化氢负离子，该负离子具有较强的氧化作用，因而对纤维造成一定的损伤。为了减少纤维的损伤，提高双氧水的退浆效果，双氧水—烧碱退浆液中常加入适量的双氧水稳定剂。退浆完毕必须充分水洗，以防洗下来的浆料又重新黏附到织物表面，形成浆斑，造成印染疵布。

（三）织物上浆料的定性分析

1. 织物上浆料的定性分析

为了能合理地选用退浆方法及退浆工艺，确保退浆效果，首先必须正确判定坯布上所含浆料的成分，对坯布上的浆料作相应的定性鉴别。

目前，坯布上常用的浆料有淀粉、聚乙烯醇（PVA）、羧甲基纤维素（CMC）、海藻酸钠等，有的采用单一浆料，有的采用混合浆料。浆料的定性分析是以浆料所具有的颜色反应或沉淀反应为基础的，如淀粉与碘作用可以形成一种蓝紫色的复合物；PVA 在硼酸存在下，与碘作用形成一种蓝绿色的络合物；CMC 在中性条件下与一些重金属盐作用可形成不溶于水的沉淀物，再经酸化可以重新溶解。

2. 退浆效果的评定

退浆效果的主要评定指标是退浆率，退浆率表示织物上浆料去除的程度，其计算公式为：

$$退浆率=\frac{退浆前织物的含浆率-退浆后织物的含浆率}{退浆前织物的含浆率}\times100\%$$

生产上一般要求退浆率在 80%以上，或残留浆对织物重在 1%以下，留下的残浆可在煮练工艺中进一步去除。

退浆率的测定方法是由织物上浆料的性质所决定的,在此不做介绍。

四、煮练

棉织物经过退浆除去了大部分浆料和少部分天然杂质,但仍残留有少量的浆料和大部分的天然杂质,这些杂质的存在不仅使布面发黄从而影响织物的外观,而且使棉织物的吸湿性降低,润湿渗透性差,有碍后续加工的顺利进行。因此,棉织物在退浆以后,大都需要进行不同程度的煮练,以去除大部分的天然杂质和残留的浆料,从而改进织物的外观,提高织物的吸湿性,以利于印染后加工。

(一)煮练原理

煮练是一个很复杂的过程,在这一过程中常同时伴随有水解、皂化、乳化、复分解、溶解等多种作用的发生,棉纤维中的杂质也正是借助于这些作用而被除去。

1. 果胶质的去除

果胶质的主要组成是果胶酸的衍生物,如果胶酸的钙、镁盐及果胶酸甲酯等。它们能与纤维素大分子形成酯键,从而封闭纤维素大分子链上的羟基,使其润湿性受到影响。同时,由于果胶质的存在使纤维变黄,影响纤维的外观及印染后加工的效果。

在烧碱作用下果胶物质一方面发生水解,生成果胶酸并进而转变为果胶酸钠盐;另一方面,部分果胶物质发生分子链的断裂,提高了果胶在水中的溶解度,达到较好的去除效果。

果胶质的含量可用草酸或柠檬酸铵定量测定;也可以用硫酸铜处理棉纤维,使它成为果胶酸铜,再与黄血盐作用,生成玫瑰红色,并作相应的计算得到其含量。另外,可用品红或亚甲基蓝作定性检查。

2. 蜡状物质的去除

棉纤维中各种不溶于水但能溶于有机溶剂的杂质统称为蜡状物质。蜡状物质含有多种组分,包括脂肪族高级一元醇、高级一元醇酯、游离脂肪酸等。蜡质一般存在于棉纤维的表层,影响纤维的润湿性,但棉纤维的润湿性并不与其含量完全成正比。这是因为棉纤维的润湿性不仅与蜡状物质的含量有关,还与它在纤维上的分布状态有关。如果它在纤维表面形成的是一层连续的蜡状物质覆盖膜,就不易被润湿。一旦采用某种方法,破坏了这种连续性的覆盖膜,则无论蜡状物质去除与否,纤维都将具有一定的吸水性。

蜡状物质中脂肪酸一类的物质在热稀烧碱溶液中能发生皂化而溶解,再经水洗便可去除。其余的高级一元醇、碳氢化合物等因其化学性质比较稳定,需要借助乳化作用才能将它们去除。常用的乳化剂有洗涤剂、平平加等。另外,脂肪酸皂化后的产物也是煮练时乳化剂的来源之一。

棉织物经煮练后,吸湿性有了很大的提高,这一方面是织物上蜡状物质含量降低的缘故,另一方面与纤维表面蜡状物质覆盖状态遭到破坏有关。

蜡状物质的存在能使织物具有柔软的手感,还有利于起毛等加工,因此在有些织物如绒布等加工中,不需要过多地去除蜡质,只要轻度煮练就可以了。

3. 含氮物质的去除

棉纤维中的含氮物质主要以蛋白质的形式存在于纤维最内部的胞腔中。在热的烧碱作用下，蛋白质分子中的酰胺键发生水解断裂，产生可溶性的氨基酸钠盐而被去除。

4. 灰分的去除

灰分的主要组成是无机盐，其中包括硅酸、碳酸、盐酸、硫酸和磷酸的钾、钠、钙、镁和锰盐以及氧化铁等。灰分的含量和组成随纤维的成熟度而异，成熟棉纤维的灰分含量占1%~2%。无机盐的存在对纤维的吸湿性、白度和手感都有一定的影响，应该去除。灰分中水溶性无机盐在煮练的水洗过程中即可去除，而不溶性的无机盐则需经酸洗和水洗去除。

5. 色素的去除

棉纤维中的有色天然物质统称为色素。煮练对色素的去除作用很小，大部分要在漂白过程中除去。

6. 棉籽壳的去除

棉籽壳主要由木质素、单宁、纤维素、多糖类物质及少量蛋白质、油脂和矿物质组成，其中以木质素为主要成分。在煮练过程中，棉籽壳中的纤维素几乎不发生任何变化，而其他一些组分如油脂、单宁、蛋白质和一些多糖则可与烧碱发生作用，从而提高其在水中的溶解度，达到去除的目的。至于木质素，一方面，由于分子结构中酚羟基的存在，在煮练过程中可与碱液作用，使其相对分子质量下降，从而增大在烧碱中的溶解度而被去除；另一方面，在高温烧碱液长时间的作用下，棉籽壳发生溶胀变得松软，与织物的附着力降低，同时，由于部分成分已被解体，再经一定的机械作用便可从织物上脱落。此外，煮练液中加入亚硫酸氢钠，也能使木质素转变成易溶于水的木质素磺酸钠盐而被去除。一般来说，棉籽壳在煮练过程中是比较难以去尽的，但在以后的漂白过程中可进一步去除。

(二)煮练用剂

烧碱是棉织物煮练的主要用剂，此外，为了提高煮练效果，在煮练液中往往还要加入表面活性剂、硅酸钠、亚硫酸氢钠、磷酸三钠等助练剂。

1. 烧碱

棉布的煮练大都采用烧碱作为主练剂。烧碱在高温下可去除果胶质、含氮物质、蜡状物质中的脂肪酸、棉籽壳中的某些成分及部分无机盐等。烧碱的用量应视织物的品种、含杂情况、质量要求、所用设备等综合考虑。

2. 表面活性剂

为了提高织物的润湿性，以利于碱液的渗透，煮练液中常加入一些表面活性剂。煮练用表面活性剂，除要求有良好的润湿、净洗、乳化等作用外，还必须具有耐硬水、耐碱、耐高温的性能，并且与烧碱有协同效应。表面活性剂的选择以阴离子型表面活性剂与非离子型表面活性剂的复配物为好，它们具有协同效应，更能发挥助练效果。表面活性剂的用量不必很多，通常略高于它们的临界胶束浓度即可。

3. 硅酸钠

50%左右含量的液体硅酸钠，俗称水玻璃或泡花碱，分子式为 Na_2SiO_3。它能吸附煮练液中的铁质，防止织物产生锈渍和锈斑。同时，它还能吸附棉纤维中天然杂质的分解物，防止这些分解产物重新沉积在织物上，从而提高了织物的润湿渗透性和白度。但硅酸钠的用量一定要严格控制,不宜过多,并且煮练后必须充分水洗,否则会形成"硅垢",不仅会影响织物的手感,而且会在设备的管道及其他部位结垢。目前,许多企业在煮练过程中不再使用硅酸钠,而用非硅型螯合分散剂代替。

4. 亚硫酸钠

亚硫酸钠(或亚硫酸氢钠)具有还原作用。一方面,它能防止棉纤维在高温煮练时被空气氧化而形成氧化纤维素,导致织物的损伤;另一方面,它还能使木质素变成可溶性的木质素磺酸钠而溶于烧碱溶液中。特别是对低级棉织物的煮练,效果尤为显著。

此外,亚硫酸钠在高温条件下,略有漂白作用,对提高棉布的白度有利。

煮练漂白一浴法时,如用双氧水,不可加还原性的亚硫酸钠。

5. 磷酸三钠

磷酸三钠主要用于软化水,以去除煮练液中的钙、镁离子,提高煮练效果,并节省助剂用量。由于磷酸三钠溶于水后,增加了溶液的碱度,因此,可减少烧碱的消耗。

使用过程中要考虑磷对环境的影响,可用非硅非磷型螯合分散剂代替磷酸三钠软化水。

(三)煮练设备与工艺

棉布煮练设备按加工时织物的不同状态,可分为绳状煮练和平幅煮练两种。按煮练方式的不同又可分为连续式煮练和间歇式煮练两种。

1. 煮布锅煮练

煮布锅是一种使用较早的间歇式生产设备,织物以绳状形式进行加工。这种设备煮练匀透,除杂效果好,特别是对一些结构紧密的织物如府绸类织物,效果更为明显。煮布锅煮练品种适应性广,灵活性大,但由于它是间歇式的生产,生产率较低,劳动强度高,所以适用于小批量生产,目前已很少使用。

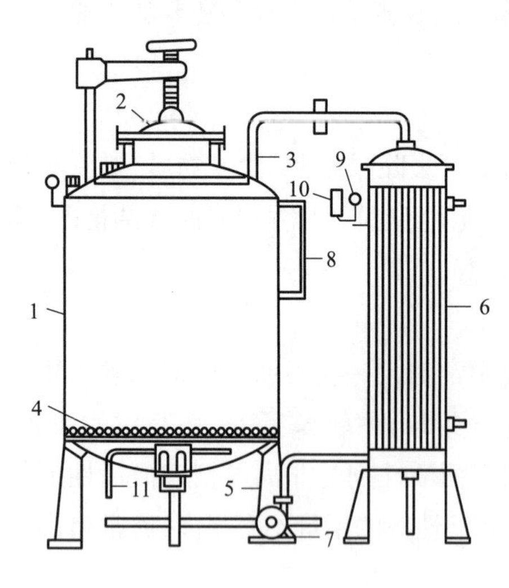

图 2-7 立式煮布锅

1—锅身 2—锅盖 3—练液淋洒管 4—假底 5—锅身支柱 6—加热器 7—循环泵 8—液面玻璃管 9—蒸汽压力表 10—安全阀 11—直接蒸汽加热管

煮布锅有立式和卧式两种,目前使用较多的是立式煮布锅。它是由圆筒形锅身、加热器、循环泵等组成,其结构如图 2-7 所示。

锅身是煮布锅的主体,用以堆放织物,以便进行煮练。锅身容积常以容布的重量计,如 2t、3t 等。锅内上部装有淋洒管,离锅底不远处装有假底(由许多小孔的铁板组成)。假底上堆有卵石,煮练织物就堆放在卵石上,这样既可避免织物堵塞假底的小孔,又便于煮练液的循环。

假底下面装有直接蒸汽加热管,供煮练开始时加热练液用。锅身上部装有压力表、安全阀、排气管、液位指示管,下部装有排液管。加热器上下端分别与锅身上下相通,加热器内有数十根钢管,管内通煮练液,管外通蒸汽加热,经加热后的煮练液由锅内上部的淋洒管喷入锅内,煮练液通过织物层后由锅身下部的循环泵抽出，经过加热器加热后，再经淋洒管喷入锅内。煮练液如此上下不断循环，以达到均匀除杂的目的。

煮布锅煮练，织物先经轧碱，然后通过自动堆布器将织物均匀地堆入锅内。堆布完毕，加上压布板或采用其他方式将布压住，以防加入煮练液后布匹浮起和煮练液循环时将织物搞乱。然后将煮练液放入锅内，盖上锅盖，拧紧密闭。通入蒸汽加热，待锅内空气通过排气管排尽后，关闭排气阀，即可开始煮练。煮布锅煮练工艺如下。

工艺流程：

轧碱→进锅→煮练→水洗

工艺处方及条件：

轧碱：

烧碱	薄织物4~6g/L；厚织物8~10g/L
轧碱温度	40~50℃
轧液率	110%~130%

煮练(owf)：

烧碱	薄织物2.5%~3.3%；厚织物3%~4%
表面活性剂	0.5%~1%
亚硫酸氢钠	0~0.5%
水玻璃(36%)	0.5%~0.8%
磷酸三钠	0~1g/L
浴比	1：(3~4)
压力	0.177~0.206MPa(1.8~2.1kgf/cm^2)
温度	125~130℃
时间	薄织物3~5h；厚织物4~6h

owf是指对织物重量的百分比，即对织物重。

浴比是指加工物的质量(kg)与加工液的体积(L)之比。

2. 连续汽蒸煮练

连续汽蒸煮练可分为常压和高压两种，其中常压连续汽蒸煮练又可分为绳状和平幅两种。

(1)常压绳状连续汽蒸煮练。

①煮练设备。常压绳状连续汽蒸煮练设备可分为紧式和松式(低张力)两类。紧式绳状汽蒸设备即传统绳状浸轧汽蒸联合机，它是由多台绳状浸轧机和汽蒸容布器组成的。松式绳状汽蒸设备由浸渍槽、汽蒸容布器及松式水洗槽组成，其特点是浸渍槽、水洗槽均为松式，车速快，织物与水流成逆向运动，洗涤效率高。

绳状轧碱装置：紧式绳状连续汽蒸煮练设备的轧碱装置为传统的绳状浸轧机，它主要由浸渍槽、导布辊、轧液辊等组成，如图2-8所示。紧式绳状汽蒸煮练设备的浸渍槽与水洗槽相同，均是在紧式状态下浸轧、水洗，织物所受张力较大；松式绳状连续汽蒸煮练设备的轧碱装置由低张力绳洗机和绳状浸渍槽组成，其特点是张力小，浸得透，带液多。

绳状汽蒸容布器:常见的绳状汽蒸容布器为"J"形箱,俗称伞柄箱,其结构如图 2-9 所示。

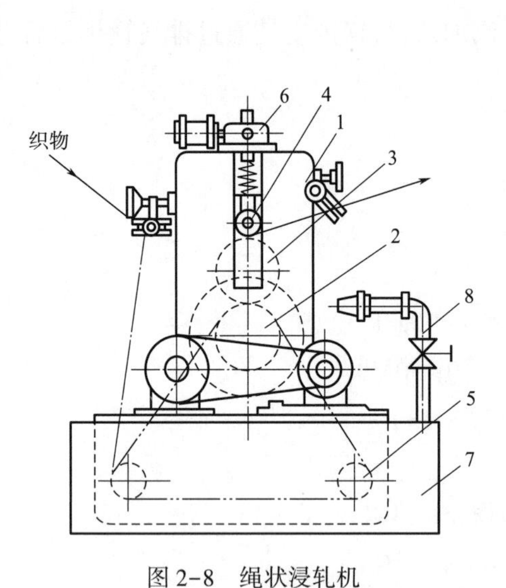

图 2-8 绳状浸轧机

1—机架 2—主动导辊 3—被动导辊 4—小轧液辊 5—轧槽导辊 6—加压装置 7—轧槽 8—喷水管

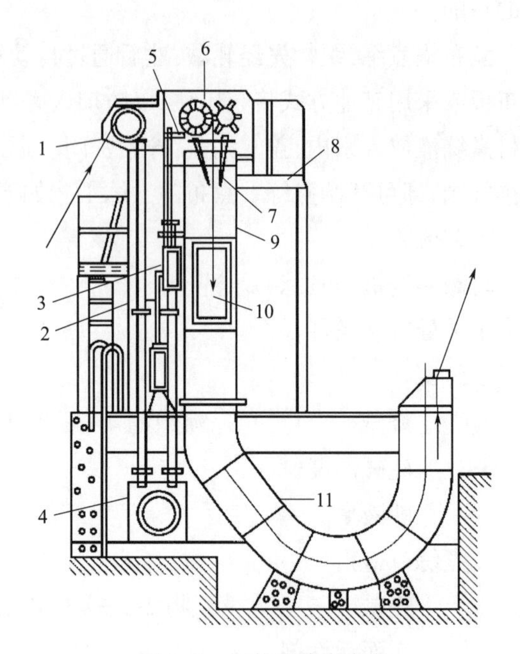

图 2-9 绳状汽蒸容布器

1—导布磁圈 2—加热管 3—热分配器 4—大槽轮箱 5—往复摆动装置 6—导布辊 7—摆布斗 8—工作台 9—J 形直箱 10—玻璃观察窗 11—J 形弯箱

J 形箱的箱体是由直箱和弯箱两部分组成的。J 形箱内衬表面光滑的不锈钢板,以防止织物被擦伤,外包石棉网保温。箱体上的导布辊牵引织物入箱,并通过摆布斗使织物按纵向均匀地堆放在箱内。箱外有一往复摆动的导布磁圈,使织物横向均匀堆放。堆放时应注意堆置高度,避免由于堆置过高而影响导布装置的正常运转,同时还要防止织物翻倒缠结而难以拉出。

绳状汽蒸容布器的加热方式有两种。一种是容布器中直接通入饱和蒸汽,称为内加热式;另一种是在容布器前的管形(或 U 形)加热器中通入饱和蒸汽,通过加热管上的小孔将饱和蒸汽分散喷射到织物上,通常称为外加热式。织物经加热后,温度迅速提高,并带有饱和蒸汽,进入伞柄式容布器进行汽蒸。

②煮练工艺。棉织物经退浆和充分水洗后,即可进入绳状连续汽蒸煮练联合机进行加工。其煮练工艺如下。

工艺流程:

轧碱→汽蒸→(轧碱→汽蒸)→水洗

工艺处方:

紧式绳状煮练:

烧碱	薄织物 20~30g/L;厚织物 30~40g/L
渗透精练剂	薄织物 3~5g/L;厚织物 4~18g/L

亚硫酸氢钠 0~5g/L

磷酸三钠 0~2g/L

松式绳状煮练:

烧碱 薄织物 16~20g/L;厚织物 20~24g/L

渗透精练剂 薄织物 3~5g/L;厚织物 5~10g/L

亚硫酸氢钠 0~5g/L

磷酸三钠 0~2g/L

工艺条件:

碱液温度 70~80℃

汽蒸温度 100~102℃

汽蒸时间 紧式 60~90min;松式 90~120min

车速 紧式 80~180m/min;松式 120~250m/min

紧式绳状汽蒸煮练一般需两次轧碱汽蒸,才能有效地去除杂质;松式绳状汽蒸煮练除坯布质量较差及厚重织物需经两次轧碱汽蒸外,一般织物经一次轧碱汽蒸即可达到煮练要求。第二次轧碱的浓度略低于第一次,约为第一次碱液浓度的70%左右。

汽蒸时应直接使用饱和蒸汽,若使用过热蒸汽加热,则过热蒸汽应经给湿成饱和蒸汽后再使用,否则过热蒸汽直接喷向织物,易造成局部蒸干,致使织物产生斑渍,甚至脆损。织物经轧碱汽蒸后,必须及时地充分水洗,以将膨化分解的杂质及剩余的烧碱一同洗除,确保煮练效果。绳状连续汽蒸煮练时,因织物以绳状堆积于J形箱内,并沿其内壁滑动,极易产生擦伤和折痕,所以不适宜如卡其类等厚密织物。

(2)常压平幅连续汽蒸煮练。常压平幅连续汽蒸煮练是目前使用最广泛的工艺。对于紧密厚重的棉织物(如卡其)来说,如果采用绳状加工,不但煮练不容易匀透,而且在加工过程中极易造成擦伤、折痕等疵病,染色时造成染疵,所以这类棉织物往往采用平幅煮练。

常压平幅连续汽蒸煮练的设备类型较多,但一般都由浸轧装置、汽蒸箱和平幅水洗装置三大部分组成。由于平幅连续汽蒸煮练设备同样也适用于退浆和漂白,所以又被称为平幅连续汽蒸练漂机。

浸轧装置主要由浸渍槽和轧车两大部分组成。织物先在浸渍槽内浸渍加工液,然后再经轧车均匀轧压,以控制织物上的带液率。

汽蒸箱又称大型容布箱,织物经浸轧煮练液后即进入这些容布箱中,在一定温度下堆置一定时间,以使煮练液中的化学试剂与织物上的杂质充分反应,达到煮练的目的,同时也保证了生产的连续化。汽蒸箱有J形箱式、履带式、辊床式、R形箱式、全导辊式、叠卷式、翻板式等多种形式。

下面就一些生产中常用的平幅汽蒸煮练机分别做一一介绍。

①J形箱式。J形箱式平幅连续汽蒸练漂机由浸轧装置、汽蒸容布箱及水洗部分组成,如图2-10所示。J形平幅汽蒸箱的结构和运转情况与绳状连续汽蒸煮练设备相似。其区别在于汽蒸箱中织物是以平幅状态堆积的,织物加热是由饱和蒸汽通过进布处的多孔加热板分散喷射到

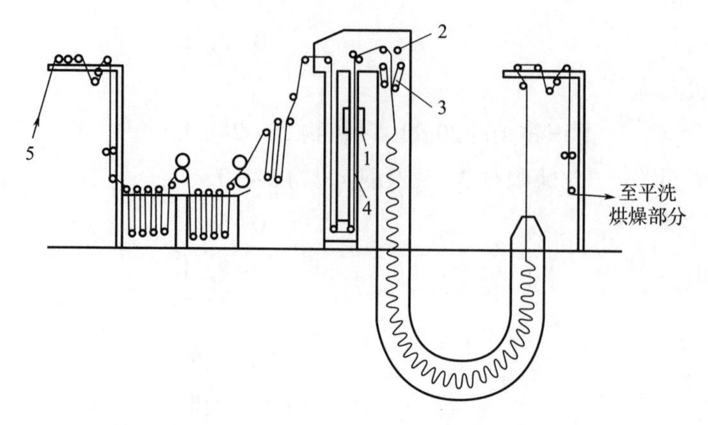

图 2-10　J 形箱式平幅连续汽蒸练漂机

1—蒸汽加热器　2—导布辊　3—摆布器　4—饱和蒸汽　5—织物

平幅织物上。由于J形箱中堆积的布层较厚,所以织物横向容易产生压折痕和擦伤,因此对染色要求较高的品种不宜采用这种设备进行加工。

②履带式。履带式平幅连续汽蒸练漂机由浸轧槽、履带式汽蒸箱及平洗槽等组成。其汽蒸箱(L-Box)结构简单,操作方便,品种适应性强,织物不易擦伤。由于堆积布层较薄,织物受到的压力较小,因此,横向折皱程度较J形箱轻,汽蒸效果较好,但加工厚密织物时产生的横向折皱,有时会影响其染色产品的质量。履带式平幅连续汽蒸练漂机是目前应用较为广泛的练漂设备,但占地面积较大。

履带式汽蒸箱按层数分为单层和多层两种,分别如图 2-11 和图 2-12 所示。织物经平幅浸轧碱液后便进入汽蒸箱,先经短时间的回形穿布预热汽蒸,然后由摆布装置有规律而疏松地堆置在多孔的不锈钢履带上,织物随履带缓缓向前运行,与此同时,继续加热汽蒸。当织物由履带输送到出布口处,被出布辊牵引出箱。

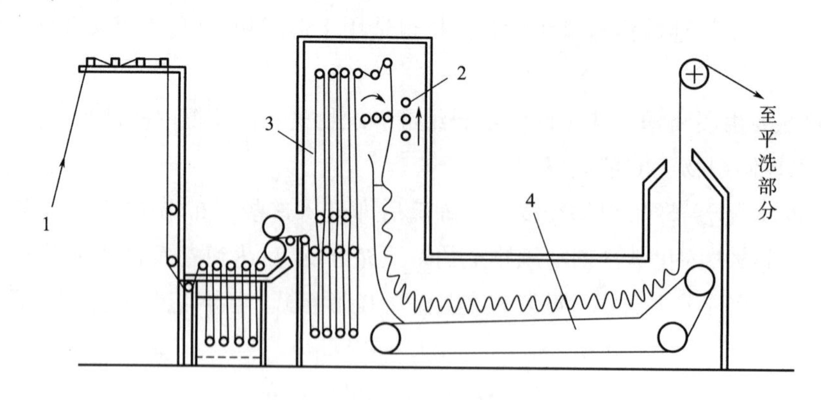

图 2-11　单层履带式汽蒸箱

1—织物　2—摆布器　3—加热区　4—履带

履带式汽蒸箱根据载运织物的履带结构不同可分为平板式、导辊式、导辊—履带式三种。

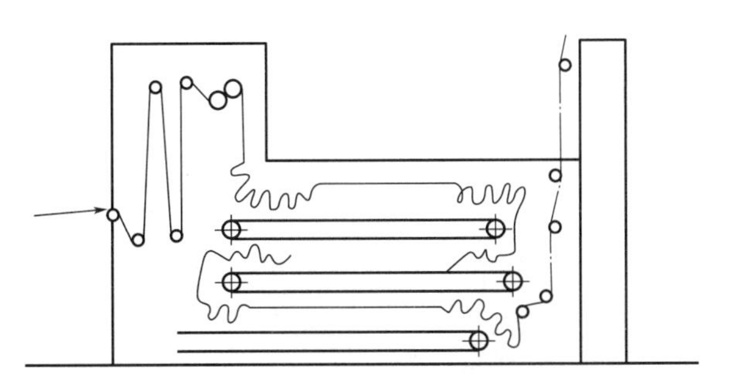

图 2-12 多层平板履带式汽蒸箱

平板式履带是由一条条具有多孔或多条缝隙的不锈钢薄板组成的,履带围绕在箱底的一排辊筒上,随辊筒的转动而缓慢向前移动,履带上的织物也随之向前运行。导辊式履带则是由多只主动的不锈钢导辊排列而成,导辊不能位移,只能借助各辊的缓慢回转而使堆置在辊上的织物缓缓运行。

导辊—履带式汽蒸箱(图 2-13)箱体上方有若干对上下导布辊,下方有松式履带,箱底还可储液。织物可单用导布辊紧式加工或单用履带松式加工,也可导布辊和履带松紧结合使用,所以该设备使用较灵活。

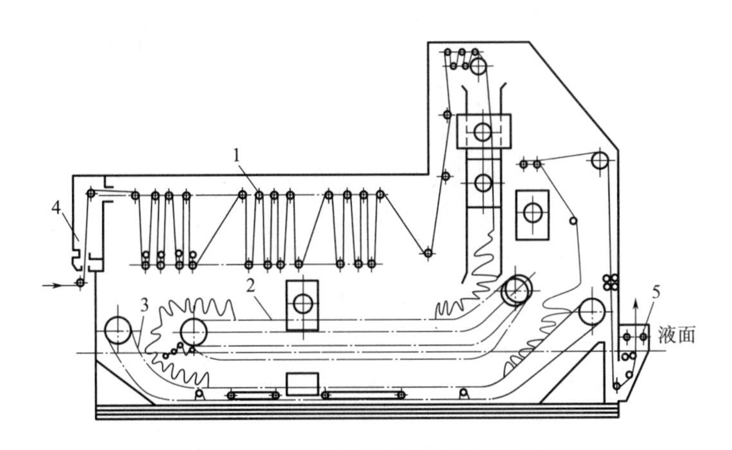

图 2-13 导辊—履带式汽蒸箱

1—导辊汽蒸区 2—上层履带 3—下层履带 4—进布汽封口 5—出布液封口

③辊床式。辊床式汽蒸箱(图 2-14)与平板式履带汽蒸箱的结构很相似,主要区别是将堆置织物的不锈钢履带换成了多只不锈钢导辊。导辊慢速回转,带动堆置于辊床上的织物缓缓前移,直至由出布辊牵引出机。由于辊床式汽蒸箱各辊筒不断缓慢回转,有助于改变织物与辊面的接触,因此可避免平板履带上织物与板面接触处常出现的汽蒸不匀和局部风干现象。与履带式汽蒸箱相比,辊床式汽蒸箱导辊较多,安装维修不便,密封要求较高。但操作方便,易于控制,汽蒸均匀,在前处理加工中被广泛使用。

④R 形箱式。R 形箱式连续汽蒸练漂机由浸渍槽、R 形汽蒸箱、平洗槽等组成,R 形汽蒸箱是该机的主要组成部分,其结构如图 2-15 所示。

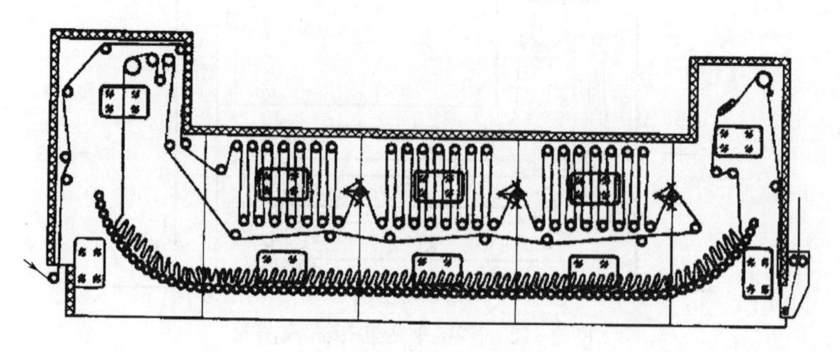

图 2-14　辊床式汽蒸箱

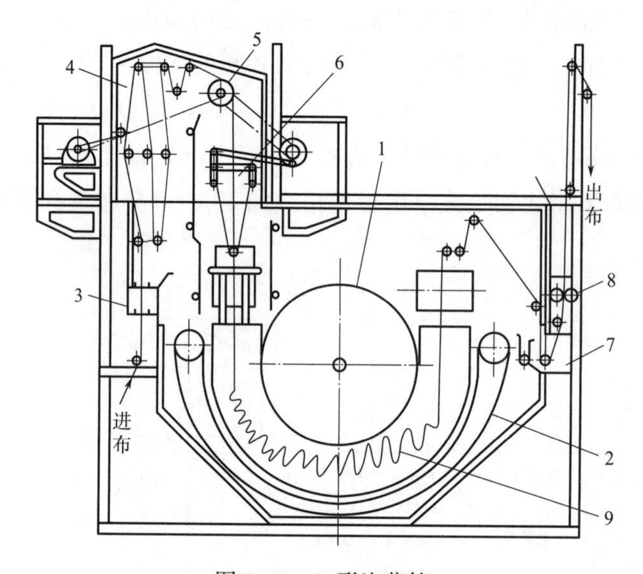

图 2-15　R 形汽蒸箱

1—中心圆孔辊　2—半圆网状履带　3—汽封口　4—汽蒸区
5—多角辊　6—落布斗　7—水封出口　8—轧液辊　9—织物

R 形箱式汽蒸练漂机是一种较新型的煮练汽蒸设备,主要由半圆形网状输送带和中心大圆孔辊组成。织物浸轧煮练液后,经 R 形箱内的预热区预热,由摆布装置均匀地堆在箱内圆形履带上,经缓慢转动后,织物逐渐转到 R 形箱底部,浸在煮练液中煮练。这种加工采用将液体煮沸的方式,既能使作用充分,又可保持一定的温湿度。它同时具有煮布锅煮练较透及连续汽蒸煮练效率高的优点,使被加工织物达到良好的煮练效果。但在连续加工的过程中,织物上的杂质不断溶于蒸箱内煮练液中,使煮练效果逐渐降低,且煮练时产生的压折痕较履带式稍重。

⑤全导辊式汽蒸箱。这是专为棉/氨纶弹性织物设计的前处理设备,其导辊式汽蒸箱如图 2-16 所示。汽蒸时,织物完全悬挂在上下导辊上,不用堆置。

常压平幅连续汽蒸煮练工艺举例如下。

工艺流程:

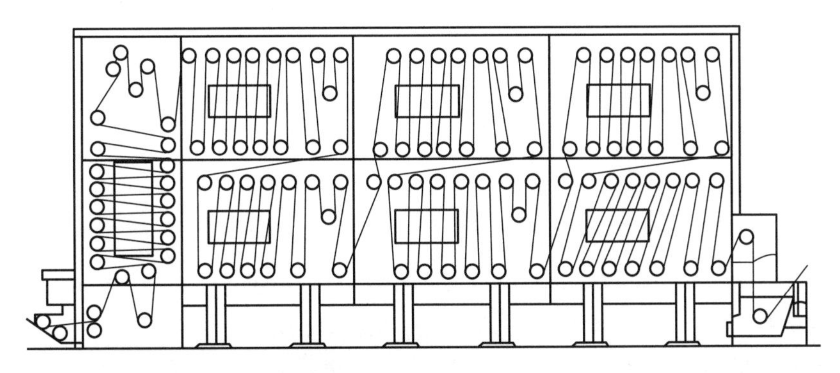

图2-16　全导辊式汽蒸箱

轧碱→汽蒸(→轧碱→汽蒸)→水洗

工艺处方:

烧碱	薄织物40~45g/L;厚织物45~60g/L
渗透精练剂	薄织物3~5g/L;厚织物6~8g/L
亚硫酸氢钠	0~5g/L
磷酸三钠	0~1g/L

工艺条件:

浸轧温度	85~90℃
轧液率	85%~90%
汽蒸温度	100~102℃
汽蒸时间	薄织物45~60min;厚织物60~90min

轧碱宜多浸多轧,以增加碱液的渗透,最后一道轧车压力要小,以增加织物带液量,有利于提高煮练效果。煮练后的织物一定要充分水洗,以去除各种杂质,保证煮练质量。

(3)高温高压平幅连续汽蒸煮练。高温高压平幅连续汽蒸煮练设备与常压设备一样主要由浸轧装置、汽蒸箱、平洗槽等组成,如图2-17所示。不同之处在于汽蒸箱的结构和要求,它除

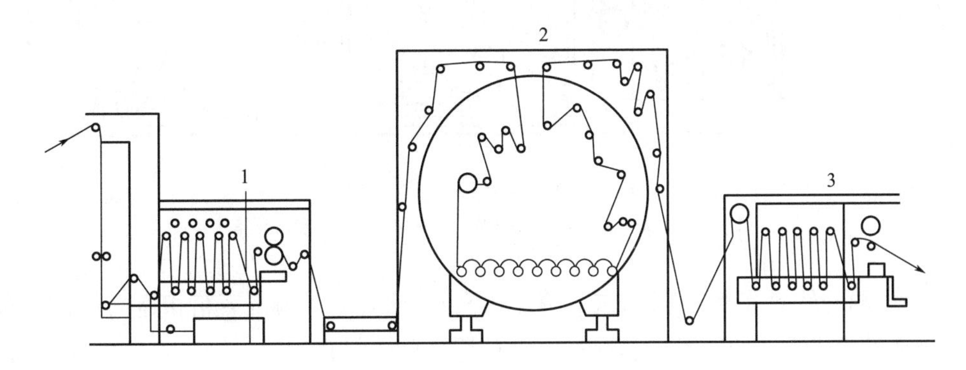

图2-17　高温高压平幅连续汽蒸练漂机

1—浸渍槽　2—高温高压汽蒸箱　3—平洗槽

了要求汽蒸箱箱体能耐高温、高压外,还要求汽蒸箱具有耐磨的封口和较高的密封程度,以确保汽蒸箱的压力和温度。

高温高压平幅连续汽蒸煮练工艺如下。

工艺流程:

轧碱→汽蒸→水洗

工艺处方:

烧碱	薄织物 25~30g/L;厚织物 35~45g/L
渗透精练剂	薄织物 4~6g/L;厚织物 6~8g/L
亚硫酸氢钠	0~5g/L
磷酸三钠	0~1g/L

工艺条件:

浸轧温度	85~90℃
轧液率	85%~90%
汽蒸温度	薄织物 120~130℃;厚织物 130~138℃
汽蒸时间	薄织物 2~3min;厚织物 3~5min

高温高压平幅连续汽蒸煮练加工速度快,生产周期短,品种适应性广,产量高,质量好,劳动强度低。但由于加工时间短,棉籽壳仅呈膨化状态,去除效果较差。

3. 半连续式煮练

(1)轧卷式汽蒸煮练。轧卷式汽蒸练漂机是一种半连续性的平幅汽蒸设备,由浸轧装置、汽蒸箱和可移动的布卷汽蒸箱(车)组成,如图 2-18 所示。

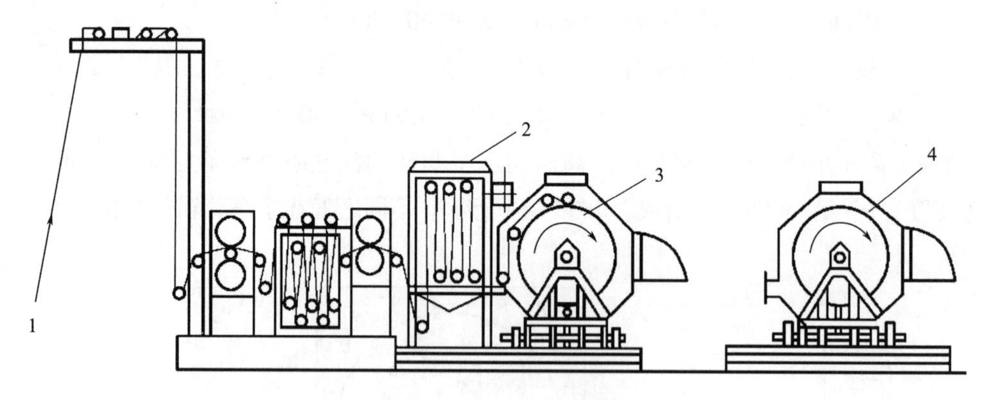

图 2-18 轧卷式汽蒸练漂机

1—织物 2—汽蒸箱 3—布卷 4—可移动的布卷汽蒸箱

织物经平幅浸轧煮练液后,进入汽蒸箱加热汽蒸,接着进入与汽蒸箱相连的可移动布卷汽蒸箱,织物在卷绕成布卷的同时继续汽蒸。待布卷绕至一定直径时,暂停运转,扯断织物缝头,将可移动布卷汽蒸箱移开,并使该布卷继续在汽蒸箱内回转汽蒸至规定时间,然后送到平洗机退卷、水洗。

轧卷式汽蒸练漂机结构简单，灵活性强，能适应多品种、小批量生产，织物平整无折痕，但生产不连续，操作较麻烦，有时布卷内外层会产生练漂不匀。

轧卷式汽蒸煮练工艺举例如下。

工艺流程：

轧碱→（紧式湿蒸）→汽蒸（→轧碱→汽蒸）→水洗

工艺处方：

烧碱	薄织物 30～40g/L；厚织物 40～50g/L
渗透精练剂	薄织物 2～4g/L；厚织物 4～6g/L
亚硫酸氢钠	0～5g/L
磷酸三钠	0～1g/L

工艺条件：

浸轧温度	85～90℃
轧液率	85%～90%
汽蒸温度	100～102℃
汽蒸时间	薄织物 90～120min；厚织物 120～150min

轧卷式汽蒸煮练在轧碱后增加一只蒸箱（最好能蒸 2～4min），使各助剂在织物内匀透，有利于提高煮练质量。薄织物轧碱汽蒸一次即可；厚织物为保证煮练质量，一般应轧碱汽蒸两次。轧卷汽蒸时，布卷应以 7～8m/min 的速度转动，速度过快，煮练液会离心泳移。

（2）冷轧堆煮练。冷轧堆煮练是在室温下的煮练过程，具有设备简单、占地面积小、节约能源等优点，适用于小批量、多品种的生产。冷轧堆煮练工艺的设备如图 2-19 所示。织物经平幅浸轧煮练液后立即打卷，并用塑料薄膜包好，在缓慢转动下堆放一定的时间（12～24h），然后送至平洗机水洗。冷轧堆工艺适应性强，可用于退浆、煮练和漂白一步法的短流程工艺，或退浆后织物的煮练和漂白一步法加工以及退浆和煮练后织物的漂白加工。冷轧堆的前处理工艺将汽蒸堆置改为室温堆置，极大地节省能耗，但室温堆置时，工作液中化学药品的浓度比汽蒸法要高。

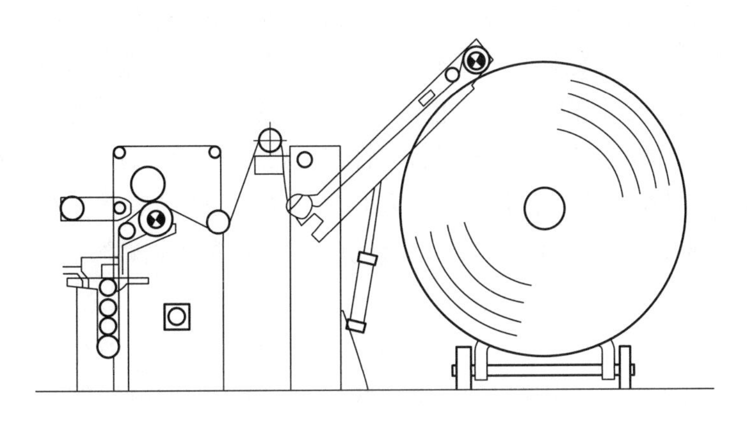

图 2-19　冷轧堆煮练工艺设备示意图

4. 几种常用煮练设备与工艺的比较

不同的煮练设备和工艺,各有其优点和适应性,但总的趋势是向连续化、自动化、高速、高效发展。现将几种常用煮练设备和工艺比较列于表2-2中。

表2-2 几种常用煮练设备和工艺的比较

煮练设备和工艺	加工方式	煮练质量	劳动生产率	适应品种
煮布锅煮练	绳状、间歇	去杂效果好,尤其对棉籽壳去除效果更突出,但均匀度稍差。对厚重织物易产生局部性煮练不透、压皱印等疵病	劳动强度大,生产效率低	各类棉布
绳状连续汽蒸煮练	一般双头、绳状、连续	去杂效果良好、质量均匀,布面平整度差,易产生压皱印	劳动强度低,生产效率高	适宜一般棉织物加工,不宜加工厚重织物
平幅轧卷汽蒸煮练	单头、平幅、半间歇式	去杂效果良好、布面平整,卷内外煮练效果不一致	劳动强度大,生产效率低	各类棉布
平幅连续汽蒸煮练	单头、平幅、连续	去杂效果良好、煮练均匀,易产生横向折皱	劳动强度低,生产效率高	各类棉布
高温高压平幅连续汽蒸煮练	单头、平幅、连续	去杂效果良好、煮练均匀、布面平整	劳动强度低,生产效率高	各类棉布

(四)煮练工艺分析

影响煮练效果的因素很多,包括纤维材料的来源与含杂情况、煮练液的组成、工艺条件的控制及煮练设备的选择等,其中纤维及设备的性能、煮练液的组成在前面的内容中都进行了讨论,在此重点分析影响煮练效果的主要工艺因素。

1. 烧碱溶液的浓度

烧碱是棉织物煮练过程中的主要用剂,其用量的多少将直接影响煮练的效果。在用烧碱溶液进行煮练的过程中,一方面棉纤维本身能吸附一定量的碱,例如,在浓度为1%的烧碱溶液中,100g棉纤维本身能吸附1~2g的烧碱;另一方面棉纤维中的杂质也要消耗一定量的碱,例如,每100g棉纤维上的杂质共耗碱1.5~1.7g。一般棉布煮练时,烧碱的用量为布重的2.5%~3.7%。但为了获得比较满意的煮练效果,防止与烧碱作用后的杂质重新黏附到织物上,在煮练废液中烧碱的含量应为3~4g/L,故烧碱的实际用量相当于布重的3%~4%。

在实际生产中,烧碱的用量应视纤维的含杂情况、煮练方式及对产品的质量要求等方面综合考虑。一般而言,用煮布锅煮练时,当浴比为1∶(3~4)时,烧碱溶液的浓度为10~15g/L;在采用常压连续汽蒸煮练时,由于温度较低、时间较短,因此应提高烧碱溶液的浓度,一般为25~50g/L。

2. 煮练温度

温度是影响煮练过程中化学反应的重要因素之一。提高煮练温度,可大大加快烧碱与天然杂质的反应速率,有利于杂质的去除。表2-3中列举了不同煮练温度对棉纱杂质的去除情况的影响。

表2-3 不同煮练温度下棉纱中杂质的去除情况

煮练温度/℃	煮练失重率/%	蜡质含量/%	煮练温度/℃	煮练失重率/%	蜡质含量/%
50	4.1	0.49	125	7.0	0.20
100	5.2	0.36	135	7.2	0.18
115	6.9	0.21	140	7.1	0.17

注 烧碱浓度为1%,煮练时间为6h。

由表2-3可知,煮练温度在100~140℃时,棉纱失重变化不大,但蜡质的含量却随温度的升高而比较显著地下降。这说明在100℃左右煮练时,棉纤维中的大部分杂质都可以去除,而且提高煮练温度对蜡质的去除是有利的。实际生产中,一般煮布锅煮练的温度为130~135℃;常压连续汽蒸煮练的温度为100~102℃;高温高压煮练的温度为130~140℃。

3. 煮练时间

煮练时间与煮练温度有密切的关系。温度高,时间可短;温度低,时间可长。如时间过短,煮练不充分,匀透性较差;时间过长,则会影响织物的强力,造成热能浪费,成本增加。一般来说,煮布锅煮练的时间为3~5h;常压连续汽蒸煮练的时间为1~1.5h;高温高压煮练的时间为3~5min。

(五)煮练效果的评定

棉布的煮练效果包括织物的外观和内在质量。外观主要是白度和练疵,白度可通过白度仪测定,练疵则通过人工检测。

内在质量主要指织物的吸湿性和纤维的损伤。煮练后棉布的吸湿性常用毛细管效应(简称毛效)来衡量,即将棉布的一端垂直浸在水中,测量30min内水在织物中上升的高度。煮练对毛效的要求随品种不同而异,一般棉机织物煮练后要求其毛效达到8~10cm/30min。

织物在煮练去杂的同时会受到化学品的侵蚀而导致纤维的损伤,织物受损的程度可用煮练前后织物的强力变化来衡量,也可用铜氨流度来表示。

五、漂白

棉织物经过煮练后,织物的吸湿性有了一定的提高,但天然色素依然存在,这不仅影响织物的白度,而且也影响染色和印花织物的色泽鲜艳度。因此,除少数品种外,一般棉织物经退浆、煮练后,还要经过漂白加工。

漂白是前处理的主要工序,它不仅能去除织物上的色素,提高织物的白度或色泽鲜艳度;同时也可去除织物上残留的其他杂质如棉籽壳、蜡质等,从而进一步提高棉织物的吸湿性。

常用的漂白剂主要有两大类,即还原型漂白剂和氧化型漂白剂。还原型漂白剂如亚硫酸钠、连二亚硫酸钠(保险粉)等,主要通过还原作用破坏色素而达到漂白的目的,但效果不稳定。它们的漂白制品在空气中长久放置后,已被还原的色素会重新被氧化而复色,以致织物白度下降,所以已很少使用。氧化型漂白剂有多种,如过氧化氢、次氯酸钠、亚氯酸钠、过硼酸钠等,实际生产中以过氧化氢使用最为广泛。次氯酸盐虽价廉且使用方便,但因 AOX(可吸附有机卤化物)的污染问题以及难以应用于煮漂一浴工艺,其应用日趋减少。亚氯酸钠也因环保及设备腐蚀问题,使其应用受到限制。氧化型漂白剂主要通过氧化作用来破坏色素,因此在破坏色素的同时,还可能造成纤维的损伤。

织物的漂白方式主要有浸漂、淋漂和轧漂三种。浸漂是将织物浸在漂液中进行漂白;淋漂是将织物放在槽中,漂液不断循环淋洒在织物上;轧漂是将织物浸轧漂液后,经堆放或汽蒸一定时间,达到漂白的目的。目前棉机织物的生产中多采用轧漂进行连续加工。

棉织物染整加工的品种很多,各品种对练漂前处理的要求也各不相同,例如,漂白布对白度的要求较高,而色布和花布则对织物的吸湿性要求较高。生产中应根据不同产品的不同要求来选择漂白的方式方法,制定漂白工艺。如漂白品种一般进行两次漂白或增白,而色布、花布多数只经过一次漂白便可达到要求等。

(一)过氧化氢漂白

过氧化氢又称双氧水,分子式为 H_2O_2,是一种较强的氧化剂,也是一种优良的氧化性漂白剂。双氧水漂白产品的白度和白度稳定性都较次氯酸钠漂白产品好,且纤维损伤较小。在氧漂过程中,无有害气体产生,有利于环境保护。但双氧水的价格较次氯酸钠贵,成本较高。

由于氧漂是在碱性条件下进行,温度又较高,所以它对退浆和煮练的要求较低,有利于退、煮、漂的连续化。但双氧水漂白对设备的要求较高,以采用不锈钢材料为宜。

双氧水既可用于纯棉及其混纺织物的漂白,同时又广泛用于其他纤维尤其是合成纤维及其混纺织物的漂白。它可以单独使用,也可以联合漂白,如氯—氧双漂等。另外,双氧水漂白能采用多种加工工艺,如浸漂、淋漂、轧漂等。双氧水可与碱退浆、碱煮练同浴处理,将两个工序或三个工序合为一步,进行短流程煮漂一浴法或退煮漂一浴法前处理。

1. 过氧化氢的性质及其漂白原理

(1)过氧化氢的性质。过氧化氢是一种无色无味的液体,可与水以任意比例混合,市售浓度一般为 27.5%、30%、35%,甚至高达 50%。染整生产中常用的浓度为 27.5%~35%。浓度高于 60%和温度稍高时,遇有机物易引起爆炸。

过氧化氢的性质极不稳定,在放置过程中会逐渐分解,放出氧气。如受热或光照,过氧化氢分解更快。

$$2H_2O_2 \longrightarrow 2H_2O+O_2\uparrow$$

过氧化氢是一种弱二元酸,在水溶液中可按下式电离:

$$H_2O_2 \rightleftharpoons H^++HO_2^- \quad K_1=1.55\times10^{-12}$$

$$HO_2^- \rightleftharpoons H^++O_2^{2-} \quad K_2=1.0\times10^{-25}$$

生成的 HO_2^- 不稳定,它可按下式进行分解:

$$HO_2^- \longrightarrow OH^-+[O]$$

同时,由于 HO_2^- 是一种亲核试剂,它可引发过氧化氢分解,形成游离基。其反应式如下:

$$H_2O_2+HO_2^- \longrightarrow HO_2\cdot+HO\cdot+OH^-$$

或 $H_2O_2+HO_2^- \longrightarrow H_2O+HO\cdot+O_2$

过氧化氢也可发生自身分解，这个分解反应需要很高的活化能，按下式分解：

$$H_2O_2 \longrightarrow 2HO\cdot$$

由上述可知，过氧化氢溶液是一个成分复杂而又不稳定的溶液，随着溶液的 pH 值不同，溶液的组分及稳定性也发生变化。过氧化氢在碱性条件下极易分解，但在酸性条件下比较稳定。如图 2-20 所示。

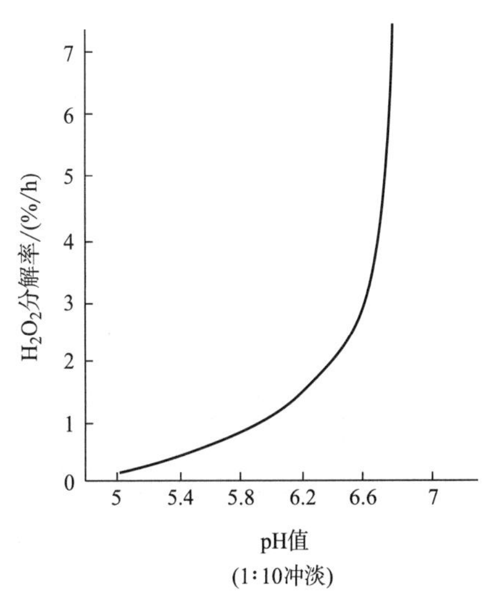

图 2-20　H_2O_2 稳定性与 pH 值的关系

由图 2-20 可知，在 pH 值较低时（$pH<5$），过氧化氢溶液较为稳定；当 pH 值接近 5 时，过氧化氢开始分解，并随着溶液 pH 值的增加，分解速率加快。所以，商品过氧化氢溶液中一般都加有硫酸或磷酸等作为稳定剂，使溶液的 pH 值维持在 4 左右。

过氧化氢的稳定性除了与溶液的 pH 值有关外，还受其他多种外界因素的影响。如某些金属（Fe、Cu、Mn 等）离子或金属屑可催化过氧化氢的分解，形成 $HO\cdot$、HO_2^-、$HO_2\cdot$ 及 O_2 等。某些生物酶（如过氧化氢分解酶）和极细小的带有棱角的固体物质以及粗糙的容器器壁等都对过氧化氢的分解有催化作用。以亚铁离子为例，对过氧化氢的催化分解反应式如下：

$$Fe^{2+}+H_2O_2 \longrightarrow Fe^{3+}+HO\cdot+OH^-$$

$$Fe^{2+}+HO\cdot \longrightarrow Fe^{3+}+OH^-$$

$$H_2O_2+HO\cdot \longrightarrow H_2O+HO_2\cdot$$

$$Fe^{2+}+HO_2\cdot \longrightarrow Fe^{3+}+HO_2^-$$

$$Fe^{3+}+HO_2\cdot \longrightarrow Fe^{2+}+H^++O_2$$

当有高价铁离子（Fe^{3+}）存在时，可被 HO_2^- 还原成亚铁离子：

$$Fe^{3+}+HO_2^- \longrightarrow Fe^{2+}+HO_2\cdot$$

铜和其他重金属离子也能发生类似的反应，其中铜离子的催化作用比铁和铬要大很多，如表 2-4 所示。

表 2-4　某些金属离子对 H_2O_2 分解的催化作用

H_2O_2 溶液中金属的含量/(mg/kg)	回流沸煮 1h 后 H_2O_2 的分解率/%	回流沸煮 3h 后 H_2O_2 的分解率/%
空白	0. 8	1. 1
铜 10	57. 4	96. 3
铁 10	2. 6	4. 6
铬 10	1. 5	8. 0

过氧化氢除了具有上述氧化剂的性质外，遇到比它更强的氧化剂，则又具有还原剂的性质。

例如,在酸性溶液中,与高锰酸钾可发生如下的反应:

$$2KMnO_4+5H_2O_2+3H_2SO_4 \longrightarrow 2MnSO_4+K_2SO_4+8H_2O+5O_2\uparrow$$

一般对双氧水做分析,就是基于这个反应机理。

(2)过氧化氢的漂白原理。过氧化氢对棉纤维的漂白是一个非常复杂的反应过程,在过氧化氢的诸多分解产物 $HO\cdot$、$HO_2\cdot$、HO_2^- 及 O_2 中,通常认为 HO_2^- 是起漂白作用的主要成分。其原理是:在碱性条件下,过氧化氢分解产生大量的 HO_2^-,HO_2^- 可与色素中的双建发生加成反应,使色素中原有的共轭系统被中断,天然色素的发色体系遭到破坏而消色,达到漂白的目的。此外,生成的 HO_2^- 是不稳定的,它可按下式进行分解,生成氢氧根离子和初生态氧,

$$HO_2^- \longrightarrow OH^-+[O]$$

这个初生态氧也可与色素中的双键发生反应,产生消色作用。

另外,也有可能通过双氧水分解生成的自由基破坏色素的结构,产生漂白作用。自由基不仅能破坏色素,而且还能氧化纤维素,使纤维受到损伤,特别是活性高的 $HO\cdot$。

双氧水漂白时,若漂液中有铜、铁等金属离子的存在,可使织物产生破洞。在有催化剂存在下,H_2O_2 分解产生 O_2,不仅使双氧水失去漂白作用,增加 H_2O_2 的消耗,而且 O_2 渗透到织物内部,在高温碱性条件下,使纤维素氧化而受到严重损伤,纤维的聚合度和强力均大大下降。所以在漂白过程中,应严格控制漂白条件,在有效地进行漂白的同时,尽量减少纤维的损伤。

2. 过氧化氢漂白工艺条件分析

在漂白工艺中,除了设备因素外,过氧化氢的浓度、漂液的 pH 值、温度、时间以及稳定剂是影响漂白质量的主要工艺参数。

(1)双氧水的浓度。双氧水浓度的选择应以既能达到一定的白度和去杂的效果,又要使纤维的损伤较小为原则。双氧水的浓度与漂白质量的关系见图 2-21。

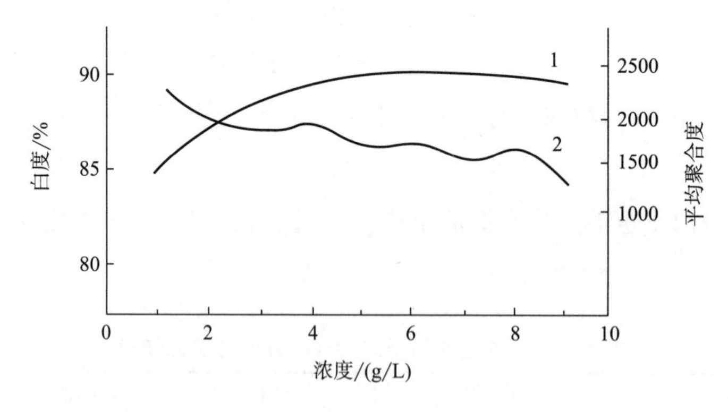

图 2-21 H_2O_2 浓度与织物白度、纤维聚合度的关系

1—白度 2—纤维聚合度

由图 2-21 可知,当双氧水的浓度小于 5g/L 时,随着双氧水浓度的增加,白度也逐渐增加。当双氧水浓度超过 6g/L 时,白度不但不再继续提高,反而纤维的聚合度却随之有较大的下降。在实际生产中,要根据织物品种、煮练情况、加工要求和加工设备等来确定双氧水的浓度。若煮

练效果差，白度要求高，则双氧水的浓度应增加；反之，双氧水浓度可减小。一般情况下，双氧水的浓度为2~6g/L（双氧水以100%计）。

（2）漂液pH值。漂液的pH值是影响双氧水漂白质量的重要因素之一。为了能更好地了解漂液pH值对漂白质量的影响，人们曾做过这样的实验：将14.6tex×14.6tex（40英支×40英支）已煮练过的纯棉府绸，在不同的pH值条件下进行漂白（漂液浓度为3g/L，温度为85℃，浸渍1h），然后测定漂白的质量和H_2O_2的分解率，其结果分别如图2-22至图2-25所示。

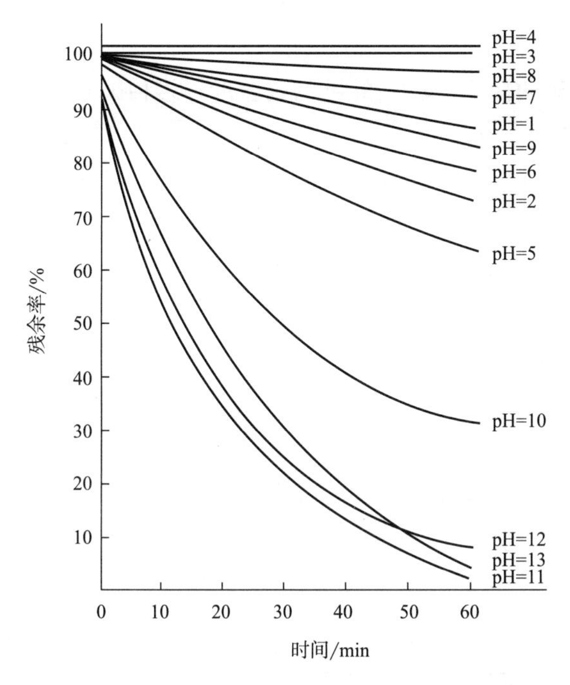

图2-22　漂液pH值对H_2O_2分解率的影响

（残余率与分解率成反比关系）

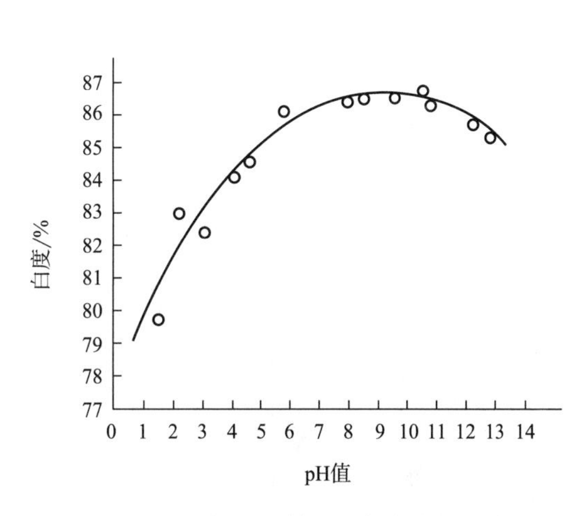

图2-23　漂液pH值对织物白度的影响

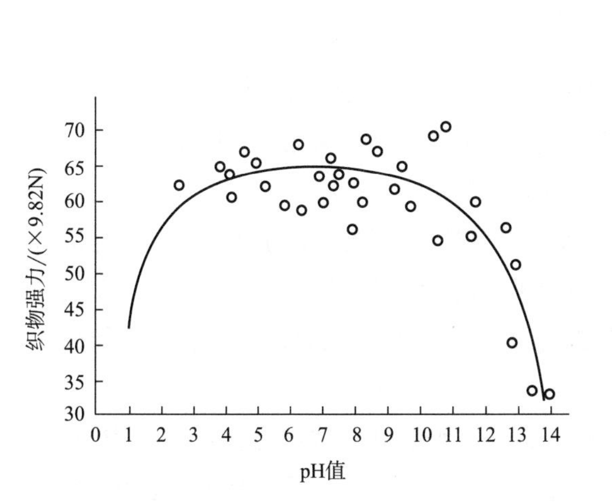

图2-24　漂液pH值对织物强力的影响

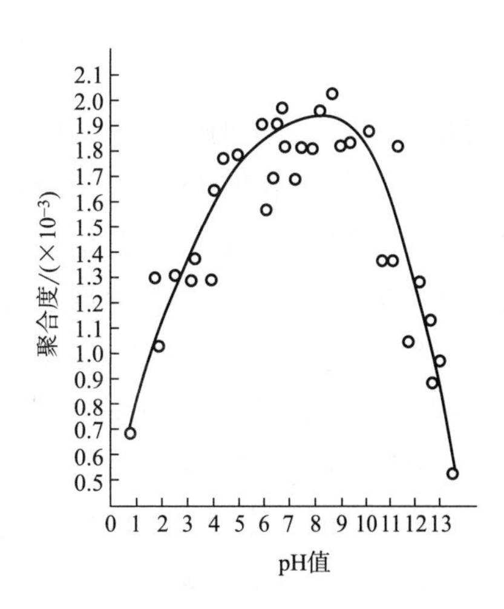

图2-25　漂液pH值对纤维聚合度的影响

从以上实验结果图示可知,双氧水漂液在酸性到弱碱性的条件下较为稳定,分解率较低;而在碱性较强的条件下,分解率较高,特别是 pH 值在 10 以上更为明显(图 2-22)。由于双氧水的分解率较难直接测定,所以可通过残余率来反映其分解率,两者成反比关系。从织物白度来看(图 2-23),漂液 pH<9 时,织物的白度随 pH 值的增大而提高;当 pH 值在 9~11,织物白度达到最佳水平;若进一步提高漂液 pH 值,织物的白度反而有下降趋势。从织物强力来看(图 2-24),pH 值小于 3 或大于 10 时,织物强力明显降低;而 pH=3~10 时,织物强力较高,且变化也不大。但从纤维聚合度的影响来看(图 2-25),pH=3~6 时,虽然织物的强力较高,但纤维的聚合度较低,其原因可能是存在潜在损伤。

综上所述,综合考虑双氧水的分解速率、织物的白度、强力、纤维的聚合度等多种因素及实际生产中加入助剂的影响,漂液 pH 值控制在 10~11 为宜。

(3)漂液温度。漂液温度是影响双氧水漂白质量的又一重要因素。在室温下双氧水的漂白速率比较缓慢,漂白时间较长。提高漂液温度,能加快双氧水的分解速率,提高织物的白度,并且对棉纤维的损伤也不大,如图 2-26 所示。因此,双氧水漂白一般在 90~100℃ 的高温条件下进行。

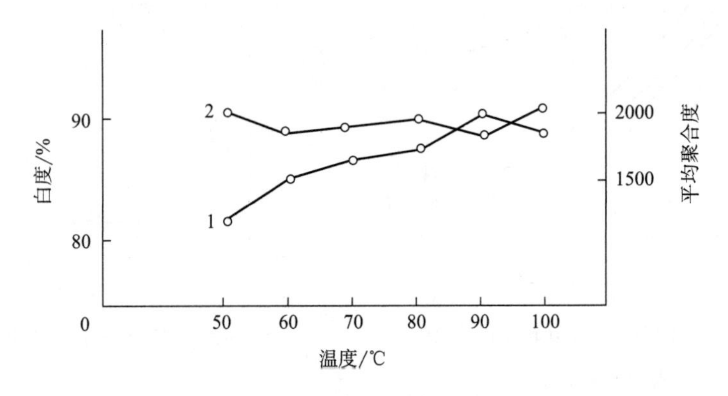

图 2-26 H_2O_2 漂白温度与织物白度、纤维平均聚合度的关系

1—白度 2—聚合度

当温度为 90~100℃时,双氧水的分解率达 90%,白度最高;而温度为 60℃时,分解率仅为 50%左右。如果使用双氧水低温分解促进剂,60℃分解率可达到 80%左右,实现低温漂白。

如果采用高温高压汽蒸法,温度为 130~140℃,时间仅需 1~2min。

(4)漂白时间。漂白时间与温度密切相关,两者相互制约,一般温度高,时间短;反之,温度低,则时间长。在实际生产中,若采用冷漂工艺,室温堆置时间常在 12h 以上,甚至 24h 左右;若采用汽蒸工艺,漂白时间只需 60min 左右,时间太长,反而使白度降低;如采用高温高压漂白,则时间缩短到数分钟,一般为 1~2min。

(5)稳定剂。为了保持双氧水的稳定性,一般商品双氧水溶液里都加有大量的酸作为稳定剂。因此双氧水漂白时要加入碱剂,以活化双氧水,加速双氧水分解。但过量的碱会使双氧水分解反应过剧,对漂白不利。因此,实际生产中,为了控制其反应速率,常常添加一定量的氧漂稳定剂,使双氧水分解和稳定达到平衡,从而有利于漂白。

如前所述,双氧水在受到一些物质如金属离子、重金属屑、酶、有棱角的固体等的催化作用下,极易发生剧烈的分解。虽然这些分解有的也能加速织物漂白作用,但有的并无漂白作用,反而还会加速纤维素的降解、损伤,特别是造成局部白度不均匀的现象。为了阻止这些催化剂的催化作用,使双氧水在规定的时间内均匀有效地分解,生成对漂白有效的成分,在漂液中常加入适量的氧漂稳定剂。表 2-5 列举了铜离子对双氧水的催化分解作用以及硅酸钠在双氧水漂白中所起的稳定作用。

表 2-5 铜离子对双氧水的催化分解作用及硅酸钠对双氧水的稳定作用

漂液 \ 样品	样品 Ⅰ	样品 Ⅱ	样品 Ⅲ
H_2O_2/(g/L)	1.5	1.5	1.6
Na_2SiO_3/(g/L)	7.0	—	—
Na_2CO_3/(g/L)	1.7	1.7	1.7
NaOH/(g/L)	0.5	—	—
$CuSO_4$/(g/L)	—	—	1
2h 后 H_2O_2 浓度/(g/L)	0.63	0.15	—
纤维素流度/$(Pa \cdot s)^{-1}$	3.5	4.3	8.5
白度/%	95.0	93.1	84.5

注 流度即黏度的倒数,纤维素的流度原值为 2.5$(Pa \cdot s)^{-1}$。

从表 2-5 的实验结果来看,铜离子虽然有促进双氧水分解的作用,但织物白度并不高,而且还加剧了纤维素的损伤。样品 Ⅰ 漂液的碱性虽然高于样品 Ⅱ,但双氧水的分解率和纤维素的流度都比较低,而且织物的白度较高,可见,硅酸钠对双氧水的稳定作用是非常明显的。作为双氧水漂白的稳定剂,除具有良好的稳定作用外,还必须耐碱、耐高温、耐氧化。常用的稳定剂主要有:

①硅酸钠。硅酸钠水溶液又称水玻璃。它的组分 Na_2O 和 SiO_2 有不同的分子比,漂白用水玻璃 $Na_2O : SiO_2$ 约为 1 : 3.3。硅酸钠对双氧水的分解有较好的稳定作用,其原理一般认为:硅酸盐的基本结构单元为硅氧四面体,由单个硅氧四面体形成的正硅酸盐构成的二聚体有链状、平面及空间多种结构,而水玻璃以链状结构为主。两个平行的分子链相互结合形成两个八面体空间,铁、锰等重金属也是八面体结构,于是这些重金属离子便可与硅链紧密结合,从而失去了对双氧水分解的催化作用。

然而,硅酸钠对双氧水的稳定作用只有在适量的钙、镁离子存在时才比较显著。为此,前人曾做如下试验:在 H_2O_2 浓度为 8.2g/L、Fe^{3+} 含量 lmg/Kg、pH 值为 11、温度(100±1)℃的条件下,分别测定有镁盐和无镁盐存在时,硅酸钠对双氧水分解的稳定作用,结果如图 2-27 所示。

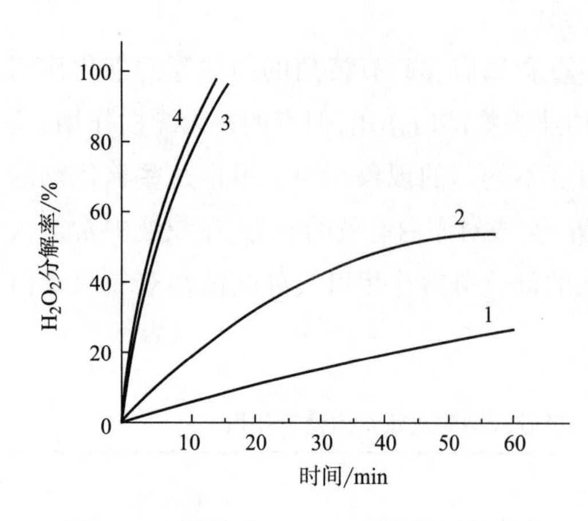

图 2-27　镁盐对 Na_2SiO_3 稳定作用的影响

1—含 Mg^{2+} 47.3mg/kg，Na_2SiO_3 10g/L

2—含 Mg^{2+} 47.3mg/kg，Na_2SiO_3 5g/L

3—不含 Mg^{2+}，含 Na_2SiO_3 10g/L

4—不含 Mg^{2+}，含 Na_2SiO_3 5g/L

由图 2-27 可知，在漂液中若无镁盐存在(曲线 3、4)，双氧水的催化分解速率很快，而有镁盐存在时，硅酸钠对双氧水的分解有良好的稳定作用，这也说明了硅酸钠与镁盐联合使用的效果。硅酸钠与漂液中的 Ca^{2+}、Mg^{2+} 生成具有多孔性海绵状网状结构的共生胶体，能吸附重金属离子和其他杂质，从而达到稳定双氧水的目的。所以，双氧水漂白时可使用硬水，若使用软水，则需要加入 0.1～0.2g/L 硫酸镁。

实验证明，硅酸钠的浓度越高，稳定作用也越大，但当浓度增加到一定程度后，稳定作用就没有明显变化了，相反会形成硅垢沉积在织物上，使织物的手感发硬。因此，硅酸钠的用量不可过多，一般控制在硅酸钠与双氧水的用量比为 2∶1。

在双氧水漂白时，硅酸钠既是氧漂稳定剂，又是碱剂。漂液中总碱量的 60%～80%由硅酸钠提供，其余的 20%～40%的碱则由氢氧化钠提供，并将漂液 pH 值调节至 10.5～11。

硅酸钠作为双氧水漂白的稳定剂有着许多优点，如双氧水的稳定效果好，产品白度好，使用方便，价格便宜，又可调节漂液的 pH 值，因此使用较为广泛。但硅酸钠易在织物和设备上生成坚硬、难溶的沉淀物，俗称“硅垢”，给清洗工作带来困难，而且易使织物造成擦伤、破洞和皱条痕等疵病，并且使织物手感粗硬，这是硅酸钠的一个很大缺点。为此，国内外对双氧水漂白的研究和改进，大都集中在寻找非硅型氧漂稳定剂，以彻底根除硅垢。

②非硅稳定剂。使用非硅稳定剂可以避免硅酸引起的硅垢问题，常用的非硅稳定剂有无机磷酸盐和有机多元膦酸盐等。有机多元膦酸盐多为有机螯合物，如乙二胺四亚甲基膦酸(EDTMP)和二亚乙基三胺五亚甲基膦酸(DTPMP)。它们有较好的稳定效果，不结垢，易于清洗，产品手感好，但织物的渗透性和白度不及硅酸钠。其稳定双氧水的机理是对重金属离子具有吸附作用和络合作用，使有催化作用的金属离子失去催化活性。

目前，非硅稳定剂已被许多工厂所接受，而它们通常是由多种有机螯合物、表面活性剂、溶剂、镁或钙盐及磷酸盐所组成，其用量一般为漂液用量的 0.5%～1.0%。

3. 过氧化氢漂白方式及工艺

过氧化氢漂白方式很多，可以连续化也可间歇式生产，可以高温汽蒸也可冷漂，可以绳状也可平幅漂白。具体应用哪种方式应视设备条件、加工品种和质量要求而定。目前，以连续汽蒸漂白应用最为广泛。连续汽蒸漂白工艺参考如下。

工艺流程：

浸轧漂液→汽蒸→水洗

工艺处方及条件见表 2-6。

表 2-6 双氧水漂白的工艺处方及条件

主要工艺流程	项目		纯棉织物	
			薄织物	厚织物
浸轧漂液	H_2O_2 的用量/(g/L)	绳状	2~2.5	3~4
		平幅	2~3	3~5
	稳定剂用量/(g/L)		4~6	5~8
	渗透剂用量/(g/L)		1~2	1~2
	烧碱用量/(g/L)		适量	适量
	pH 值		10.5~11	10.5~11
	轧液率(%)	绳状	110~130	110~130
		平幅	80~90	80~90
	浸轧温度/℃		室温	室温
汽蒸	温度/℃		95~100	95~100
	时间/min		45~60	45~60
水洗	平洗温度/℃		85~90	85~90

采用双氧水漂白,漂前织物不能带有重金属及其化合物,设备部件应采用不锈钢,因为铜、铁等重金属在高温下对双氧水分解的催化作用更为剧烈,易使织物产生破洞。使用硅酸钠为稳定剂,汽蒸后必须充分水洗(第一格平洗槽可加纯碱及洗涤剂各 2~3g/L),以免硅酸盐残留在织物上,影响织物的手感和毛效。

(二)次氯酸钠漂白

次氯酸钠价格便宜,操作方便,设备简单,适用于中低档织物的漂白,但由于环保的因素,已逐渐被过氧化氢所取代。

1. 次氯酸钠溶液的性质及其漂白原理

(1)次氯酸钠溶液的性质。次氯酸钠的分子式为 NaClO,它是无色或淡黄色并带有刺激性气味的液体,俗称漂白水,其漂白过程简称氯漂。

次氯酸钠浓度常用有效氯来表示,有效氯是指次氯酸钠加酸后所放出氯的量。商品次氯酸钠溶液一般含有效氯 10%~15%,此外,还含有一定量的食盐和烧碱及少量氯酸钠。

次氯酸钠是弱酸强碱盐,在水中能发生水解,其水解反应式如下:

$$NaClO+H_2O \longrightarrow HClO+NaOH$$

次氯酸不稳定,生成氯化氢和新生态氧:

$$HClO \longrightarrow HCl+[O]$$

[O]非常活泼,具有很强的氧化能力,能破坏色素。

次氯酸钠溶液属于一种复杂和不稳定的化学体系,它的组成随溶液 pH 值的不同而不同(表 2-7),因此,在不同 pH 值下,它具有不同的氧化能力。

由表 2-7 可以看出,随着次氯酸钠溶液 pH 值的不同,次氯酸的含量也不同。表 2-8 列举了不同 pH 值下次氯酸的含量。

表 2-7 次氯酸钠溶液在不同 pH 值下的组成成分

pH 值	主要成分	pH 值	主要成分
2 以下	Cl_2	5~6	HClO 和少量 NaClO
2~3	Cl_2 和 HClO	9	NaClO
4~5	HClO 和少量 Cl_2		

表 2-8 次氯酸含量与溶液 pH 值的关系

溶液的 pH	10.0	9.0	8.0	7.5	7.0	6.5	6.0	5.0
HClO 的含量/%	0.3	3.0	21.0	50.0	73.0	91.0	96.0	99.7

如果溶液 pH 值继续降低，Cl_2 含量则随之增加，Cl_2/HClO 的比值增加，见表 2-9。

表 2-9 Cl_2/HClO 的比值与溶液 pH 值的关系

溶液的 pH	5.0	4.0	3.5	3.0	2.5	2.0	1.5	1.0
Cl_2/HClO 的比值	0.00045	0.00045	0.014	0.045	0.14	0.45	1.45	4.5

综合以上三个表格中数据可知，当次氯酸钠溶液 pH 值大于 9 时，溶液中主要含 NaClO，此时溶液较稳定。因此，为了提高次氯酸钠溶液的稳定性，商品次氯酸钠溶液的 pH 值一般在 12 左右。

多数重金属及其化合物对次氯酸钠有催化作用，能加速次氯酸钠的分解，并使纤维造成严重损伤。以铁、钴、镍的化合物催化作用最为强烈，其次是铜。因此，漂白设备不能用铁制容器，漂液和织物上不能含有铁质。

次氯酸钠溶液有腐蚀性，能伤害皮肤，操作时应穿戴劳动保护用品。

(2)次氯酸钠漂白原理。次氯酸钠对棉纤维的漂白作用比较复杂，在此仅作简单的说明。根据前面的分析，在不同 pH 值条件下，是不同成分在起作用。但笼统来说，漂白的主要成分不外乎 HC1O 和 Cl_2，在碱性范围内则主要是 HClO 起漂白作用。HClO 和 Cl_2 在溶液中可发生多种形式的分解，例如：

$$HClO \longrightarrow HO^- + Cl^+$$

$$HClO \longrightarrow HO \cdot + Cl \cdot$$

$$HClO \xrightarrow{光} HCl + [O]$$

$$HClO + OCl^- \longrightarrow HO \cdot + ClO \cdot + Cl^-$$

$$Cl_2 \longrightarrow Cl^+ + Cl^-$$

这些分解产物对色素中的某些基团有取代作用，对色素分子结构中的双键有加成作用。此外，还可能产生氧化、氯化等其他作用，从而使色素的共轭双键破坏，达到消色目的。

2. 次氯酸钠漂白工艺条件

(1)漂液 pH 值。pH 值是影响次氯酸钠漂白的重要因素，其溶液的漂白速率随 pH 值的降低而加快，棉纤维的聚合度也随 pH 值不同而变化，这两种情况分别如图 2-28 和图 2-29 所示。由于漂白速率难以测定，所以可用漂白时间反映漂白速率，两者成反比关系。

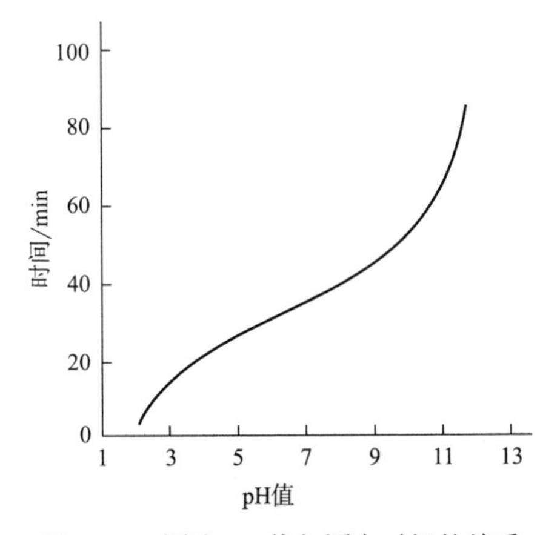

图 2-28 漂液 pH 值与漂白时间的关系

（漂白时间与漂白速率成反比关系）

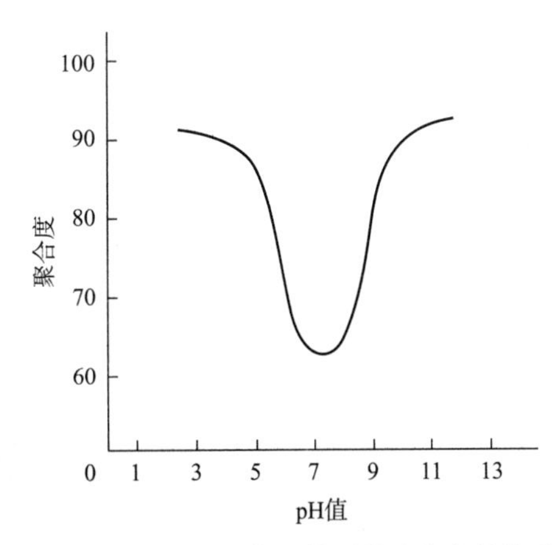

图 2-29 漂液 pH 值与棉纤维聚合度的关系

综合图 2-28 和图 2-29 可知，当漂液 pH=2~4 时，其漂白速率很快，棉纤维聚合度较高、损伤较小，但有大量的氯气逸出，造成环境污染，对劳动保护不利；同时，由于漂白速率太快，不易控制，因此生产上一般不采用酸性漂白。当漂液 pH=7 时，漂白速率较快，但纤维的聚合度最低、损伤最严重，此时纤维可能存在潜在损伤。若将漂后的织物经 1g/L 烧碱溶液沸煮 1h 后，再测其强力，则中性漂后的织物强力大幅度下降，如图 2-30 所示，因此，要避免中性条件漂白。当漂液 pH=9~11 时，棉纤维的损伤程度较小，虽然漂白速率慢一些，却也利于操作；当漂液 pH 值继续增加（pH>11）时，漂白速率随 pH 值的增加而逐渐减缓，生产效率明显下降。根据以上的分析，次氯酸钠漂白漂液的 pH 值以控制在 9~11 为宜。

（2）漂液温度。温度对次氯酸钠漂白的影响较为显著。提高漂液温度，能加快漂白速率，缩短漂白时间，同时纤维素氧化的速率也可大大提高。但对纤维损伤的速率要高于漂白速率，漂白温度与纤维聚合度的关系如图 2-31 所示。

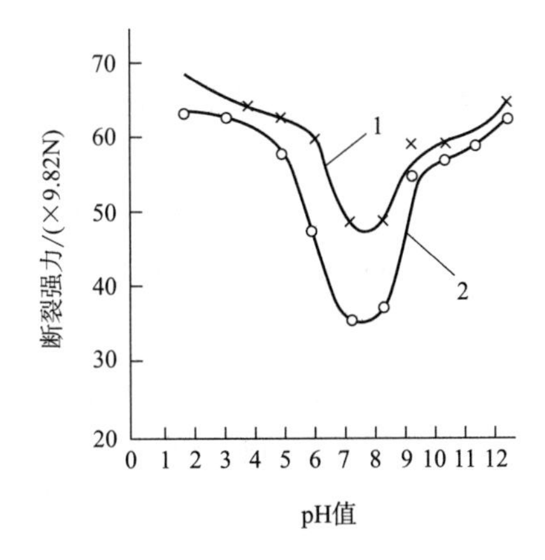

图 2-30 漂液 pH 值与漂后棉织物强力的关系

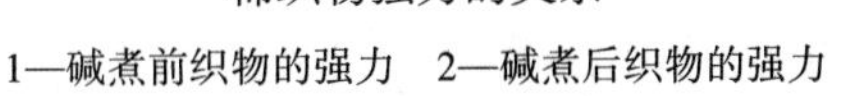
1—碱煮前织物的强力 2—碱煮后织物的强力

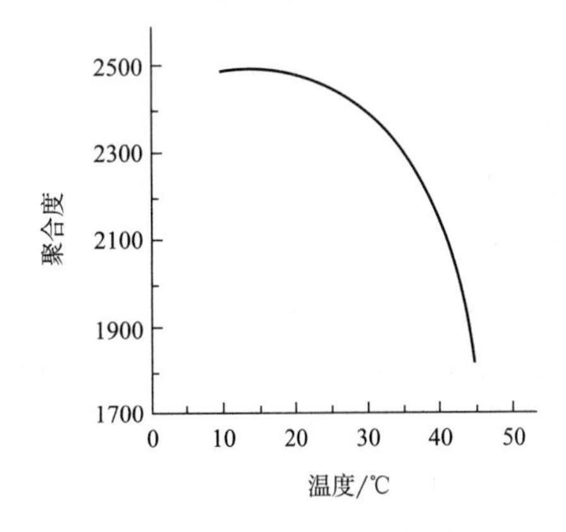

图 2-31 漂白温度与纤维聚合度的关系

由图2-31可知,当温度在35℃以下时,纤维聚合度的变化并不大,而温度超过35℃时,则聚合度急剧下降,纤维受到严重损伤。因此,漂液温度应控制在35℃以下,一般选择20~30℃。冬季漂白时温度可稍高些,可控制在30~35℃,夏季则应适当降低漂液温度,缩短漂白时间。

(3)次氯酸钠的浓度。在一定的pH值和温度下,提高次氯酸钠浓度,棉织物的白度也相应提高,当浓度增加到一定值后,白度的提高并不明显,但对纤维的损伤加剧,同时还造成了药品的浪费,加重了脱氯的负担。次氯酸钠浓度与纤维聚合度的关系如表2-10所示。

表2-10　次氯酸钠的浓度与纤维聚合度的关系

次氯酸钠浓度(有效氯)/(g/L)	0	1.2	2.5	3.7	5.0	6.2
棉纤维的聚合度	2408	2327	2090	1760	1582	1316

由表2-10可知,随着次氯酸钠浓度的增加,棉纤维的聚合度降低,纤维的损伤加剧。在实际生产中,次氯酸钠的浓度应根据织物的厚薄、含杂情况、对白度的要求、漂白方法和设备的选择等具体情况来决定。一般来说,轧漂可将有效氯浓度维持在1~3g/L,其中绳状漂白浓度较平幅稍低一些,绳状为1~2g/L,平幅为1.5~3g/L。在淋漂和浸漂中,由于浴比较大,漂液浓度可以稍低一些,一般采用0.5~1.5g/L低浓度的次氯酸钠溶液。

(4)漂白时间。漂白时间与漂液浓度、温度、漂白方式等密切相关,因此,漂白时应综合各种因素合理选择。一般来说,漂白时间太短,达不到白度要求;但时间过长,不但没有提高白度,反而降低了纤维的聚合度,影响织物强力和手感。漂白时间与纤维聚合度的关系如表2-11所示。

表2-11　漂白时间与纤维聚合度的关系

漂白时间/min	0	5	10	15	20	25	30	35	40
纤维的聚合度	2200	2050	2000	1950	1900	1880	1850	1820	1810

在实际生产中,绳状轧漂的堆置时间一般控制在30~45min;平幅轧漂的堆置时间控制在25~30min。

(5)脱氯。棉织物经次氯酸钠漂白水洗后,织物上仍残留有少量的氯,若不及时去除,将会造成织物强力的下降和泛黄。其主要原因是织物上残留的含氮物质与残氯作用生成氯胺,氯胺会慢慢释放盐酸而使织物受损和泛黄。

此外,残留的氯还会对某些不耐氯漂的染料如活性染料产生破坏作用,影响染色和印花效果;还会引起含氮树脂在进行树脂整理时吸氯,产生泛黄和氯损现象。因此,次氯酸钠漂白后,必须进行脱氯处理。

常用的脱氯剂主要有硫代硫酸钠、硫酸和双氧水,现分别介绍如下:

①硫代硫酸钠脱氯。硫代硫酸钠俗称大苏打,其脱氯反应如下:

$$2Na_2S_2O_3+Cl_2 \longrightarrow Na_2S_4O_6+2NaCl$$

硫代硫酸钠脱氯效果好，工艺简单，不损伤织物，价格便宜，但易在织物上形成残留硫而引起织物泛黄。所以，大苏打脱氯后必须将残硫清洗干净。

②过氧化氢脱氯。过氧化氢脱氯反应如下：

$$H_2O_2+Cl_2 \longrightarrow O_2+2HCl$$

双氧水脱氯效果好，无泛黄，无污染，但价格较贵。

③硫酸脱氯。硫酸的脱氯作用是促使残留在织物上的次氯酸钠发生分解，因此，可进一步提高漂白和去杂效果。反应式如下：

$$2NaClO+2H_2SO_4 \longrightarrow Na_2S_2O_4+4HClO+O_2$$

$$HClO \xrightarrow{光} HCl+[O] \quad 2HCl \longrightarrow H_2O+Cl_2\uparrow +[O]$$

反应中释放的 Cl_2 和[O]对棉织物有进一步的漂白作用，提高织物白度，漂后残留氯可通过水洗去除。硫酸还可以去除灰分等杂质，提高漂白效果。因此，目前工厂都采用漂后酸洗的工艺，以达到脱氯和提高白度的双重作用。

3. 次氯酸钠漂白工艺

次氯酸钠的漂白方式主要有淋漂、浸漂和连续轧漂三种，其中以连续轧漂应用较为广泛。现将连续轧漂的工艺列举如下：

工艺流程：

水洗→浸轧漂液→堆置→水洗→酸洗→堆置→水洗→脱氯→水洗

工艺处方及条件见表 2-12。

表 2-12 次氯酸钠连续轧漂工艺处方及条件

主要工艺流程	项目		棉布	
			薄织物	厚织物
浸轧漂液	有效氯浓度/(g/L)	绳状	0.8~1.5	1.5~2.5
		平幅	1.5~2.0	2.0~3.0
	pH 值		9.5~10.5	9.5~10.5
	温度/℃		20~30	20~30
	轧液率/%	绳状	110~130	110~130
		平幅	80~90	80~90
堆置	时间/min	绳状	40~60	40~60
		平幅	40~50	40~50
酸洗	H_2SO_4 浓度/(g/L)	绳状	1~3	1~3
		平幅	2~3	2~3
堆置	时间/min	绳状	10~15	10~15
		平幅	10~15	10~15
脱氯	$Na_2S_2O_3$ 浓度/(g/L)		0~2	0~2
	温度/℃		30~40	30~40

连续轧漂效率高,漂白质量稳定。对漂白要求较高需要复漂的织物,第二次漂液浓度应较初漂浓度稍低,可降低 30%~40%。初漂浓度也应根据坯布质量、煮练效果、白度要求等适当增减。

(三)亚氯酸钠漂白

亚氯酸钠,是一种比较温和的氧化剂。亚氯酸钠漂白又叫"亚漂"。在正常漂白条件下对棉纤维的损伤小,可用于棉、合成纤维及其混纺织物的漂白,但不适用于蛋白质纤维的漂泊。与次氯酸钠、过氧化氢比较,亚氯酸钠去杂效果好,特别是去除棉籽壳能力强,因此对前处理要求较低。但亚氯酸钠成本高,设备要求高,而且漂白过程中会产生有毒的和腐蚀性很强的二氧化氯气体,对劳动者的保护不利,因此在使用上受到了较大的限制。

1. 亚氯酸钠的性质及其漂白原理

(1)亚氯酸钠的性质。亚氯酸钠有固体和液体两种。固体商品亚氯酸钠的含量在 80%左右,还含有食盐和少量的碱。纯净的亚氯酸钠是无色的,但常因含有二氧化氯而成为黄绿色。固体亚氯酸钠具有很强的吸湿性,室温可以长期存放,但遇有机物,即使低温也能燃烧。液体亚氯酸钠的浓度为 10%~25%,一般不含食盐,但通常加碱将 pH 值调节到 10 左右,以便长期储存而不分解。液体亚氯酸钠不易燃烧,比固体容易操作与处理。

亚氯酸钠可溶于水,在水中的溶解度为 40%(20℃),溶液呈弱碱性,是一种可水解的盐类,水解反应方程式如下:

$$NaClO_2+H_2O \rightleftharpoons HClO_2+NaOH$$

亚氯酸钠在碱性条件下比较稳定;在酸性条件下易水解,生成亚氯酸,亚氯酸可以分解出氯酸和次氯酸:

$$2HClO_2 \longrightarrow HClO_3+HClO$$

氯酸和亚氯酸反应生成二氧化氯气体:

$$HClO_2+HClO_3 \longrightarrow 2ClO_2\uparrow+H_2O$$

重金属离子对亚氯酸钠的分解无催化作用。

(2)亚氯酸钠的漂白原理。亚氯酸钠在酸性溶液中以多种成分存在,一般认为 $HClO_2$ 的存在是漂白的必要条件,而 ClO_2 则是漂白的有效成分。二氧化氯性质活泼,不但具有漂白作用,而且还能溶解木质素和果胶物质,因而去杂能力较强,对煮练的要求较低。亚氯酸钠对纤维素也可发生氧化作用,但其氧化作用属于选择性氧化,只能氧化纤维素分子链末端的潜在醛基,因而对棉纤维损伤不大。

2. 亚氯酸钠漂白工艺条件

亚氯酸钠虽然是一种温和的氧化性漂白剂,但漂白时仍然要严格控制有关工艺条件。这不仅关系到亚氯酸钠漂白的质量和纤维的损伤,而且也关系到劳动保护和设备腐蚀等问题。影响亚氯酸钠漂白的工艺条件主要有漂液的 pH 值、活化剂、浓度、温度、时间等,现分别简述如下。

(1)漂液 pH 值。漂液 pH 值对漂后织物的白度及强力损伤情况见表 2-13。

表 2-13 亚氯酸钠漂液的 pH 值对织物白度及纤纤维损伤的影响

漂液 pH 值	亚氯酸钠的消耗量/(g/100g 棉织物)	黏度/($\times 10^{-2}$Pa·s)	织物白度/%
2.6	1.7	2.50	84
3.7	1.7	2086	87
4.6	1.7	3.33	89
5.5	1.6	2.86	91
7.0	1.5	1.43	88
8.0	0.8	1.43	86
8.5	0.9	0.71	82

由表 2-13 可知，当漂液 pH 值较高时(pH 大于 7)，虽然亚氯酸钠的利用率较高，但织物的白度较差，而且纤维受损程度明显增大，所以亚氯酸钠漂白不宜在中性和碱性溶液中进行；当溶液的 pH 值较低时，亚氯酸钠利用率较低，而且二氧化氯的产生速率过快，造成浪费且污染环境，腐蚀设备，同时织物的白度较低，纤维的损伤较严重，因而亚氯酸钠也不宜在强酸性条件下进行；当溶液的 pH 值在 4.6~5.5 时，既可获得较好的白度，又对纤维的损伤较小，漂白速率也适中，因此，生产中可采用 pH=4.6~5.5 条件下进行漂白。但为了提高漂白速率，通常亚氯酸钠漂液的 pH 值控制在 4~4.5。

(2)活化剂。为了保证亚氯酸钠的稳定性，商品亚氯酸钠都保持在碱性条件下，但亚氯酸钠漂白要在酸性条件下进行，因此，漂液中必须加入一种化学药剂，使漂液由碱性转变成酸性，以释出漂白的有效成分，这个过程工艺上称作“活化”，所加入的药剂称为活化剂或酸化剂。

(3)漂液浓度。亚氯酸钠漂液的浓度是根据织物含杂情况、加工方式、活化剂的性质等来综合选择的。在其他条件不变的前提下，白度随漂液浓度的增大而提高，但到一定浓度后，白度提高就不显著了，反而会造成亚氯酸钠的浪费，且污染环境，腐蚀设备。一般连续汽蒸漂白时，漂液浸轧浓度为 15~25g/L。

(4)漂液温度和漂白时间。温度对漂液的稳定性及织物白度有很大的影响，温度升高，亚氯酸钠的分解速率加快，白度也随之提高。但温度的选择与活化剂的类型和性质有关，不同的活化剂选用不同的温度。此外，漂白的温度还与漂白时间有关，如连续汽蒸漂白作用时间较短，所以温度可相应提高一些。

亚氯酸钠漂白的时间、温度、浓度、pH 值和使用的活化剂、设备等因素是相互联系、相互影响的。室温漂白，亚氯酸钠分解速率慢，漂白时间长；汽蒸漂白，温度高，时间短。一般情况下，连续汽蒸漂白的时间为 60~90min。

3. 亚氯酸钠漂白方式和工艺

亚氯酸钠漂白最常用的方式是平幅连续轧漂，由于各厂的设备条件不同，也可采用冷漂法加工。

(1)平幅连续轧漂法。

工艺流程：

浸轧漂液→汽蒸→水洗→脱氯→水洗

工艺处方：

漂液：

亚氯酸钠(100%)	15~25g/L
渗透精练剂	3~5g/L
活化剂	见表2-14

脱氯：

硫代硫酸钠脱氯：

大苏打或亚硫酸氢钠	1~2g/L
纯碱	1~2g/L

双氧水脱氯：

双氧水	1~2g/L

工艺条件：

轧漂温度	室温
轧液率	80%~90%
汽蒸温度	100~102℃
汽蒸时间	60~90min

表2-14 常用活化剂及漂前溶液的pH值

活化剂种类	用量/(g/L)	漂前漂液的pH值
六亚甲基四胺	1~2	7~8
磷酸铵	3~5	6~7
硫酸联胺	0.5~1	3.5~4
酸	x	3.5~4

工艺说明：

①渗透精练剂宜采用非离子型表面活性剂；

②活化剂可单独使用,也可拼混使用。

(2)冷漂法。在无适当漂白设备的条件下,亚氯酸钠也可采用冷漂法。

冷漂法漂液的组成与连续轧漂法基本相同。但因是室温漂白,所以常用酸类活化剂直接活化。织物经室温浸轧漂液后打卷,用塑料薄膜包覆,布卷在缓缓转动下堆放3~5h,然后脱氯、水洗。

冷漂法设备简单,节省能源,成本低廉,纤维所受损伤较小,但生产效率较低。

(四)其他漂白工艺

棉机织物传统前处理一般是经退、煮、漂多道工序,工艺流程长,能耗大,污染严重。随着环保和节能减排需求的加强,迫切要求印染行业对常规工艺进行改进,研发节能减排工艺。

棉织物退、煮、漂一浴法前处理的工艺有浸渍法、轧蒸法和冷轧堆法三类。除冷轧堆法在室温下进行外，其他工艺都是在100℃下处理60~90min，耗汽和耗水量占印染总消耗量的40%~60%，污水中COD值高(6000~10000mg/kg)，成为节能减排的重点对象，因而推动了低温练漂工艺的研发。在开发的棉织物低温前处理中，包括过醋酸低温练漂、高锰酸钾漂白、生物酶低温练漂、双氧水活化剂低温练漂、冷轧堆练漂等工艺。

1. 过醋酸漂白

(1)过醋酸的性质及其漂白原理。过醋酸是由冰醋酸或醋酐与双氧水反应制得的。它是一种稳定的弱有机酸，具有较高的氧化性和反应性。在高温或pH值较高时，过醋酸会发生分解，重金属离子的存在会加速过醋酸的分解。

过醋酸的漂白原理目前尚不十分清楚，一般认为是过醋酸分解产生高活性的过氧羟基自由基，过氧羟基自由基与色素中的发色共扼体系作用，达到消色漂白的目的。

$$CH_3COOOH \longrightarrow CH_3CO \cdot + \cdot OOH$$

(2)过醋酸漂白的工艺条件分析。影响过醋酸漂白的工艺条件主要有漂液pH值、温度、浓度和时间。漂液pH值升高，织物白度增加，但pH值达到8以上时，过醋酸不再起漂白作用。因此，通常在漂液中加入缓冲剂，使pH值稳定在7左右。温度升高，有利于织物白度的提高，但过醋酸高温漂白时，会产生刺激性气体，故应有较好的密闭设备及通风条件。漂液浓度和漂白时间与温度、织物白度要求等有关。为了得到较高的白度，棉及含棉混纺织物的漂白工艺通常采用二步法，先用冷过醋酸漂白，然后用双氧水高温漂白。

(3)过醋酸漂白优点。

①白度比双氧水漂白高；

②纤维损伤强力降低比双氧水漂白少；

③漂后织物活性染料染色的上染率高，且色牢度好；

④既适用酸性又能适用碱性低温前处理方法，适用于棉、麻、蛋白质纤维混纺织物的前处理；

⑤漂液废水中的AOX最低。

(4)过醋酸漂白缺点。

①有刺激性气体，致使工作环境不佳；

②对皮肤有灼伤性；

③有爆炸的危险性；

④有腐蚀性，对设备材料有特殊要求；

⑤化学性质不稳定，过醋酸工作液易分解，如车间温度太高，则浓度会逐渐降低；

⑥过醋酸的价格远高于双氧水，前处理成本提高。

2. 高锰酸钾漂白

高锰酸钾又称灰锰氧、过锰酸钾，红紫色斜方晶系，粒状或针状结晶。溶于水成深紫红色溶液，微溶于甲醇、丙酮和硫酸。高锰酸钾是强氧化剂，与浓硫酸接触易发生爆炸，与有机物接触、摩擦、碰撞会引起燃烧并放出氧。

高锰酸钾溶于水,生成水合过氧化锰:

$$2KMnO_4+3H_2O \longrightarrow 2KOH+2MnO(OH)_2+3[O]$$

水合过氧化锰使纤维变成褐色,经二氧化硫处理达到漂白的目的。

高锰酸钾漂白的应用范围很窄,在柞蚕丝上有应用。

3. 生物酶前处理

因酶的催化反应具有专一性,所以酶前处理的退浆、煮练和漂白需分别采用各种酶制剂来完成。

(1)酶的种类。

①退浆酶。生物酶前处理因织物浆料复杂而无法全部去除,致使退浆效果欠佳,造成织物手感不好,毛效不高,染色效果欠佳等问题。所以,生物酶前处理常用于不需上浆的针织物,而不能用于必须上浆的机织物的一步法前处理。除非先将织物进行化学退浆,而后进行酶煮练与酶漂白一浴一步法处理。

②煮练酶。

a. 果胶酶。用于棉煮练的主要是果胶酶与纤维素酶的复配混合酶。果胶酶是分解果胶的一类混合酶,包括果胶酯酶、多聚半乳糖醛酸酶、果胶裂解酶和原果胶酶等。果胶酶主要作用于果胶质。在果胶酶的作用下,果胶质可转变为可溶性果胶,使果胶成为游离状态,并使其表面的其他杂质脱落。果胶酶分为酸性果胶酶和碱性果胶酶,常用的为碱性果胶酶。

碱性果胶酶精练时,因酶的相对分子质量高而不易渗入纤维内部,因此酶液通过原果胶质层的裂缝或微隙进入果胶层。当果胶酶与果胶质接触,便催化分解果胶质,生成可溶性的低分子物而溶于水,导致果胶层连续被破坏。果胶层是造成纤维毛效和润湿性差的主要原因,当果胶质被去除后,织物的润湿性便提高。Sawada 等研究表明,与碱精练效果相比,用果胶酶精练时果胶的水解程度相当或更好,但果胶酶精练温度更低,用水量约为碱精练的 1/2,处理液中污染物也较少。Jayani 等研究发现,果胶酶精练后棉织物润湿性能高于碱精练,并且没有纤维损伤。

b. 纤维素酶。纤维素酶是一种存在相互协同作用的多组分复合酶。在精练过程中,纤维素酶通常与果胶酶拼用,发挥它们的协同作用,能够达到更好的效果。

纤维素分子在纤维素酶和水作用下,苷键水解成还原性端基和非还原性端基,还原性端基在氧化物存在下开环成醛而断裂。因为棉纤维上的共生物杂质大多分布在纤维表面及初生胞壁中,因此,若将其存在的纤维初生胞壁用纤维素酶催化降解,便可把共生物同时去除。用纤维素酶进行精练,其效果特别明显,且对棉籽壳的去除也有利,但棉纤维的强力也随之降低。所以,只能在适度范围内使用少量的纤维素酶,以帮助碱性果胶酶提高精练效果。

③漂白用酶制剂。漆酶是一类含铜氧化酶,来源于植物、真菌、细菌和昆虫等。来源不同,其结构和性能差异很大。漆酶是一种铜蛋白,由肽链、糖配基和 Cu^{2+} 三部分组成。

漆酶是氧化反应的催化剂,通过电子转移,使漆酶中的铜与氨基酸等物质所形成的活性中心发生催化作用，而使底物氧化成过氧化氢中间体，使氧分子还原成水，产生的过氧化氢或游离基作为漂白剂使棉纤维漂白。

（2）生物酶前处理的优缺点。

①优点。

a. 生物酶是绿色环保的氨基酸化合物，无毒，无害，不会造成环境污染，能完全生物降解。棉制品用生物酶进行练漂，洗液污水的 COD 较低，一般在 1500mg/kg 以下，比传统的练漂污水量少。

b. 可在 60～70℃进行低温练漂，节能多。

c. 练漂后分解物容易洗涤，节约用水。

d. 因为棉蜡未充分去除，所以处理后织物手感柔软。

②缺点。

a. 酶制剂的稳定性不高，久储容易失活，易造成前处理半制品质量波动。

b. 棉纤维的共生物去除不净，漂白白度较低，毛效不高，棉籽壳去除不净，不能适应高档纺织品半制品的质量要求。

c. 成本较高。

（3）工艺举例。酶退浆—煮漂一浴工艺：

坯布→烧毛→浸轧酶液（高温退浆酶）→汽蒸（100℃，3min）→热水洗（95℃，5min）→烘干→浸轧复合酶、双氧水混合液→汽蒸（90℃，50min）→热水洗（95℃，5min）→酸洗（HC1）→冷水洗→烘干

4. 双氧水活化剂的低温漂白工艺

凡能提高双氧水或过氧化物活性的物质统称为活化剂。活化剂与催化剂都是活化双氧水的物质，将之统称为活化剂也无可非议，但不易区分。碱也是活化双氧水的物质，但一般并不把碱称为活化剂。活化剂一般是指与双氧水反应生成活性比双氧水高的过氧化物，从而提高氧化能力，反应后不恢复成原来的活化剂，反应不能重复循环，使用量较高。但催化剂是指它与双氧水反应生成活性强的中间体，中间体发生漂白作用后又恢复到原来的催化剂，而后再继续参与反应，循环使用，它的使用量较活化剂少得多。

浙江纺织服装职业技术学院染整技术研究所与宁波华科纺织助剂有限公司共同开发了双氧水低温漂白活化剂 HK，用于双氧水低温漂白工艺。用化学药剂、双氧水、活化剂同浴进行煮练与漂白，达到一步法低温前处理目的。双氧水低温漂白活化剂 HK 使用了多种活化剂复配，充分发挥协同效应，使浸渍法练漂温度从 100℃下降到 60℃左右；轧蒸法练漂温度从 100℃下降到 70℃；冷轧堆堆置时间从 24h 下降到 6～12h。双氧水活化剂低温漂白工艺可用于各类纤维、各种前处理设备和各种工艺的织物练漂一步法前处理，具有毛效、白度基本达到传统工艺，低温节能、低污水排放（COD<1500mg/kg）、无氧漂破洞、织物强力损失最小（<5%）和不形成硅垢等特点。

（1）棉机织物低温堆置漂白工艺举例。

工艺处方：

氢氧化钠(固体)	30g/L
双氧水(30%)	13~15g/L
低温促进剂 HK	1~5g/L
低温精练剂 HK-88	15~25g/L
过硫酸钠	5g/L

工艺流程:

浸轧(二浸二轧,轧液率 80%~100%)→堆置(室温,6~10h)→汽蒸(100℃,10~20min)→水洗(洗涤剂 1.0g/L,90℃×10min)→排液→水洗(60℃×20min)→排液→冷水洗(10min)→酸中和处理(调 pH=6~7)→除氧酶处理

(2)低温间歇式一浴一步法练漂工艺。

工艺处方:

氢氧化钠(固体)	2~5g/L
双氧水(30%)	3~6g/L
低温促进剂 HK	0.5~1.0g/L
低温精练剂 HK-88	2~5g/L
浴比	1∶10

工艺流程:

练漂(80℃×40min)→排液→水洗(60℃×20min)→冷水洗(10min)→酸中和处理(醋酸调 pH=6~7)→除氧酶处理(60℃×20min)→染色或增白

(3)连续式轧蒸法练漂。

工艺处方:

氢氧化钠(固体)	15~25g/L
双氧水(30%)	8~15g/L
低温促进剂 HK	1.0~2.0g/L
低温精练剂 HK-88	10~12g/L

工艺流程:

浸轧(30℃,二浸二轧,轧液率 90%)→堆置(室温,4~6h)→汽蒸(100℃,45~60min)→水洗(洗涤剂 1.0g/L,95℃×10min)→排液→水洗(60℃×20min)→排液→冷水洗(10min)→酸中和处理(醋酸调 pH=6~7)→除氧酶处理

有效合理地确定烧碱、低温精练剂、低温促进剂及双氧水用量,是低温练漂成功的关键。应根据加工材料、产品要求、蒸汽供应状况、水以及设备运转具体状况来确定,以确保在浸渍法和冷轧堆法整个练漂系统各组分发挥其最佳作用。

(五)几种常用漂白剂的性能及工艺的比较

目前常用的漂白剂主要有双氧水、次氯酸钠、亚氯酸钠,其性能及常用工艺条件比较列于表 2-15 中。

表 2-15　几种常用漂白剂的性能及工艺的比较

项目	双氧水(氧漂)	次氯酸钠(氯漂)	亚氯酸钠(亚漂)
白度	好	一般	很好
白度稳定性	不易泛黄	脱氯不净,易泛黄	脱氯不净,易泛黄
手感	好	较好	好
去杂效果	较好	差,但对棉籽壳去除效果显著	好,对织物煮练要求低
对棉纤维的强力损伤	一般	较大	较小
常用漂白方式	连续轧蒸漂	冷漂	连续轧蒸漂
漂液 pH 值	10.5~11.0	9~11	4.0~4.5
漂白用特殊助剂	双氧水稳定剂	无	活化剂
设备要求	中(不锈钢)	低(陶瓷、塑料、石制均可)	高(钛板)
劳动保护	无毒无害	有氯气放出,要求有排风设备	有二氧化氯毒气放出,排放设备要求高
成本	中	低	高
品种适应性	大,适用于棉及其混纺的高档织物、蛋白质纤维织物	小,适用于棉及其混纺的中、低档织物	较大,适用于棉及其混纺的高档织物、合成纤维织物

(六)漂白效果的评定

棉织物的漂白以去除天然色素为主要目的。但在漂白过程中,棉纤维本身也可能受到损伤,所以在评定漂白效果时,既要考虑织物达到的白度(外观质量),又要兼顾纤维的内在质量(纤维强度)。织物的白度可在白度仪上进行测量;织物的受损程度可通过织物在漂白前后的强力变化来衡量,这种方法虽然比较直观,但却不能反映出纤维在练漂过程中所受到的潜在损伤。为了能较全面地反映棉纤维的受损情况,可测定棉纤维在铜氨或乙二胺溶液中的黏度,通过黏度变化来衡量;也可通过测定碱煮后织物的强力变化(织物在 1g/L 氢氧化钠溶液中煮沸 1h 后的强力)来衡量。

六、增白

棉织物经漂白后,虽然白度有了很大的提高,但一般尚带有极浅的黄色或褐色色光,对白度要求较高的织物如漂白布、白地面积较大的印花布等,效果仍不理想,达不到要求。因此常需要通过增白处理来矫正色光,进一步提高织物的白度。

棉织物漂白后之所以略带浅淡的黄色或褐色色光,是因为漂白后的棉织物能吸收少量的蓝紫色光而反射出黄光的缘故。增白就是采用适当的增白剂处理织物,以消除黄色反射光,并通过增加反射光的强度来提高织物的白度。

(一)上蓝增白

棉织物的增白途径最早使用的是上蓝增白,即用少量蓝紫色染料或涂料(又称上蓝增白剂)上染织物,利用互补色光的原理,以消除织物上原有的黄光。必须强调的是,上蓝增白剂的用量很少,所以不会显示出蓝紫色。

棉用上蓝增白剂可选用直接染料或涂料等,其中以涂料应用较为广泛。常用上蓝的涂料和用量举例如下:

涂料蓝 FFG	0.005~0.1g/L
涂料紫 FFRN	0.005~0.05g/L

上蓝增白虽然能消除白色织物上的黄光,但增白效果较差,亮度降低,并略带有灰暗感。故上蓝增白已很少单独使用,目前主要用于调节荧光增白剂的色光。

(二)荧光增白剂增白

1. 荧光增白原理

棉织物的增白处理多采用荧光增白剂。荧光增白剂的增白原理与上蓝增白不同,它能吸收不可见的紫外光线而反射出蓝紫色的可见荧光,与织物上反射出来的黄光混合成为白光,从而使织物达到增白的目的。由于荧光增白剂处理后的织物反射光的强度增大,所以亮度有所提高,织物不但洁白而且光亮。

经上蓝增白处理、荧光增白处理和漂白后的棉织物对光的反射情况如图 2-32 所示。

由图 2-32 可知,漂白织物的反射曲线在波长为 500nm 以上的黄橙光区域的反射率比在波长为 480nm 以下的蓝、紫光区域的反射率高,所以漂白织物呈现出黄色、褐色色光。经上蓝增白处理后,虽然织物对黄光、橙光的反射率有所降低,但总的反射率也下降了,所以上蓝增白织物虽然消除了黄光,但亮度下降,呈现出灰暗的白色。而以荧光增白剂处理的织物,在波长为 480nm 的蓝、紫光区域,对光的反射率显著增加,不但抵消了织物反射出来的黄色、褐色色光,而且总的反射率大大提高,甚至超过了 100%,从而使织物的白度明显增加,但这种白色也非纯白,往往还带有蓝紫色或绿色色光,其程度与荧光增白剂的种类和用量有关。

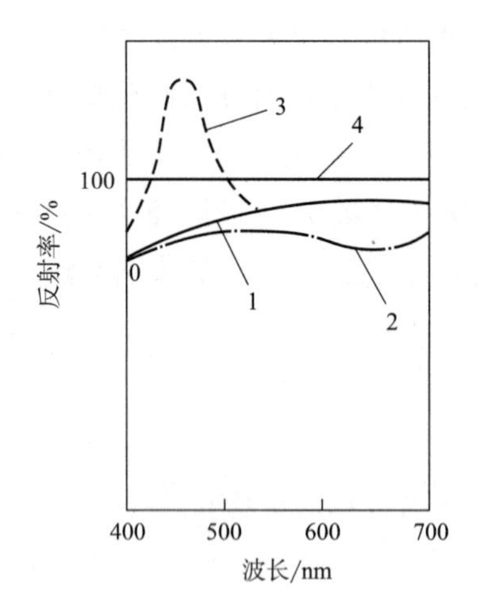

图 2-32　日光照在不同棉织物上的反射曲线
1—漂白棉布　2—漂白后经上蓝增白处理的棉布
3—漂白后经荧光增白剂处理的织物
4—标准白度(氧化镁白度为 100)

荧光增白剂是一种近乎无色的荧光染料,分子结构中具有共轭双键,它能吸收紫外光线而进入能量较高的激发态,一旦再回到能量较低的基态时,就发出波长较长的可见光波。荧光增白剂的荧光还取决于其分子结构和取代基的引入,例如,杂环中的氮和氧以及羟基、氨基、烷基和烷氧基等取代基的引入常有助于荧光的产生,而硝基和偶氮基的引入则会减弱甚至消除荧光效果。与此同时,作为荧光增白剂的分子结构,应具有一定的平面性,才有利于荧光效果的产生。

荧光增白剂的吸收波长在 335～365nm 的紫外光波部分时，反射波长为 450nm 的蓝光区域，正好与黄色、褐色光谱互为补色而将其消除；若吸收光波的波长在 335nm 以下时，则反射出的荧光偏红；若在 365nm 以上时，则反射出的荧光偏绿。

2. 常用增白剂

印染厂常用的棉荧光增白剂主要有荧光增白剂 VBL(BSL)、VBU 和 4BK 等。

荧光增白剂 VBL 为淡黄色粉末，易溶于水。使用时应避免和酸、还原剂及强碱接触，否则会产生沉淀。增白剂溶液的 pH 值以控制在 8～9 为宜。增白剂 VBL 可与阴离子、非离子型表面活性剂及直接、酸性等阴离子染料混合使用，也能和双氧水漂白同浴使用。荧光增白剂 VBL 耐硬水，耐晒、耐洗牢度好，但耐氯性较差。荧光增白剂 VBL 的用量在一定范围内其增白效果是随浓度的增加而提高的，但有一极限值(饱和值)。用量过多，会呈现青黄色，反而达不到增白的目的。

荧光增白剂 VBU 又名耐酸增白剂 VBU，其化学组成及性状与荧光增白剂 VBL 相同，但其耐酸性比荧光增白剂 VBL 好很多，可在 pH＝2～3 的酸性浴中使用。它有较好的耐氯性，可与树脂整理剂同浴使用。

荧光增白剂 4BK 具有荧光强、白度提升快、泛黄点高、耐碱及过氧化氢等性能。

3. 增白工艺

棉织物荧光增白可采用浸渍法或浸轧法。

(1)荧光增白剂 VBL 增白工艺。

①浸渍法。

工艺处方(owf)：

荧光增白剂 VBL	0.1%～0.3%
硫酸钠	0～10%

工艺条件：

浴比	1∶(15～30)
pH 值	8～9
温度	20～40℃
时间	20～30min

②浸轧法。

工艺处方：

荧光增白剂 VBL	0.5～3g/L
涂料蓝 FFG	0.005～0.015g/L
涂料紫 FFRN	0.006～0.01g/L
渗透剂	0.25～0.5g/L

工艺条件：

浸轧液 pH 值	8～9

浸轧温度	40~45℃
浸轧方式	二浸二轧
轧液率	70%

(2)荧光增白剂4BK增白工艺。

①漂白布增白。

荧光增白剂4BK	0.15~0.5%(owf)
保温温度	90~100℃
保温时间	20~30min
浴比	1∶(10~30)

②氧漂增白一浴。

荧光增白剂4BK	0.15~0.5%(owf)
H_2O_2	10g/L
NaOH	1g/L
Na_2SiO_3	2.5g/L
净洗剂	1g/L
保温温度	90~100℃
保温时间	20~30min
浴比	1∶(10~30)

七、开幅、轧水、烘燥

开幅、轧水、烘燥简称“开轧烘”,它是将练漂加工后的绳状织物扩展成为平幅,再通过真空吸水或轧辊挤压,去除织物上的部分水分,最后烘燥,以适应丝光、染色、印花等后道工序加工的需要。

(一)开幅

绳状织物扩展成平幅状态的工序叫开幅。开幅在开幅机上进行,开幅机有立式和卧式两种,其中以卧式应用较多。卧式开幅机是使绳状织物处于水平状态来进行开幅的,其结构如图2-33所示。

开幅机的主要机构是快速回转的铜制打手和具有螺纹的扩幅辊。打手和扩幅辊的旋转方向与绳状织物行进的方向相反。

1. 打手

绳状织物通过导布圈后,首先遇到的就是打手。打手是由转轴和两根稍呈弧形的铜管组成的,其功能是松展绳状织物,其中以双打手的松展效果为好。双打手的两平面成垂直相交状态,且旋转方向相反,织物在两打手之间通过时受到打击而展成平幅。导布圈与打手间的距离应适当,距离过近,织物不易展开;但距离过长,织物因本身重量下垂,会增大伸长率。

2. 螺纹扩幅辊

螺纹扩幅辊的作用是使织物开幅平展。它是由铜或硬橡胶制成的硬质辊筒组成的,表面有

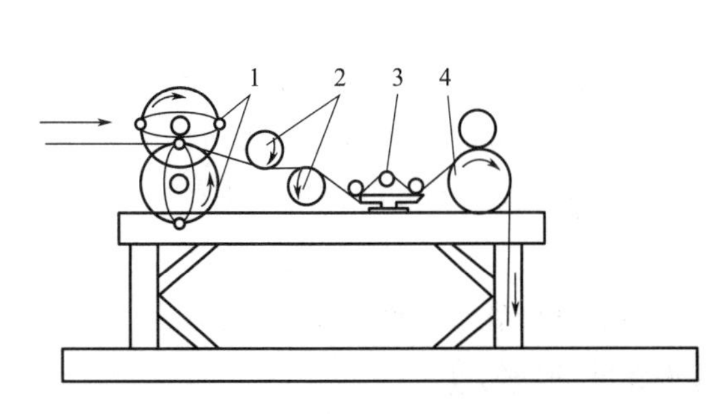

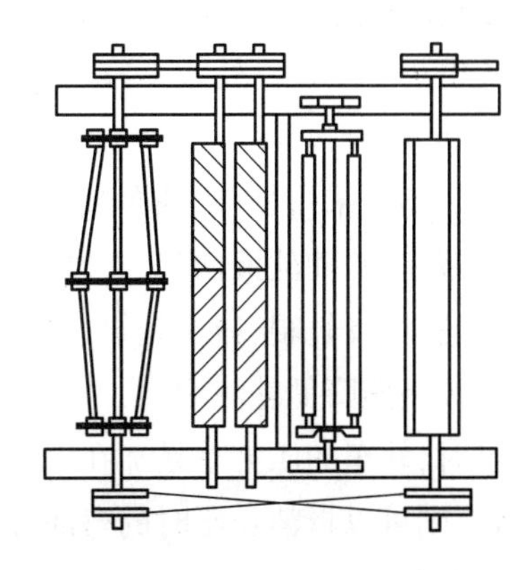

图 2-33　卧式开幅机

1—打手　2—螺纹扩幅辊　3—平衡导布器　4—牵引辊

自中心向左右两侧分展的螺纹。扩幅辊有两根,均做高速旋转。当织物在两只高速旋转的扩幅辊间穿过时,受到螺纹的摩擦,进一步将折皱展开,达到扩幅的目的。

3. 平衡导布器

平衡导布器由三根导布辊组合而成,用来自动调整织物的运行位置,使织物平展后位置稳定。

4. 牵引辊

牵引辊一般由木质材料制成,由电动机经皮带轮带动,它的功能是牵引织物前进。

(二)轧水

练漂后的织物含有大量的水分,在烘燥前经过轧水,可以获得以下作用和效果。

(1)较大程度地消除前工序绳状加工带来的折皱,使湿态下的织物经重轧而变得平整;

(2)在流动水的冲击和轧辊的挤压下进一步去除织物中的杂质;

(3)使织物含水均匀一致,有利于烘干,降低能耗,提高效率。

练漂后的织物经开幅后,虽然形态上由绳状扩展成平幅,但织物仍处于湿态。织物上的水分有两种:一种是自由水分,即织物表面和纤维间较大空隙中所含有的水分;另一种是织物通过物理形式结合的水分,又称结合水分。自由水分可通过轧水即依靠机械压力除去,而结合水分则要通过烘燥来达到去除水分的目的。

轧水机由机架、水槽、轧辊和加压装置等主要部件组成。

1. 机架和水槽

机架一般由生铁制成,用以承托各部件。水槽可采用各种材料如钢铁、不锈钢、木材或塑料等制成,它主要用来盛放水或其他工作液,槽内有导布辊数根,水槽安装在轧辊下面。

2. 轧辊

轧辊是轧车的主要部件,它对轧车的性能起决定性的作用。轧辊分软、硬辊两种,硬轧辊通常由硬橡胶或金属如钢铁、不锈钢等制成;软轧辊由软橡胶或纤维经高压压制而成。轧辊由传动设备直接拖动的称为主动轧辊,由主动轧辊摩擦带动的称为被动轧辊。通常硬轧辊为主动轧辊,软轧辊为被动轧辊。硬、软轧辊相间组合,织物在两轧辊间穿过,经一定的压力除去水分。三辊浸轧机可作二浸二轧或一浸一轧用,两辊浸轧机仅作一浸一轧用。

3. 加压方式

轧水机通常采用杠杆、油泵或气泵等加压方式加压,以增加轧点间的作用力。轧水时要尽量降低轧液率,并使轧液均匀,有利于烘干。降低轧液率的方法很多,如适当增大总压力,采用不同材料的软、硬轧辊,减小轧辊直径,降低车速等均能收到不同的效果。生产中应根据具体情况采取有效措施降低轧液率。

轧水时,轧车的压力总是加在轧辊的两端,因而易使轧辊弯曲变形,造成轧水不匀。若采用中高轧辊,则可以抵消加压时的弯曲变形,改善轧液的均匀度。

(三)烘燥

织物经过轧水后,还含有一定量的水分,这些水分必须通过烘燥设备提供热能才能蒸发而去除。目前,采用的烘燥设备有烘筒、红外线、热风等形式。

烘筒烘燥机是织物直接接触热的金属烘筒表面,通过热传导加热烘干织物。烘筒一般采用蒸汽加热,少数也可用可燃气体加热。红外线烘燥机是用红外线的辐射热对织物进行加热烘燥。红外线是一种不可见光,能产生高温。热风烘燥机是用热空气传热给织物,使织物内水分迅速蒸发的烘燥设备。

织物经开幅、轧水后进行烘燥,一般都采用烘筒烘燥机,常用的为立式烘筒烘燥机,其结构如图 2-34 所示。

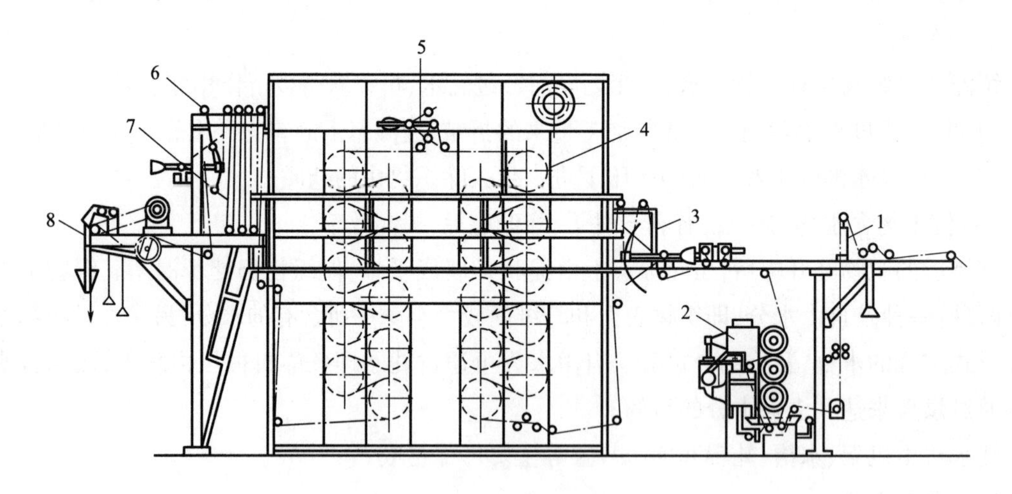

图 2-34　立式烘筒烘燥机

1—进布装置　2—浸渍槽　3,5,7—线速度调节装置　4—烘筒　6—透风装置　8—出布装置

立式烘筒烘燥机装有多只不锈钢或紫铜皮制的烘筒,其直径一般为 570mm。烘筒两端有空心的轴承,轴承装在烘燥机左右两个支架上。支架中心可通过轴承与烘筒两端连接,从支架一侧送入蒸汽,通过热传导烘燥织物。烘筒内的冷凝水一般从进汽一侧排出,在支架底部装有疏水器数个,可以使冷凝水排出而防止蒸汽外逸。为了防止蒸汽冷凝时因压力降低而使烘筒被压瘪,在烘筒的一端还

装有空气安全阀。当烘筒内部压力降低时,空气安全阀自动开启,使外界空气流入。

立式烘筒烘燥机以 2~3 柱应用最广,每柱烘筒数量为 8~10 只。

为了便于操作,开幅机、轧水机和烘筒烘燥机可连接在一起,组成开轧烘联合机。但必须将三个单元机的线速度调节好,使其相互适应。

八、丝光

棉织物的丝光源于 1844 年。当时,英国化学家麦瑟(Mercer)在实验室用棉布过滤浓烧碱中的木屑时,发现棉布有收缩及增厚现象,而且对染料的吸收能力也增强了。1890 年洛尔(Lowe)发现在浓烧碱溶液处理棉布时施加张力,可提高其光泽。直到 19 世纪末,浓烧碱溶液处理棉布的工艺技术才工业化,并逐步成为棉纺织品前处理的一个重要工序。为了纪念麦瑟,人们就把这一处理称为麦瑟处理(Mercerizing)。麦瑟处理分为两种,一种是纺织品在承受一定张力的状态下,借助于浓烧喊的作用,以获得丝一般的光泽,称为丝光;另一种是纺织品在松弛状态下经受浓烧碱溶液的处理,结果使织物增厚收缩并富有弹性,称为碱缩,碱缩多用于棉针织物的加工。

丝光是棉织物染整加工的重要工序之一,对提高棉织物印染产品的内在质量和外观质量都起着极为重要的作用。棉织物通过丝光主要提高织物的尺寸稳定性,提高棉纤维吸附能力,提高染料上染棉纤维的性能等。所以绝大多数的棉织物在染色、印花前都要经过丝光处理。

(一)丝光原理

目前,丝光用剂仍以烧碱为主。天然纤维素也称纤维素Ⅰ,它与烧碱作用,可生成碱纤维素。碱纤维素极不稳定,经水洗即水解生成水合(水化)纤维素,再经脱水烘干得到丝光纤维素即纤维素Ⅱ。

在整个丝光过程中,纤维素的变化可用下式表示:

$$\underset{\text{天然纤维素}}{\text{纤维素 I}} \xrightarrow{NaOH} \underset{\text{碱纤维素}}{\text{Na-纤维素}} \xrightarrow{H_2O} \underset{\text{水合纤维素}}{H_2O\cdot\text{纤维素}} \xrightarrow{-H_2O} \underset{\text{丝光纤维素}}{\text{纤维素 II}}$$

纤维素Ⅱ与纤维素Ⅰ的化学结构相似,但两者的物理结构有很大的不同,它们的晶格参数发生了变化;结晶度也由原来的 70%左右降至 50%左右。

利用浓烧碱溶液在一定张力条件下来处理棉织物,能获得良好丝光效果的根本原因在于浓碱液能使棉纤维发生不可逆的剧烈溶胀,产生这种不可逆溶胀的原因可用水合理论和渗透压理论来解释。

1. 水合理论

棉纤维在浓碱作用下生成碱纤维素,并使纤维发生不可逆的剧烈溶胀,其主要原因是由于钠离子体积小,它不仅能进入纤维的无定形区,而且还能进入纤维的部分结晶区;同时,钠离子又是一个水化能力很强的离子,钠离子周围有较多的水分子,形成较厚的水化层。当钠离子进入纤维内部并与纤维结合时,大量的水分子也被带入纤维内部,因而引起纤维的剧烈溶胀。一般来说,随着碱溶液浓度的提高,与纤维素结合的钠离子数增多,水化程度提高,因而纤维的溶胀程度也相应增大。当烧碱浓度增大到一定程度后,水全部以水化状态存在,此时若再继续提高烧碱浓度,对每个钠离子来说,能结合到的水分子数量有减少的倾向,即钠离子的水化层变薄,因而纤维溶胀程度反而减少。如碱液中加有盐如 NaCl,则它将与结合在纤维素上的金属离子争夺水分子,也有使纤维溶胀减小的作用。

除了烧碱外,其他碱金属氢氧化物也能引起纤维素的溶胀,但溶胀程度视它们的水化能力而定。

2. 渗透压理论

该理论认为棉纤维在浓烧碱溶液中发生溶胀是渗透压作用的结果。棉纤维在浓碱作用下生成碱纤维素(纤维素钠盐),纤维素钠盐电离生成纤维素阴离子 $Cell-O^-$,除此之外,溶液中还有 Na^+、OH^-,如果有食盐存在,则还有 Cl^-。其中纤维素阴离子 $Cell-O^-$ 是不可移动的,而其他的离子都可移动。根据唐南膜平衡原理,这些离子在纤维膜内外按照一定条件进行分布,并达到平衡。平衡时,膜内外都必须保持电性中和。由于纤维素阴离子不可移动,只能留在膜内,所以导致膜内外可移动离子分布不匀,膜内可移动离子的总浓度大于膜外,结果产生了渗透压,从而使水向纤维内部渗透,使纤维发生溶胀。膜内外离子浓度相差越大,产生的渗透压就越大,纤维溶胀也就越剧烈。

纤维在高度溶胀的情况下,具有较大的可塑性,因此,棉织物丝光时的张力对处理后纤维的结构和性能具有很重要的影响。

由于棉纤维在浓碱溶液中发生剧烈溶胀,再加上一定的张力作用,因此使棉纤维的形态结构和聚集态结构发生了变化,从而使纤维的物理、化学性能也相应改变,呈现出优良的性能。

(二)丝光棉的性质

1. 光泽

所谓光泽是指物体对入射光的规则反射程度,也就是说,漫反射的现象越小,光泽越强。棉纤维经浓碱液处理后,由于不可逆的剧烈溶胀,纤维直径增大,纵向原有的天然扭曲消失,截面由原来的腰子形变为椭圆形甚至圆形,胞腔也几乎缩为一点,如图 2-35 所示。

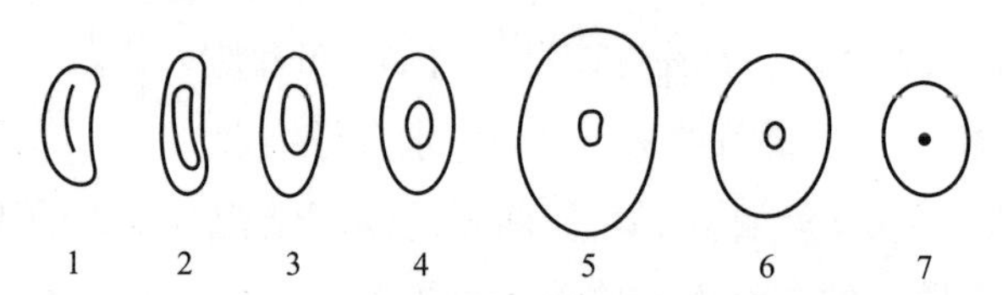

图 2-35　棉纤维在丝光过程中截面的变化

1—未丝光棉纤维截面形态　2~5—溶胀中的纤维截面形态

6—水洗后截面略有收缩　7—干燥后截面有较大的收缩而胞腔缩为一点

棉纤维碱液处理过程中,如果再施加适当的张力,使纤维得到一定的拉伸而不发生收缩,则纤维表面原有的皱纹消失,表面平滑度得以提高,整根纤维由原来扁平的带状变为光滑的圆柱体(图 2-36)。这样纤维对光线的漫反射减少,规则反射增加,并增加了反射光的强度,从而使织物显示出持久的丝一般的光泽。所以,织物内纤维形态结构的变化是产生光泽的主要原因,而张力则是增进光泽的重要因素。

2. 吸附性能及化学反应性能

棉纤维经浓碱液处理后,其超分子结构发生了不可逆的变化,表现为纤维的部分结晶区转变为无定形区，纤维的结晶度下降（棉纤维的结晶度为70%左右，丝光后可降到50%左右），无定形区增多，从而提高了纤维对染料、化学药品的吸附性能及纤维的化学反应性能。棉纤维对化学药品吸附能力的大小可用棉纤维吸附氢氧化钡的能力即钡值来衡量。

$$钡值=\frac{丝光棉纤维吸附Ba(OH)_2的量}{未丝光棉纤维吸附Ba(OH)_2的量}\times 100$$

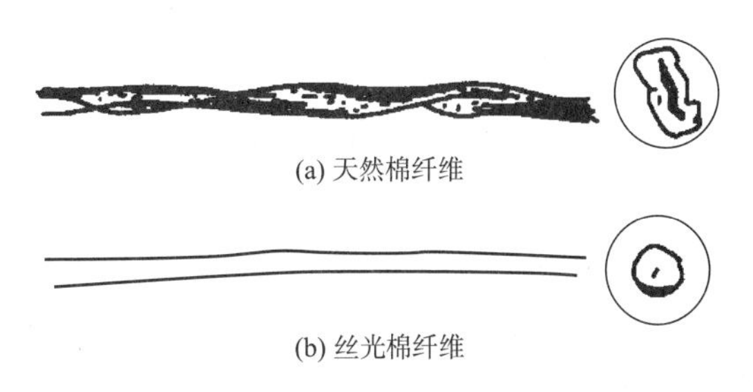

图2-36　棉纤维丝光前后的纵向和横截面

一般丝光后棉纤维的钡值达135以上。丝光棉由于吸附性能和化学反应性能的增强，更容易被水解和氧化，所以丝光棉用酸或氧化剂处理时，更应慎重。同样，用相同浓度的染料染色时，丝光棉所获得的染色深度较未丝光棉为高。

3. 定形作用

棉纤维在生长成熟以及在纺纱、织造、染整前处理过程中，受到了较大的外力作用，因而在织物、纱线和纤维内存在着内应力，使织物形态不稳定，遇水时容易起皱及缩水变形。棉纤维经浓碱液处理后，纤维剧烈溶胀，纤维内的无定形区和部分结晶区的氢键被大量拆散，在一定的张力拉伸作用下，纤维素大分子进行取向的重新排列，在新的稳定的位置上重新建立起新的氢键，从而产生定形作用，使织物的尺寸形态稳定，缩水率下降。

4. 强度

丝光后纤维素大分子得以舒展、伸直或排列得更趋于整齐，纤维的取向度提高，纤维分子间的相互作用力增大，从而减少了外力作用时因纤维大分子间的相对滑移而造成的断裂现象。同时浓碱液处理能消除棉纤维中一些弱的结合点，使纤维受力均匀，从而减少了外力作用时因应力集中而造成的纤维断裂现象。因此丝光后棉纤维的断裂强度有所提高。

（三）丝光工艺条件

影响丝光效果的因素很多，主要有碱液浓度、碱液温度、张力、丝光时间和去碱等。

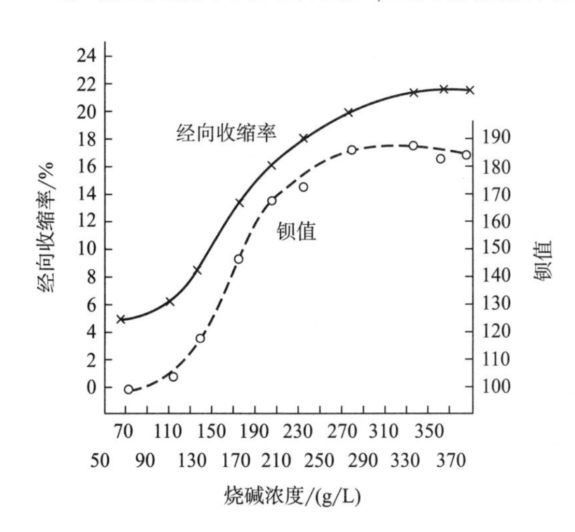

图2-37　烧碱浓度对丝光效果的影响

1. 碱液浓度

烧碱溶液的浓度是影响丝光效果的主要因素。只有当碱液的浓度达到某一临界值后才能引起棉纤维的剧烈溶胀，再配合其他适当条件，使织物产生良好的丝光效果。将棉织物练漂半制品试样在松弛状态下经不同浓度的烧碱溶液浸渍处理（浸渍温度10℃），待充分收缩后，取出水洗、干燥，然后测量其尺寸和钡值，所得结果如图2-37所示。

由图2-37可知，这两条曲线的变化趋势基本是一致的。烧碱浓度低于100g/L时，不起丝光作用；烧碱浓度在100~250g/L时，棉布的经同收缩率和钡值都随着烧碱浓度的增加而急剧上升;烧碱浓度在250~300g/L时,上升比较缓和;当烧碱浓度超过300g/L时,钡值反而有所下降,同时还加大了丝光后去碱的负担。如果单从钡值指标来看,烧碱浓度在180g/L左右就已经足够了(钡值为150),因此对丝光要求不太高的品种,可采用150~180g/L的烧碱溶液处理,以提高其染色性能,这种工艺称为半丝光。但综合考虑织物的光泽、织物本身吸碱以及空气中酸性气体耗碱等因素,棉布丝光时烧碱的浓度一般控制在240~280g/L。在实际生产中,可根据棉纤维的品级、织物的组织规格、半制品的品质及丝光棉的各项性能指标、成品的质量要求等来确定烧碱的实际使用浓度,制定合理的丝光工艺。

2. 碱液温度

烧碱与纤维素之间的反应是一个放热反应,提高碱液温度有减弱纤维溶胀的作用,从而造成丝光效果降低,收缩率和丝光钡值下降,如图2-38所示。

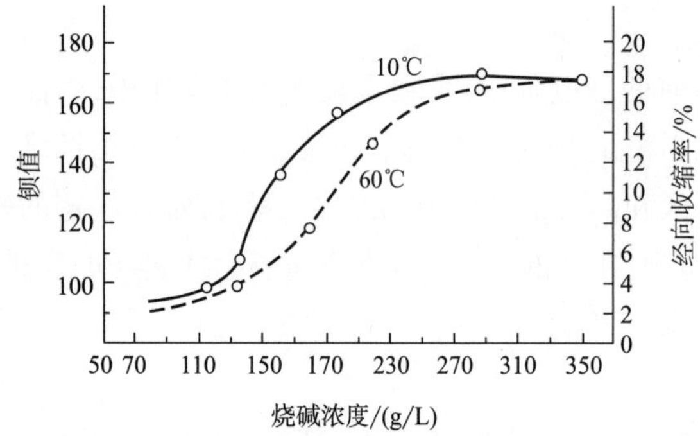

图2-38 不同温度下烧碱浓度对丝光效果的影响

由图2-38可知,在烧碱浓度相同的条件下,温度越高,产生的收缩和钡值越小,因此提高碱液温度有降低丝光效果的作用,一般来说丝光以低温较宜。但要保持较低的碱液温度,一方面需要相当大功率的冷却设备和电力消耗,造成生产成本的增加;另一方面温度过低,碱液黏度的显著增大(图2-39)往往会使碱液难以渗透到织物内部,以致丝光不透,造成表面丝光。因此,实际生产中多采用室温或稍低的温度丝光,夏天通常采用轧槽夹层通入冷流水使碱液冷却。

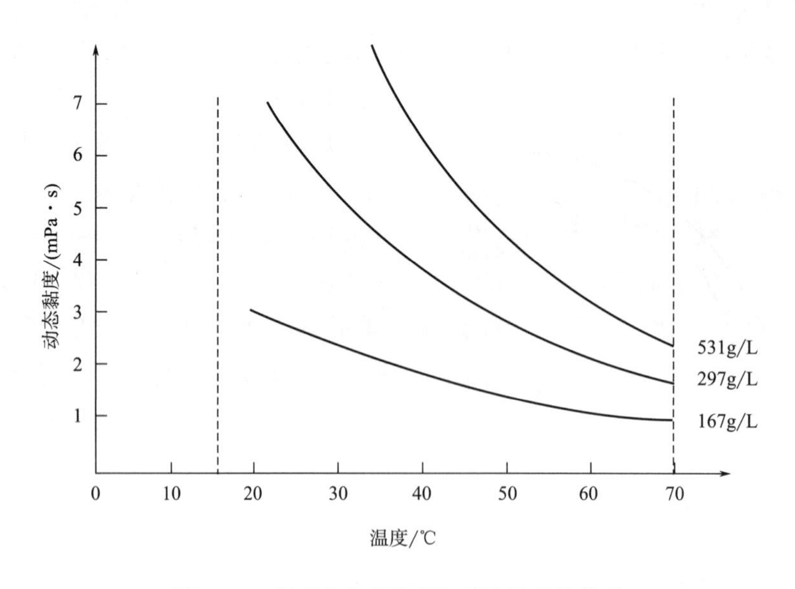

图2-39 温度和烧碱浓度与碱液黏度的关系

3. 张力

(1)张力对织物光泽和断裂伸长率的影响。棉织物在松弛条件下用浓烧碱溶液处理,由于棉纤维发生了剧烈的溶胀,从而导致织物、纱线等的收缩,影响光泽。因此,织物在适当的张力下浸轧浓碱液,才能防止织物的收缩,以获得较好的光泽。要强调的是,张力的增大会导致织物断裂伸长率的降低。表 2-16 显示了浓碱丝光时,张力大小对棉纱光泽和断裂伸长率的影响。从表 2-16 中可以看出,丝光时张力的增大,有利于提高产品的光泽。但张力过大,对产品的光泽增加贡献不大,却使断裂伸长率下降。

表 2-16　张力对棉纱丝光后光泽和断裂伸长率的影响

处理条件	断裂伸长率/%	光泽
未丝光	5.4	24.3
无张力丝光	16.1	20.4
保持原长丝光	5.5	55.8
比原长拉伸 3%丝光	4.8	62.0
比原长拉伸 6%丝光	4.3	68.3
比原长拉伸 9%丝光	4.0	70.0

(2)张力对织物强力和吸附性能的影响。棉织物用浓碱液处理时,织物的光泽、强力、吸附性能等都会发生显著变化。施加了张力的处理与松弛的处理相比,前者对光泽的改善明显比后者好,而且对织物强力的提高幅度更大。但张力的提高会使织物的吸附性能降低,如表 2-17 所示。

表 2-17　张力对棉纱丝光后强力和吸附性能的影响

处理条件	断裂负荷/g	染料吸附量/(g/100g 纤维)
未丝光	613	1.5
无张力丝光	729	3.5
有张力丝光(保持原长)	761	2.9

将棉纱分别在松弛和有张力的情况下,用不同浓度的烧碱溶液处理,然后测定其张力和钡值的关系,其结果如图 2-40 所示。

由图 2-40 和表 2-17 可知,在松弛和有张力的情况下,纤维的吸附性能是不同的。有张力丝光,棉纤维的钡值、吸附能力比松弛丝光低。

综上所述,丝光时增加张力能提高织物的光泽和强力,但吸附性能和断裂延伸度却有所下降。因此,工艺上要适当控制丝光时的经、纬向张力,并兼顾织物的各项性能。一般纬向张力以控制使织物门幅达到坯布幅宽,甚至略为超过为宜;经向张力以控制丝光前后织物无伸长或少伸长为好。纬向张力可通过增加布铗链之间的距离来调节,施加纬向张力要注意伸幅速率,伸幅不宜过快,否则因应力集中在布边上,容易拉破布边。经向张力则可通过控制前后两轧槽间

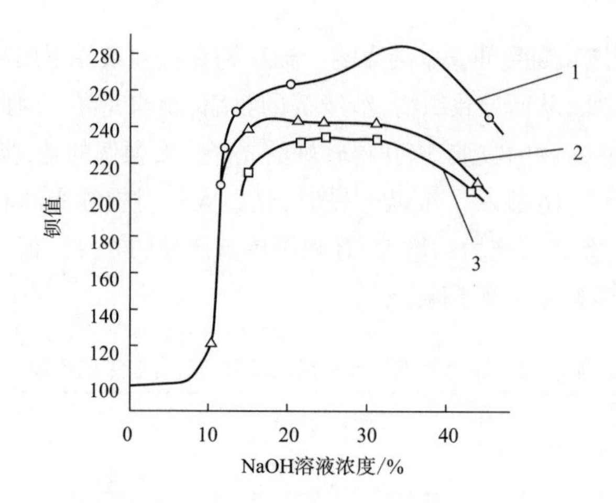

图 2-40 丝光时张力对棉纱吸附性能的影响

1—无张力丝光 2—先无张力收缩后,再施加张力至原长丝光 3—施加张力至原长丝光

线速度的大小来调节,经向张力一般为第一轧车线速度比第二轧车快 1.5%~2.0%,在织物出布铗后,尽量放松经向张力,以防止织物缩水率过大。

4. 丝光时间

在丝光过程中,必须使烧碱充分、均匀地渗透进入纤维内部,并与纤维素大分子作用,才能达到丝光的目的。要完成这一丝光作用需要一定的时间。碱液渗透过程所需的时间与织物的结构、润湿性、碱液浓度及温度密切相关,其中以织物的润湿性能和温度影响最为突出。因此,为了提高织物的润湿性,加速碱液的渗透,除了要加强织物的前处理外,适当提高碱液温度和反复浸轧碱液也是有效的措施之一;此外,在碱液中也可加入适量的润湿剂,但加入润湿剂造成烧碱回收困难,所以生产上很少应用。

丝光时间与碱液浓度和温度密切相关。碱液浓度或温度较低时,可适当延长作用时间。目前生产上丝光的浸碱时间为 35~50s。这个时间是指从第一轧车浸碱开始到开始冲洗去碱为止的时间。厚重织物或前处理不充分的织物浸碱时间应适当延长。

5. 去碱

去碱对丝光的定形作用及后工序影响很大。在放松纬向张力后,如果织物上还含有过多的碱,织物就会收缩,从而影响织物的光泽和尺寸稳定性,同时对下一工序的加工带来不利。去碱一般分两步进行。第一步是在扩幅状态下(即在有张力的作用下),利用冲吸装置去碱。第二步是在放松纬向张力后,使用去碱蒸箱及平洗槽进一步去碱。必要时可用酸中和,使落布 pH=7~8。去碱时如果完全用热水,虽然洗碱效率高,但造成大量淡碱,增加了碱液回收的负担,故生产中一般都使用淡碱。洗碱用淡碱的浓度不应过高,在张力情况下,淡碱浓度应在 47g/L,去碱蒸箱的淡碱浓度一般在 25.7g/L 以下。

为了提高去碱效率,一方面应提高冲洗和吸碱能力,另一方面应尽量提高洗碱温度。因为烧碱在水中的溶解度随温度升高而增大。冲洗碱液温度一般控制在 70℃,去碱蒸箱的温度控制在 95℃以上。

(四)丝光设备与工艺

棉织物的丝光都是在丝光机上进行的。丝光机主要有布铗丝光机、直辊丝光机和弯辊丝光机三种。其中以布铗丝光机丝光效果好,应用最广。

1. 布铗丝光机

布铗丝光机一般有单层和双层之分,但它们都由以下几大部分组成(图 2-41):平幅进布装置、浸轧装置、绷布辊筒、布铗开幅装置、吸碱装置、去碱蒸箱、平洗槽、烘筒烘燥机、平幅出布装置。

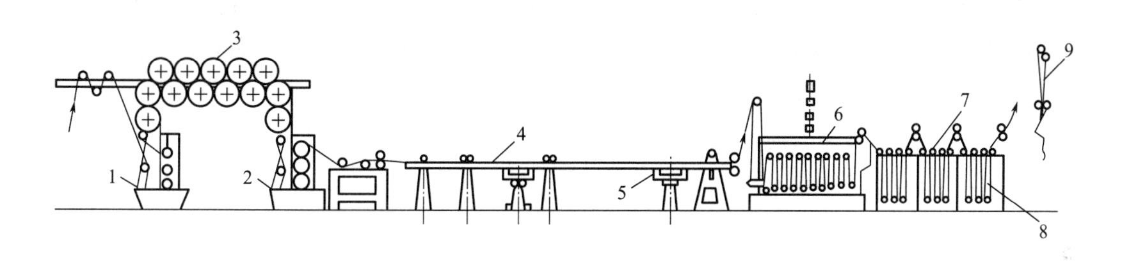

图 2-41 布铗丝光机

1,2—浸轧槽 3—绷布辊筒 4—布铁开幅装置 5—吸碱装置 6—冲洗管 7—去碱箱 8—平洗槽 9—落布装置

(1)浸轧槽及绷布辊筒。浸轧槽有前后两台,它由浸渍槽和三辊重型轧车组成。浸渍槽内装有多只导辊,以延长织物在碱液中的浸渍时间,实行多浸二轧的浸轧方式,一般浸渍时间在 20s 左右。浸轧槽通常具有夹层,夹层中通流动冷水以降低槽内碱液温度。两台浸轧槽之间有连通管,以便碱液的流动。为了防止表面丝光,后浸轧槽的烧碱浓度应高于前浸轧槽。为了使织物带有较多的碱液,有利于碱与纤维的作用,第一浸轧槽的压力宜小,轧液率控制在 120%~130%;第二浸轧槽的压力要大,轧液率控制在 65%以下,以减少织物的带碱量,有利于冲洗去碱。

浸轧槽中碱液浓度可根据品种要求加以控制,一般为 200~280g/L。织物通过浸轧槽浸轧碱液后,布面吸附了大量的碱液,致使槽内碱液浓度下降,因此需要在后浸轧槽中补充浓碱液,以维持碱液的浓度。补充碱液的浓度为 300~350g/L。

为了延长织物带碱时间及防止织物浸碱后收缩,在两台浸轧槽之间的上方装有十余只上下交替排列的空心绷布辊筒。通常绷布辊筒直径宜大一些,绷布辊筒之间的距离宜近一些,以使织物沿绷布辊筒的包角面尽可能的大。此外,后轧车的线速度要比前轧车稍大,以给织物适当的经向张力,防止织物吸碱后经向收缩。织物从进前浸轧槽到出后浸轧槽的时间即在浸轧和绷布阶段所经过的时间大约为 40~50s。

(2)扩幅和淋洗。棉布出后浸轧槽即进入布铗扩幅装置。布挟扩幅装置主要由左右两排各自循环的布铗链组成,长度为 15~20m。它的作用主要是使布铗咬住织物布边,给纬向施以张力,以防止织物吸碱后收缩。布铗链由许多布铗用销子串联起来敷设在轨道上,绕经前后转盘(有开铗作用,后转盘是主动的)而循环运转前进。布铗链呈橄榄状,中间大,两头小。两头小便于织物顺利地上铗和脱铗,中间大使织物得以扩幅。当织物两边分别提高到前转盘处时,由于转盘触动铗柄,使铗舌抬起而开铗,布边伸入布铗随着布铗链前进。由于铗链间的距离增大,铗舌的刀口将布边咬住一起前进,布幅随铗链间的距离增大而增大,从而使织物获得扩幅。当织物到达后转盘处时,由于后转盘的开铗作用,织物便可脱离布铗而出铗链。为了防止棉织物的纬纱发生歪斜,左右布铗长链的速度可以分别调节,将纬纱维持在正常位置。

棉织物在浸轧浓碱和扩幅之后,如放松张力,因织物上带碱浓度较高,织物仍会发生剧烈的收缩。因此,必须使织物在保持扩幅状态下,将织物上的烧碱含量淋洗到一定浓度以下,才能放松张力。通常当织物在布铗链扩幅装置上扩幅达到规定宽度后(一般在织物进入布铗链长度的1/4~1/3处,使织物带浓碱的时间为50~60s),将热稀碱液(70~80℃)通过横跨布幅的冲淋器冲淋到布面上。在冲淋器后面,紧贴在布面的下面,有布满小孔或狭缝的真空吸碱器(或称吸碱盘),可使冲淋下的稀碱液透过织物。这样冲、吸配合,有利于洗去织物上的烧碱。一般布铗丝光机配有3~4套冲吸装置,有的甚至更多。在布铗链下的地面上有铁或水泥制成的储碱池,分成数格,由吸碱器吸下的碱液依次排入储碱池中,然后池内各格的碱液,顺次用泵送到前一冲淋器,以淋洗织物。最前面一格槽中的烧碱浓度最高。通过反复循环淋洗,槽中碱浓度逐渐升高,当浓度达到50g/L左右时,便用泵送到蒸碱室回收再用。

扩幅淋洗的去碱量对织物质量的影响很大,为了保证织物不发生大的收缩,在出布铗链时,织物上烧碱的含量应洗至7%以下。

(3)去碱箱和平洗装置。为了将织物上的烧碱进一步洗落下来,织物在经过扩幅淋洗后便进入洗碱效率较高的去碱箱,去碱箱的结构如图2-42所示。

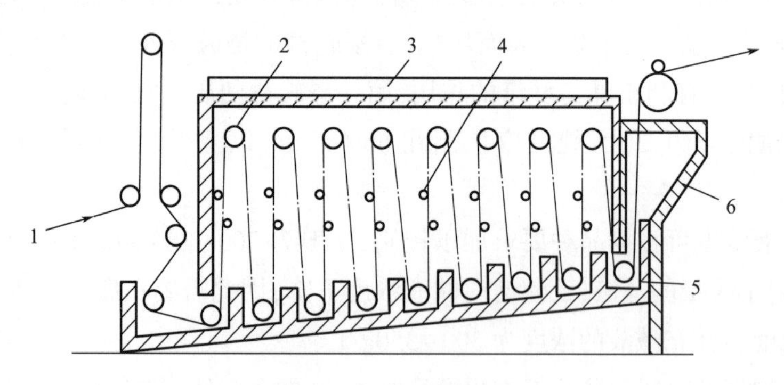

图2-42 去碱箱

1—织物 2—主动导布辊 3—蒸箱盖 4—直接蒸汽管 5—去碱箱水封口 6—蒸箱外壳

去碱箱是一个铁制密闭的箱子。箱盖可以吊起,以便穿布和处理故障。箱的进出口均设有水封口,以阻止箱内蒸汽外溢。箱内上下各有一排导布辊,上排是主动的,下排是被动的。箱底呈倾斜状,并分成8~10格,便于从平洗槽流过来的更稀的碱在去碱箱内逐格倒流,最后流入扩幅装置下面的储碱池中,供冲洗之用。布层间装有直接蒸汽加热管,当织物通过时,蒸汽喷向织物并在织物上冷凝成水,渗入织物内部,起着冲淡碱液和提高温度的作用,以便更好地洗去碱液。下导辊浸没在箱底下部的水中,当织物进入下导辊附近时,织物上较浓的碱液与箱中含碱量较低的碱液发生交换作用,结果使织物上含碱量降低,箱内稀碱液含碱量升高。如此经过多次冷凝、冲洗和交换,织物上大部分的碱液被洗去,每千克织物上的含碱量可降至 5g 以下。织物经去碱箱去碱后,便进入平洗机进行水洗,以进一步洗去残碱。必要时可用稀酸中和,但水洗一定要充分,以使织物出机时呈中性。

织物出平洗机后,一般经烘筒烘燥机进行烘干,以利后加工。

布铗丝光机的主要特点是可对织物进行扩幅,经向张力和扩幅范围可测。处理后织物的光泽好,缩水率小,但操作不当时,易产生破边、铗子印等。

2. 直辊丝光机

直辊丝光机的组成与布铗丝光机有很大的不同。它是由进布装置、浸轧槽、重型轧辊、去碱槽、去碱箱及平洗槽等部分组成,如图 2-43 所示。

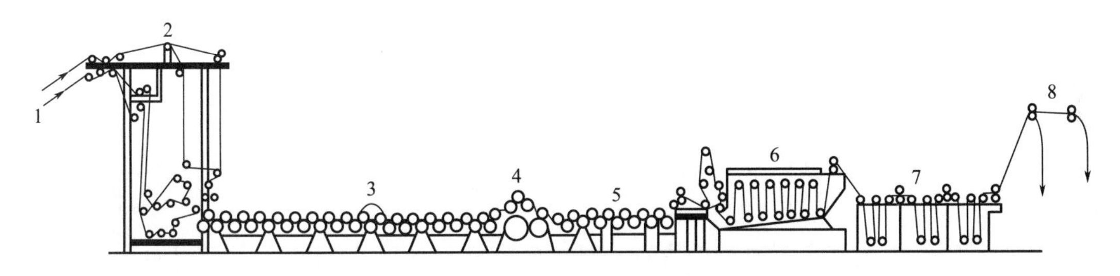

图 2-43　直辊丝光机

1—织物　2—进布装置　3—碱液浸轧槽　4—重型轧液槽　5—去碱槽　6—去碱箱　7—平洗装置　8—落布装置

织物先通过弯辊扩幅器,再进入丝光机的碱液浸轧槽。碱液浸轧槽内有许多上下交替相互轧压的直辊。上排直辊是包有耐碱橡胶的被动辊,穿布时可提起,运转时紧压在下排直辊上,并浸没在浓碱液中。织物在排列紧密且上下相互紧压的铸铁直辊中通过,每浸渍一次,即在软、硬辊的轧点间轧液两次,上直辊是以本身重量将织物压向下直辊的,可防止织物产生大的收缩。织物经过碱液浸轧槽后,便通过一重型轧液辊,轧去多余的碱液,然后进入去碱槽。去碱槽和碱液浸轧槽结构相似,也是由铁槽和直辊组成。所不同的是下排铁辊浸没在稀碱液中,以洗去织物上大量的碱液。最后织物进入去碱箱和平洗槽以洗去残余的碱液,丝光过程即完成。直辊丝光机浸碱时间较长,丝光均匀,不会产生破边,但由于没有纬向扩幅装置及功能,故直辊丝光机的扩幅效果差,这是该设备的主要缺点。国内外一些厂家吸取布铗丝光机和直辊丝光机的优点,组成新型丝光机(布铗+直辊),采用新的丝光工艺,以缩短丝光时间,提高丝光效率,同时获得较为满意的丝光效果。

3. 弯辊丝光机

弯辊丝光机的组成基本与布铗丝光机相同,仅扩幅装置不同,如图 2-44 所示。弯辊丝光机是依靠弯辊进行扩幅的。弯辊扩幅部分是由一个浅平阶梯铁槽和 10~12 对弯辊组成的。铁槽前半部位置较高,上下并列排放着两排 5~6 对硬橡胶被动弯辊,其作用是对浸轧过浓碱的织物进行扩幅,并延长织物带浓碱的时间。铁槽后半部位置较低,上下并列排放着两排 5~6 对主动

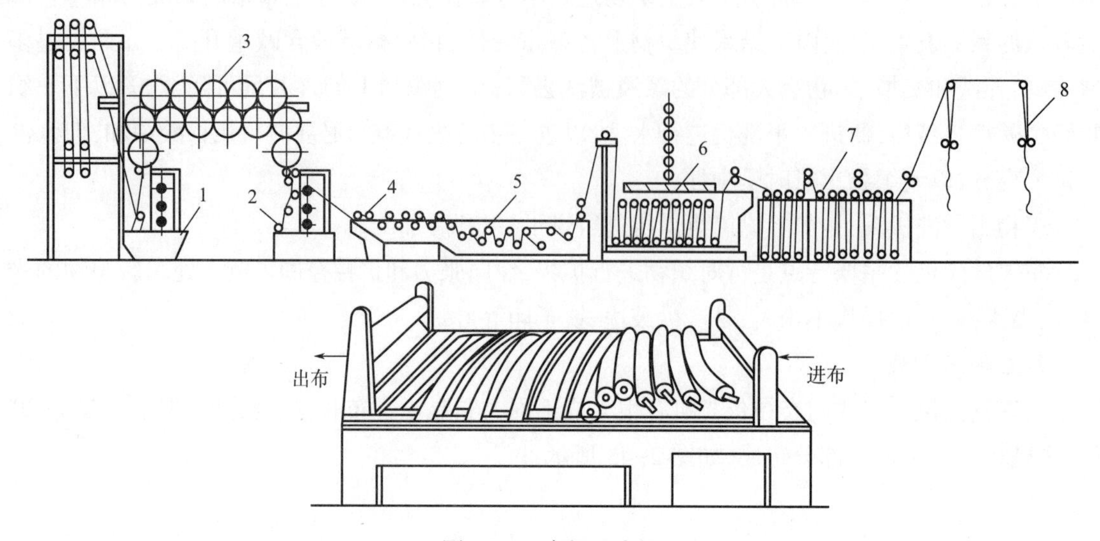

图 2-44　弯辊丝光机

1,2—浸轧装置　3—绷布辊筒　4—硬橡胶被动弯辊　5—铸铁主动弯辊　6—去碱箱　7—平洗槽　8—落布装置

铸铁弯辊。铸铁弯辊大半浸没在由去碱箱倒流出来的热稀碱液中,其作用在于洗去织物上的烧碱。

弯辊的扩幅作用是依靠织物绕经弯辊套筒的弧形斜面时所受到的经向张力而产生的纬向分力将布幅拉宽的。弯辊的扩幅能力与弯辊的圆弧半径 r、弯辊的直径以及织物在套筒面上的包角大小有关。它与弯辊套筒的直径成正比,与弯辊圆弧的半径 r 成反比,弯辊在两端的扩幅效果比中部的效果好。

弯辊丝光机扩幅效果较差,易使纬纱呈弧状,而且经、纬密分布不匀,洗碱效率不高,故目前很少使用。

(五)丝光工序的安排

棉织物丝光工序的安排按品种和要求的不同,可以采用原布丝光、漂后丝光、漂前丝光、染后丝光等。

1. 原布丝光

对于某些不需要练漂加工的品种如黑布,一些单纯要求通过丝光处理以提高强度、降低断裂伸长的工业用布,门幅收缩较大、遇水易卷边的织物宜采用原布丝光。但原布丝光因坯布润湿性较差,会造成丝光不均匀,所含杂质沾污丝光碱液,不利于碱液的回收,故很少使用。

2. 先漂白后丝光

先漂白后丝光是目前使用最多的方法。漂后丝光可以获得较好的丝光效果,纤维的损伤和绳状折痕少,丝光后的碱液较清洁,有利于碱液的回收。但因丝光碱液含杂和色泽的影响,使得织物白度和渗透性稍有降低。因此,对白度要求较高的织物可采用先丝光后漂白或丝光后再漂白一次的方法加以解决。

3. 漂前丝光

先丝光后漂白所得织物的白度及手感较好,但丝光效果不如先漂白后丝光。在漂白过程中易损伤纤维，使织物产生折痕和擦伤，所以不适用于染色品种，尤其是厚重织物的加工。

4. 染后丝光

染后丝光不能发挥丝光能使棉纤维对染料的吸附量增加、节省染料用量的优越性，而且织物上的染料易沾污碱液，不利于碱液的回收，也不能去除在漂白过程中造成的折痕等缺点，所以一般情况下很少使用。但对明显容易发生擦伤或匀染性极差的品种可以采用染后丝光。染后丝光的织物表面无染料附着，色泽较匀净。但要注意，染色用的染料必须耐碱。

（六）丝光方法

1. 干布丝光

传统的棉织物丝光通常都是将烘干、冷却后的织物在室温条件下用浓烧碱溶液处理的过程，即室温下干布丝光。干布丝光工艺较易控制，质量也较稳定。但因要求烘干，能耗较大，生产周期较长。所以，近年来人们不断研究开发丝光新工艺、新方法，以提高丝光效率和丝光效果。

2. 湿布丝光

湿布丝光可以省去丝光前的烘干工序，节省设备和能源。而且湿布丝光因纤维膨化足，吸碱均匀，所以丝光比较均匀，产品质量较好。但湿布丝光对丝光前的轧水要求高，轧液率要低（50%~60%），且轧水要均匀，否则将影响丝光效果。湿布丝光时碱液易于冲淡，因此补充的碱液浓度要高，并要维持盛碱槽内碱液浓度均匀一致。

3. 热碱丝光

常规丝光工艺是室温丝光，在低温、高浓度的条件下，丝光碱液的黏度较大，渗透性较差。在丝光时，织物表面的纤维首先接触浓烧碱溶液而发生剧烈膨化，使织物结构变得紧密，更加阻碍了碱液向纤维内部的渗透，极易造成织物的表面丝光，厚重紧密织物丝光要获得均匀透彻的效果难度更大。采用热碱丝光，可以提高碱液的渗透性，改善丝光的效果。

热碱渗透性能较好，但膨化程度却不如冷碱好，如表2-18所示。

表2-18 棉华达呢膨化值与碱液浓度、温度的关系

碱液温度/℃	膨化值/g		
	碱液浓度180g/L	碱液浓度240g/L	碱液浓度280g/L
20	15.6	22.7	27
60	12.5	18.1	23.2

鉴于以上的分析，采用先热碱、后冷碱的丝光工艺，因为热碱的早先渗入，有利于冷浓碱液的继续渗入，使织物带有较多的碱量，产生均匀而有效的膨化，如配以其他条件（如张力、去碱等），可获得均匀而良好的丝光效果。与传统丝光工艺相比，此法纤维的膨化度、丝光的均匀性、纤维的吸附性能、染色深度、定形效果以及手感等均有所提高。

（七）液氨丝光

1. 液氨丝光与碱丝光的区别

指当氨气的温度被降至零下34℃时变为液氨，液氨是液态氨，其分子量和水接近，但性质截然不同,其黏度和表面张力比水低,极性大。液氨丝光也称液氨整理,是利用氨的分子小,对织物渗透快,可进入纤维内部,引起纤维膨化而代替烧碱取得丝光效果。液氨丝光和碱丝光处理对织物产生的影响是互补的,进而改善织物的最终服用性能。两者主要区别见表2-19。

表2-19 液氨丝光与碱丝光的区别

区别	液氨丝光	碱丝光
作用	液氨可以瞬时渗入棉纤维内部,膨胀效果均匀,又极易清除	作用剧烈,膨胀作用较液氨高三倍,但碱液黏度高,渗透均匀性不如液氨,易造成表面丝光,且去碱困难
强力	不损伤纤维,可改善耐磨性和撕破强力	对棉纤维有损伤
染色效果	匀染性好,上染率不如液碱丝光	上染率高,但匀染性差
光泽	光泽柔和,但不如液碱丝光	光泽强
手感	手感柔软,滑爽,弹性好	手感略有硬化,弹性不如液氨整理
稳定性	织物经多次洗涤,尺寸、颜色变化很小	尺寸稳定性不及液氨整理,丝光后织物变色较大

2. 液氨丝光原理

从理论上说,氨分子比氢氧化钠分子体积小得多,氨分子能迅速进入棉纤维内部更加致密的区域,拆散一些结晶不完善、有缺陷的区域,形成氨纤维素,使棉纤维从芯部开始膨胀,使纤维内部结构变得更加均匀,并在膨化过程中将纤维素分子间的氢键打开。当去除纤维内部的氨时,纤维素分子会出现重排,可消除纤维的内应力,截面由扁平变成圆形,中腔变小,天然捻向消失,表面光滑,增加对光线的均匀反射。同时由于纤维结晶结构的变化,内应力消除,不再扭曲,织物的手感柔软,韧性、强度、干湿缓弹、尺寸稳定性明显提高,即使反复洗涤仍可保持良好的手感。用液氨处理棉纤维不损伤纤维,并且氨能很容易而且快速渗出。

液氨丝光主要用在高档色织布的后整理,能够帮助增加织物的手感和马代尔耐磨特性。更适合于免烫、焙烘、潮交联整理,既可保证DP值(即外观平整度,分1~5级),又可以得到较好的手感要求。

3. 液氨整理工艺

(1)工艺流程。

进布→预烘→冷却→液氨处理(浸轧液氨→烘干)→汽蒸→水洗→中和→水洗→烘干→落布

(2)工艺条件。

车速	40~50m/min
处理室温度	75~85℃
汽蒸温度	90~100℃
水洗温度	50~70℃
中和水洗槽	调节pH=4.5~5

4. 液氨整理机组成及其作用

液氨整理是近代国际上集机械、化工、自动控制高科技于一体的综合性工艺技术。液氨整理设备投资大,一般在3000万元左右,对操作的安全性要求极高。液氨整理机主要由进布架、预烘装置、冷却装置、浸轧轧车、延时张力调节装置、呢毯烘筒、汽蒸室、箱体、氨回收系统、水洗箱、烘干装置及落布架等组成,如图2-45所示。设备设计制造中既要保证氨气不外泄以保证人身安全;同时机器内被蒸发的氨气也要被密闭抽走,以利于氨的回收;既要保证织物充分浸渍,又要做到快速烘干除氨。由于液氨的侵蚀性和有害气味,因此密封仪表、安全报警系统十分重要。

图2-45 液氨整理机

进布前去除织物中的水分,经过烘筒烘干,并将织物吹风冷却,然后进入箱体内液氨轧液槽浸渍液氨,保证轧液液面恒定,使液氨均匀渗透并瞬时吸收。棉纤维在短时间内充分膨胀,在此过程中控制其收缩张力,使织物经向张力保持恒定。织物进入反应室后,氨与棉纤维充分反应,同时织物上的氨可以蒸发出来;织物进入蒸箱的加热烘筒,可进一步去除残留的氨,再对氨进行回收。为了防止氨气外逸,进出布处都要有严格的密封措施。凡是有氨的工作区域始终保持负压状态,使氨气不外泄,确保工作人员的安全。

(1)进布架。使布顺利地进入设备。在进布架上方有一个光电感应探头,如出现缝头来不及或卷布,设备会自动停机。

(2)预烘装置。使进入液氨轧槽的织物含潮率控制在一定的范围以内。保证瞬时吸氨且匀透,使棉纤维在短时间内充分膨胀。

(3)冷却装置。降低布面温度,防止因布面温度过高而导致轧槽液氨大量挥发。

(4)浸渍轧车。织物浸渍液氨,并通过轧车压力控制带氨量。

(5)延时张力调节装置。控制浸氨后织物的布面张力和作用时间,同时蒸发织物上的氨。

(6)呢毯烘筒。在小张力下,去除布面上的大部分氨,便于后续残氨的除尽。

(7)汽蒸室。通过蒸汽直接作用于布面,进一步彻底去除布面上的氨,使布面带氨量控制在一定的范围以下。

(8)箱体。主要作用是防止反应过程中产生的氨气泄露,防止空气进入箱体。在设备运行过程中,箱体应始终保持微负压状态。

(9)氨回收系统。主要作用是将主机箱体排出的由氨气、水蒸气和少量空气组成的混合氨气回收,制成纯度为99.5%以上的液态氨,供主机循环使用。

(10)水洗箱。水洗箱1洗去布面残留的氨;水洗箱2调节布面pH值;水洗箱3洗去布面上的酸。

(11)烘干装置。调节布面张力,烘干布面。

(12)落布架。由落布辊、静电消除器、落布曲柄构成。

5. 液氨整理加工的注意事项

(1)液氨整理加工时必须按照先非荧光后荧光品种,先浅色后深色品种的加工顺序,非荧光导布和荧光导布也要分开使用,以防止沾色和荧光沾污。

(2)开机前必须确认液氨整理机与回收装置相连接的所有管道的手动阀门是否都已打开,并处于要求的位置。确认控制柜的各个选择开关处于正确位置。关闭液氨整理机密封室的密封门,通过门的压力开关和压力计来确认门的密封完成。

(3)开蒸汽前必须先打开各蒸汽管道的排水阀,把蒸汽管道内的冷凝水排干净,否则温度升不上去,严重时会震裂蒸汽管道造成事故。

(4)液氨整理机正常生产前需提前30min开始预热,大烘干锡林排放口温度要达到105℃以上,汽蒸室温度要达到110℃以上才可正常加工生产。

(5)液氨车速为40~70m/min,最高车速是80m/min,要根据织物的厚薄、回收系统对氨的回收情况和加工机器内部的压力而定。在正常加工时加速和减速都必须做到平稳、缓和,以免加工室压力过高而造成异常停机。

(6)加工过程中更换品种时,当不同品种接头处快进入加工室时也必须降速,以避免不同品种回收量不同造成压力急剧变化而导致异常停机。

6. 液氨的回收

(1)液氨整理加工过程有废气排出,其组成有水蒸气、空气和氨气,其中氨气是有害气体,影响人体健康,污染环境,为此要减少排放,加强回收。一方面可降低成本,另一方面可保护环境。

(2)氨的回收有吸收法,把来自液氨整理机排出的气体,通过管道输送至回收装置的洗涤塔(吸收塔),把混有空气的氨气在此塔内用水吸收成氨水,此时空气被清洗并排出塔外,然后通过蒸馏塔将氨和水分离,氨被蒸馏吸收制成浓氨水,浓氨水经精馏即成浓氨气,再将浓氨气经压缩机加压和冷凝冷却成液氨,最后输入储存罐。

(3)在氨的回收装置中,洗涤塔顶部有排气口,要控制排放气体中的含氨量,要低于环保要求。

(八)丝光效果的评定

1. 光泽

光泽是衡量丝光织物外观效果的主要指标之一。目前,光泽的评定主要有目测法、变角光度法、试样回转法、偏振光法等,一般生产上多采用目测法评定。由于织物组织规格的复杂性及影响光泽的因素很多,再加上目前还缺乏理想的织物光泽仪,因此,光泽的定量测定还有待进一步完善。

2. 纤维的截面变化

将丝光棉纤维用哈氏切片器切片后,通过显微镜观察其横截面的变化情况。

将纤维切片放在 400 倍复式显微镜上,利用显微镜标准尺度,测量椭圆形或圆形截面纤维的长、短轴长度,测量 45 根纤维,取平均值,最后计算其椭圆度。

$$椭圆度=\frac{短轴}{长轴}$$

当椭圆度趋于 1 时,膨化最好,丝光效果也最好。

另外,根据圆形纤维分布情况,还可确定织物丝光的透芯程度。将织物中的纱线切片后观察,若接近圆形截面的纤维基本分布在周围外层,内层仍为腰子形截面者,则该织物为表面丝光;若内层纤维与外层纤维一样,基本上都接近圆形截面,则该织物为透芯丝光。

3. 吸附性能

(1)钡值法。钡值是衡量棉纤维吸附性能最常用的指标。钡值越高,表示纤维的吸附性能越好,丝光效果也就越好。因此通过钡值的测定,可评定丝光效果的好坏。通常本光棉布钡值为 100,丝光后棉织物的钡值一般在 135~150。

(2)染色测试法。钡值法测定丝光效果虽然精确,但较麻烦,用染色法比较简单。它通过比色,可定量地了解织物丝光效果。具体操作是:将不同钡值(100~160)的织物,用一定浓度的直接蓝 2B 染液处理,制成一套色卡,然后用未知试样(丝光棉织物)的染色深度与色卡对比,定量地评定丝光后织物的钡值。

4. 尺寸稳定性

尺寸稳定性通常用缩水率来表示。通过测量处理前后织物长度的变化,再经公式计算得出缩水率。

九、高效短流程前处理工艺

传统的棉织物前处理的三道主要工序退浆、煮练、漂白通常是分步进行的,但这三道工序并不是截然无关的,而是相互影响、相互补充的。如退浆的同时可去除部分天然杂质,减轻煮练的负担;而煮练可进一步去除残留的浆料,对织物白度也有提高,漂白也有进一步去杂的作用。常规三步法前处理工艺稳定、重现性好,但机台多,耗时长,效率低,能耗高,且印染产品常见的疵病,如皱条、折痕、擦伤、斑块、白度不匀、强度降低、泛黄、纬斜等都与前处理三步法工艺较长有关。因此,缩短工艺流程、简化工艺设备、降低能耗、保证质量是棉织物前处理节能减排发展的必然方向。

短流程前处理工艺的种类较多,按工序合并方式的不同大体可分为两类,即二步法和一步法。

(一)二步法短流程工艺

二步法工艺有两种方式,一种是先退浆(desizing),然后煮练(scouring)、漂白(bleaching)合并,简称为 D-SB 工艺;另一种是退浆、煮练合并,然后再漂白,简称为 DS-B 工艺。

1. D-SB 二步法工艺

D-SB 二步法工艺的关键是退浆后的洗涤一定要充分,应最大限度地去除浆料和部分杂质,以减轻碱氧一浴煮漂工序的压力,并提高双氧水的稳定性。此外,煮漂合一必须在较强的碱性和较浓的双氧水共存的条件下进行,以去除织物上的杂质,同时完成漂白加工。因此,应严格控制工艺条件,并选择性能良好的耐碱精练剂、耐高温的氧漂稳定剂和螯合分散剂,尽量减少纤维的损伤。此法适用于含浆较重的纯棉厚重紧密织物或合纤与棉的混纺织物。

D-SB 二步法的工艺流程按采用的设备不同可分为多种,在此仅列举两种加以说明。

(1)烧毛→浸轧退浆液→堆置(4~10h)→90℃以上充分水洗→浸轧碱氧液→液下履带箱漂白(60℃,浸渍 20min)→短蒸(100℃,2min)→高效水洗→烘干

此工艺的特点是:

①采用较低温度,保持双氧水在浸漂时的稳定性;

②采用小浴比(1∶4),以提高在较低温度时的煮练效果,加上有效的氧漂稳定剂,使双氧水分解较慢,使织物出履带箱时还保持相当的碱浓度,足以在短蒸时进一步分解起漂白作用;

③加工过程中织物呈松弛状态,布面无折痕、擦伤等疵病,手感较好,白度、毛效较高;

④温度低,耗时短,纤维损伤较小;

⑤需具备自动化程度较高的液下履带箱,双氧水和碱耗较大。

(2)烧毛→浸轧退浆液→室温堆置(4h 以上)→90℃以上充分水洗→浸轧碱氧液(轧液率 100%)→L 履带汽蒸(100~102℃,20min)→高效水洗→烘干

此工艺在高温、高浓度的强碱溶液中,双氧水分解较快,即使采用优异的耐碱氧漂稳定剂,也解决不了白度、煮练效果和织物强力间的矛盾。因此,必须增加碱氧液进入织物的量(轧液率),在温度高于 100℃(100~102℃)的条件下,汽蒸时间以不超过 20min 为宜。

2. DS-B 二步法工艺

DS-B 二步法工艺先退煮合一,然后再漂白。由于漂白为常规传统工艺,因此对双氧水稳定剂的要求不高,纤维的损伤也较小,工艺安全系数较高。但退煮合一,浆料在强碱浴中不易洗净,因而影响退浆和煮练的效果,为此退煮后必须充分、彻底地水洗。DS-B 二步法的工艺流程同样因设备的组合不同而有多种,在此仅列举较常用的两个组合及工艺流程。

(1)采用 R 形汽蒸箱练漂机和履带式连续汽蒸练漂机的组合。

烧毛→浸轧退煮液→R 形汽蒸箱汽蒸(100~102℃,60min)→充分水洗→L 履带氧漂(按常规工艺进行)→高效水洗→烘干

此工艺先采用 R 形汽蒸箱练漂机做退煮一浴处理,其特点是采用半蒸半浸、先蒸后煮的工艺,可起到预热、汽蒸、浸渍煮练三重作用。由于织物在液下处理,浴比较大,汽蒸和浸渍温度均可达 100℃左右,因此采用退煮合一能取得良好的效果。退煮后的漂白按常规工艺进行,无任何特殊要求,纤维损伤也较少。

(2)采用两组履带式连续汽蒸练漂机的组合。

烧毛→浸轧退煮液→L 履带汽蒸(100~102℃,60min)→充分水洗→L 履带氧漂(按常规工艺进行)→高效水洗→烘干

此工艺流程的关键问题是L履带式汽蒸练漂机做退煮合一的去杂效果不及R形汽蒸箱，因此一方面要增加化学品的用量，添加高效助练剂和退浆剂；另一方面则需通过加强水洗来弥补不足。如在烧毛后先经轧碱堆放几小时，经充分水洗后再进行退煮一浴处理，则退煮效果会有明显提高。

（二）一步法短流程工艺

一步法是指将退浆、煮练、漂白三合为一进行加工的方法。根据加工的温度不同，它又可分为冷轧堆法和汽蒸法。

1. 冷轧堆一步法工艺

冷轧堆法是在室温条件下采用碱氧一浴法工艺，虽然碱浓度较高，但由于温度较低，双氧水的分解速率较慢，故除用高浓度的处理用剂外，还必须延长堆放时间，使反应进行充分，才能达到满意的效果。冷轧堆法由于作用温和，因此对纤维的损伤相对较小，适用于各种棉织物的退煮漂一步工艺。

目前，冷轧堆法应用最为广泛的是碱氧法，其一般工艺流程为：

烧毛干落布→浸轧碱氧工作液（高给液）→转动堆置16~24h（转速4~6r/min）→热碱洗→水洗→烘干

工艺实例Ⅰ：

纯棉平布：18tex×18tex，268根/10cm×268根/10cm（薄织物）

工艺流程：

烧毛→浸轧碱氧液（轧液率85%~95%）→打卷堆置（室温，24h，转速5~6r/min）→采用汽蒸平洗烘联合机水洗

工艺处方：

烧碱（100%）	35~40g/L
双氧水（100%）	18~20g/L
氧漂稳定剂	8~10g/L
水玻璃（30%）	10g/L
耐碱精练剂	5~8g/L
过硫酸钠	0~6g/L

工艺实例Ⅱ：

纯棉纱卡：29tex×29tex，425根/10cm×228根/10cm（中厚织物）

工艺流程：

烧毛→浸轧碱氧液（室温，多浸一轧，轧液率120%~130%）→打卷堆置（室温，24h，转速6~8r/min）→卷染机碱洗二道（加盖，95~100℃）→热水洗二道（加盖，95~100℃）→热水洗一道（60~70℃）→下卷

工艺处方：

烧碱（100%）	40~45g/L
双氧水（100%）	16~18g/L

氧漂稳定剂	6~8g/L
水玻璃(30%)	15g/L
耐碱精练剂	7g/L

碱洗液:

烧碱(100%)	16~19g/L
亚硫酸钠	3g/L
净洗剂	2g/L

2. 汽蒸一步法工艺

由于冷轧堆法反应温度低,故需采用延长反应时间和增加助剂用量的方法来保证半制品质量,因而导致印染废水的污染程度加剧。近年来,人们对碱氧一浴汽蒸法前处理的研究越来越多,应用也越来越广泛。印染厂可以充分利用现有的设备条件,减少重复投资,同时促进前处理设备的改进和发展。

退煮漂一浴汽蒸法工艺,在高浓度碱和高温情况下,很容易引起双氧水的快速分解和加重织物的损伤。这只能通过降低烧碱用量和加入耐高温、耐强碱的氧漂稳定剂来实现。但降低烧碱用量会降低退煮效果,尤其对重浆和含杂量大的纯棉厚重织物。故此工艺适用于轻浆的中、薄型织物和涤棉混纺织物。

工艺实例Ⅰ:

纯棉厚绒坯布(平纹):(18tex×2)×(97tex×2),173 根/10cm×181 根/10cm(薄织物)

工艺流程:

浸轧工作液→汽蒸(85~90℃,80min)→后处理

工艺处方:

烧碱(100%)	16g/L
双氧水(100%)	12g/L
氧漂稳定剂	7g/L
精练剂	8g/L

工艺实例Ⅱ:

纯棉卡其:48tex×58tex,315 根/10cm×181 根/10cm

工艺流程:

烧毛→溢流染色机(130℃,5min)→水洗→开轧烘

工艺处方:

双氧水(100%)	3.5g/L
四合一精练助剂	5g/L

(四合一精练助剂是碱、精练剂、氧漂稳定剂、螯合分散剂的合理混合体)

(三)短流程前处理工艺的要点

从短流程前处理工艺本身来看,主要含有三个环节,即浸轧→反应(冷轧堆法或汽蒸法)→洗涤。为了保证前处理高效短流程工艺达到高效率、高质量,必须严格控制这三个环节的工艺,

分别突出“高、全、净”,即浸轧工作液要吃足吸透,带液量要高,以保证加工织物上有充足的反应物质;浸轧后的汽蒸温度要高,时间要足,如果采用冷堆法,堆置后、洗涤前要有一个热处理的过程(这是提高织物毛效的关键之一),以充分发挥助剂的作用,使各类反应完全;洗涤过程要充分,以保证从织物上处理下来的杂质去净。

1. 织物带液量要高

无论是汽蒸法,还是冷轧堆法工艺,提高织物带液量是短流程前处理取得好的效果的关键因素。由于生坯棉织物的拒水性较强,故工作液中必须添加耐碱渗透剂(润湿剂),并确定其合理用量。又因短流程工艺的工作液是强碱浴,所以,渗透剂的选用要考虑它的耐碱稳定性。但要把织物内部包括纱线间、纤维间及纤维内所含的空气在最短时间内排除,代之以工作液,仅靠渗透剂是难以实现的,还必须靠机械的加压作用。目前,高效短流程前处理设备大多采用高给液和透芯给液的措施,尤其是透芯给液效果较好。它主要借助轧辊加压、真空加压、蒸汽加热驱赶空气等,其中真空加压效果较好。

2. 工艺条件要优化

棉织物短流程前处理工艺所用碱氧量较大,如工艺条件控制不当,则会影响织物的毛效、白度,甚至使织物的强力下降。因此必须合理选择工艺处方,正确制定工艺条件,特别是烧碱、双氧水的合理用量和加工温度。

3. 必须强化水洗

强化水洗是短流程工艺能否取得成功的重要因素,特别是冷轧堆工艺。在冷堆后,首先必须经高温热碱处理,然后再进行高效强化水洗。对短流程前处理工艺而言,如不采用高效水洗设备,则很难满足水洗要求,达到处理效果。

高效短流程前处理工艺是前处理工序的发展方向,经过多年的努力,短流程前处理工艺已广泛应用于各种织物品种,并且覆盖面不断扩大。但有一点必须明确,短流程前处理工艺并不是万能的,目前还不能全部取代传统工艺和适应所有品种。短流程前处理工艺有其适用的对象,更不能片面地去追求高效和快速,而是必须根据品种的特点、加工要求、最终用途,结合织物组织规格、纤维原材料的实际质量,来合理地制定短流程前处理工艺。

学习任务2-2 麻纤维及其织物的前处理

知识点

1. 麻纤维的种类、结构与组成。
2. 亚麻和苎麻纤维化学脱胶原理、方法和基本步骤。
3. 亚麻和苎麻织物前处理加工的基本工序。

技能点

1. 能制订麻织物前处理的工艺流程,并对每道工序进行熟练操作。
2. 能根据麻织物的特点对选定织物进行前处理工艺设计和实施操作,并能根据产品的加工要求,对工艺中不合理的地方进行调整。

3. 能对麻织物前处理过程中出现的质量问题进行分析,并提出解决问题的方案。

麻是世界上最古老的纺织纤维。麻的种类有很多,如苎麻、亚麻、大麻、黄麻、剑麻、罗布麻等,其中苎麻、亚麻、大麻、黄麻等属于韧皮纤维,而剑麻、罗布麻等则属于叶脉纤维。在麻类纤维中可用于纺织且生产量较大的有苎麻纤维、亚麻纤维、大麻纤维、黄麻纤维。其中苎麻、亚麻纺纱支数较高,可用于服装面料、装饰织物等的生产;其余麻类多用于制造麻袋或绳索等。

苎麻纤维纵向有节状凸起,截面多呈椭圆形,也有半圆形、多角形,内有明显中腔。苎麻纤维是麻类纤维中品质较好的品种之一。苎麻的单纤维较长,还具有优良的机械和服用性能。但原麻中的纤维被胶质黏结在一起成为粗硬的片状物,不能直接纺纱,要经脱胶使单纤维相互分离,才能进行纺织加工。

亚麻纤维纵向有竖纹和横节,截面呈多角形,内有中腔。亚麻的单纤维由果胶等杂质紧密黏结,也不能直接纺纱,需经过浸渍脱胶制成精细麻,然后去除表皮和木质素制成打成麻,才能进行纺纱。亚麻的单纤维较短,不能用单纤维纺纱,通常用工艺纤维纺纱。所谓工艺纤维就是由若干根单纤维通过果胶质等黏结而成的纤维束。亚麻也可用作衣料,但大量用作装饰类织物。

麻纤维同棉一样,其主要成分也是纤维素,但含量较棉低,而共生物的含量却较棉高。麻纤维的取向度和结晶度都高于棉纤维,这使麻类纤维具有较高的强度和较低的伸长。麻纤维光泽好,吸湿放湿快,透气性好,穿着挺爽,特别适合做夏季服装面料,但易起皱,悬垂性较差,与皮肤接触时有一定的刺痒感。因为麻的主要成分为纤维素,所以在受到酸、碱等化学药品作用时,具有与棉相似的性能。

一、苎麻纤维脱胶及其前处理

在苎麻的韧皮中,主要成分是纤维素,还含有较多的胶质、木质素、蜡状物质等杂质。其中胶质大都包围在纤维的表面,把纤维素的单纤维胶合在一起而形成原麻(图 2-46)。苎麻的原麻纤维比较粗硬,不适合纺纱,纺纱前必须将韧皮中的胶质去除,使苎麻的单纤维相互分离,这一过程就称为脱胶。苎麻脱胶的过程就是从苎麻的韧皮中提取苎麻纤维的过程。原麻经脱胶后的产品称为精干麻。

图 2-46 原麻

苎麻可纯纺加工成麻布。也可与化学纤维混纺、交织等。苎麻织物具有凉爽、吸湿、透气的特性,而且刚度高、挺括、不粘身,适合制作夏季衣料。苎麻与涤纶混纺的织物挺括、滑爽、不易起皱,吸湿性和透气性较好,易洗快干,亦是夏季理想的服装面料。

(一)苎麻纤维的化学脱胶

由于苎麻的单纤维细长,强度高,一般都是单纤维形态进行纺纱,所以苎麻脱胶可采用化学脱胶方法。

一般苎麻原麻纤维中含有25%~35%的胶质，其中包括半纤维素、果胶物质、木质素及蜡状物质等。这些杂质对水、酸、碱及氧化剂的稳定性各不相同，但大部分易在高温碱液中被氢氧化钠水解，而纤维素则对氢氧化钠溶液具有较高的化学稳定性，在苎麻的化学脱胶工艺中一般采用以碱液煮练为主的工艺。这样可以有效地去除原麻中的杂质，并保留纤维素成分。为了弥补化学作用的不足，往往还辅以机械作用（如打纤），以达到脱胶的质量要求。

1. 常用脱胶工艺流程

（1）一煮法。

原麻拆包、扎把→浸酸→水洗→碱液煮练→水洗→打纤及水洗→酸洗→水洗→脱水→给油→脱水→烘干

该工艺简单，生产的产品适合于纺制高特（低支）纱，用于生产麻线。

（2）二煮法。

原麻拆包、扎把→浸酸→水洗→一次煮练→水洗→二次煮练→打纤及水洗→酸洗→水洗→脱水→给油→脱水→烘干

该工艺较一煮法工艺增加了一次煮练，但第一次煮练用的碱液大都是回用的上一次二煮残液再补充一些新碱液和助剂。第二次煮练用的是新碱液和助剂。该工艺的特点是工艺比较简单，精干麻的质量比一煮法有所提高，适宜于纺中、高特（中、低支）纱，这种纱不能作高档产品。

（3）二煮一练法。

原麻拆包、扎把→浸酸→水洗→一次煮练→水洗→二次煮练→打纤及水洗→酸洗→水洗→脱水→精练→水洗→给油→脱水→烘干

该工艺较二煮法工艺增加了精练工序，因此使精干麻的质量进一步提高，适合于纺制中、低特（中、高支）纱，供生产细、薄织物使用。

（4）二煮一漂法。

原麻拆包、扎把→浸酸→水洗→一次煮练→水洗→二次煮练→打纤及水洗→漂白→酸洗→水洗→脱水→给油→脱水→烘干

该工艺将精练工序改为漂白，可使精干麻的木质素含量降低，纤维质量进一步提高。该工艺生产的精干麻适合于纺制低特（高支）纱，供生产高档苎麻细、薄织物提供原料。

（5）二煮一漂一练法。

原麻拆包、扎把→浸酸→水洗→一次煮练→水洗→二次煮练→打纤及水洗→漂白→酸洗→水洗→精练→水洗→给油→脱水→烘干

该工艺既进行了漂白又进行了精练，降低了木质素的含量，提高了纤维的白度和柔软性，提高了精干麻的可纺性，适合于纺制高支纱。为高档细、薄苎麻产品提供原料。

苎麻脱胶时应根据产品用途选择适当的脱胶工艺。既要使产品符合质量要求，又要尽量缩短工艺流程，以提高生产效率，降低生产成本。

2. 苎麻纤维化学脱胶工艺

综合上述生产工艺，通常把苎麻的化学脱胶分为预处理、碱液煮练和后处理三个阶段。而每个阶段又包括若干工序，现分述如下。

(1)预处理。预处理工艺包括拆包、扎把、装笼、预浸等工序。

①拆包、扎把。把进入车间的麻包逐包解开,将每捆割开检验,再把质量相近、洁净的麻束扎成0.5~1.0kg的小把,并剔除各种杂质,为碱液煮练做好准备。

②装笼。将苎麻以每笼500kg的量进行装笼。

③预浸。包括水浸、浸酸、预氯等几种方法。其目的是为了去除原麻中的部分胶质,减轻煮练负担,降低碱液消耗,提高煮练效果,并改善精干麻的质量。

a.水浸。将苎麻浸于90℃以上的热水中,煮30~60min,去除部分水溶性胶质,并使不溶于水的胶质膨化。其优点是预处理条件缓和,纤维损伤小,但脱胶效果较差。

b.浸酸。该工序是目前国内应用最广泛的预处理方法。苎麻的胶质、半纤维素绝大部分可以在酸的作用下水解,而聚合度较高的纤维素比苎麻胶质稳定。胶质包覆在纤维表面,只要处理条件适当,首先水解的是苎麻胶质,它对纤维素的水解起一定的保护作用。但浸酸对木质素的作用并不明显。浸酸工艺中需要注意浸酸浓度、温度及时间必须严格控制,否则仍会引起纤维素大分子的水解从而损伤纤维。浸酸一般使用稀硫酸液,浓度1.5~2g/L,浴比1∶10左右,温度40~60℃,时间1~2h。纤维浸酸后应及时进行冲洗和下一工序的加工。

c.预氯。浸酸对胶质中的大多数成分有明显的去除效果,但对去除木质素作用不大。在含木质素较多的原麻中,可采用预氯处理。原麻在碱液煮练之前,预先用次氯酸钠溶液浸渍,使原麻中的木质素转变成氯化木质素,在碱液煮练时就较易去除。但煮练后的纤维不及浸酸处理的洁白,产品质量不稳定,在预氯处理过程中还会逸出有害气体Cl_2,故采用该工艺者较少。

(2)碱液煮练。碱液煮练是苎麻化学脱胶中的重要环节。原麻中的绝大部分胶质都是在这一过程中去除的。因此,碱液煮练的效果好坏,直接影响精干麻的质量。碱液煮练后的麻如图2-47所示。

图2-47　碱煮后麻

碱液煮练采用的设备有常压和高压两种方式。常压煮练的优点是,精干麻色泽好,设备简单,有利于实现苎麻脱胶的连续化生产;缺点是煮练时间长,产量低,热效率低,能耗大,容易产生脱胶不匀、夹生等疵点。高压煮练优点是,脱胶均匀,加工时间短,能耗小,是普遍采用的生产加工方式。

与棉纤维相比较,由于苎麻原麻中杂质含量高,所以煮练时耗碱量较大,为了降低杂质在煮练液中的浓度,提高煮练效果,煮练时的浴比也较大。

①烧碱用量。苎麻脱胶通常以烧碱为主练剂。其用量应根据原麻的品质、收获期、预处理情况以及其他助剂使用情况而定。原麻质量差、含胶杂质多的,其碱的用量应适当增加;不同收获期的原麻品质不同,一般头麻、三麻含胶质比二麻高,在煮头麻、三麻时用碱量适当增加;预处理工艺进行得比较完善、到位,用碱量可适当降低;使用效果较好的助剂,有利于碱液与各种杂质作用,可以节约氢氧化钠的消耗量。

在正常情况下,为了降低生产成本,减小污水处理负担,多数工厂第二次煮练的烧碱用量为原麻重的10%左右。在煮练过程中烧碱消耗量为实际用量的70%左右，所以第二次煮练的残液可供下一批麻的第一次煮练之用。

②助剂的选用。为了提高煮练效果，在煮练液中还应添加适当的助剂，如麻用精练剂、水玻璃、亚硫酸钠等。实践证明，煮练液中加入适量的三聚磷酸钠（$Na_5P_3O_{10}$），对缩短煮练时间、提高煮练效果是非常有效的。

麻用精练剂的加入主要是促进碱液的渗透、扩散和乳化。加快煮练速度，提高纤维脱胶的均匀度和纤维的质量。

水玻璃（硅酸钠）作为煮练助剂的作用是：硅酸钠在水溶液中形成硅酸，硅酸在水溶液中形成带电荷的胶体离子。胶体离子能吸附煮练碱液中的高价阳离子如高价铁离子 Fe^{3+}，防止 Fe^{3+} 离子沉积在纤维表面而形成锈斑。纤维形成锈斑后性质变脆，强度下降。可纺性及手感将大大下降。另外，硅酸的胶体离子可以防止色素、杂质吸附在纤维的表面上，使精干麻的白度提高，纤维松软。硅酸钠的用量一般为2%，用量过高容易形成硅垢，使纤维的手感粗糙、硬挺，还会有过多的硅垢沉积在纤维上影响织物的后整理加工。现在多用非硅非磷螯合分散剂代替或部分代替水玻璃（硅酸钠）。

亚硫酸钠的主要作用是：

a. 亚硫酸钠中的 SO_3^{2-} 为一个反应性基团，可与木质素反应生成木质素磺酸而溶于水，具有去除木质素的作用；

b. 亚硫酸钠具有一定的还原性，在煮练液中加入亚硫酸钠有利于去除煮练液中的氧气，反应式如下：

$$2Na_2SO_3+O_2 \longrightarrow 2Na_2SO_4$$

亚硫酸钠的加入能有效防止纤维素纤维的氧化。

③煮练温度和时间。苎麻煮练分常压和高压煮练两种方法。目前多数工厂采用的是高压二煮法工艺，煮练的压力一般为196kPa（2kgf/cm^2 左右），温度在120℃左右，煮练的时间一般是：头煮为1～2h，二煮为4～5h。

④煮练浴比。煮练锅中原麻的重量与溶液重量之比称为浴比。如前所述，由于苎麻原麻中杂质含量高，一般采用较大浴比，以使脱胶均匀，纤维松散，色泽浅淡。一般高压煮练浴比为1∶10左右，常压煮练为1∶15左右。但浴比过大，将使产量降低，用碱量和能源消耗增加，相应增加了生产成本。

（3）后处理。后处理的目的是进一步去除残留杂质，使纤维柔软、松散、分离，以提高其可纺性，还可改善纤维的色泽及表面性能。后处理工艺包括：打纤、酸洗、水洗、漂白、精练、给油、脱水和烘干等。

①打纤。打纤又称敲麻（拷麻），它是利用机械的槌击和水力的喷洗作用，将已被碱液破坏的胶质从纤维表面清除掉，使纤维相互分离、松散、柔软。打纤后麻如图2-48所示。

图2-48 打纤后麻

②酸洗。酸洗是用1~2g/L的稀硫酸中和纤维上残余的碱液,并去除纤维上吸附的残胶等有色物质及残余的金属离子,使纤维松散、洁白手感柔软。

③冲洗。冲洗是为了洗去纤维上的酸液,还可继续去除纤维上残留的胶质,使纤维表面清洁、柔软。

④漂白。漂白是选择性的工序,是否需要,要根据苎麻的用途来确定。例如,用于纺低特(高支)纱或与化纤混纺,一般都要进行漂白,若用于纺制高特(低支)纱或麻线,则不必漂白。漂白除提高白度外,还可降低纤维中木质素及其他杂质的含量,从而进一步改善纤维的润湿性和柔软性,提高纤维的可纺性。

苎麻漂白多采用次氯酸钠浸漂。苎麻的次氯酸钠漂白需要在碱性条件下进行,应避免在中性条件下进行。因为在中性条件下,纤维的损伤严重;在酸性条件下,漂白速度快,且对纤维的损伤小,但氯气的逸出严重,污染环境,损害操作人员的身体健康。在设备密封、通风良好的情况下,仍在使用;在碱性条件下,次氯酸钠的消耗较酸性条件下少,有效氯的分解逸出也较缓和,纤维的漂白效果尚可。

苎麻次氯酸钠漂白的工艺处方及条件:有效氯浓度1~1.5g/L,温度为室温,时间为30~45min,pH=9~11。在漂白加工之后必须进行脱氯处理。脱氯处理有两种方法:一是采用还原剂洗涤漂白过的麻纤维,常用的还原剂有硫代硫酸钠、亚硫酸钠、亚硫酸氢钠等;二是采用无机酸洗涤,以除去吸附于纤维上的次氯酸盐。由于硫酸的价格低廉,故一般工厂使用硫酸进行酸洗,工艺参数为:硫酸浓度1.5~2.5g/L,常温,加工时间为3~5min。

⑤精练。精练也是苎麻脱胶工艺中的选择性工序,当产品用于纺制低特纱、织造细薄织物时,要求纤维具有较高的细度,较好的松散性、柔软性和白度时,需要进行精练。精练是将酸洗或漂白过的脱胶麻用稀烧碱及纯碱溶液(有时还加些麻用精练剂、合成洗涤剂等)煮2~6h。精练后纤维中的残胶率进一步降低,白度也有所提高。

⑥给油。在脱胶过程中纤维受各种化学药剂的作用后,油脂、蜡质去除殆尽,此时纤维变得硬脆,表面粗糙。此外,纤维中少量的残胶,经烘干后也能使纤维黏结成束状,造成梳纺的困难。所以在纤维烘干之前需要进行给油处理,以改善纤维的表面状态,增加纤维的松散性及柔软程度,适应梳纺工程的要求。给油是将离心脱水后的麻纤维扯松,浸入已调制好的乳化液中,保持一定浴比,在一定温度下浸渍一段时间。给油后麻如图2-49所示。

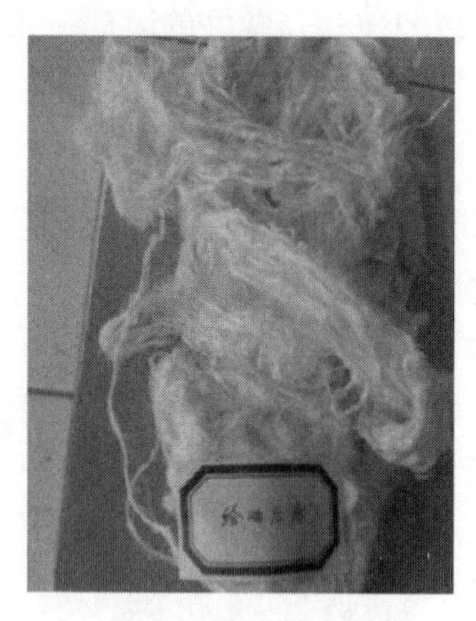

图2-49 给油后麻

⑦脱水、烘干。把经过给油处理的麻纤维在离心脱水机中脱水,然后抖松、理顺,便可进行烘干。烘干通常在帘式烘干机上进行。规模较小的练麻厂也可采用阴干、晒干或烘房烘干等方法。

(二)苎麻纤维的生物脱胶

常规的化学脱胶,需要采用强酸强碱、高温高压等加工方法,对环境造成了极大的影响,成本也较高。生物脱胶生产的精干麻,纤维蓬松、手感柔软、强力高、光泽柔和、可纺性能优良。与化学脱胶相比，生物脱胶具有许多优点：一是通过生物酶、微生物等直接作用于苎麻胶质，作用条件温和，可以消除强酸、强碱及高温对纤维的损伤，不但提高了脱胶率，还保留了纤维原有的形态结构，大幅改善其纺织性能；二是降低能耗，减少了各类助剂的使用；三是减少了脱胶废水中污染物的排放量，降低了对环境的影响。

生物脱胶法主要有酶脱胶、酶—化学联合脱胶、微生物脱胶等。

1. 生物酶脱胶

生物酶脱胶是直接利用脱胶酶制剂或者脱胶菌株产生的经过纯化的酶作用于苎麻上，用酶促反应取代化学反应，利用生物酶的专一性，作用条件温和，不产生化学污染来完成苎麻脱胶。其作用原理是利用酶的生物活性，降解苎麻纤维外包裹的胶质复合体，从而使纤维分离出来。在苎麻所含胶类物质中，果胶像黏着剂一样将各种胶质组分黏结在一起。只要能有效地脱去果胶，其他胶质就相对容易去除。所以，在用生物酶制剂脱去苎麻的胶质成分时，主要是用果胶酶脱去苎麻中的果胶物质。当然苎麻脱胶还依赖于其他多糖降解酶的协同作用。总的来说，脱胶酶类中果胶酶对苎麻脱胶的效果有着直接的影响。

(1)苎麻脱胶酶的种类。在生物酶脱胶的过程中，常见的酶有果胶酶、半纤维素酶和木质素降解酶等。这三种酶类的组成都比较复杂，每一类都是一个复杂的酶类。酶脱胶的关键酶类主要为果胶酶和半纤维素酶，木质素降解酶所起的作用相对较小。

①果胶酶。果胶酶是指分解果胶质的一类含多种酶的复合酶。按专一性、对糖苷键作用机理、切断方式等，大致可分9种组分，包括果胶甲酯酶、多聚半乳糖醛酸酶、裂解酶、原果胶酶等。作为苎麻酶脱胶的关键酶，果胶酶的活力决定着酶脱胶的效率。

②半纤维素酶。半纤维素酶类包括甘露聚糖酶、木聚糖酶、多聚半乳糖酶等。由于甘露聚糖是苎麻半纤维素最主要的成分，故酶脱胶过程中所需的半纤维素酶主要为甘露聚糖酶。

③木质素降解酶。苎麻中所含的木质素，是具有三维结构的芳香族高聚物，由各种C—C键联结在一起。正是因为木质素的这种特殊结构，微生物几乎不能通过水解方式进行水解。因为苎麻中木质素含量很低，不是脱胶的主要对象，故一般不考虑该物质分解所需的酶类。

生物酶脱胶，一般采用复合酶。

(2)酶脱胶工艺。

①工艺流程。

原麻扎把→装笼→浸酶处理→洗麻→打纤→漂洗→给油→脱油→抖麻→烘干

②工艺参数。酶处理浴比为1∶(10~15)，温度为45~55℃，pH=7~8，时间为4~6h。浸酶后用80~100℃热水反复冲洗，拷麻4~6圈，采用氧漂工艺，正常给油。

酶处理时需保证苎麻能全部浸泡在酶液中。酶脱胶浸泡的时间长短以酶对胶质的催化降解达到最佳为准。时间太短达不到脱胶的效果，时间太长耗时耗能，生产效率和生产能力降低，脱胶成本增高。原麻经酶液浸泡后，胶质已经催化降解，但部分胶质虽与纤维分离却还附着在纤维表面，将浸泡后的酶液排出后，用热水反复冲洗。

2. 酶—化学联合脱胶

酶—化学联合脱胶就是先用相关的酶制剂处理苎麻，使得原麻中的胶质的分子结构发生较大变化,胶质复合体的稳定性受到破坏,其中的大分子之间有较大的空隙,活化了这些大分子的化学反应性能,提高了大分子对碱的敏感性。然后,在较短的时间内利用较稀的碱液除去酶脱胶后残余的胶质。

酶—化学联合脱胶的工艺流程:

原麻扎把→装笼→浸酶处理→碱煮→洗麻→打纤→漂洗→给油→脱油→抖麻→烘干

由上述流程可以看出,在酶—化学联合脱胶工艺中,是利用酶作用取代了化学脱胶过程中的一次碱煮,而且可以降低二次碱煮中碱的浓度,缩短碱煮的时间。酶—化学联合脱胶工艺中的碱煮工艺区别于化学脱胶,作为酶脱胶的补充通常可以在常压、低碱条件下进行精练,保证残胶率达到2%以下。

酶—化学联合脱胶法生产的精干麻产品在质量上要优于化学脱胶的产品,且残胶率比化学脱胶低,可纺性、单纤维分散性和纤维强度均明显提高。

3. 微生物脱胶

微生物脱胶是把经过筛选的脱胶菌株种到苎麻上,以苎麻上的胶质为营养源,让脱胶菌在苎麻上大量繁殖,在脱胶菌繁殖过程中,分泌出酶物质来分解胶质,使高分子量的果胶及半纤维素等大分子分解成低分子物质而溶于水中,即在缓和的条件下进行的一系列"胶养菌,菌产酶,酶脱胶"的生化反应。

在微生物脱胶过程中,最重要的一步就是菌株的筛选,而这步是相当烦琐的。菌株筛选涉及菌株分布的广泛性、生长的快速性、营养特异性及脱胶高效性。

微生物脱胶的工艺流程:

菌种制备→原麻扎把→装笼→接种发酵→微生物脱胶→洗麻→打纤→漂洗→给油→脱油→抖麻→烘干

二、苎麻织物的前处理

苎麻织物的前处理工序与棉织物相似,包括:烧毛、退浆、煮练、漂白、丝光等。根据产品的颜色和最终的品质要求,在工艺流程和工艺参数上有所不同。

1. 烧毛

苎麻纤维结晶度高、刚性大、纤维表面光滑、长度不匀率高、相互之间抱合力差,使织物表面具有较明显的绒毛,另外,苎麻纤维标准回潮率也比棉高,这些都增加了烧毛工艺的难度。苎麻织物上的纤毛较粗,适合采用热容量较大的铜板烧毛机或圆筒烧毛机烧毛,也可采用气体烧毛机。烧毛应本着高温快速的原则,既要烧去绒毛,又不损伤纤维。

苎麻纤维是单纤维成纱,纤维在纱线中的状态是大部分纤维毛暴露在纱线表面。由于苎麻单纤维比较刚硬,并且有很多纤维头朝外,造成了苎麻织物的刺痒感。并且这种刺痒感会一直存在于织物上。需在织物加工过程中尽量加强烧毛,使暴露于纱线外侧的纤维头相对减少,以减轻刺痒感。

苎麻织物的烧毛工序决定商品的烧毛质量和效果。从染整工艺路线的顺畅,提高染整质量的角度看,烧毛工序适合安排在退浆工序之前进行。这样操作的原因是工序顺,卫生清扫及管理方便,有利于织物的均匀加工,能有效地减少染整加工过程中形成的疵点。但从减少苎麻织物的刺痒感,减少纤维头暴露在织物表面的数量和长度考虑,宜采用练漂或染色后烧毛。

为了保证产品的加工质量,可在前处理工序中安排两次烧毛加工。第一次烧毛应加强刷毛、刮毛,通过机械作用,使缠绕不紧密的毛羽脱落,倒伏的毛羽竖立起来,利于后续烧毛。经练漂后,随着浆料、杂质的去除和机械摩擦作用等影响,苎麻织物又会出现新的毛羽,织物表面的光洁度变差,此时可进行二次烧毛,以改善布面效果,减少苎麻纤维的刺痒感。因为这时的苎麻纤维完全暴露,而且其耐高温、耐热性能差,所以第二次烧毛时火焰温度、车速一定要严格控制,避免损伤织物强力。苎麻织物烧毛效果的质量评定也采用棉织物烧毛的五级评定方法。

2. 退浆、煮练

苎麻织物的退浆与棉布相似,应根据织物上浆料的种类和性质,采用适当的退浆方法。由于苎麻对酸、碱及氧化剂的抵抗力较差,故在制订工艺条件及操作中应特别注意。

因为苎麻织物中的纤维杨氏模量较大,比较刚硬,所以在进行退浆时不宜采用绳状加工,应首选平幅加工的方式。苎麻织物的产量不及棉织物的数量大,可以在间歇式前处理设备上进行退浆、煮练、漂白等加工。

苎麻织物退浆、煮练的设备有平幅连续练漂设备、卷染机、高温高压卷染机等。苎麻织物的煮练可在常压下进行。除了 NaOH 外,练液中还可以加入有较好渗透和净洗作用的表面活性剂,以加速练液渗透到织物内部,并能防止污物再沾污织物。

对于稀薄的苎麻织物来说,采用退煮合一工艺,即可去除浆料和杂质,使织物具有一定的吸湿性,便于染料和化学药剂的吸附与扩散。苎麻织物的退煮工艺举例如下。

工艺流程:

浸轧退煮液(二浸二轧,80℃,轧液率 80%)→汽蒸→热水洗→冷水洗

工艺处方及条件:

NaOH	30~35g/L
麻用渗透精练剂	4~5g/L
汽蒸温度	(100±2)℃
汽蒸时间	50~60min

3. 漂白

苎麻在纺纱前已经经过脱胶与漂白,本身已具有一定的白度,但苎麻是韧皮纤维,纤维本身会存在一些斑疵,同时后道工序对半制品的要求也不相同,所以苎麻织物还是需要进行相应的漂白加工。制订工艺时,应根据不同的加工要求选择相应的工艺,可以单独进行氧漂加工,也可以进行氯—氧双漂加工。由于苎麻的纤维较粗,化学药剂的浸透和从纤维上去除(水洗)都需要较长的时间。短时间的处理不能获得良好的效果,这在实际操作中必须注意。

次氯酸钠漂白时,若采用较稀的漂液(有效氯 2g/L 以下),以较长的时间进行漂白,可获得良好的漂白效果。但若采用较浓的漂液(有效氯 5g/L 以上)进行短时间漂白,不但织物白度不高,而且强度明显下降。这是由于纤维的内部尚未得到充分漂白,而纤维的表面已经过度氧化。

次氯酸钠漂白后的制品,常会产生泛黄现象,需要进行脱氯处理以防止漂后织物泛黄。

双氧水漂白,除起到脱氯的作用外,还可以使织物白度进一步提高。漂白时可选用质量较好的非硅类氧漂稳定剂,同时可以加入螯合分散剂,以络合金属离子,防止金属离子对漂白产生不良影响;或者在氧漂前增加一道酸洗工序,以防止铁、铜等重金属离子对织物造成局部脆损。

苎麻织物在进行练漂加工过程中,除稀薄织物外,都必须以平幅状态进行加工。苎麻织物经烘干后最好打卷放置,而不宜堆放在布箱中。

苎麻织物的氯—氧双漂工艺举例如下。

(1)氯漂。

工艺流程:

浸轧氯漂液(二浸二轧,室温,轧液率 80%)→堆置→温水洗→热水洗→脱氯→冷水洗

工艺处方及条件:

有效氯	5~6g/L
pH 值	9.5~10.5
堆置温度	室温
堆置时间	40~60min
$Na_2S_2O_3$(脱氯)	2~3g/L

(2)氧漂。

工艺流程:

浸轧氧漂液(二浸二轧,室温,轧液率 80%)→汽蒸→热水洗→冷水洗→烘干

工艺处方及条件:

H_2O_2(100%)	3~5g/L
稳定剂	2~3g/L
螯合分散剂	1~2g/L
渗透精练剂	3~5g/L
pH 值	10.5~11
汽蒸温度	(100±2)℃
汽蒸时间	50~60min

4. 丝光

苎麻的结晶度和取向度高于棉纤维,故本身已具有较好的光泽。苎麻的强度高,延伸度低,在较大张力下以浓碱处理,会降低织物的强度,并使手感粗硬,刺痒感增强。苎麻在碱液中的膨化程度低于棉纤维,其缩水率较棉织物易于控制。苎麻纤维对染料的吸附能力比棉纤维低得多,所以染色时上染率低,得色不丰满。针对苎麻的以上特点,苎麻织物丝光的主要目的应着重于提高纤维对染料的吸附能力,同时也可以提高成品的尺寸稳定性。另外,由于苎麻纤维大分子具有较高的取向度和整列度,在张力作用下,浓度高、黏度大的烧碱不易渗透到纤维内部。所以,苎麻织物的丝光工艺与棉织物有所不同,通常采用 150~180g/L 烧碱溶液进行半丝光。对

于漂白布和浅色产品,可以不进行丝光处理。另外需要注意的是,苎麻纤维刚性大、延伸度小,丝光时易拉破和断头。所以,张力调整、扩幅程度要适度,既要保证下机幅宽,又要防止破边断头。

苎麻织物的丝光工艺举例如下:

烧碱	150~180g/L
耐碱丝光渗透剂	5~10g/L
轧碱温度	室温
轧液率	80%~90%
热碱冲洗温度	70~80℃
去碱箱温度	90~95℃
平洗温度	70~80℃
车速	40~50m/min
落布 pH 值	7~8

若将常规的丝光工艺和现有的丝光设备做适当改进,在浸轧碱液的两道轧车之间,不穿过绷布辊筒,而是进行松弛堆置,丝光设备的其他部分不变。这样,由于织物在浸轧碱液后处于松弛状态,并且延长了纤维与烧碱的作用时间,故使苎麻纤维得到了自由、充分的溶胀,纤维的微结构随之发生更大的变化。

试验结果表明,苎麻织物采用上述工艺进行丝光同采用常规工艺丝光相比,纤维的结晶度和取向度发生明显下降,对各种染料染色的得色量都有明显提高,织物的幅宽也更易控制。

三、亚麻纤维脱胶

亚麻纤维与苎麻纤维虽均属韧皮纤维,但因两者的单纤维长度不同,纺纱方式不同,纤维在纱线中的状态也不同。苎麻纤维在纱线中的状态与棉纤维相同,是单纤维成纱;而亚麻纤维是束纤维成纱,在纱线中的亚麻纤维至少由3~5根亚麻单纤维组成。

亚麻纤维的主要化学成分与棉相似,但纤维素含量较低,果胶含量较高,纤维聚合度、结晶度、取向度均较棉纤维高,故其手感硬,染色性能差;亚麻纤维表面光滑,没有天然扭曲,故纤维挺括、滑爽、有韧性,但弹性差、易折皱。

亚麻原茎脱胶是制取纤维的重要初加工过程。亚麻纤维以束纤维形式分布于茎的韧皮部分,必须经过脱胶,去除果胶、半纤维素和木质素等非纤维素物质,才能获得纤维。亚麻脱胶后,纤维化学组成和结构发生改变,这对亚麻纤维的细度、强度、可挠度、拉伸变形等性能有很大的影响。

亚麻纤维的脱胶方法包括亚麻纤维初加工过程中的沤麻、亚麻粗纱煮漂、作为亚麻棉混纺原料的亚麻粗麻(亚麻二粗)的机械或化学脱胶。亚麻纤维的纺纱原料是束纤维,成纱之后也以束纤维的状态存在,所以,亚麻纤维的每一次脱胶都是部分脱胶。

(一)亚麻纤维的初步加工

从亚麻茎中获取亚麻纤维的过程称为亚麻纤维的初步加工。

1. 亚麻纤维初加工工艺流程

亚麻原茎→选茎及束困→浸渍麻(沤麻)→干燥→入库养生(成为干茎)→碎茎→

打麻—┬→打成麻→手工梳理→分号成束→打包
　　　└→粗麻→粗麻处理→粗麻成包

2. 亚麻纤维初加工工艺

(1)选茎。亚麻在生长过程中受自然条件的影响较大,其麻茎的质量有较大的差异。需将亚麻按原茎质量划分等级,质量不同的麻茎应在不同的条件下沤麻,以提高成麻品质和出麻率。所以,亚麻初步加工的第一步就是要进行严格的选茎。

(2)浸渍(沤麻)。浸渍工序是亚麻纤维初加工的主要工序,是亚麻纤维的第一次脱胶。将经过选茎后的亚麻原茎按其质量进行分类,分别在一定的温度条件下浸渍一定的时间,该工序俗称沤麻。亚麻原茎在一定温度、湿度的条件下,利用微生物将亚麻中的胶质部分分解,使纤维与麻屑分离,使亚麻纤维的生产顺利进行。其工艺方法有:雨露沤麻法、温水沤麻法、酶脱胶、冷水沤麻法等。浸渍工序对亚麻纤维的质量影响较大。下面介绍几种主要的沤麻方法。

①雨露沤麻法。雨露沤麻是将收获的亚麻原茎铺放在田间,依靠阳光照射的温度和雨露水分的湿度相结合,通过真菌发酵产生的酶来分解果胶和半纤维素等物质,实现脱胶过程。在整个沤麻过程中,由于木质素对微生物有抵抗作用,所以较少被分解;果胶质和蛋白质被微生物完全分解;半纤维素基本上没有明显的变化。采用雨露沤麻法生产的麻,通常称为雨露麻。

沤麻时,麻茎呈带状均匀平铺,麻层厚度一般在2~2.5cm为宜,麻趟间距15~20cm,在沤麻过程中用翻麻机翻置2~3次。雨露沤麻工艺简洁,不需要特殊设备,但周期长,具体时间根据气候条件而定,通常要20~30天,对环境的温度和湿度条件要求也较高,气候条件直接影响干茎沤制程度和纤维质量。

温度、湿度、光照等条件是影响雨露沤麻的重要因素。雨露沤麻最适宜的温度在18℃左右,相对湿度50%~60%,此时,脱胶所需微生物的活性最强。水分含量过低,导致微生物失活;水分含量过高,真菌生长缓慢。充足的阳光能破坏麻茎中的色素,使麻茎褪色,有利于脱胶。

②温水沤麻法。温水沤麻法是在露天设置沤麻池,利用麻茎和水源中存在的细菌自然发酵,产生以果胶酶系为主的酶类,从而完成脱胶过程。温水沤麻法比雨露法生产的亚麻纤维质量好,生产的麻通常称为温水麻。

温水沤麻法周期较短,一般需要5~7天,但在脱胶过程中释放的气味会污染空气,排放的沤麻水会污染环境。

③酶脱胶法。酶脱胶是利用微生物产生的酶制剂,在适宜的温度、时间等条件下,处理麻类韧皮原料,除去非纤维素物质,提取纤维素,从而完成脱胶过程。将脱胶菌培养到菌生长的衰老期后进行过滤或离心等处理,再用得到的粗酶液浸渍亚麻原茎;或者将粗酶液提纯、浓缩为液剂,也可将该浓缩液干燥成为粉剂,使用时将液剂稀释或将粉剂溶于水,把亚麻原茎浸渍在酶稀释液中进行。

酶脱胶涉及的酶可控程度较大,脱胶后的麻纤维细度、强度、颜色等性能指标相当于质量好的温水沤麻法获得的麻纤维。

酶脱胶周期短,一般需要24~36h,废气和污水排放量显著减少,从而降低了对环境的污染。

(3)干燥。可以采用烘干机干燥,也可以采用自然干燥。采用自然干燥的成品手感柔软,富有弹性,光泽柔和,色差较小,比采用烘干机干燥的纤维质量好。

(4)碎茎。该工序的目的是将亚麻干茎中的木质部分轧碎、折断,使木质部分与纤维层脱离。

(5)打麻。将碎茎后的木质部分(麻屑)和杂质去除,获得可纺的亚麻纤维——打成麻。目前普遍采用碎茎—打麻联合机进行生产。

(6)粗麻处理。经过打麻工序后落下的麻屑中含有部分短麻。为获取这部分短麻,可以采用除杂设备进行加工,以除去短麻中的麻屑。经该工序加工的粗麻含麻屑30%,需要进一步除杂、脱胶,供棉纺织厂作为麻棉混纺产品的生产原料。

(二)亚麻粗纱煮漂

由于亚麻纤维是束纤维成纱,在纺纱过程中需要不断地降低亚麻纤维的线密度。降低线密度的方法是,在纺纱过程中需要对纤维不断进行机械梳理,使纤维不断地分裂(在亚麻纺织领域也常用亚麻纤维的分裂度来表示亚麻纤维的粗细程度,分裂度与公制支数相同),当纤维分裂达到一定程度后,机械作用受到了一定的限制,需要进行化学加工以进一步降低纤维的线密度。

亚麻纤维的纺纱过程为:

亚麻打成麻→梳理→成条→亚麻粗纱→粗纱煮练→粗纱漂白→亚麻细纱(湿纺)→干燥→络筒→成品

上述过程中的粗纱煮练和粗纱漂白统称粗纱煮漂,就是亚麻的第二次脱胶,常采用化学脱胶的方法进行。

亚麻纤维中除了纤维素之外,还有半纤维素、木质素、果胶、色素等。亚麻粗纱煮练就是利用纤维素与杂质的化学结构和化学性质的不同,在高温高压条件下,利用化学药品使纤维中的杂质乳化、溶解等。与此同时,也去除部分果胶,使剩余部分得到软化,使纤维线密度进一步降低,使纺纱得以顺利进行。亚麻粗纱漂白使亚麻纤维的白度提高,也起到进一步除杂和降低亚麻纤维线密度的作用。

亚麻粗纱的煮练、漂白、水洗等工序都是在同一设备内进行的,设备必须同时满足各工序的工艺要求。亚麻粗纱的煮练是在高温条件下进行的,所以煮练设备必须是高温高压设备;亚麻粗纱漂白一般采用亚氯酸钠漂白、双氧水漂白,必须使用特种不锈钢设备;在煮练、漂白过程中,要求煮漂均匀,并且粗纱不能紊乱,要求在设备内备有特殊的粗纱架及相应的粗纱管。

1. 亚麻粗纱煮漂的目的和意义

(1)降低亚麻纤维的线密度,增加亚麻纤维的可纺性,提升产品质量。粗纱煮漂是针对亚麻束纤维中包覆亚麻单纤维的果胶进行的,亚麻粗纱中的果胶既要脱除一部分,也需要保留一部分,使束纤维由粗变细,但不能变为单纤维。

(2)去除亚麻纤维中的杂质,减少细纱断头,提高生产效率。在亚麻粗纱煮漂过程中既进行了脱胶,也去除了部分杂质,如木质素、半纤维素等。杂质的去除为细纱的生产提供了条件,因而也提高了生产效率。

(3)亚麻粗纱煮漂减轻了亚麻织物练漂的负担。亚麻纤维含杂较高,这些杂质有木质素、半纤维素、色素等。它们对织物的煮练、漂白的负面影响较大,对织物的染色、整理也有不同程度的影响。如亚麻纤维的颜色因产地、加工条件的不同而呈现不同的颜色,即使同一产地因收获期不同色泽也不相同。亚麻粗纱的煮漂为亚麻织物的染整加工提供了方便。

2. 亚麻粗纱煮漂工艺

亚麻粗纱的煮练、漂白的加工工艺有碱煮—氯氧双漂、碱煮—氧漂、碱煮—亚漂、碱煮—亚氧漂等方法。目前大都采用碱煮—亚氧漂的工艺,甚至有的厂家采取不进行碱煮,而直接进行亚—氧双漂加工的工艺。

(1)煮练。亚麻粗纱煮练主要用的化学药品为烧碱、纯碱、水玻璃、亚硫酸钠、渗透剂等,也可加入软水剂磷酸钠。目前,亚麻纱煮练多采用混合碱。烧碱、纯碱是亚麻粗纱煮练的碱剂,在高温高压条件下对果胶有乳化作用。

亚麻粗纱煮练工艺举例如下:

烧碱	3~4g/L
纯碱	1~2g/L
硅酸钠	3~4g/L
渗透精练剂	1~2g/L
磷酸三钠	0~2g/L
浴比	1:(10~20)
煮练温度	110~120℃
煮练时间	60~90min

(2)亚氯酸钠漂白。亚麻粗纱经煮练后,纤维、果胶等已经溶胀,纤维处于容易分裂的状态,也较易与其他杂质分离,此时进行漂白是比较适宜的。

亚氯酸钠漂白白度好,对纤维损伤程度小,去除果胶、含氮物质以及木质素的作用很强,对煮练的要求低,尤其适用于亚麻的漂白和去杂过程,可以将煮练过程中未去净的木质素等杂质去除干净,提高亚麻纱前处理的效果。但由于漂白过程中产生了二氧化氯气体,造成了一定的环境污染,又由于其要求特制的不锈钢设备,因而提高了漂白的成本。亚麻粗纱亚漂工艺举例如下:

亚氯酸钠	3~4g/L
硫酸	2~3g/L
渗透精练剂	1~2g/L
浴比	1:(10~20)
温度	90℃
时间	50~60min

亚氯酸钠在漂白过程中对纤维素有保护作用,对木质素却有去除作用,尤其是对木质素含

量较高的国产亚麻等的加工更为有效。

(3)双氧水漂白。亚麻粗纱经亚氯酸钠漂白之后,白度提高,纤维线密度降低,杂质含量也进一步降低。接下来进行双氧水漂白,一方面可以脱氯,另一方面可进一步清除纤维表面杂质,提高纱线白度,从而提高纺纱质量。

采用双氧水漂白,兼有碱性处理的效果,对进一步去除纤维中的杂质有利,对亚麻纤维损伤程度低,无污染,绿色环保,漂白后纱线的白度好,手感柔软。

亚麻粗纱氧漂工艺举例如下:

双氧水(100%)	3~5g/L
烧碱	2~3g/L
纯碱	3~4g/L
渗透精练剂	1~2g/L
稳定剂	2~3g/L
浴比	1∶(10~20)
温度	90℃
时间	40~60min

亚麻粗纱煮漂工艺也可采用碱氧一浴法进行,即:酸洗→水洗→碱煮、氧漂→水洗。

该工艺对环境污染较轻,煮漂重量损失小。但存在的缺点是纤维分裂度提高较小,木质素去除和软化效果较差,不能生产高支纱,经济效益较差。

四、亚麻织物的前处理

亚麻织物可分为传统亚麻纺纱生产的亚麻织物和亚麻纤维与其他纤维的混纺织物。前者指纯亚麻湿纺产品和部分在湿纺工艺及设备上生产的亚麻混纺产品。而后者指亚麻粗麻采用棉纺设备及工艺生产的亚麻混纺织物。此处主要讨论亚麻湿纺产品的前处理。

亚麻织物的前处理工艺有平幅连续加工和平幅间歇加工,很少采用绳状加工方式。但大多数采用绳状煮练、平幅漂白的加工方式。采用何种加工方式,都是以不损伤织物、不留下不可恢复的轧痕为制订工艺的依据。

亚麻织物前处理加工的基本工序为:

烧毛→退浆→煮练→(酸洗)→氯漂→氧漂→(丝光)

1. 烧毛

亚麻纤维比较刚硬,在纱线中的抱合力较差,导致亚麻织物表面绒毛较多且长,影响其外观及服用性能。为了改变这种状况,烧毛工序显得尤为重要,有的产品品种甚至需要二次烧毛。

亚麻织物的烧毛宜采用气体烧毛机。理由是该设备可与其他织物通用,而且亚麻织物在染整加工过程中,应尽量避免与设备直接接触,因为直接接触容易使织物受到擦伤,尤其是在高温条件下,亚麻织物受到擦伤会导致在染色过程中形成不可修复的染色疵病。亚麻织物烧毛工艺举例如下:

烧毛温度	900~1000℃

火口	对烧,一正一反
车速	100~110m/min
烧毛级别	4级

2. 退浆

亚麻织物的退浆是织物烧毛之后的工序,有的烧毛灭火就是采用退浆碱液灭火,再进一步浸轧混合碱液进行退浆,然后进行充分水洗。亚麻织物退浆工艺举例如下。

平幅堆置退浆工艺:

混合碱液浓度	5~8g/L(以氢氧化钠计)
轧碱温度	60~70℃
堆置时间	4~6h

间歇式加工退浆工艺:

混合碱浓度	7g/L(以氢氧化钠计)
温度	95℃
时间	30min
水洗	热水洗2道,流水洗2道

3. 煮练

亚麻织物应进行"重煮轻漂"。这是因为亚麻纱在粗纱煮练过程中并没有也不允许彻底脱胶,而是部分脱胶。剩余的胶质仍然包覆着亚麻纤维,经过烘干,胶质牢牢地包裹着纤维,很难煮透,不煮透就不可能进行有效的漂白,所以需要重煮。采用"重煮轻漂"工艺,可以尽量除去果胶、蜡质等杂质成分以及织物中残存的木质素和麻屑,同时又可减少纤维潜在损伤,保证织物强度。

煮练时,果胶与NaOH反应,形成果胶钠盐溶解于NaOH溶液中。在反应过程中,一方面是围绕亚麻纤维外部的果胶溶解,另一方面是亚麻纤维之间的果胶溶解。煮练开始时以纤维外部果胶溶解为主,随着反应时间延长,纤维之间的果胶溶解变为主导。煮练工艺要控制纤维之间的果胶溶解,以确保织物的强力。

(1)亚麻织物平幅连续常压煮练工艺举例。

工艺流程:

浸轧碱液(二浸二轧,温度60~70℃,轧液率100%)→汽蒸→热水洗→冷水洗

工艺处方及条件:

氢氧化钠	25~30g/L
渗透精练剂	2~3g/L
螯合分散剂	2~3g/L
亚硫酸钠	4~5g/L
汽蒸温度	100~102℃
汽蒸时间	90~100min

(2)亚麻织物平幅间歇煮练工艺举例。亚麻织物平幅间歇煮练常采用高温高压巨型卷染

机。由于其温度高，缩短了煮练的时间。主要工序为碱煮，然后水洗，水洗时采用高效净洗剂，达到洗净的目的。

工艺处方及条件：

混合碱液	7%~10%(以氢氧化钠计)
亚硫酸钠	3g/L
渗透精练剂	3g/L
温度	125℃
煮练时间	60~90min

4. 酸洗

亚麻织物酸洗有利于去除织物上的麻屑、无机盐等杂质，尤其是亚麻纤维上的重金属离子的去除，对于提高织物白度、减少纤维的强力损失具有十分重要的意义。

平幅连续酸洗的工艺条件是：浸轧硫酸5~7g/L，室温，堆置时间1h。

平幅间歇酸洗的工艺条件是：硫酸3~5g/L，室温(25~30℃)，处理时间30min，浴比1∶20。

5. 漂白

亚麻织物的漂白大都采用氯—氧双漂工艺。氯漂后再进行氧漂能进一步提升亚麻织物的白度，并有效去除麻皮，且能省去传统的加酸脱氯工序。

(1)氯漂。

工艺流程：

浸轧漂液(二浸二轧，室温，轧液率100%)→堆置→热水洗→冷水洗

工艺处方及条件：

有效氯浓度	3~5g/L
pH值	9.5~10.5
堆置温度	室温
堆置时间	40~60min

(2)氧漂。

工艺流程：

浸轧氧漂液(二浸二轧，轧液率100%)→汽蒸→热水洗→冷水洗

工艺处方及条件：

双氧水(100%)	3~5g/L
双氧水稳定剂	3~5g/L
硅酸钠	5~6g/L
螯合剂	2~3g/L
pH值	10.5~11
汽蒸温度	90~100℃
汽蒸时间	40~60min

6. 丝光

亚麻织物本身光泽较好,但为使纤维的结晶度降低,增加吸附能力和染色性能,提高染料的上染率、染色深度和色泽鲜艳度,并消除染色折痕,需要进行丝光处理。

由于亚麻纤维中纤维素含量少,并且是束纤维成纱,使得亚麻纤维的延伸度较低,在浓碱作用下强力会下降,同时引起纤维过度收缩,给扩幅造成困难,影响织物的手感,所以亚麻织物丝光需要在碱浓度较低的条件下进行。但碱浓度过低,无法形成碱纤维,达不到丝光目的。试验结果表明,丝光碱浓度140~220g/L,丝光后织物的钡值应达到120~125,水洗去碱后布面pH值为7~8时的工艺条件较合适。为保证丝光效果,防止出现破边,应严格控制碱浓度,降低车速,逐渐扩幅,丝光后充分去碱。

学习任务2-3　再生纤维素纤维织物的前处理

知识点

1. 人造棉、人造丝、天丝织物的前处理工艺的特点。
2. 天丝制品的一般染整工艺。
3. 天丝原纤化的目的,影响天丝原纤化的因素。
4. 天丝织物酶处理的目的及工艺。

技能点

1. 能比较黏胶纤维织物等再生纤维素纤维织物前处理加工与棉、麻等织物的不同之处。
2. 能制订再生纤维素织物前处理的工艺流程,并对每道工序进行熟练操作。
3. 能根据再生纤维素织物的特点对选定织物进行前处理工艺设计和实施操作,并能根据产品的加工要求,对工艺中不合理的地方进行调整。
4. 能对再生纤维素纤维织物前处理过程中出现的质量问题进行分析,并提出解决问题的方案。

一、黏胶纤维织物的前处理

(一)黏胶纤维概述

黏胶纤维的原料丰富、性能优良,特别是吸湿和透气性方面。

1. 黏胶纤维的生产步骤

(1)黏胶纤维是以不能直接纺纱的纤维素为原料,经蒸煮、漂白等提纯过程制成浆粕;

(2)将浆粕在浓碱和二硫化碳的作用下生成纤维素磺酸酯;

(3)再将纤维素黄酸酯溶解于稀碱液中,经过滤、脱泡等过程制成符合纺丝要求的黏胶纺丝液;

(4)经纺丝孔挤压出来的黏胶细流,进入含酸的凝固浴,纤维素黄酸酯分解,纤维素再生;

(5)然后经过水洗、脱硫、漂白、上油及烘干等过程,形成黏胶纤维。

2. 黏胶纤维的类型

目前我国生产的黏胶纤维主要有如下几种类型。

(1)黏胶长丝。黏胶长丝又称人造丝。目前市场上既有纯人造丝织物,如无光纺、有光纺、美丽绸、人造丝软缎、人造丝双绉等,也有人造丝和其他纤维的交织物,如富春纺是人造丝与人造棉的交织物,软缎被面是真丝与人造丝的交织物,线绨被面是人造丝与棉纱的交织物等。

(2)黏胶短纤维。它是将连续纺制成的纤维束切成一定长度而制成的。根据其切断长度,可分为棉型(人造棉)、毛型(人造毛)和中长纤维三类,它们主要用于和其他纤维混纺,如涤/黏、毛/黏等织物。

为了提高黏胶纤维的强力和弹性,研制开发了高断裂强度、高湿模量和低延伸度的新型黏胶纤维,称为波里诺西纤维(Po1ynosie Fibre),我国的商品名称为富强纤维。富强纤维采用纯度和聚合度较高的优质浆粕作原料,在常温下进行浸渍和粉碎,粉碎后的碱纤维素一般不经老成工序,以避免纤维素的降解,成形时进行高倍数拉伸(200%~300%)而生成。

富强纤维在水中的膨化程度较低,对碱的稳定性较好。例如,富强纤维在20℃,10%氢氧化钠溶液中处理后,其失重率为9%。而同样条件下,普通黏胶纤维的失重率则高达50%。富强纤维具有和棉纤维相似的加工和服用性能,而光泽和手感均优于棉纤维。

黏胶纤维结构不均匀,存在皮芯层结构。纤维吸湿性能好,其织物遇水后明显感到变厚、变粗糙,这就是纤维的吸湿膨化现象,因此织物缩水率大。黏胶纤维的化学性质活泼,不耐酸和氧化剂,耐碱性也比棉差。它在碱液中会发生不同程度的溶胀和溶解,使纤维失重,机械性能下降,其程度首先取决于纤维本身的聚合度和结晶度,提高纤维的聚合度和结晶度可提高纤维的耐碱性。除富强纤维以外,均不能经受丝光处理。人造丝双绉等加强捻丝织物的绉缩效应也只能在中等浓度的冷烧碱溶液中得到。

黏胶纤维的强度低,伸长度大,弹性差,特别是湿强度更低,因此黏胶纤维不耐在张力状态下加工,而且容易起皱,为此最好采用松式平幅加工。黏胶长丝表面光洁,抱合力差,捻度很小,加工时易擦伤。因此,染整加工或洗涤黏胶纤维织物时,应避免强烈的揉搓,否则将严重影响其使用寿命。

(二)黏胶纤维织物的前处理工艺

黏胶纤维在生产过程中已经过洗涤、除杂和漂白处理,大部分杂质和色素已去除,但由于纤维中还含有纺丝成型后加上的油剂、在织造过程中上的浆料以及在练漂前的整个过程中织物可能沾上的污渍等,因此人造棉、人造丝织物仍需进行练漂,以使织物具有良好的吸水性、柔软的手感和洁白的外观,为染、印提供优良的半制品。

人造棉、人造丝织物前处理工艺由如下几个工序组成,并有其各自的特点。

1. 前准备

人造棉织物可借用棉布的平幅连续练漂设备,前准备应有翻布、分批、缝头、打印等。缝头时,人造棉织物的针脚可比棉布稀一点;人造丝织物可采用挂练槽精练,前准备有退卷、码折、钉襻、打印等。码折时,人造丝织物一般用“S”码,缎类等厚重织物也可用圈码。

2. 烧毛

人造棉织物可用气体烧毛机烧毛,但经不起强烈的摩擦,不需要毛刷和刮刀装置;又因黏胶纤维吸湿性高,烧毛温度可比棉稍微高一些,车速可慢一些。人造丝织物无需烧毛。

3. 退浆

退浆是人造棉、人造丝织物前处理的重点。人造棉坯布织造时大多上淀粉浆,而且酸碱对人造棉织物强力有影响,故多数选用淀粉酶退浆,工艺与棉退浆相同。人造丝织物最常用的浆料为动物胶,也有添加 CMC 和 PVA 等化学浆料的,可用碱剂或净洗剂退浆。由于人造丝含浆量低,可随精练工序一并进行。如有用淀粉上浆的,也可选退浆后精练。

4. 精练

人造棉织物不需要精练。一般人造丝织物可用精练桶精练,或在染色前用染色设备进行精练(含退浆)。

精练桶精练工艺举例:

纯碱	1g/L(连桶追加 0.75g/L)
精练剂	3~5g/L(连桶追加 1.5g/L)
35%硅酸钠	0.3g/L(连桶追加 0.2g/L)
浴比	1:(30~35)
温度	100℃
时间	60~90min

精练后,织物用 60℃热水或用 0.3g/L 纯碱溶液 90℃以上洗涤 1 次,最后以冷水洗净,每道约洗 1min。

对于人造丝双绉、人造丝乔其等加强捻织物,由于其线密度大,加上黏胶纤维本身紧密的皮层结构,在精练前需在室温下用中等浓度的烧碱溶液松弛处理,使纤维受碱作用发生膨化,在直径变粗的同时,相应地缩短长度,增大丝线在织物组织内的屈曲波高。由于丝线的加捻状况和捻向不同,则会产生预期的绉、乔效应。这一处理过程称为碱缩或称为膨化处理。膨化处理工艺条件为:黏胶纤维织物用 3.8%烧碱溶液(约 42g/L),室温处理 20~30min。膨化后的织物应立即水洗 1~2 次,以去除余碱,接着再进行精练。精练工艺和条件与一般人造丝织物相仿,只不过在精练液中要加入保险粉 0.25g/L(连桶追加 0.2g/L),其目的是破坏和去除加捻人造丝线上为区别捻向而着色的染料,并起到还原漂白的效果。

5. 漂白和增白

人造棉、人造丝织物中所含天然色素很少。人造丝在精练时已加入适量保险粉进行还原漂白,白度已基本达到要求,所以一般不另行漂白。如有特殊要求,可再进行漂白和增白。常用漂白剂为过氧化氢,工艺与棉相同。增白时,可选用与纤维素纤维有显著亲和力的纤维素类增白剂,如荧光增白剂 BSL,工艺与棉纤维增白相同。

二、天丝织物的前处理

天丝(Tencel)纤维是采用全新的溶剂纺丝工艺开发生产而成的 100%纤维素纤维。由于该纤维是基于可再生的原材料，而且可以完全生物降解，整个纤维制造过程无毒、无污染，对环境和人体无害，故被誉为 21 世纪绿色的环保纤维。

天丝具有许多突出的优良性能，如干强接近于涤纶、远大于棉，是黏胶纤维的 1.6 倍；湿强降低很小，约为干强的 85%～90%；吸湿性能良好，织成的织物在水中的缩水率很低，织物或成衣洗涤时具有非常好的湿稳定性。但值得注意的是，天丝制品在湿态下经机械外力摩擦作用，会产生明显的原纤化现象。天丝的原纤化，一方面给织物的生产和使用带来麻烦，使织物在染色、整理加工时会产生折皱、擦伤和刮伤等，在使用过程中会起毛、起球及发生色光变化；但另一方面，原纤化也可被合理利用，通过初级原纤化、酶处理和二次原纤化可产生出许多新颖独特的风格的产品，赋予织物柔软、丰满、细腻的绒效应，如生产出桃皮绒和仿麂皮织物等。也可以通过不同的染整工艺路线，选择合适的设备和染化料以及恰当的工艺条件，在酶处理后不进行二次原纤化，从而生产出表面整洁、光滑的光洁织物。

天丝有短纤维，也有长丝，既可纯纺，也可与涤纶、棉、蚕丝、黏胶纤维等其他纤维混纺、交织。Tencel 纤维集棉的舒适性、黏胶纤维的悬垂性、涤纶的强度和真丝的手感于一身，用其制作的服装面料，具有很高的附加价值，深受消费者的欢迎，是制作高级服装的面料，且可以使成品产生多种风格。

（一）天丝织物的一般染整工艺

常见的天丝织物按成品最终风格可分为桃皮绒织物和表面整洁、光滑的光洁织物两种类型。

（1）桃皮绒风格的织物。其染整工艺路线一般是：

前处理（烧毛、退浆、漂白、碱处理）→初级原纤化→酶处理→染色→二次原纤化→柔软整理、树脂整理

（2）光洁风格的织物。其染整工艺路线一般是：

前处理→初级原纤化→酶处理→平幅染色（如用绳状染色，染后需再次酶处理）→平幅柔软整理、树脂整理

（二）天丝织物的前处理工艺

1. 前处理

天丝也是再生纤维素纤维，本身含杂质和色素不多，只需要去除织造前上的浆料和织造后机织物表面上的短纤维。因此，天丝前处理的第一步就是烧毛，以去除织物表面的不规则绒毛，以免影响后序染整加工。烧毛以后进行退浆，以去除织造过程中施加的油剂、蜡质和浆料。如对织物白度有较高要求，则可在退浆的同时，完成漂白。由于天丝纤维容易原纤化，并在润湿状态下具有较高的膨化程度，因而织物下水后会变得很硬，尤其是厚重织物会成板状。若此时操作不当，使织物产生任何折痕、擦伤，在以后的加工中都将无法弥补，因此，退浆应在平幅状态下进行。退浆应彻底，防止残留的浆料在后加工中将短的纤毛黏附在纤维上。根据织物上浆料的种类，可选用淀粉酶退浆、氧化剂退浆或净洗剂退浆。如需漂白，则可选用碱—双氧水一浴法漂白退浆工艺。

天丝机织物烧毛、退浆和漂白的工艺条件与棉织物和黏胶纤维织物基本相同。天丝针织物

不含浆料,练漂只为去除纺丝和织造过程中施加的油剂、蜡质,参考工艺如下:

30%双氧水	3~5mL/L
三合一氧漂助剂	1~2g/L
浴中润滑剂(防折皱)	1~2g/L
浴比	1∶10

三合一氧漂助剂为精练剂、碱、氧漂稳定剂(包括螯合分散剂)的复配物,有粉状及液体等类型,应根据需要选择。

工艺条件:温度95℃,时间30min,然后热水洗(60℃,10min),再冷水洗。

设备:香港立信PN-3T2型或GN18-100-4T型溢流染色机。

练漂以后就可以进行初级原纤化,但也有在练漂后增加一道平幅烧碱处理工艺的,其目的是用碱拆开纤维无定形区分子链间的氢键,碱甚至还可以进入结晶区边缘或部分缺陷处,使纤维充分膨化。当碱被洗除后,织物再次遇水膨润,则不会达到碱处理后的膨化度,从而使织物在后面的湿加工中僵硬程度降低,产生折痕的危险减少,而且还能提高染色性能。正因为如此,有的厂采用退浆、漂白和烧碱处理三合一的冷轧堆前处理工艺,有的厂采用酶冷堆退浆工艺。以生物酶退浆工艺为例,退浆酶用量一般为8~10g/L。其工艺流程为:

进布→浸轧酶液(二浸二轧、带液率80%,)→打卷堆置(室温,6~8h)→90℃皂洗→降温水洗→冷水洗→预定形

2. 初级原纤化

初级原纤化的目的是利用纤维易于原纤化的倾向,将湿织物在松弛状态下,使未被固定在纱线内部的短纤维末端翘起,翘起的纤维在受到更强的机械作用时,就会发生更强的纤维原纤化,由此使织物表面起毛、起球,为下一道工序(酶处理)去除这些长短不匀的绒毛创造条件。初级原纤化是整个加工过程中的重要环节,原纤化必须充分,如不充分,则会使成衣在洗涤过程中再次原纤化,起毛、起球,严重影响成衣外观。

影响初级原纤化的因素很多,有纱线捻度、织物经纬密度、机械作用力的大小等,而染整加工方面的因素则主要有溶液pH值大小、温度的高低、处理时间的长短和浴比的大小。根据实验,初级原纤化时加入碱剂或使纤维有膨化作用的助剂,能增加纤维的膨化。降低浴比、升高温度、延长时间、加强机械摩擦等均有利于初级原纤化。为防止纤维局部过度摩擦而造成擦伤,需加入适量的润滑剂,以有效地防止折痕的产生。

选择初级原纤化的设备是很重要的。为达到揉搓的目的,织物必须采取绳状加工,而且要不断交换接触面,这样才能防止折痕的产生(加润滑剂),使初级原纤化比较均匀。法国的气流染色机、意大利的气流织物整理机(又叫空气拍打柔软整理机)以及德国Then等公司生产的气流喷射染色机等都可用作初级原纤化加工设备。

初级原纤化工艺举例如下:室温加润滑剂3g/L,升温至60℃进布,再升温至80℃加烧碱3g/L(pH值为10~12),随后升温至95~110℃,处理60~90min,然后水洗,再用醋酸中和水洗。

如果织物在前处理时已经过平幅烧碱处理,那么在初级原纤化时,烧碱可不加。

3. 酶处理

酶处理目的是去除初级原纤化过程中在织物表面形成的绒毛,这一工序对桃皮绒风格和光洁风格的织物都是必要的。通过酶处理可以获得光洁的表面,改善织物手感,提高织物的悬垂性及染色性能。如果酶脱原纤处理效果不佳,则会严重影响织物的外观。

酶脱原纤处理的程度,常用酶减量率(或称失重率)来表示。

$$酶减量率=\frac{无水织物酶处理前后重量之差}{酶处理前无水织物的重量}\times 100\%$$

天丝织物酶处理的酶减量率可控制在 2%~5%。

酶处理一般在染色之前进行,使用的设备与初级原纤化设备相同。

酶处理工艺举例如下。

工艺处方:

纤维素酶 Cellsoft Plus L	2~3g/L
pH 值	5.5~6(用醋酸调节)
浴比	1∶15
温度	(50±1)℃
时间	30~45min(根据实际效果需要调整)

工艺流程:

酶处理→灭活(加热至 90℃,保温 15min 或者加入纯碱调节 pH=8.5~10,升温至 80℃,保温 10~15min,使酶失活)→充分水洗→烘干

酶处理时,应合理选择、严格控制酶的用量、处理温度、处理时间、浴比及溶液的 pH 值等,在保证脱原纤化效果的同时,也要避免织物强力有较大的损伤。酶处理后,可通过加碱或升温的方法使酶失去活性,从而使酶的作用停止,防止造成纤毛去除不均匀、织物强力下降严重等问题。

三、竹纤维织物的前处理

(一)竹纤维的分类

竹纤维包括天然竹纤维和化学竹纤维两大类。

1. 天然竹纤维

天然竹纤维主要是指竹原纤维。竹原纤维是采用物理、化学相结合的方法制取的天然竹纤维。其化学成分主要是纤维素、半纤维素和木质素,三者同属于高聚糖,总量占纤维质量的 90%以上;其次是脂肪、蛋白质、果胶、单宁、色素、灰分等,大多数存在于细胞内腔或特殊的细胞器内,直接或间接地参与其生理作用。竹子里面含有一种独特物质,该物质被命名为"竹琨",具有天然的防螨、抑菌、防虫、防臭功能。

2. 化学竹纤维

化学竹纤维是指以天然竹子为原料,将竹子先经化学处理除杂制成竹浆粕,再通过化学变性形成黏稠状浆粕,然后经湿法纺丝制成新型的再生纤维素纤维。化学竹纤维又可以分为竹浆

纤维、竹炭纤维。

(1)竹浆纤维。竹浆纤维是一种将竹片做成浆,然后制成浆粕,再经湿法纺丝而制成的纤维。其制作加工过程基本与黏胶相似。

(2)竹炭纤维。是将纳米级竹炭微粉经过特殊工艺加入黏胶纺丝液中,再经近似常规纺丝工艺纺制而成的纤维。

由于竹纤维横截面高度"中空"的特殊结构,使得纤维吸湿和放湿快,业内专家称其为"会呼吸"的面料。竹纤维属于可降解、可再生的绿色环保纤维,具有良好的吸湿、透湿性,耐久的抗菌消炎作用以及良好的抗紫外线辐射功能。

竹浆纤维的生产与黏胶纤维类似,因此其前处理加工可以参照黏胶织物的前处理工艺。

以下主要讨论竹原纤维织物的前处理工艺。

(二)竹原纤维织物的前处理

竹纤维的大分子结晶度和聚合度较低,在外力作用下,纤维易拉伸并产生相对滑移,弹性回复性差,纤维吸湿后强力明显下降,这给染整加工带来了一定的困难。因此,染整加工中要特别注意。

各类织物染整加工工艺流程如下。

竹原纤维织物:

坯布翻缝→烧毛→退浆→漂白→丝光→染色→拉幅柔软整理→预缩

竹原纤维/棉织物:

坯布翻缝→烧毛→退浆→煮练→漂白→增白→染色→柔软拉幅→预缩→成品

竹原纤维/涤织物:

坯布翻缝→烧毛→退浆→氧漂→定形→染色→柔软拉幅→预缩→成品

1. 翻布缝头

缝头做到平、直、坚、牢、齐,不允许有跳花,两边加密、包边。

2. 烧毛

竹原纤维及竹/棉、竹/涤织物,坯布表面呈杂乱的短绒毛,还有少量棉籽壳、毛球,必须进行烧毛处理,否则既影响布面效果,又容易在印染加工中由于绒毛黏结产生染色不均、掉色,造成疵病,影响产品质量和风格,且消耗较多染化料。

由于竹原纤纱刚性较大,有害毛羽偏多,回潮率高,烧毛前布匹缝头时不可用普通缝纫机,应改用拼缝机,以保证接头牢固、平整、顺直,有利于减少烧毛痕。常使用气体烧毛机进行烧毛,烧毛时火焰温度1300℃,车速90~100m/min,火口一正一反,烧毛方式为切烧,烧毛等级为3~4级。

3. 退浆

竹原纤纱强力不匀率高,断裂伸长较低,并且其毛羽偏多,特别是3mm以上的有害毛羽偏多;同时由于竹原纤纱随着温度上升易产生塑性变形,纱的强力也明显下降。所以纺纱前要进行上浆处理,一般采用中低黏度的变性淀粉或丙烯酸类的混合浆料进行上浆。这些浆料的存在会影响织物的润湿渗透性以及对染化料的吸收,所以染色前要进行退浆处理。由于竹纤维不耐强碱,故一般采用淀粉酶冷轧堆工艺进行退浆处理。

工艺流程:

(热水洗)→浸轧酶液(二浸二轧)→堆置→温水洗→热水洗→烘干

工艺处方:

退浆酶	2~6g/L
非离子渗透剂 JFC	1~2g/L
温度	30~35℃
时间	8~10h

对混合浆在浸酶前先采用一格70℃热水洗,履带箱堆置时间1h左右,防止压痕难去除和沾色。堆置完成后,进行65℃水洗一次,85℃水洗一次,放水。

4. 煮漂

竹原纤维中由于天然色素的存在,白度较差,纤维表面呈黄色。另外,竹原纤维耐碱、耐氧化剂能力较差。故竹原纤维织物的煮漂工艺应在较低的碱性条件下进行,使竹原纤维上的色素、蜡质及油渍等在较缓和的工艺条件下去除。碱氧煮漂工艺处方及工艺条件如下:

螯合分散剂	1.0g/L
纯碱	1g/L
精练剂 HK-1036	2g/L
双氧水	2g/L
双氧水稳定剂	1g/L
浴比	1∶10
温度	98℃
时间	45~60min

工艺曲线:

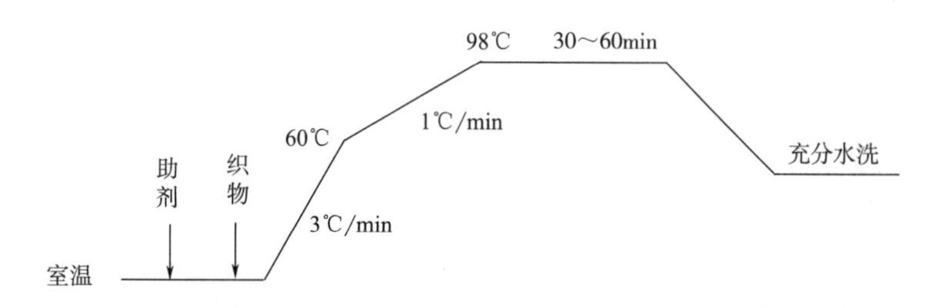

煮漂处理时,为避免双氧水分解过快而损伤织物,造成白度不匀,在漂液温度升到60℃之后必须严格控制升温速率,以1℃/min升温至98℃,再保温一定的时间。

当与棉混纺时,棉籽壳去除不净,毛效低。采用冷轧堆工艺进行煮练后氧漂,效果极佳,基本满足染色半成品的毛效要求。

5. 增白

由于竹原纤维中的色素在漂白过程中难以除净,经过氧漂后的竹纤维织物还略带微黄色,所以对竹原纤维织物的漂白产品和浅色产品进行增白处理,以提高其白度或增加其染色鲜艳度。

工艺条件:

增白剂	2g/L
浴比	1∶25
温度	60℃
时间	60min

6. 丝光

竹原纤纱强力不匀率高,断裂伸长较低,竹原纤织物一般不进行丝光处理。而对于薄型衬衫面料织物有时需要进行丝光处理。由于竹原纤维的结晶度低,对碱的吸收比棉织物快,纱的强力也明显下降,因此可以使用直辊布铗丝光机。使用布铗丝光机时,要减少绷布辊的穿布量,浸碱时间控制在20s左右。工艺条件:碱浓200g/L,喷淋碱浓30~35g/L,水洗温度65℃,落布门幅为成布门幅,车速45m/min,检查布面pH值,如带碱可用冰醋酸中和,确保布面呈中性。

复习指导

1. 熟练掌握棉织物前处理的工艺过程及各工序的加工目的、质量要求及评定。

2. 应掌握的名词或术语:酶、酶的活力、轧液率、浴比、退浆率、毛效、丝光、钡值。

3. 了解烧毛机的类型,并比较其优缺点,尤其是气体烧毛机的组成及作用。

4. 掌握气体烧毛机的烧毛原理及工艺。

5. 熟悉常用的浆料及其性能,并能对织物上的浆料成分进行分析。

6. 掌握棉织物常用的退浆和煮练的方法、原理及工艺(包括工艺流程、工艺处方、工艺条件),并比较其优缺点。

7. 了解棉织物煮练的设备及特点。

8. 能进行煮练效果的评价。

9. 掌握棉织物氧化剂漂白的原理,尤其是双氧水漂白、次氯酸钠漂白的工艺(包括工艺流程、工艺处方、工艺条件)。

10. 掌握增白的基本原理和工艺。

11. 了解常用丝光机的类型,并比较其优缺点,尤其是布铗丝光机的组成及作用。

12. 掌握丝光的原理,分析丝光的工艺条件及丝光后棉纤维的性能变化。

13. 熟悉棉织物高效短流程前处理工艺及发展趋势。

14. 了解麻纤维的种类、组成与结构。

15. 了解苎麻、亚麻纤维脱胶的方法。

16. 掌握亚麻、苎麻等织物的前处理加工工艺。

17. 熟知再生纤维素纤维的前处理特点,掌握原纤化、酶处理的原理和处理工艺。

思考与训练

1. 棉织物前处理的目的是什么？主要工序有哪些？

2. 原布准备包括哪几个环节？各环节的加工目的及要求是什么？

3. 烧毛机有哪几种类型？并比较其优缺点，试简述气体烧毛机的设备组成及各组成部分的作用。

4. 试述酶退浆、碱退浆、氧化剂退浆的原理，并比较它们的优缺点。

5. 何谓退浆率？试设计一纯棉织物的退浆工艺（包括工艺流程、工艺处方、工艺条件）。

6. 试述棉织物煮练的目的、煮练用剂及各用剂的作用，并分析影响纯棉织物煮练效果的主要工艺因素。

7. 试设计一纯棉织物平幅连续汽蒸煮练工艺（包括工艺流程、工艺处方、工艺条件）。

8. 试述漂白的目的及双氧水漂白的原理。并比较氧漂、氯漂、亚漂三种漂白方式的优缺点。

9. 简要分析影响双氧水漂白的主要工艺条件，并设计一合理的棉织物双氧水漂白工艺。

10. 试述常用的增白方法及原理。

11. 常用的烘燥方式有哪几种？各有何特点？

12. 什么是丝光？试述丝光的原理及丝光棉的性质，并简要分析影响丝光效果的主要工艺因素。

13. 常用丝光机主要有哪几种类型？试简述布铗丝光机的设备组成及各组成部分的作用。

14. 试设计一纯棉织物退、煮、漂一步法工艺（包括工艺流程、工艺处方、工艺条件）。

15. 试述纯棉织物短流程前处理工艺的要点及前处理工艺的发展趋势。

16. 分析麻类织物的丝光与棉织物丝光工艺条件有何不同？

17. 为什么亚麻织物氧漂工艺中的双氧水更容易剧烈分解？

18. 简述苎麻纺织纤维前处理的生产工艺过程。

19. 苎麻纤维的脱胶有哪些方法？其原理分别是什么？

20. 苎麻纤维制品与亚麻纤维制品的异同点是什么？说明两种纺织产品的染整加工特点。

21. 亚麻粗纱为什么要进行“煮漂”？如何减少亚麻粗纱煮漂的重量损失？

22. 人造棉、人造丝织物的前处理工艺有哪些特点？

23. 试述天丝制品的一般染整工艺及天丝前处理的特点。

24. 天丝初级原纤化的目的是什么？影响初级原纤化的因素有哪些？初级原纤化工艺如何？

25. 天丝前处理中酶处理的目的及工艺如何？

学习情境3　蛋白质纤维及其织物的前处理

学习目标

1. 了解羊毛纤维洗毛、炭化以及蚕丝织物脱胶的原理、方法及特点。

2. 能够设计出较为合理的羊毛纤维洗毛、炭化和漂白工艺以及丝织物的脱胶工艺，并能对羊毛织物、蚕丝织物进行前处理操作。

3. 学会根据产品加工要求调整各工序、工艺处方及工艺条件，为实现工艺设计奠定基础。

4. 通过各工序的助剂使用，学会选择并使用洗毛剂、炭化剂、漂白剂、丝织物脱胶精练剂等的基本方法。

5. 学会对羊毛纤维半成品的含脂率、蚕丝织物的脱胶率、强度、白度、泛黄率、手感和光泽等性能指标的检测。通过学习，能了解再生蛋白质纤维的性能及前处理。

案例导入

案例1　某毛纺厂从澳大利亚和我国新疆的养殖基地购买了一批羊毛原毛，用于纺纱。原毛中含有大量的杂质，这些杂质的大量存在，使原毛不能作为纺织材料直接使用。而且杂质的种类、含量因羊的品种、生存条件以及牧区气候而有差异，请考虑不同产地的原毛含杂不同，分别制订澳毛、新疆毛的前处理工艺，让这批澳毛、新疆毛都达到纺纱厂纺纱的要求。

案例2　某印染厂现接到一大批白色、素色或印花蚕丝制品的订单，客户要求根据织物的特性和用途，选择合适的前处理设备和工艺对织物进行前处理，以满足客户需要或后续染整加工对织物白度、毛效、手感和光泽的要求。请根据该厂实际生产情况选择合适的前处理设备和工艺，生产出与客户要求一致的成品，送与客户确认。

引航思问

1. 羊毛纤维和蚕丝纤维的化学性质有哪些？前处理工序上有哪些不同？
2. 羊毛、蚕丝织物加工选用前处理工序、设备的主要依据是什么？
3. 毛纤维初步加工有哪些工序？各工序的主要作用是什么？
4. 羊毛的洗毛方法有哪几种？各有什么特点？如何衡量洗净毛的质量？
5. 羊毛炭化除草的原理是什么？
6. 桑蚕丝和柞蚕丝有哪些性质上的区别？
7. 桑蚕丝织物和柞蚕丝织物前处理工序有哪些不同？
8. 蚕丝织物染整前处理有哪些工序？各工序的主要作用是什么？
9. 桑蚕丝织物和柞蚕丝织物前处理工艺条件有哪些不同？
10. 蚕丝织物的前处理过程中要注意的问题有哪些？

11. 蚕丝织物的前处理质量评定指标有哪些？

12. 牛奶纤维、大豆蛋白纤维是怎样的纤维？其前处理工序与羊毛、蚕丝有哪些不同？

蛋白质纤维分为天然蛋白质纤维和再生蛋白质纤维。天然蛋白质纤维主要是羊毛和蚕丝，再生蛋白质纤维有大豆蛋白纤维、牛奶蛋白纤维等。

羊毛的染整加工重点在整理部分，前处理部分主要侧重羊毛纤维的清洗、除油和去杂。蚕丝的前处理主要是脱胶，也即蚕丝的精练。蚕丝是由丝素和丝胶构成的，在去除丝胶的同时，蚕丝上的大部分杂质也一并被去除。在染整加工时，蚕丝织物比其他纤维织物更易受影响，因此对于蚕丝织物的精练必须严格选择和控制工艺条件，以保证产品质量。本情境主要对羊毛、蚕丝纤维及其织物的前处理进行重点介绍，并对再生蛋白质纤维织物的前处理进行简要叙述。

学习任务3-1 羊毛纤维及其织物的前处理

知识点

1. 羊毛纤维的组成及性质。
2. 羊毛洗毛和炭化的原理、方法、特点及工艺。
3. 评定洗净毛质量的指标。

技能点

1. 能制订毛织物前处理的工艺流程，并对每道工序进行熟练操作。
2. 能根据毛织物的特点对选定织物进行前处理工艺设计和实施操作，并能根据产品的加工要求，对工艺中不合理的地方进行调整。
3. 能对羊毛织物前处理过程中出现的质量问题进行分析，并提出解决问题的方案。

羊毛纤维是一种性能优良、历史悠久、特点突出的天然纺织材料，用于生产各类精梳和粗梳毛纺织品，其品种繁多，用途广泛。

从绵羊身上剪下来的套毛或散毛，称为原毛。原毛中含有大量的杂质，杂质的种类、含量随绵羊的品种、生存条件以及牧区气候而有差异，通常杂质的含量为原毛重量的40%～50%。这些杂质主要来源于羊毛纤维的共生物和绵羊生活环境的夹带物。影响羊毛纤维品质指标和纺织性能的杂质主要有如下几类。

(1)动物性杂质，如羊毛脂、羊汗、羊的排泄物等；

(2)植物性杂质，如草屑、草籽、麻屑等；

(3)机械性杂质，如沙土、尘灰等；

(4)少量色素。

由于这些杂质的大量存在，原毛不能直接作为纺织材料使用，必须经过选毛、开松、精练

(洗毛)、炭化、漂白等前处理过程,使原毛成为符合一定质量指标的净毛,才能用于毛纺加工。羊毛初步加工的任务,就是对不同质量的原毛进行区分,然后采用一系列机械与化学的方法,除去原毛中的各种杂质,使它成为符合毛纺生产要求的、比较纯净的羊毛纤维。加工工序主要包括选毛、开松、洗毛、炭化及漂白等。

一、选毛和开松

羊毛的种类很多,根据来源不同可分为国毛和外毛。国毛按羊种不同,又分为土种毛和改良毛。外毛由于羊种及产地不同,羊毛的细度和品质也有很大差别。即使是同一只羊身上不同部位的羊毛,其品质也不相同。选毛和开松,主要是采取机械方法或人工方法,将原毛分类、分等,并去除羊毛中携带的大部分沙土类机械性杂质,使羊毛以一种较好的分散状态进入下一道工序。根据工业用毛分级标准和产品的需要,将不同部位的不同品质的原毛,用人工分选成不同的品级,这一过程称为选毛,也称为羊毛分级。开松是利用开松机对羊毛进行松弛处理,以去除羊毛中的沙土类机械性杂质。开松机如图 3-1 所示。

图 3-1　KS100 型羊毛开松机

二、洗毛

羊毛纤维的精练加工过程,在实际生产中多称为洗毛。洗毛目的主要是为了去除羊毛纤维上的大部分羊脂、羊汗及沙土等杂质。

(一)洗毛原理

原毛上的污垢一般由羊毛脂、羊汗和土杂三部分组成。由于这些污垢成分的耐洗性能不同,因此,从羊毛上被清除的难易程度、清洗方法就各不相同。

(1)羊毛脂。羊毛脂在羊毛纤维中的含量与羊毛品种直接相关,细羊毛含脂量高,粗羊毛含脂量低,且含脂量的差异很大,最高可达 25%左右,最低只有 3%,大多数原毛的含脂量为 8%~15%。羊毛脂是羊脂肪腺的分泌物,主要是高级脂肪酸、脂肪醇和脂肪烃的混合物,其中脂肪酸、脂肪醇的种类有二百余种,是羊毛脂的主要成分,而脂肪烃含量很少,仅占 0.5%。羊毛脂的熔点为 37~44℃,不溶于水,很难从羊毛纤维上洗除,但在其熔点以上时,可利用碱剂和洗涤剂,通过皂化和乳化的方法去除。羊毛脂中的游离脂肪酸遇碱能皂化,生成能溶于水的脂肪酸盐,但高级一元醇及其酯不能皂化,必须使用洗涤剂,并借机械作用使之乳化,才能从原毛中洗除。羊毛油脂与碱剂的皂化反应在 100℃以上的高温下才容易发生,而羊毛纤维在高温下的耐碱性很差,会造成纤维严重受损,因此在实际生产中多在 60℃以下,通过乳化的方法来洗除原毛中的羊毛脂。乳化作用主要依靠洗涤剂的吸附、润湿、乳化、分散、增溶、悬浮等综合作用,使羊毛脂从羊毛表面剥离,并稳定地悬浮在水溶液中,通过水流冲洗而清除。除乳化法外,还可以利用溶剂法、冷冻法去除羊毛脂,但乳化法实际应用最为普遍。

(2)羊汗。羊汗是羊汗腺的分泌物,它是由各种脂肪酸钾盐和碳酸钾盐以及少量磷酸盐和含氮物质组成,其含量为原毛重量的 5%~10%,羊汗能溶于水,易于洗除。在乳化法有效去除羊毛脂的同时,可一起被洗除。

(3)土杂。土杂的主要成分为氧化镁、氧化钙、氧化硅、氧化铁、氧化铝等无机含氧化合物,随羊毛品种不同,其含量也有较大差异,国产羊毛含土杂较多。土杂在洗毛过程中可与其他油污一起被剥离,并容易沉积在水底,也较易去除。

由上述可见,洗毛过程的关键是羊毛脂是否被有效地去除。在羊毛脂被有效去除的情况下,羊汗和土杂可被一同除去。

洗毛质量的好坏,主要用洗净毛的含脂率来衡量。羊毛中所含的非脂杂质越少越好,而羊毛脂则应适当保留一定含量,使羊毛的手感柔软丰满,并有利于梳毛和纺织的进行。洗毛之后,羊毛纤维上应保留的羊毛脂的多少,要根据具体品种和用途来定,一般国产羊毛的洗净毛含脂率为 1.2%左右。

(二)乳化洗毛法

乳化洗毛法是利用以表面活性剂为主要成分的洗涤剂,在水溶液中具有的润湿、乳化、分散、增溶、悬浮等作用,将羊毛脂从羊毛纤维上洗除的方法。在羊毛脂被乳化去除的同时,羊汗和土杂等杂质也一同被洗除。乳化法是目前工业上最普遍的洗毛方法。影响乳化法洗毛效果的主要因素有如下几个方面。

1. 乳化法工艺影响因素

(1)洗毛用剂。洗毛用剂主要包括洗涤剂和助洗剂两类。

①洗涤剂。洗涤剂主要有肥皂和合成洗涤剂两类。

肥皂是一种常用的阴离子型表面活性剂,作为洗涤剂使用时,不仅去污性能良好、价格便宜,还能使洗后的羊毛具有较柔软的手感,因此成为使用历史最久的原毛洗涤剂。肥皂的缺点是对酸较敏感,在酸性条件下易水解生成脂肪酸而降低洗涤效果;另外,肥皂也不耐硬水,遇硬水易生成钙、镁沉淀,黏附于羊毛上不易洗除,并且肥皂还可与羊毛上的金属氧化物及盐类作用生成沉淀。因此,用肥皂洗毛时必须配合使用纯碱,纯碱在洗毛液中有稳定 pH 值的作用,可保证肥皂在碱性条件下充分发挥洗涤效果。此外,纯碱也有较好的软化硬水作用,以保护肥皂免受硬水的损害。肥皂与纯碱结合的洗毛方法,通常称为皂碱洗毛法。因这种洗毛用剂在碱性条件对羊毛纤维有一定的损伤作用,故肥皂已逐渐被各种合成洗涤剂所代替。

应用于洗毛的合成洗涤剂均为阴离子型表面活性剂和非离子型表面活性剂的复合体。常用的合成洗涤剂产品有羊毛清洗剂、净洗剂 601、净洗剂 105、洗涤剂 209 等。这些合成洗涤剂耐硬水,可在弱碱性、中性甚至酸性溶液中洗毛,对羊毛损伤小,洗毛质量好,因而应用较广泛。

洗毛用剂直接影响到洗净率、残脂率、手感、白度等指标,必须慎重选择,而且必须符合不含 APEO、不含甲醛等环保指标要求。

②助洗剂。助洗剂能帮助洗涤剂发挥出更高的洗涤效果,并能适当降低洗毛用剂的应用成本。常用的助洗剂有纯碱、食盐、元明粉等。助洗剂多为无机电解质,它们有利于洗涤液中的表面活性剂分子发生聚集,形成大量胶束,从而降低水溶液的临界胶束浓度(cmc),使洗涤剂在较低浓度下就能充分发挥乳化、分散、洗涤作用,从而节省洗涤剂的用量,使洗涤剂的应用效率和应用效能均得到提高。同时,由于助洗剂在水溶液中离解后产生的阴离子能吸附在羊毛纤维和污垢的表面,提高了纤维和污垢所带的负电性,在排斥力的作用下有利于污垢与羊毛纤维之间的脱离,从而增进去污效果。另外,有些助洗剂如纯碱还可作为软水剂。有时还加入螯合分散剂软化水,有利于洗毛效果提高。

(2)洗毛温度。单从洗涤效果来看,洗毛温度以高温为好。温度高可以适当降低水的表面张力,有利于洗涤剂迅速向羊毛纤维吸附、渗透,减小羊毛脂与纤维之间的亲和力,并促进土杂脱离纤维,加快沉降。温度高不仅有利于洗涤剂的乳化作用,促使洗涤剂与羊毛脂中的脂肪酸发生皂化反应,从而提高洗涤剂的去脂效果,还可以促进羊汗的溶解。但从另一方面来讲,洗毛温度太高会影响羊毛纤维的弹性和强度,尤其在碱性溶液中羊毛更易受损伤,并易于毡缩。因此,对于洗毛温度的选择应综合考虑,既要尽量减少对羊毛的损伤,又能较充分地发挥洗涤剂的作用。

国内耙式洗毛机一般由 3~5 个洗毛槽组成。洗毛机的第一个洗毛槽温度以 50~60℃ 为宜,既有较高的去土杂效果,又能较好地保护羊毛纤维;如果温度高于 70℃,羊毛纤维的鳞片易受损伤并发生毡并现象。第二、第三个洗毛槽一般为洗涤槽,如果采用碱性洗毛,温度需控制在 50℃以下,超过 50℃,羊毛纤维就有一定的损伤;如果采用中性洗毛,温度稍高一些对羊毛纤维损伤不大,一般控制在 50~60℃。后面的洗毛槽一般为漂洗槽,温度宜控制在 45~50℃。实际生产中,各个洗毛槽的具体控制温度,还要根据羊毛的线密度、羊毛脂的熔点、乳化难易程度、杂质的含量以及洗涤剂的性能等方面综合考虑,再加以确定。

(3)洗毛液的 pH 值。洗毛液的 pH 值对洗毛质量影响较大。一般来讲,pH 值较高时,洗毛效果较好,但羊毛纤维的强度会随之下降。pH 值对洗毛质量的影响又与洗毛温度和洗液浓度密切相关,当 pH 值在 8 以下时,羊毛强度损伤很小;当 pH 值为 8~11 时,羊毛的强度随洗毛液浓度的增加而降低;当洗毛液温度低于 50℃、pH 值在 10 以下时,羊毛纤维尚无严重损伤,如果超过这一温度和 pH 值,则羊毛受损程度明显增加。所以采用皂碱法洗毛时,洗毛液 pH 值应控制在 10 以下。

(4)洗涤剂用量。确定洗涤剂使用量时,既要保证洗毛质量,又要考虑经济效益。洗涤剂用量主要依据如下两方面来加以确定。

①羊毛脂的性能。含脂肪醇类多的羊毛脂比较难洗,洗毛液中应增加洗涤剂的用量;含脂肪酸多的羊毛脂,由于脂肪酸可以被碱皂化而除去一部分,故洗毛液中可增加纯碱的用量。

②羊毛脂的含量。一般而言，洗含脂多的原毛时，洗涤剂耗用量比洗含脂少的原毛要相应增加。细羊毛的羊毛脂含量高，洗涤剂的用量可适当提高，而粗羊毛可酌减。这项因素并不是绝对的，还要参照羊毛脂的耐洗性能综合确定。

(5)原毛投入量。原毛投入量在生产上也称为原毛喂入量。原毛投入量直接关系到洗净毛的产量和质量。投入量的多少需根据羊毛脂的难洗程度、含脂率和含杂率的多少而确定。对于含脂高、不易乳化而难洗的原毛，适当减少投入量有利于提高洗毛质量；对于含脂低、易乳化而好洗的原毛，可以适当增加投入量，这样可在保证质量的条件下，提高产量。一般地讲，细羊毛较粗羊毛投入量少，新疆细羊毛较进口澳毛投入量少。原毛投入量一般在400~700kg/h。

2. 乳化洗毛法分类

根据洗毛液pH值的不同，乳化洗毛法可以分成碱性洗毛法、中性洗毛法、酸性洗毛法三大类。

(1)碱性洗毛法。碱性洗毛是在pH=8~10的洗液中洗涤原毛的方法，适合于含脂高，尤其是羊毛脂中脂肪酸含量高的原毛洗涤。这是因为在碱性条件下，不仅可通过洗涤剂的乳化作用去除羊毛脂，还可以通过碱剂与羊毛脂中脂肪酸的皂化作用去除一部分羊毛脂，碱剂与脂肪酸经皂化反应生成的脂肪酸皂，又能像肥皂一样在洗毛液中起到洗涤剂的作用，因此使洗毛效果明显增加。

碱性洗毛法应用较广，根据洗毛液中使用的洗涤剂和助洗剂种类的不同，还可再分为如下三种洗毛法。

①皂碱洗毛法。即用肥皂作为洗涤剂、用纯碱作为助洗剂的洗毛方法，是我国沿用较久的一种传统洗毛法。肥皂以使用油酸皂效果较佳，皂液浓度一般为0.2%。如果皂液浓度超过0.2%，其乳化能力不但不会有显著提高，反而会因生成的泡沫太多而使羊毛漂浮在洗涤液表面，影响洗涤效果。纯碱的浓度也应控制在0.2%以下，以防pH值过高而损伤羊毛。为了充分利用纯碱与脂肪酸皂化生成的脂肪酸皂，第一个洗涤槽的洗涤剂用量应为碱多皂少，而第二个洗涤槽则为皂多碱少。

皂碱法洗毛时，洗液温度在50℃以下，洗涤槽的pH值为9~10，漂洗槽的pH值宜逐渐接近中性，以免洗净毛烘干后含碱过量而损伤羊毛。

皂碱法因肥皂不耐硬水和对羊毛纤维强度损伤较大，目前已逐渐少用。

②轻碱洗毛法。即用合成洗涤剂代替肥皂作为洗涤剂，以少量纯碱作为助洗剂的洗毛方法。少量纯碱不但可以提高合成洗涤剂的乳化、洗涤能力，还能皂化除去一部分脂肪酸。轻碱洗毛法洗毛液的pH值控制在8~9。由于在洗涤过程中，洗液的碱性不断下降，使洗液对羊毛纤维的损伤减小，而且合成洗涤剂又较耐硬水，因此比皂碱法具有更多优点，目前使用较普遍。

③铵碱洗毛法。采用轻碱法洗毛时，残留的碱在烘干和储放过程中，会加速羊毛纤维的氧化作用而使羊毛脆损。为克服这一缺点，而将轻碱洗毛法进一步改进成为铵碱洗毛法。铵碱洗毛法就是在两个洗涤槽中的后一个洗涤槽内加入硫酸铵来代替纯碱，而形成合成洗涤剂—纯碱、合成洗涤剂—硫酸铵共同洗毛的方法。硫酸铵显酸性，它能在第二个洗涤槽中将羊毛上的残留碱中和掉，其反应式如下：

$$(NH_4)_2SO_4+Na_2CO_3 \longrightarrow Na_2SO_4+(NH_4)_2CO_3$$

$$(NH_4)_2CO_3 \longrightarrow 2NH_3\uparrow+CO_2\uparrow+H_2O$$

通过上面的复分解反应,不但消除了羊毛纤维上残留的纯碱,防止了羊毛的损伤,而且生成的硫酸钠还可以起助洗作用,生成的二氧化碳还可以使羊毛松散,并防止羊毛纤维下沉。因此,铵碱洗毛法是一种工艺较合理的洗毛方法,目前很受重视。一般硫酸铵与纯碱的用量比为1∶3。

(2)中性洗毛法。选择适当的合成洗涤剂,以食盐和硫酸钠等中性盐作为助洗剂,在pH=6.5~7.5的中性洗液中进行洗毛的方法,称为中性洗毛法。中性洗毛不但可减少羊毛纤维的受损,而且不易引起羊毛的毡缩,洗净毛的白度、手感均较好,长期储存不泛黄,是一种合理可行、发展较快的洗毛方法。

中性洗毛时,洗涤剂用量视各种合成洗涤剂的去污能力而差异较大。如洗涤剂601的去油污能力较低,用量较高,其浓度为0.3%~0.7%,元明粉用量为0.1%~0.3%(owf)。而净洗剂LS去油污能力强,用量较少,其浓度为0.05%~0.08%,元明粉用量为0.1%~0.3%(owf)。洗液温度一般控制在50~60℃。

(3)酸性洗毛法。我国高原地带羊群所产的羊毛,羊毛脂含量低而土杂含量高,羊毛本身的强度和弹性较差。这类羊毛如果用一般的碱性洗液洗毛,易使羊毛发黄、毡缩、强力下降。在洗涤这类羊毛时,宜选用耐酸性较好的烷基磺酸钠(如净洗剂601)和烷基苯磺酸钠(如净洗剂ABS)在酸性溶液中洗毛,羊毛易洗净,光泽较好,强度损伤也较小。

酸性洗毛法一般在pH=5~6的弱酸性洗液中进行,常用醋酸调节pH值。

(三)其他洗毛方法

1. 羊汗法

羊汗的主要成分是碳酸钾等盐类,它可以和羊毛脂中的游离脂肪酸作用生成脂肪酸钾,实质上就是钾肥皂。其反应式如下:

$$K_2CO_3+2H_2O \rightleftharpoons 2KOH+CO_2+H_2O$$

$$RCOOH+KOH \longrightarrow RCOOK+H_2O$$

生成的脂肪酸钾皂实际上就是一种软肥皂,可作为洗涤剂使用。

使用净化过的羊汗溶液来代替一部分肥皂,再与皂碱相结合的洗毛方法称为羊汗洗毛法。以四槽洗毛为例,在第一、第二个洗毛槽中使用净化过的羊汗溶液,并酌加少量纯碱,在第三个洗毛槽中使用皂碱液或其他合成洗涤剂纯碱液,第四个洗毛槽用清水漂洗。

将洗毛污液用高速离心机分离,除去其中的污物,就可得到再次净化的羊汗溶液,因此,羊汗洗毛法对于洗毛废液的综合利用,有效地降低了洗毛成本,具有一定的积极作用和使用价值。

2. 溶剂洗毛法

溶剂洗毛法的基本原理是将开松过的羊毛以苯或已烷等为溶剂,将羊毛脂溶解于其中,然后将有机溶剂回收并分离出羊毛脂。脱脂后的羊毛还要用水洗去羊汗及其他杂质。溶剂法也称为萃取法,实验室中常用这种方法测定净洗毛的含脂率。

溶剂法洗毛的优点是不损伤羊毛,羊毛不毡缩,不泛黄,洗净毛上残留的羊毛脂分布均匀,纤维分散度高,梳毛时纤维的断裂较少,羊毛脂回收率高,耗水量少,河水污染少。其缺点是所需设备结构复杂，投资费用大，有机溶剂易燃烧且回收费用大。

3. 冷冻法

利用氨作降温剂，将羊毛在很低的温度下（-45～-35℃）处理，此时羊毛脂、羊汗等完全冻结成脆性固体，再借助于机械作用将这些杂质粉碎，使之与羊毛分离。经这种方法去除的杂质约为样品重量的 10%，其中去除的羊毛脂仅为总量的 30%～57%。因此，还要再进行轻度的洗毛，才能使羊毛质量符合要求。

（四）洗净毛质量指标

洗净毛的质量以其洗净后的羊毛含脂率、回潮率、残碱率作为指标，即洗净毛符合上述各项检测指标的为合格品。而以洗净毛的含土草率、毡缩率、沥青点等作为洗净毛的分等条件，即上述指标在规定范围内为一等品，超出规定范围为二等品。随着洗毛技术的发展和对产品质量要求的不断提高，各个地区、各个企业对目前的洗净毛质量标准会有一些更严格、更合理的指标规定，见表 3-1。

表 3-1　洗净毛质量指标的规定范围

项目	支数毛	级数毛
含脂率/%	0.5～1.2	0.6～1.4
回潮率/%	12～18	12～18
含残减率	不超过 0.6%	不超过 0.6%
含土草率	不超过 3%为一等品	不超过 5%为一等品
毡缩率	不超过 2%为一等品	不超过 3%为一等品
沥青点	不允许出现，有则降级	不允许出现，有则降级

三、炭化

羊毛中含有许多植物性杂质如草屑、草籽、麻屑等，它们与羊毛纤维缠结在一起，经过选毛、开毛和洗毛加工，可以被除去一部分，但不能完全去除。这些草类杂质的存在，在梳毛和纺纱工序中，容易堵塞针布、降低成网质量，还容易使毛纱条干不匀、牵伸困难、断头增多，从而造成纺纱困难、毛纱质量下降，并影响织物的外观，使织物手感粗糙。另外，这些杂质还容易造成染色疵病，尤其是染浓色时疵点更为明显。

因此，羊毛在洗毛之后，往往要经过炭化处理，以彻底清除羊毛中混杂的植物性杂质，从而保证后续加工的顺利进行。羊毛的炭化也常称为去草处理。

（一）炭化去草的原理

所谓炭化，就是利用酸对羊毛纤维和植物性杂质的化学作用不同，在羊毛纤维少受伤害的前提下，将植物性纤维基本去除的加工方法。

草类植物性杂质属于纤维素纤维，纤维素不耐酸，在强酸的作用下能迅速脱水而变为黑色的炭：

$$\underset{\text{纤维素}}{(C_6H_{10}O_5)_n} \xrightarrow{\text{浓 } H_2SO_4} 6nC+5nH_2O$$

生成的炭再经机械粉碎、除尘、水洗等从羊毛纤维中清除。

而羊毛纤维属于蛋白质纤维,化学组成为氨基酸化合物,肽链之间还被许多二硫键所交联,它的耐酸能力较强。当稀酸与羊毛角质作用时,二硫键对酸是基本稳定的,尽管酸能与游离的氨基结合,并抑制羧基的电离,使角质大分子之间的盐式键被拆散,导致羊毛纤维的强力有所下降,但这种作用是可逆的,经水洗、中和去除酸后,游离的氨基和电离的羧基仍能复原,拆散的盐式键又会重新建立。所以,稀酸对羊毛纤维基本不会造成损伤。

但如果酸的浓度过高,加上高温和长时间的作用,将会造成羊毛角质大分子肽键的水解,并生成氨基磺酸:

$$W—NH_2+H_2SO_4 \longrightarrow W—NHSO_3H+H_2O$$

由于这一化学作用是不可逆的,所以会造成羊毛强力下降,色泽变黄,还会引起染色能力的降低。

因此,在羊毛炭化除草加工中,对于酸的浓度、处理过程中的温度、加工时间等工艺条件,必须严格确定和掌握,以免因工艺不合理、操作不当而使羊毛纤维受损。

(二)炭化工艺

根据炭化时羊毛纤维所处的不同形态,炭化方式分为散毛炭化、毛条炭化及匹炭化。这里重点介绍散毛炭化。

1. 散毛炭化

散毛炭化主要用于粗纺产品。近年来,精纺产品也在研究采用散毛炭化方式,以解决在羊毛中含有较多不易被精梳机去除的草屑和麻丝问题。散毛炭化的优点是去除植物性杂质的效果较好,缺点是对羊毛纤维的损伤较大,而且设备庞大,成本也较高。如何减少羊毛纤维受损是散毛炭化工艺技术改进的方向。散毛炭化的工艺流程为:

浸水→浸酸→脱酸→烘干→焙烘→碎炭、除杂→中和水洗→烘干

下面分别介绍各道工序的加工目的、影响因素和工艺条件。

(1)浸水。浸水的目的主要是为了使后续浸酸时酸液能够更加迅速和均匀地渗透到羊毛纤维上。浸水操作是先将干毛在室温水中浸渍 20~30min,使其均匀润湿。水中可加入少量(1.2%~3%)耐酸的表面活性剂,如渗透剂 JFC 、平平加 O、烷基磺酸钠等,以增进润湿效果。润湿后的羊毛及草杂含湿量很大,不能直接进入浸酸槽,否则酸液浓度不易控制,影响炭化质量。因此要经过轧水或离心脱水处理,使羊毛的含水率不超过 30%,再进行下一道浸酸处理。

(2)浸酸。浸酸是炭化质量的关键工序,酸液浓度、浸酸温度、浸酸时间必须严格控制,这三项工艺条件一旦超标,就容易引发羊毛纤维与酸发生不可逆的磺化反应,也容易促使羊毛角质主链的水解,导致羊毛纤维强度降低。

①酸液浓度。羊毛炭化处理常使用硫酸作为化学酸剂。硫酸浓度应视植物性杂质的含量、羊毛纤维的粗细而定,一般以 3.5%~6%(3~5°Bé)为宜,高于此范围,羊毛的强度会有所下降;低于此范围,炭化不完全。

②浸酸温度。实验证明,羊毛纤维的吸酸量随着温度的提高而增加,而植物性杂质的吸酸量却不因温度变化而变化。如硫酸浓度为5.5%、温度分别为10℃和32℃时,植物性杂质的吸酸量都是2.8%,而羊毛纤维的吸酸量则分别是5.7%和7.7%。因此,为了保护羊毛纤维不受损伤,并保证草杂炭化,浸酸温度多为室温。

③浸酸时间。实验表明,草类杂质的吸酸量在浸酸后3min左右就已达到饱和状态,延长时间,羊毛纤维的吸酸量会继续增加。因此,浸酸时间为3~5min。

除严格控制上述三项主要工艺条件外,浸酸液中还可加入适量的表面活性剂作为浸酸助剂,浸酸助剂具有润湿渗透、扩散、净洗等作用,除了可提高炭化质量、提高羊毛纤维白度之外,还能促使酸液在羊毛纤维上均匀扩散,防止因局部酸液浓度过高而造成羊毛纤维的损伤。选用的表面活性剂应具有耐酸能力和低泡性,常用净洗剂LS、烷基磺酸钠、平平加O等。

(3)脱酸。脱酸的目的是将羊毛纤维上多余的酸液均匀地除去,否则会在烘干过程中浓缩,严重损伤羊毛纤维。脱酸后的羊毛含液率般控制在34%~36%,其中含酸率不得超过6%。生产中多采用轧辊脱酸,要根据需要适当调节轧辊压力,压力过大,羊毛易发生毡缩;压力过小,羊毛含液超高,经焙烘后易使羊毛酸损。为使轧压后的羊毛含液均匀,可在轧辊上平整地包覆一层毛条,并保持良好的弹性。也可采取离心脱酸机脱酸。

(4)烘焙。烘焙的目的是使植物性杂质所吸收的酸液逐渐浓缩。酸液浓缩至一定程度后,迅速使植物性杂质脱水、成炭、变脆,以便于在下一道工序中被粉碎除去。

烘焙处理包括烘干和焙烘两个阶段。烘干阶段是在60~70℃下,逐渐使羊毛带酸液浓缩,含液率降至15%左右。焙烘阶段是在100~110℃的较高温度下,使含液率降至3%以下,在此阶段,植物性杂质才会被浓酸迅速脱水、炭化。烘干的目的是使羊毛纤维中的水分被均匀、充分地除去,以尽量避免羊毛纤维在高温焙烘时发生水解。烘干和焙烘时间分别为1~2min,温度过高、时间太长都会引起羊毛水解,损伤羊毛纤维。焙烘温度不得超过110℃。

(5)轧炭。轧炭的目的是对羊毛进行机械性的挤压、揉搓,使已炭化的植物性杂质粉碎脱落,再通过除杂装置使草炭与羊毛纤维分离除去。经过烘焙处理后的羊毛必须立即进行轧炭处理,否则已炭化的杂质会逐渐吸收空气中的水分而变韧,不易去除。轧炭过程在轧炭除杂机中进行,机内12对沟槽轧辊通过调节各对轧辊间的距离、轧辊转速、上下轧辊的转速比,使毛层逐渐减薄,从而便于碾碎、磨匀草杂。碾碎后的炭化草杂再经过气流式除尘笼箱,便从尘网网眼中分离出来,除尘后的羊毛纤维由辊筒出口甩出机外。

(6)中和水洗。中和水洗的目的是为了去除羊毛纤维上的残酸,并进一步洗除植物性杂质。中和水洗过程由水洗→中和→水洗三个阶段组成,常在耙式洗毛机中进行。

第一阶段的水洗在第一个槽中进行,采用大流量冷水洗除羊毛纤维上附着的酸。这样既能保护羊毛,又可节约用碱。

第二阶段的中和在第二个槽中进行,常用纯碱为中和剂,纯碱的用量为羊毛重量的3.5%左右,碱液温度为38℃。有些低特(高支)外毛吸酸率较高,按一般中和工艺则中和不够充分,若提高碱液浓度又对羊毛不利,此时可在中和槽或第三个槽中加入1%的氨水,以促进中和作用,又不损伤羊毛纤维。如果洗净毛的含脂率过高或白度不理想,可在中和槽中加入少量的阴离子或非离子型表面活性剂,这样既可加快中和速度,又能适当降低羊毛含脂率,提高羊毛纤维的白度和松散度。

第三阶段的水洗在第三、第四槽中进行,以洗除中和后残留在羊毛纤维上的碱。洗毛用水多用活水,溢水可回入第一个槽重复利用。清水温度为 35~37℃,洗液 pH 值应为中性或偏酸性,中和毛残余含酸率宜在 1%左右,不得高于 1.6%。

(7)烘干。中和水洗后的羊毛应立即烘干,通常在帘式烘干机上以 60~70℃烘干 4~6min,且以低温、快速烘干为好。烘干后的羊毛降温至 25~30℃,使得回潮率均匀。

2. 毛条炭化

毛条炭化是将经过梳毛机和头道针梳机下来的毛条(一般称“生条”)进行炭化除草处理,然后再进行精梳及针梳等过程,制成毛条成品。毛条炭化的优点是对羊毛纤维的损伤小,炭化成本较低;缺点是毛条炭化后纺纱强力较低,成品手感也较差。

毛条炭化的工艺与散毛炭化基本相似,但毛条经过初步梳理后,纤维比较松散,而且羊毛纤维中较大的草杂已被大量去除,长草杂和麻丝已被梳成单纤维状,因此在炭化时吸酸快,杂质分解也比较容易。因此可以在较低浓度的硫酸、较短的浸渍时间以及较低的烘焙温度下进行炭化,炭化后的除杂可在后道的梳毛过程中去除,因而可不经过轧炭除杂工序而直接进行中和水洗,缩短了工艺过程。毛条炭化的工艺流程为:

浸水→浸酸→轧酸→烘焙→水洗中和→烘干

工艺条件:

浸水:可加入适量表面活性剂,如平平加 O 2g/L,或拉开粉 1g/L。

浸酸:硫酸浓度为 3.6%~4.0%(3.2~3.5°Bé),温度为 35~38℃,时间为 16s。

轧酸:含液率为 28%,含酸率为 5.12%。

烘干温度 75~80℃,时间 1~2min;焙烘温度 90℃,时间 1~2min。

中和水洗:第一槽清水冲洗,加入平平加 O 1g/L,温度 40~45℃;第二槽纯碱用量为 3.5%(对毛条重),温度为室温;第三槽清水冲洗。

烘干:温度 70~75℃,时间 1min 左右,残酸含量为 2.1%。

3. 匹炭化

匹炭化的工艺流程与散毛炭化基本相同,但使用的设备有差异,通常在匹炭化联合机上进行连续加工。织物先轧水,然后在室温下于松弛状态下浸酸,酸浓度控制在 4.4%~6.7%,时间可根据织物结构、含杂情况等来确定。浸酸时可加入渗透剂。浸酸后用轧辊脱酸,然后在烘干机中烘干(80~90℃)、焙烘(100~105℃)。含杂较多的织物可在缩呢机中轧压 5~10min,含杂少的直接进行中和水洗。

匹炭化一般用于含杂较少的织物,羊毛纤维是在未经处理的条件下进行纺织的,织物的力学性能较好。匹炭化不太适用于含杂较多的织物、混纺织物及需要经过缩呢的粗纺织物。

四、漂白

为了进一步提高白度,有些净毛还需进行漂白加工处理。有些毛纺织品,在染色、印花或后整理之前，也要进行漂白处理，以改善产品质量，提高产品档次。在进行漂白加工的同时，往往也配合一些增白处理，可消除织物的泛黄现象，使白度更加鲜亮。

羊毛的漂白可以进行散毛漂白，也可以进行织物漂白。漂白方法主要有氧化漂白、还原漂白以及氧化与还原相结合的漂白。下面简单介绍几种漂白用剂和漂白工艺。

1. 双氧水漂白

由于次氯酸钠易使羊毛纤维泛黄、脆损，因此氧化漂白剂中不能使用次氯酸钠，实际生产中，多使用双氧水作为氧化漂白剂。双氧水在适宜的条件下，能将羊毛纤维中的色素破坏，使携带的颜色消失，漂白效果较好，织物白度持久，不易泛黄。但利用双氧水漂白时，应严格控制漂白工艺条件，以防止羊毛纤维过度氧化，使手感粗糙、强力下降。

双氧水漂白可以采取浸漂法和蒸漂法。浸漂法是将散羊毛或羊毛织物浸入双氧水溶液中的漂白方法。双氧水的用量为：在100L水中加入10%～20%的双氧水10L，并另加入氨水或硅酸钠，使漂液的pH值为7.5～8.5，浴比为1∶20，浸入漂物在50℃处理1h，然后放置10～12h后，再升温到50℃处理1h，取出，用冷水清洗。蒸漂法是将羊毛纤维浸轧浓度为0.3%～0.9%的双氧水溶液，pH=3～5，然后在95℃的烘房中烘干，即可达到漂白目的。

2. 漂毛粉漂白

漂毛粉又称漂毛剂，是60%保险粉与40%焦磷酸钠的混合物，外观为白色粉末，极易溶解于水，能使天然色素还原而破坏，变为易溶解的物质而洗去。因此，它是一种还原漂白剂。

漂毛粉漂白效率很强，应用简便，很适合于散毛漂白，且不易损伤纤维。散毛漂白时，将洗练过的羊毛放入40℃的漂毛粉溶液中（浓度为3g/L）处理，每隔0.5～1h翻动一次，以使其作用完全，维持40℃处理20～24h，漂白即告完成。取出漂后散毛并用水洗净，再经稀硫酸（98%浓硫酸2L溶于1000L水中）处理，取出后立即水洗、脱水、干燥。若用于毛织物漂白，轻薄织物使用的漂毛粉浓度为1g/L，厚重织物为5g/L，漂液温度不宜超过45℃。

3. 氧化—还原漂白

氧化—还原漂白一般是先经氧化漂白，后经还原漂白，这种漂白方法又称双漂，是两种漂白方法相互取长补短的综合工艺。毛织物经双漂后光泽洁白，效果持久，色泽鲜亮，手感良好，织物强度损失较少。双漂工艺适合于羊毛精纺织物的漂白，也适用于羊毛纯纺及混纺绒线的漂白。双漂工艺中常用的漂白剂仍是双氧水和漂毛粉。考虑到保险粉漂白时的环保性能，也可采用两次双氧水漂白。

4. 增白处理

羊毛纯纺及混纺织物经氧化或还原漂白剂漂白后，往往还带有黄光。为了消除黄光，使织物更加洁白鲜亮，可在漂白时使用毛用荧光增白剂VBL或WG等同时进行增白处理，效果更好。工艺举例如下：

增白剂WG与双氧水同浴处理时，增白工艺为：浴比1∶（10～30），增白剂用量为0.2%～0.5%（owf），pH值为3～5，温度为50～60℃，时间为60min。

增白剂WG与漂毛粉同浴处理时，增白工艺为：浴比1∶（10～30），增白剂用量为0.2%～0.5%（owf），pH值为3～5，温度为50～60℃，时间为30min。

学习任务3-2　蚕丝织物的前处理

知识点

1. 蚕丝纤维中的杂质及其对织物性能的影响。

2. 蚕丝坯绸准备的内容。

3. 蚕丝织物脱胶的原理、方法、特点、影响因素及工艺,并熟悉其加工设备。

4. 蚕丝织物脱胶质量的评价方法。

技能点

1. 能制订丝织物前处理的工艺流程,并对每道工序进行熟练操作。

2. 能根据丝织物特点对选定织物进行合理的工艺设计和实施,并能根据产品的加工要求,对工艺中不合理的地方进行调整。

3. 能对蚕丝织物前处理过程中出现的质量问题进行分析,并提出解决问题的方案。

一、丝织物概述

丝织物的花色多变、品种繁多,同一品种又可以有不同规格。为了便于识别、管理和分批加工,必须将丝织物进行分类。根据原料分类,丝织物分为以下5类。

(1)全真丝织物。指经、纬丝线均采用蚕丝织制的织物,如真丝乔其、真丝双绉、真丝塔夫绸等。

(2)人造丝织物。指经、纬丝线均采用再生纤维织制的织物,如无光纺、人丝电力纺、人丝古香缎等。

(3)合纤丝织物。指经、纬丝线均采用合成纤维长丝或加工丝织制的织物,如锦丝纺、涤纶绉等。

(4)柞蚕丝织物。指经、纬丝线均采用柞蚕丝织制的织物,如千山绸、鸭江绸、柞绢纺等。

(5)交织物。指经、纬丝线采用不同的原料交织成的织物,其中至少有一种丝纤维。如真丝与黏胶丝交织的留香绉、黏胶丝与棉纱交织的羽纱和线绨被面、涤纶与涤/棉纱交织的涤纤细布等。

按照织物组织结构、织造工艺、外观形状的不同,商业上将其分为绡、纺、绉、绸、缎、绢、绫、罗、纱、葛、锑、呢、绒、哔叽14大类。

二、桑蚕丝织物的前处理

(一)脱胶原理

1. 蚕丝织物的组成成分与影响

未经脱胶处理的桑蚕丝称生丝。由生丝织造而成的蚕丝织物称为生坯或坯绸。生丝主要由丝素和丝胶组成，其中丝胶的含量因蚕茧的养殖地域及季节不同而有所不同(20%~30%)。除此之外，生丝中尚含有少量的油蜡质、灰分、色素、碳水化合物等。在坯绸中还含有在织绸时加上的浆料、为识别捻向施加的着色染料以及操作、运输过程中沾上的各种油污等。

(1)丝素。丝素是蚕丝的主要成分(占 70%~80%)，它使蚕丝具有柔软、纤细、洁白、轻盈、光泽柔和、吸湿性好、弹性适中等特点，是高级纺织原料。

(2)丝胶。丝胶在丝素的表面，比丝素具有更高的吸湿性，在标准状态下(20℃，相对湿度65%)，丝素的回潮率在 9%以上，而含有丝胶的桑蚕丝回潮率为 10%~11%。仅从纺织纤维的吸湿性与穿着的舒适性关系来说，含有丝胶的桑蚕丝穿着更舒适，而且少量的丝胶对丝素还具有一定的保护作用，减少染色加工中对丝素的损伤。但丝胶的结晶度相当低(只有 15%左右)，稳定性较差，手感粗硬，大量丝胶的存在会影响蚕丝织物的染色性能及手感，有损蚕丝织物固有的优良品质和服用性能。

(3)油蜡质。油蜡质包括脂肪和蜡质，在桑蚕丝中的含量为 0.4%~0.8%，存在于丝胶中。它们的存在会影响蚕丝织物的润湿性能及膨胀速度，妨碍染整加工。

(4)灰分。在桑蚕丝中含量为 0.7%，大部分以无机盐的形式存在于丝胶中，影响织物的手感。

(5)色素。桑蚕丝色素含量较低(约为 0.2%)，存在于丝胶之中。色素的存在使织物的白度降低，同时会降低染色及印花产品的色泽鲜艳度。

(6)碳水化合物。主要成分为葡萄糖及其衍生物(如氨基葡萄糖酸等)，其中大部分与丝胶蛋白结合成复合蛋白质，以及与色素结合为配糖体的形式存在；也有一部分碳水化合物具有纤维素结构，呈微细的纤维状，在缫丝时因部分丝胶溶解，而剥离成长度为 1~3mm 的扁平微细绒毛状，也称为微绒。微绒的存在，将影响生丝及织物的外观质量，尤其是较多的纤维素微绒，还会使染色及印花产品的光泽和鲜艳度降低。

(7)油剂、浆料及着色染料。这些杂质是在织造前人为施加的或在运输过程沾污而存在于蚕丝中的。油剂包括抗静电剂、润湿剂等；着色染料一般是直接性较小的直接或弱酸性染料，易溶于水，易被还原分解而褪色。

2. 蚕丝织物精练的目的

生丝及坯绸上所含的各种杂质会不同程度地影响蚕丝所具有的优良品质，影响蚕丝及其制品的服用性能，影响染色加工的质量。因而除特殊品种外，生丝及其织物都必须经过精练加工以去除丝胶及其他杂质，为后加工提供合格的半制品或直接得到练白产品，这一加工过程称为精练。由于蚕丝织物精练目的主要是去除丝胶，随着丝胶的去除，附着在丝胶上的杂质也一并去除。因此，蚕丝织物的精练又称脱胶。

3. 蚕丝织物脱胶原理

(1)丝素与丝胶的性质比较。丝素与丝胶有许多相同的性质，如它们都是蛋白质，基本组成单位都是 α-氨基酸，均具有亲水性和两性性质。但是，由于组成氨基酸的种类、含量不同，使丝素和丝胶的结构、构型及化学性质有很大的差异。具体表现在：第一，从化学组成来看，丝素主要是由乙氨酸组成，其次是丙氨酸、丝氨酸，乙氨酸及丙氨酸之和约占总量的 70%左右；而丝胶主要是由丝氨酸(含羟基)组成(约占34%),乙氨酸及丙氨酸含量少。此外,丝胶中二羧基酸和二氨基酸的含量都比丝素中的含量高。这些亲水性物质的存在使得丝胶比丝素具有更高的吸湿性和水溶性。第二,从结构构型来看,丝素蛋白质有明显的纤维化,分子链间相互接近,形成结晶性的整列区域,结晶度高;而丝胶结构中支化程度比丝素高,支链的极性基团含量也比较高,分子链的排列不够规整,分子间作用力较小,结晶度低(15%)。基于这些原因,丝胶的吸湿性比丝素高,在水溶液中会发生更强烈的膨化甚至溶解。第三,丝素与丝胶的化学稳定性不同,丝素对弱酸、弱碱及酶稳定,而丝胶会在这些物质的作用下发生水解、分解反应,溶解度大幅度提高。

(2)脱胶原理。蚕丝织物的精练,实质上是利用丝素与丝胶结构上的差异以及对化学药剂稳定性不同的特性,在化学助剂及适当条件下除去丝胶及其他杂质,以获得具有手感柔软、质地细腻、外观洁白、形态飘逸、光泽柔和、吸湿性好、渗透性好的产品。

①碱脱胶。碱脱胶作用原理是,利用在碱性溶液中丝胶能够发生剧烈膨化甚至溶解而丝素较为稳定的特性,去除蚕丝中的丝胶的。在碱性溶液中,丝胶吸收碱后发生剧烈膨化,碱剂中 OH^- 与丝胶分子上羟基离解出的 H^+ 结合成水,丝胶大分子则与金属离子结合,形成蛋白质盐($NaOOC—S—NH_2$),使丝胶的溶解性能提高。同时,碱与丝胶发生化学结合,使丝胶中的多缩氨基酸键由内酰胺酮式转变为内酰胺烯醇式:

$$\begin{array}{c}—\underset{\underset{\textstyle O}{\|}}{C}—\underset{\underset{\textstyle H}{|}}{N}—\end{array} \xrightarrow{OH^-} \begin{array}{c}—\underset{\underset{\textstyle OH}{|}}{C}{=}N—\end{array}$$

这种烯醇式结构的产生,拆散了原来肽键之间所形成的氢键结合,导致肽键间结合力的降低,有利于丝胶的溶胀、溶解。除此之外,碱也可以催化丝胶蛋白分子肽键的水解,使丝胶肽链发生水解断裂,丝胶大分子生成相对分子质量较小、更易溶于水的多缩氨基酸化合物,从而使丝胶从丝素上脱离。

在使用碱剂脱胶时,为了避免对丝素的损伤,选择合适的碱剂至关重要。从丝素的化学性质知道,丝素在室温下对碱较为稳定。但丝素在碱液中也能发生水解,而碱起催化作用。其中,氢氧化钠的催化作用最为剧烈,氨水、碳酸钠、碳酸钾作用较弱,碳酸氢钠、硼砂、硅酸钠、肥皂等弱碱性介质对丝素无损伤,只能溶解丝胶。因此,强碱弱酸盐是脱胶的首选用剂,其中最为常用的是碳酸钠、硅酸钠和肥皂。

强碱弱酸盐虽然能起到脱胶作用,但不具有去除蚕丝中的油蜡质及色素的能力,也不能使脱除下来的丝胶和杂质均匀地分散在练液中,而不重新沾污纤维。而且长时间的碱处理会使脱胶后的蚕丝织物手感粗硬。为此,桑蚕丝织物脱胶时多将碱剂与肥皂、合成洗涤剂等表面活性剂合并使用。常用的脱胶方法有肥皂—碱法、合成洗涤剂—碱法。

②酸脱胶。丝胶具有两性性质,与丝胶能够在碱性介质中形成盐一样,丝胶也能在酸性介质中电离形成盐($HOOC—S—NH_3^+$),使自身溶解性能提高。同时,酸也可以催化丝胶蛋白分子肽键水解,使丝胶肽链发生水解断裂,而生成多缩氨基酸化合物,加速丝胶脱离丝素,因此,酸也能够进行脱胶。有机酸酸性弱,对丝胶的作用小,不足以脱除丝胶。硫酸、盐酸等无机强酸,虽

然可以使丝胶溶解、水解而达到脱胶的目的，但如果对条件控制不当，容易损伤丝素，而且不能去除油蜡质、色素等杂质，对设备腐蚀严重。故酸脱胶在实际生产中一般不用，但可与碱剂、肥皂等碱脱胶法联合使用。不过这种精练方法，将增加水洗、除酸等过程，工艺繁杂，同时要配以耐酸设备。除含无机杂质较多的野蚕丝织物以及轻薄织物的半脱胶产品外，很少采用酸脱胶。

③酶脱胶。酶具有高效性、专一性、作用条件温和及无毒无害四大特性。根据酶的最佳作用条件，又分为酸性酶、中性酶、碱性酶。酸性酶脱胶，因工艺条件较难控制，且对设备要求高，一般不予采用；中性酶脱胶，因处于丝胶的等电点范围，故丝胶的水解速度较慢，不利于生产。所以在蚕丝织物的酶脱胶中，常用的是碱性蛋白水解酶（如2709碱性蛋白酶）。

碱性蛋白水解酶之所以能够进行脱胶，是由于它对丝胶分子中特定位置或任意位置上的多缩氨基酸键的水解有催化作用，使丝胶蛋白质成为可溶性的膘、胨、肽等，再进一步催化水解生成氨基酸，借助于水洗作用达到脱胶目的，而它对丝素无影响。因此，可利用碱性蛋白水解酶将丝胶从丝素上脱除但不会对丝素造成损伤的特性，对蚕丝进行脱胶处理。但是由于碱性蛋白水解酶催化作用的专一性，它仅对丝胶产生催化水解作用，对丝胶之外的其他杂质如油蜡质、色素、浆料等并不能去除。而且分解后的丝胶，特别是内层丝胶（接近丝素的部分），不能很好地与丝素本体分离，很难单纯依靠水洗去除干净。所以单独采用酶脱胶的效果不理想，需要辅助于肥皂、合成洗涤剂的乳化、净洗等作用，才能有效地去除丝胶、油蜡质及色素等杂质。常用的方法有酶—皂法和酶—合成洗涤剂法，其中，酶—合成洗涤剂法更为常用。

（二）脱胶工艺条件分析

丝织物的脱胶过程大致分为三个阶段，第一阶段：纤维上丝胶从练液中吸水后发生膨化；第二阶段：膨化的丝胶在碱、酸、酶等助剂的催化作用下发生水解或溶解；第三阶段：溶解或水解的丝胶及小分子化合物与丝素剥离，并稳定地分散在练液中。三个阶段并不是完全独立的，而是相互制约、相互影响的，丝胶的膨化程度影响着各种催化剂的渗透，外层丝胶的剥离更有利于各种催化剂对内层丝胶的水解及溶解作用。所以说，丝胶去除的程度取决于上述三个阶段的进行情况。

因此，凡是影响上述三个阶段进行程度的工艺因素都将影响脱胶的效果，它包括脱胶液的pH值、温度、各种助剂的浓度、脱胶时间、浴比及练液循环速度等因素。

1. 脱胶液的pH值

从丝胶的化学性质可知，在不同的pH值溶液中，丝胶的溶解度不同。所以脱胶溶液pH值的高低，直接影响到丝胶在水中的溶解度，影响丝胶的去除程度。图3-2所示为桑蚕丝在不同pH值的溶液中，以近沸点的温度处理30min后的脱胶率。

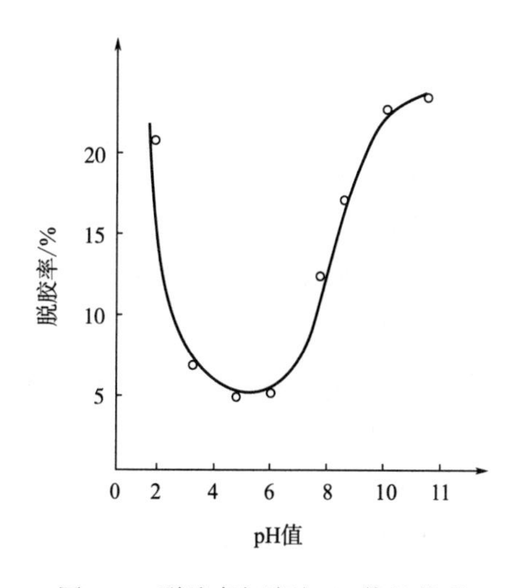

图3-2　脱胶率与溶液pH值的关系

从图3-2可知，当pH值介于4~7时，丝胶的脱除率最低。这是因为此时溶液的pH值处于丝胶的等电点(桑蚕丝胶的等电点为 pH=3.9~4.3)附近,丝胶在该条件下的溶解度最小,因而丝胶不易去除;当 pH 值大于 9 或小于 2.5 时,丝胶的溶解度急剧增加,脱胶速度随之迅速加快,在 30min 内可充分脱胶;当 pH 值大于 11 或小于 2 时,脱胶的速度更快,与此同时,丝素也开始发生一定程度的溶解和水解,使纤维的强度显著下降。为了保证脱胶过程中既去除丝胶又不损伤丝素,在使脱下的丝胶和其他杂质能均匀地分散在脱胶液中,而不再黏附到纤维上的前提下,脱胶溶液的 pH 值应尽量缓和,且要稳定。实验证明,当丝素在处于 pH=1.75~10.5 的溶液中处理时,丝素的强力基本不变。综合考虑脱胶液 pH 值对丝胶溶解度和丝素强力两方面的影响,脱胶可以选用 pH=1.75~2.5 的酸性溶液或 pH=9~10.5 的碱性溶液。由于酸性溶液脱胶后成品手感粗糙发硬,且对设备要求高,所以桑蚕丝织物脱胶溶液 pH 值一般控制在 9~10.5。即使如此,因丝素的耐碱性较差,在脱胶时还要严格控制其他工艺条件,如温度、时间等工艺因素,以控制丝胶的脱除程度,避免对丝素的损伤。

2. 脱胶温度

丝胶在碱、酸、酶条件下的水解是一吸热反应,温度升高,丝胶的水解速度加快,丝胶及其水解产物的溶解度提高,所以脱胶温度对脱胶速率的影响,在酸性或碱性溶液中均很显著。图 3-3 为处理 60min 后的脱胶率与溶液温度的关系。

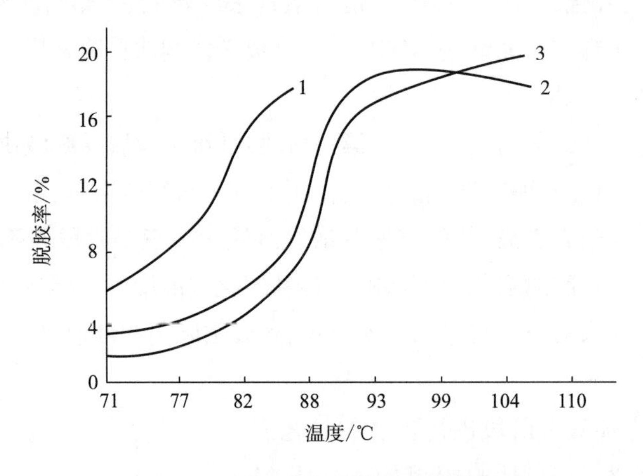

图 3-3 脱胶率与溶液温度的关系

1—1%肥皂和 0.65%NaOH,pH=12 2—1%肥皂,pH=10.21 3—0.7%盐酸,pH=1.12

从图 3-3 中可知,不管在任何 pH 值条件下,脱胶速率都随温度的升高而加快。温度在 85℃以下时,用 pH 值为 10.21 的肥皂溶液或 pH 值为 1.12 的盐酸溶液对桑蚕丝织物处理 60min 时,脱胶率很低;当处理温度提高到 85℃以上时,脱胶率迅速提高;继续提高处理温度到 95℃时,绝大部分丝胶已被去除,此时的脱胶率已达到脱胶的工艺要求。若在脱胶皂液中加入 0.65%氢氧化钠使练液 pH 值达到 12,即使在 85℃时,也能够获得充分脱胶。温度升高至 100℃以上时,除因练液剧烈波动冲击织物及织物间相互摩擦导致织物灰伤外,还会引起丝素泛黄变色。如果温度低于 90℃,脱胶速率会显著下降,温度每降低 10℃,脱胶速率将减慢 1/2,温度降至 70℃时,已基本没有脱胶作用。综合以上分析,同时考虑到丝素的稳定性及设备的安全性,实际生产中控制 pH 值为 9~10.5、温度为 98~100℃。在此条件下,保持练液沸而不腾,既可以通过练液的自然循环使脱胶均匀,又可防止由于织物相互之间摩擦造成擦伤、发毛等疵病,进而可避免染色时色斑的产生。

3. 脱胶用剂及其浓度

脱胶用剂的性质与浓度不同,脱胶速率也不同。使用氢氧化钠溶液脱胶速率最为剧烈。若将皂液脱胶的速率设定为 1.00,则磷酸钠溶液的脱胶速率为 3.49,碳酸钠溶液的脱胶速率为 8.73,氢氧化钠溶液的脱胶速率则为 9.84。另外,在一定温度下,脱胶用剂浓度越高,脱胶速率越快。例如,在 95℃温度下,使用 0.1mol/L 的碳酸氢钠与碳酸钠的混合溶液处理生丝,20min 丝胶可以脱尽。当混合溶液浓度为 0.05mol/L 时,则需 30min 才能达到同样的脱胶率。由此可知,增加缓冲剂用量时,即使练液 pH 值保持不变,同样会增加丝胶的溶解速率。但用剂浓度过高,对丝素产生损伤的概率会加大。所以在脱胶时,要根据不同的脱胶方法及不同工序严格控制用剂的浓度。

4. 脱胶时间

脱胶所需要的时间,本质上取决于丝胶的溶解速率。从工艺因素方面来说,取决于练液的浓度、pH 值、温度等因素,除此之外,还与丝胶的含量、坯绸的厚薄、经纬密度、丝线捻度以及精练时坯绸的码折方式等因素有关。因此,脱胶时间应视具体情况而定。如组织紧密的电力纺类品种,脱胶时间较长;而轻薄的织物如洋纺类品种,脱胶时间可短些。当用剂浓度、温度、pH 值等因素确定后,脱胶时间的控制往往根据所要求产品的脱胶程度(即脱胶率)来确定。

5. 浴比

浴比是指单位重量织物与加工所用溶液的体积之比。在脱胶时,浴比大小直接影响脱胶的质量。浴比过小,使织物相互间靠紧,不利于练液的循环,造成练箱中各部位练液的温度及用剂浓度不均,以至于脱胶不匀、不透,形成“生块”疵病。同时紧贴的织物阻碍了已膨化的丝胶向练液中的转移,降低脱胶效率。浴比过大,织物周围与溶液中丝胶浓度梯度加大,可加速脱胶过程,但势必会造成用剂、用水及能源的浪费,增加生产成本;同时排污量加大,不利于环境保护。因此脱胶时,浴比应根据加工织物厚薄、匹长而定。一般轻薄织物(如东风纱、洋纺等)浴比为 1∶60;中厚织物(如电力纺、01 双绉)浴比为 1∶(40~45);厚重织物(如 02 双绉、03 双绉及重绉等)浴比为 1∶(30~35)。

6. 中性盐对脱胶的影响

在脱胶液中如果存在中性盐,也会影响脱胶的质量。一方面,练液中的中性盐会加快脱胶的速率。因为蚕丝蛋白质纤维表面类似于半透膜,根据膜平衡原理,将丝纤维放在酸性或碱性溶液中,达到平衡时,纤维内[H^+]或[OH^-]比纤维外的低,这样便缓和了 H^+或 OH^-对丝胶及丝素的水解作用,减少了对丝素的损伤。当加入中性盐时,就会使溶液中的 H^+或 OH^-向纤维内渗透,使纤维内的 H^+或 OH^-浓度与溶液中相接近,即纤维内的 H^+或 OH^-浓度增大,从而加剧了丝胶在酸或碱液中的水解,提高了脱胶速率。另一方面,纤维内增加的 H^+和 OH^-同样会使丝素的水解加快,使丝素更容易受到破坏。所以,练液中中性盐的存在会导致脱胶时对丝素的损伤,降低纤维强力。中性盐对丝素的破坏程度与盐的种类及浓度有关。如将生丝在浓度为 0.02mol/L

NaOH 溶液中处理,并加入 0.2mol/L 的各种中性盐,在 80℃条件下作用 45min,蚕丝的铜氨溶液黏度的变化如表 3-4 所示。

表 3-2 各种中性盐对丝素铜氨溶液黏度的影响

加入盐类	空白	NaCl	Na_2SO_4	KCl	KBr	$CaCl_2$	$BaCl_2$
黏度/(mPa·s)	6.7	5.8	6.1	4.8	4.7	3.0	3.0

从表 3-2 可知,在碱性溶液中加入各种不同的中性盐后,丝素的黏度均发生不同程度的下降,标志着丝素受到不同的损伤,黏度越小,表明纤维损伤越严重。其中特别是 Ca^{2+} 和 Ba^{2+},它们使丝素的铜氨溶液黏度下降一半以上。因此碱性脱胶时应避免使用硬水。

7. 练液循环速度对脱胶的影响

在精练工作液中的助剂浓度、pH 值、温度相对固定的情况下,练液的循环速度对脱胶速率的影响明显。在丝胶充分膨化状态下,丝胶在向练液中脱落扩散的过程中,水流内部的微观运动显得非常重要。水流内部的微观运动叫紊流,紊流具有扩散能力。据文献介绍,紊动水流的扩散系数是静止时水流扩散系数的 200 多倍。可见练液循环的速率越快,丝胶脱离织物的速率越快。

总之,为了保证脱胶质量,同时又要最大限度地减小对丝素的破坏作用,必须综合考虑织物品种、加工方式、助剂、温度、练液循环速度等诸多因素,合理地选择脱剂用剂及工艺条件。

(三)脱胶设备

桑蚕丝织物脱胶设备目前采用的有:精练槽、平幅连续精练机、星形架精练桶及高温高压精练釜。由于精练槽工艺成熟,目前仍为绝大多数厂家加工的主要设备。

1. 精练槽

精练槽简称练槽,又称练桶。分为普通练桶、夹层练桶和新型夹层练桶。一般练桶为不锈钢板制成的长方形槽。槽壁平整光洁、不毛糙,焊接处光滑,所用材料为 2~2.5mm 的铬、镍、钛不锈钢板。练槽长的一边比宽的一边高出 80~100mm,以便于练液或表面浮渣能从两端溢出。槽口有较宽的沿口,便于搁置挂杆,槽宽一般为 1200mm 左右。槽深视织物的门幅而定,一般在 1400~1800mm,其计算方法为:织物门幅加吊襻长(100~150mm),再加织物与槽底蒸汽管间的距离(300~400mm)。长度根据所需练槽的容积和允许占地面积而定,一般为 2200mm。目前常用精练槽的容积有 3200L、4000L、4600L 等几种。在练槽底部设有直接加热蒸汽管,蒸汽出口朝下,且分布均匀。在蒸汽加热管上面装有均匀布满孔洞的不锈钢篮板假底,以防止蒸汽喷出时引起槽内溶液的剧烈骚动。即使如此,在加热时,由于蒸汽的冲击作用,仍会使织物上浮,造成擦伤和折皱印。而且练槽上下的溶液存在温差,导致脱胶不匀。因此,对普通练槽进行了改进,即出现了夹层练槽。

夹层练槽即在普通练槽的两侧内壁加装夹层,约 2mm 厚的不锈钢挡板,挡板距槽壁 40~50mm。分为传统夹层练槽和 SM91-1 新型夹层练槽。传统夹层练槽在每边夹层居中位置各装有一根喷口向上的直接蒸汽加热管,如图 3-4 所示。升温加热时,为提高升温速度,底层和夹层蒸汽管同时开启；当水沸保温时，关闭底层蒸汽而只用夹层蒸汽。当夹层蒸汽向上喷出时，产生的液流驱使练液沿两侧槽壁向上面流动，至练槽中部，再自上而下流向练槽的底部，从而形成由上向下、由内向外的循环液流，使练槽内温度及用剂浓度分布更趋一致，有利于脱胶均匀。

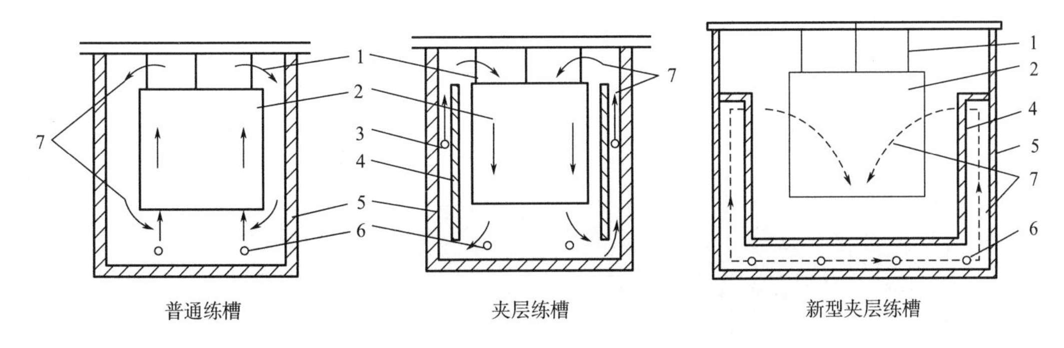

图3-4　普通练槽、夹层练槽与新型夹层练槽液流方向示意图

1—吊襻　2—织物　3—夹层蒸汽管　4—夹层挡板　5—练槽　6—底层蒸汽管　7—液流循环方向

SM91-1新型夹层练槽的外形与普通练槽相似，外形尺寸为2300mm×1500mm×2100mm，槽口加盖；内设夹层尺寸为2040mm×1240mm×1660mm。在夹层的底层安装有4根蒸汽管，底层蒸汽带动夹层内练液自下而上从夹层上方所开小孔溢出入槽，形成自上而下的循环液流。织物挂在方形架上，方形架由槽外安装的吊臂钩住，在槽内作一定幅度的上下移动。由于该设备加设了槽盖，具有较好的保温作用，并能产生微压，有利于加快脱胶速度；同时，槽内练液不断地循环，再辅助于吊臂的上下移动，有利于脱胶均匀。

根据精练工艺续缸化操作的要求，练槽一般呈一条龙直线式排列，如图3-5所示。一排设有7~9只练槽。在练槽的上方安装有电动吊车（俗称电葫芦），用以上下升降和左右换槽时移动织物。

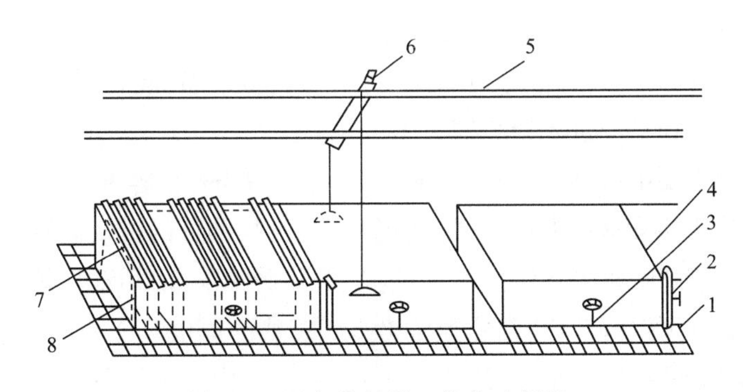

图3-5　丝织物挂练一条龙示意图

1—操作台　2—进水管　3—蒸汽开关　4—练槽　5—行车轨道　6—电动行车　7—挂绸竿　8—桶壁保温层

练槽精练作为传统的丝织物精练方式，具有结构简单，投资少，操作方便，加工时织物不受机械张力作用，能够较好地保持真丝绸的手感和风格等优点，所以目前仍为众多厂家所采用。但因属于手工操作，工人劳动强度高，产品质量不稳定，在很大程度上取决于操作工的劳动态

度;织物内外层脱胶程度不易均匀一致;较厚重的丝织物采用挂练法容易产生灰伤、吊襻皱等疵病;工艺时间长,生产效率低。

2. 平幅连续精练机

目前真丝绸连续精练应用较多的设备是意大利梅泽拉(MEZZERA)公司生产的 VBM 型平幅连续精练机。如图 3-6 所示。

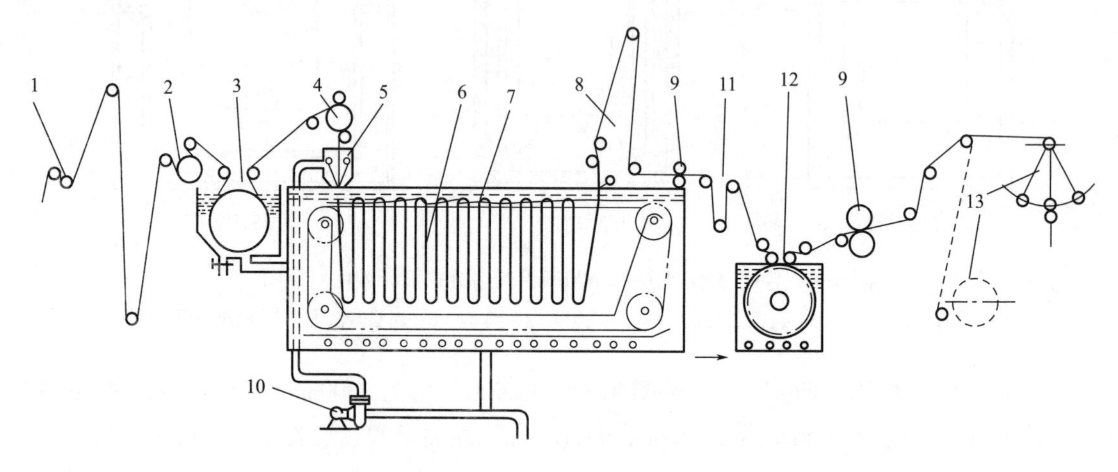

图 3-6 梅泽拉 VBM 型平幅连续精练机示意图

1—进布装置 2—超喂装置 3—预浸槽 4—牵引装置 5—喂入槽 6—精练槽 7—锯齿形导轨
8—中心定位装置 9—二辊轧车 10—泵 11—张力调节装置 12—水洗槽 13—出布装置

全机由进绸装置、预浸槽、成环装置、VBM 型精练槽、平洗槽及落绸装置等部分组成。进绸装置包括进布架、导布辊和电动吸边器。织物从进布架进入,经吸边器扩幅并定位中心后进入预浸槽。预浸槽位于精练槽上端,底部有阀门与精练槽相通。在预浸槽内有一直径为 700mm 的不锈钢辊筒半浸于练液中。该辊筒依靠无级变速装置带动运转,可使织物超喂并包覆在辊筒上被练液浸润。织物经预浸槽润湿后,排除了纤维中的空气,织物变软、变重,在练液中不浮起,便于在精练槽中成环;同时经过高温练液的作用,织物发生收缩,起到预缩的效果,再经过超喂辊和进绸成环装置使织物平幅进入精练槽。

精练槽是该机的主要组成部分,长 8m,宽 2. 1m,高 1. 68m,空容量为 $26m^3$。包括进布成环装置、练液加热系统(直接和间接两种方式)及循环装置、挂绸杆的传动装置、练槽出口等部分。从预浸槽出来的织物经超喂辊导入溢流槽,通过 V 型狭缝喷嘴,由活动导板把绸引入挂绸杆上成环。喷嘴狭缝的宽度可以调节,通常控制在比所练织物的厚度宽 2~3mm 为宜。溢流槽练液依靠循环泵从精练槽底部抽吸上来,练液的高度保持稳定(由主动调节装置控制),从而保持了 V 型狭缝喷嘴的液量(即水压)稳定,有利于织物借助于喷嘴的水压被冲入练槽,并能完全伸展不折叠,再配合挂绸杆的匀速水平运动,使织物在挂绸杆上成环。挂绸杆之间相隔距离为 10mm,精练槽容绸量为 400~500m。挂绸杆为一椭圆形空心不锈钢管,并由精练槽两边循环链条传动,往前缓慢移动至练槽出口。为了避免织物在与挂绸杆紧贴处产生“生块”疵病,在两边传动链条的内侧有锯齿形导轨。当挂绸杆在锯齿形导轨上运行至最高点后,挂绸杆因重力作用而突然落下,织物因受水的浮力作用下落速度较挂绸杆慢,使绸与挂绸杆的接触位置改变,也可使绸与挂绸杆之间发生瞬时的松动,便于练液渗透。精练槽的锯齿形导轨上有20多个锯齿,每经过一个锯齿,织物就改变一次接触点或松动一次,避免了与挂绸杆之间长时间的紧贴,克服了“生块”疵病。

织物在精练槽中运行时可能出现偏离中心的现象,精练后的织物需要经过中心定位装置加以纠正。之后通过两辊轧车去除织物上所带的练液,再由张力调节装置控制好织物的经向张力,最后进入水洗槽进行水洗。

平洗槽内装有直径为700mm、表面有不锈钢圆网的水洗轮,织物贴附于圆网外围运行时,使黏附在织物上的杂质被网中强制的循环水流带走,提高了水洗效果。一般有2~3只平洗槽,平洗槽之间有两辊轧车。为了尽量减少张力,平洗槽水洗轮和两辊轧车都是单独传动,并有自动调节装置和自停装置控制张力。织物最后经出布装置平幅落绸或卷装落绸。

该机的主要特点是:织物在松弛状态下,以单层悬挂在练液中,练液流动交换和热循环良好;机械化自动程度高,产品质量稳定。但是,因平幅连续精练的时间比精练槽精练短,需要脱胶在短时间内迅速完成,所以要求采用高效快速精练剂。

3. 星形架精练桶

星形架精练桶主要是由星形挂绸架和圆形练桶两部分组成。如图3-7所示。

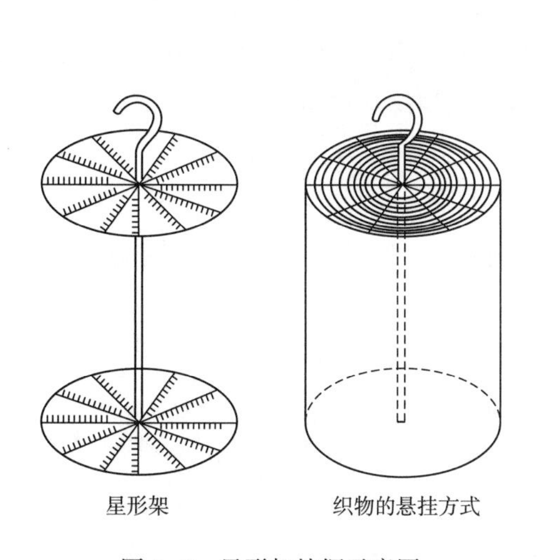

图3-7　星形架挂绸示意图

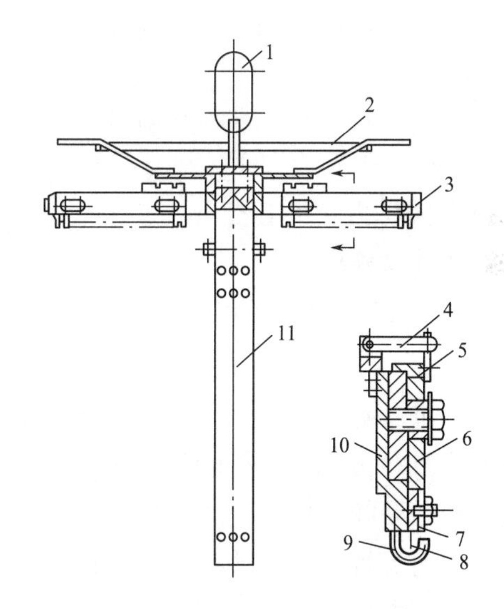

图3-8　星形架挡条结构图

1—吊钩　2—平布螺旋组合件　3—机架　4—离合定位器　5—轮辐　6—针板架　7—针板　8—钩针　9—挡条　10—挡条板　11—多孔管

星形挂绸架最上端为起吊用的吊钩,在挂绸架的上下部位各有6根不锈钢横梁组成的星形支架,在横梁上焊接有若干钩针,用以悬挂织物。在星形架上部设有特殊的挡条机构,如图3-8所示。该机构可以在精练过程中将织物封锁,防止织物从钩针上脱落;精练完毕后,又能通过平面螺旋机构,由挡条将织物从钩针上推落,实现织物整体脱钩。圆形练桶结构为夹层式,底层有喷口向下的直接蒸汽管,夹层环绕有喷口向上的直接蒸汽管。在练桶边部安装有电动机及杠杆机构,利用杠杆原理,可使星形架在圆桶中作缓慢往复升降运动。和精练槽的布局相同,往往也是5~9只练桶为一组,形成一条龙直线式排列。

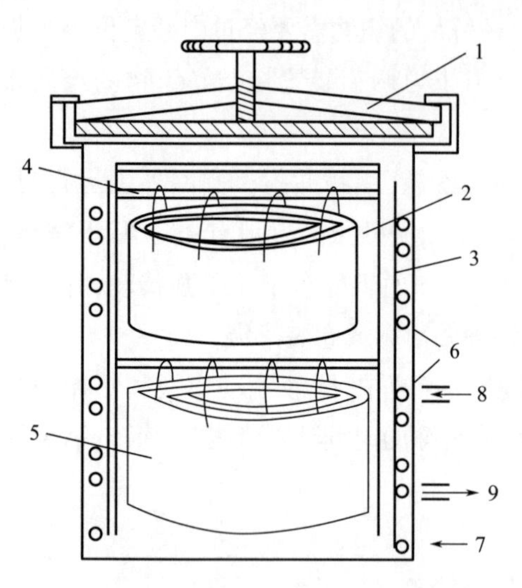

图 3-9　日式高温高压精练釜

1—密封盖　2—练桶　3—夹层　4—挂绸架　5—织物　6—间接蒸汽管　7—直接蒸汽管　8—蒸汽、冷却水入口　9—蒸汽、冷却水出口

星形架精练的特点是:脱胶均匀,可防止白雾、生块疵病,解决了较厚重织物(如斜纹类、绉类及缎类等)使用精练槽精练时易产生的吊襻印和皱印等。

4. 高温高压精练釜

厚重、强捻类真丝绸品种组织紧密,在精练时练液渗透性较差,往往导致脱胶不匀、不透。而采用高温高压精练就可解决此类问题。图 3-9 所示为日本永砂株式会社生产的高温高压精练釜。

该设备由密封盖、圆形练桶和挂绸架三部分组成。练桶内设有夹层,夹层中环绕有直接蒸汽管和间接蒸汽管。直接蒸汽管在加热升温时开启,间接蒸汽管用于保温。挂绸架分为上、下两层。

该设备的特点是:在精练过程中,织物不运动,而是通过循环泵使练桶内的练液流动,以利于均匀脱胶;工艺时间短,仅为常温常压精练的 1/4;助剂和能耗可比常温常压精练节约 40%以上。

(四)精练方法及工艺

1. 精练槽精练

(1)精练前准备。采用精练槽进行脱胶时,前准备包括分批、退卷、码折、钉线扣襻、穿杆打印等工序。

①分批。对从丝织厂来的坯绸按照品号、品种规格进行分档,以便于根据不同织物组织特性,选择不同的加工工艺。

②退卷。将丝织厂以卷状下机的坯绸进行落卷,称为退卷,同时对坯绸进行检验,检查有无织疵、破洞、油污渍等。目前国内使用的退卷机有 Q601-220 型,如图 3-10 所示。

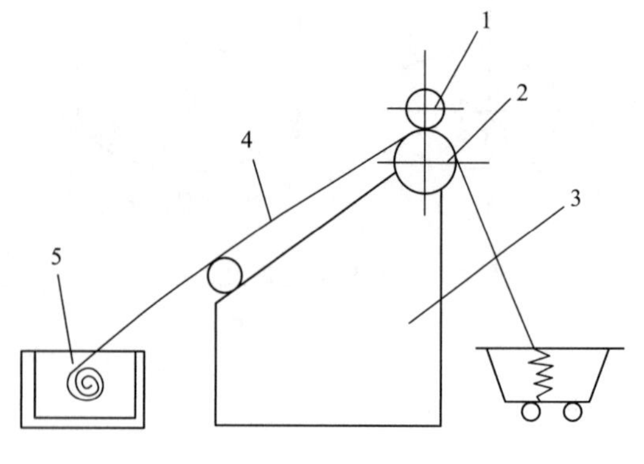

图 3-10　退卷机示意图

1—被动辊　2—主传动辊　3—机架　4—织物　5—存绸箱

退卷机主要结构是由一根主传动辊(直径 150mm、200mm 均可)和一根直径 50~100mm 的被动辊组成。将成卷坯绸放在存绸箱内,把坯绸的一端递进轧辊内,启动电机即可退卷。退

绕下来的绸匹,有的任意堆放于箱中,有的通过摆布装置,落堆成"S"码折叠状。

③码折。将退卷后的织物按照一定规格重新折叠起来,以适应脱胶方式。码折可分为"S"码和圈码两种。如图3-11所示。

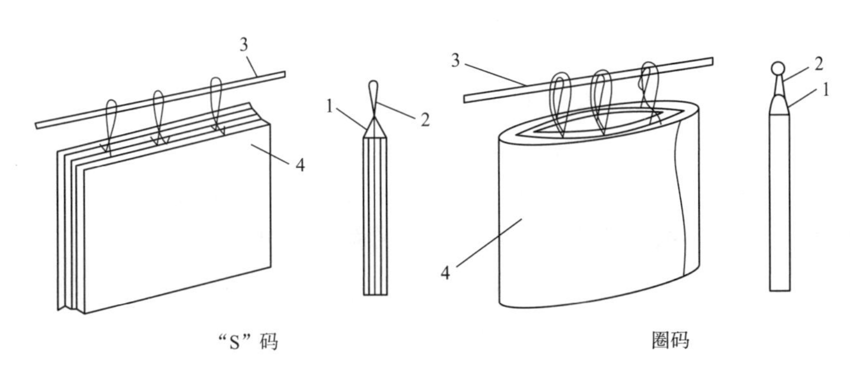

图3-11 挂练织物码折示意图

1—线圈 2—襻绳 3—穿绸竿 4—织物

圈码在圈码机上进行,常用Q611-160型卧式圈码机,如图3-12所示。机幅1600mm,车速45m/min。它是由手轮、主轴、机架、活动码架、固定码架及活动轮等组成。圈码适宜于中厚型织物,织物呈圆筒状,码绸宽度为圆筒周长的一半。因圈码织物层与层间距很小,不利于练液浸入,易造成脱胶不匀,甚至于产生"生块"疵病。需圈码加工的织物,无须先行退卷,可将退卷与圈码同时进行。

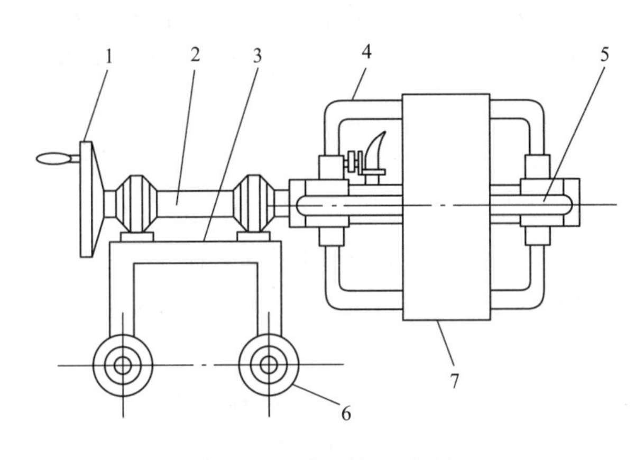

图3-12 圈码机示意图

1—手轮 2—主轴 3—机架 4—活动码架 5—固定码架 6—活动轮 7—织物

"S"码在码绸架上进行手工挂绸,码绸宽度一般为1m,织物呈S形挂折。手工挂码架有木制的和铁制的两种,它是由垂直于支架的两排活动码针组成,其中一排码针可原位旋转90°,便于取下已挂好的织物。"S"码折的织物在精练时,练液易进入织物层与层之间,精练均匀,一般适用于轻薄、组织疏松的织物。但在回折处容易产生"刀口印"。由于对练白后染色、印花绸的质量要求越来越高,"S"码基本不再使用。

④钉线扣襻。将织物码折后,为了使织物能够悬挂于练槽上进行加工,需要在一侧布边上用针线将绸边串结,再用绳襻将穿线提携起来,这一工序称为钉线扣襻。

传统钉线扣襻为手工操作,钉线时,针眼一般要距布边8~10mm。要求线穿过每页绸边,结成长200~340mm的线圈,然后一分为三,每隔5~8页提出一领,称为一花,共3~4花;将这3~4花线襻扣在一根较粗的绳襻上(环长150~200mm)即为一襻。根据匹重不同,"S"码织物一般钉3~4个襻,圈码织物钉6~8个襻。钉襻的位置不能离绸匹码折边缘太近,边襻距边缘8~12cm,中襻位于中心,襻距应相等,襻高应一致。钉线扣襻时,钉线要穿在织物边道上,防止钉入绸面或漏钉,分领要均匀,否则会产生线襻印或吊襻皱印。手工钉线时间长,用工多,人工成本高,效率低,因此,手工钉线逐渐被吊钩法所取代,称为吊钩扣襻。

吊钩扣襻采用吊钩代替钉线,吊钩一般距离布边8~10mm,且不再分隔页,吊钩数量一般同钉线扣襻的襻数。穿入吊钩后,再将吊钩扣在绳襻上,并将绸页分布调整均匀。

吊钩扣襻的特点是,吊钩规格一致,长短划一,克服了手工钉线的长短不一、绸身受力不匀的问题,且省时省力、损耗少。但是,因为吊钩会在绸边上留下钩痕,不能重复用吊钩悬挂绸边,所以,对于返修产品,仍然使用钉线扣襻法。

⑤穿杆打印。将已钉好线襻的织物穿上挂竿。在织物一端约100mm处盖上不褪色油墨戳印,标明日期、挂练槽号码、班次、操作人代号等,便于质量跟踪。然后入槽,挂绸竿两端搁置在练槽两边槽沿上,使织物悬挂着全部浸在练液中。

(2)精练方法与工艺。精练槽精练常用的脱胶方法有皂—碱法、合成洗涤剂—碱法和酶—合成洗涤剂法及新型精练法四种。

①皂—碱法。皂—碱法脱胶的主练剂是肥皂,助练剂包括纯碱、硅酸钠、保险粉等。肥皂是碳原子数为14~18的高级脂肪酸的钠(或钾)盐。根据脂肪酸的不同,分为硬脂皂和软脂皂。它们是一种性能优良的脱胶剂,在水中能发生水解作用,生成游离碱和脂肪酸。游离碱逐渐与丝胶作用形成盐,或促进丝胶水解,提高丝胶的溶解度,达到脱胶目的。当水解释放出来的游离碱与丝胶作用后,部分肥皂水解的碱性逐渐消失,促进肥皂进一步水解,如此得以保持练液pH值稳定在一定范围内,减少了对丝素的损伤。同时肥皂又具有良好的润湿、乳化和净洗能力,有利于练液向纤维内的渗透,使脱胶均匀;并可除去织物上的油蜡质,乳化、分散已脱落到练液中的丝胶和杂物,防止再沾污。

纯碱作为一种强碱弱酸盐,同样能够在水中水解释放出碱,可以补充肥皂的碱性,防止肥皂发生过度的水解。另外,纯碱还具有软化硬水的作用,高温时还具有一定的去污能力。

硅酸钠又称泡花碱。与纯碱相同,硅酸钠也在水中发生水解反应产生碱,可增加练液的碱度,抑制肥皂水解。另外,硅酸钠水解产生的硅酸是不溶于水的白色胶状物,具有保护胶体的能力,防止脱落的丝胶及其水解产物等杂质重新黏附到织物上去,并能吸附铜、铁离子,防止产生锈斑,有利于提高织物的白度,从而提高精练产品质量。但过多的硅酸胶体也能吸附到织物上,影响成品手感和光泽,所以要严格控制其用量,并在练后要进行充分水洗。

保险粉作为强还原剂,在碱性溶液中,可以还原分解织物上的着色染料及天然色素,起到漂白作用。

皂—碱法脱胶的工艺流程为：

预处理→初练→复练→练后处理

a. 预处理。预处理是为了使织物在进入练液之前，丝胶充分膨化，减弱丝胶对丝素的结合力，从而有利于脱胶均匀和迅速。因此，无论哪种脱胶方法，织物都需进行预处理。

预处理一般是以一定浓度的碱液进行处理。碱剂通常是纯碱，也可以采用纯碱与硅酸钠的混合碱。预处理工艺一般采用中等温度和弱碱性条件。对于加强捻类织物（如双绉、乔其等）必须采用较高浓度的碱液和较低温度相配合，使纤维在充分膨化的同时，产生退捻作用。由于丝线的加捻状况和捻向不同，会产生不同的乔、绉效应。预处理的工艺如表3-3所示。

表3-3　不同织物的预处理工艺条件

工艺因素	Na_2CO_3/(g/L)		温度/℃	时间/min
	头桶	续桶追加		
电力纺、斜纹绸	1	0.5	80	20~40
双绉、乔其	3.5~4.5	0.5	55~60	30~40

b. 初练。初练是脱胶的主要过程，经过初练，能够使大部分丝胶去除，脱胶率一般达18%以上；并能去除丝纤维上大量的其他杂质，因此该工序需要较长的处理时间和较高浓度的用剂。初练液工艺见表3-4。

表3-4　初练工艺条件

工艺条件	肥皂/(g/L)	纯碱/(g/L)	35%(40°Bé)泡花碱/(g/L)	保险粉/(g/L)	温度/℃	时间/min	浴比	pH值
头桶用量	7	0.3~0.6	1~2	0.3~0.4	95~98	60~90	1∶45	9~11
续桶用量	3	0.18	1	全量				

练液的配制方法为：当水升温后，加入纯碱，沸煮5~10min，捞清液面可能出现的钙、镁盐浮渣后，加入预先溶解好的肥皂溶液，继续煮沸5~10min。如果水中仍有硬度成分，就会析出泡沫渣滓状的钙镁皂，捞清液面浮渣。这时溶液应该是完全澄清的，即可使用。需要特别注意的是保险粉的加入方式，由于工业保险粉在pH值为10的溶液中高温处理，70min内将分解完毕，从而丧失漂白能力。因此，保险粉需分批加入，或在织物出桶前30min时加入，以保证织物上色素的去除。

c. 复练。经过初练后的织物上尚残留部分丝胶，并可能沾带有初练液中的杂质，这些需要通过复练加以去除。复练所用精练剂与初练相同，用量可适当减少。复练工艺条件见表3-5。

表3-5　复练工艺条件

工艺条件	肥皂/(g/L)	纯碱/(g/L)	35%(40°Bé)泡花碱/(g/L)	保险粉/(g/L)	温度/℃	时间/min	浴比	pH值
头桶用量	5.5	0.22	1.6	0.33	95~98	60~90	1∶45	9~11
续桶用量	2.5	0.17	0.8	全量				

经过复练后的织物洁白柔软,并富有光泽,这一加工过程的脱胶率为2%~4%。

d.练后处理。丝织物练后处理,通常包括水洗、脱水两道工序。

水洗对精练成品影响较大,因为脱胶后的织物上黏附着脱胶液中的污液、丝胶、皂渣等,特别是吸附了一定量的肥皂,若去除不净,日久会使织物泛黄变硬,染色时还有拒染作用,所以练后水洗必须充分。水洗仍在练槽上进行,且应逐步降温,以防止织物表面的污液、污物突然遇冷凝聚而沉积在织物上难以去除。一般要水洗三道,且一般在第一道水洗时加入0.3~0.4g/L的纯碱,使游离脂肪酸转化为钠盐,从而提高水洗效果。水洗工艺条件如下:

第一道水洗为高温水浴(90~95℃),30min;

第二道水洗为中温水浴(50~60℃),30min;

第三道水洗为室温水洗,10~20min。

水洗后的织物如不进行染色,可以进行酸洗,即在室温水浴中加入0.25~0.45ml/L醋酸浸渍15~20min,以改善织物的光泽,增进丝鸣。酸洗后可不再水洗。织物水洗后随即割除线襻,再经脱水或轧水处理,以去除织物上多余的水分,减轻烘燥的负担。

丝织物脱水分为离心脱水、轧水打卷和真空吸水三种方式,要根据织物的不同组织特性,选择不同的脱水方式,以防止产生疵病。

离心脱水是将整匹织物对称地放入一个带孔的圆形转笼中,利用转笼高速旋转时产生的离心力将水脱去。脱水时,织物要均匀堆放在转笼四周,织物纬向平折,不能对折,且要放得平,装得少,脱水不能过度,以免造成甩水印。由于在脱水过程中,织物处于皱折状态,易产生皱印,所以离心脱水只适用于绉类、乔其类和轻薄类交织物(如丝/粘、丝/棉)等耐折皱的织物。

轧水打卷是在平幅轧水机上进行的。操作时两辊自然接触,织物需预先缝接好,依次无压地浸在清水池内,然后平整无皱地通过轧点后被卷在卷布轴上。桑蚕丝薄织物一般采用不加压水辊,以防止坯绸经轧水机后产生压剎印疵病。此时,轧水工艺实为打卷。较厚的织物,如纺类、斜纹类、缎类等可采用加压水辊,轧水打卷时,织物处于平整状态,可有效防止皱印,但容易产生卷边和皱条等疵病。

真空吸水是让织物平整地通过吸水机的吸水缝,依靠管内的负压将水从织物中去除的方法。轧水打卷的织物在烘干前往往先通过真空吸水。

皂—碱法脱胶的特点是:由于丝素吸附性能较强,精练后仍有约1%的肥皂洗不掉而黏附在丝素上,提高了真丝绸的柔软滑爽而富有弹性的特性,光泽也较肥亮;工艺条件简便,便于操作者掌握。但皂—碱法也存在一些弊端,主要是肥皂能和水中的钙、镁离子结合生成不溶的钙、镁皂,被纤维吸附后,影响织物手感,而且织物容易泛黄。鉴于此,现在有条件的企业都使用纯净水进行精练。

②合成洗涤剂—碱法。合成洗涤剂—碱法脱胶是以合成洗涤剂为主练剂,代替了皂—碱法中初、复练所用的肥皂。助练剂仍是纯碱、硅酸钠和保险粉。对合成洗涤剂的要求是具有良好的润湿、渗透性能和较强的乳化、分散、去污能力,以提高脱胶效果,使绸面洁净,同时应耐碱和耐高温,以防在加工过程中其表面活性作用受到破坏而失去效力,影响脱胶效果。一般采用阴离子型和非离子型表面活性剂,两性型表面活性剂很少采用,阳离子表面活性剂一般不使用。

因精练工艺一般是在碱性条件下进行,此时丝纤维呈阴离子状态,阳离子表面活性剂易被吸附而黏附在织物上不易洗净,给后工序加工带来很大困难。

目前,精练中常用的合成洗涤剂有复合真丝精练剂、分散剂 WA、雷米邦 A、净洗剂 209、净洗剂 LS、渗透剂 JFC 等。现以 11163 电力纺练白绸为例对脱胶工艺作一介绍。

工艺流程:

预处理→初练→复练→练后处理

各工序具体工艺条件分别见表 3-6~表 3-8。

表 3-6　预处理工艺条件

工艺条件	纯碱/(g/L)	渗透剂 T/(g/L)	温度/℃	时间/min	浴比	pH 值
头桶	1	0.33	75	90	1 : 30	10
续桶	0.5	0.165				

表 3-7　初练工艺条件

工艺控制	净洗剂 209/(g/L)	纯碱/(g/L)	35%(40°Bé)泡花碱/(g/L)	保险粉/(g/L)	温度/℃	时间/min	浴比	pH 值
头桶用量	1.75	0.75	1.25	0.5	95~98	90	1 : 40	9~11
续桶用量	0.9	0.5	0.625	0.25				

表 3-8　复练工艺条件

工艺控制	平平加 O/(g/L)	纯碱/(g/L)	保险粉/(g/L)	温度/℃	时间/min	浴比	pH 值
头桶用量	0.2	0.3	0.25	95~98	60	1 : 40	8.5~9
续桶用量	0.1	0.25	0.1				

练后处理同皂—碱工序相同,包括水洗和脱水两方面内容。其水洗的工艺如下:

第一道水洗为高温水浴(95~98℃),20min;

第二道水洗为中温水浴(70℃),20min;

第三道水洗为室温水洗,10min。

合成洗涤剂—碱法脱胶的特点是:它克服了因肥皂沉淀对真丝绸手感的影响,可改善泛黄程度。但是,合成洗涤剂不具备肥皂的柔软作用,脱胶后织物手感略差。

③酶—合成洗涤剂法。酶是一种由生物体产生,并可脱离生物体而独立存在的具有特殊催化作用的蛋白质,又称生物催化剂。由于酶本身是蛋白质,它极易受外界条件的影响改变自身的空间构象和性质,因而具有不同于无机催化剂的特有的催化功能,如酶的催化效率高,催化作用具有专一性,催化条件温和等。所以某些蛋白水解酶能催化丝胶缩氨酸键的水解而脱去丝胶,但不能去除油脂、蜡质和色素。因此仅以酶处理尚不能达到精练目的,需和纯碱、肥皂或合成洗涤剂结合使用,这种脱胶方法称为酶—皂法或酶—合成洗涤剂法。以酶—合成洗涤剂法更为常用。

酶—合成洗涤剂法脱胶的工艺流程为:

预处理→酶脱胶→精练→练后处理

a. 预处理。在酶练过程中,要使酶发挥其最大的活性作用,必须使精练条件控制在该酶的最佳作用温度和最适 pH 值范围内。与皂—碱法脱胶相比,酶脱胶时的预处理更为重要。因酶脱胶的温度比较低,在此条件下丝胶膨化不充分,且膨化均匀性差;加之酶本身为高分子结构,体积大,不易渗透到织物内部,故影响脱胶效果。因此,在酶脱胶前必须进行预处理,以使丝胶充分、均匀膨化,利于酶液的渗透和酶对丝胶的作用,从而提高脱胶效率。结合酶脱胶的条件,加之碱对丝胶有很好的膨化作用,所以预处理一般在碱性溶液中进行。以斜纹绸为例,其预处理工艺条件见表 3-9。

表 3-9　预处理工艺条件

工艺因素	分散剂 WA/(g/L)	纯碱/(g/L)	35%(40°Bé)泡花碱/(g/L)	保险粉/(g/L)	磷酸钠/(g/L)	浴比	温度/℃	时间/min	pH 值
工艺条件	0.25	0.5	1.5	0.25	0.5	1∶50	98~100	50~60	9.5

b. 酶脱胶。丝织物所用的蛋白酶按应用时的 pH 值,可分为碱性、中性和酸性蛋白酶。酶的催化能力受许多外界因素的影响,如温度、pH 值及各类化合物等。

温度对酶催化反应有两种不同的影响。一方面,酶催化反应与一般化学反应一样,随温度升高而加速;另一方面,酶本身是蛋白质,其活性随温度升高而下降,有效酶的比例降低,催化作用衰减。所以,温度对酶催化反应的影响是上述两种效应共同作用的结果。如 2709 碱性蛋白酶的最佳作用温度在 45℃左右,高于 60℃时则严重失活(失活率达 95%以上)。需要强调的是,酶的最佳作用温度并非是恒定不变的,它与反应时间有关,如果反应时间缩短,则最佳温度可以提高。

pH 值同样影响酶的作用效力。酶本身是两性物质,只有在一定的 pH 值范围内才能表现出最佳的催化活性,此时的 pH 值称为酶作用的最适 pH 值。如 2709 碱性蛋白酶的最适 pH 值为 9~11。

在酶练液中存在的各种化学物质也会影响酶的活性。凡是能使酶的催化活性增高,或使酶显示催化活性的物质称为酶的激活剂(或称活化剂);反之,凡能使酶的催化活性降低、抑制甚至完全丧失的物质,称为酶的抑制剂。一般碱金属和碱土金属对酶活力没有影响;非离子或阴离子表面活性剂对酶活力也没有影响;阳离子表面活性剂易使酶沉淀而失去活性。一切导致蛋白质变性的因素均对酶的催化作用有抑制性。

酶的催化效率通常用活力单位来表示,如 2709 碱性蛋白酶的活力单位是指在规定条件下,即温度为(40±0.1)℃、pH 值为 11 时,1g 酶粉或 1mL 酶液每分钟能将酪素蛋白水解生成 1μg 酪氨酸,即为一个活力单位。

在碱性、中性及酸性三类蛋白酶中,因为碱性蛋白酶(如 2709 碱性蛋白酶)的最佳作用 pH 值为 9~11,恰好处于有利于丝胶溶解的 pH 值范围内,脱胶均匀且脱胶率较高,所以使用最为广泛。其脱胶工艺见表 3-10。

表 3-10　酶脱胶工艺条件

工艺因素	纯碱/(g/L)	2709 碱性蛋白酶 (3 万活力单位)/(g/L)	温度/℃	时间/min	pH 值	浴比
工艺条件	1.5	1	45±2	50~60	10	1 : 50

蛋白酶应先放在塑料桶内用温水(20~30℃)调成浆状,充分溶解后加入槽中,不能有块状物质。切不可用热水溶解,以免降低酶的活性。加入酶液前,应先将温度调整到工艺要求的数值,切忌加酶后开直接蒸汽升温。如果温度低,可适当延长作用时间。绸匹进入酶练槽后应立即进行掀、抬活动,保证绸页浸酶均匀。

c. 精练。酶脱胶后织物上的丝胶已基本去除,但由于酶催化作用的专一性,存在于丝纤维上的其他杂质和色素却难以去除。因此,酶脱胶后还需用合成洗涤剂进行进一步精练。精练工艺见表 3-11。

表 3-11　精练工艺条件

工艺因素	分散剂 WA/(g/L)	纯碱/(g/L)	35%(40°Bé)泡花碱/(g/L)	保险粉/(g/L)	磷酸钠/(g/L)	浴比	温度/℃	时间/min	pH 值
工艺条件	4	0.5	1.5	0.625	0.5	1 : 50	98~100	50~60	9

d. 练后处理。同合成洗涤剂—碱脱胶法相似,在此不再赘述。

酶—合成洗涤剂法精练的特点是:因酶练时温度低,一方面耗能少,另一方面,减少了因练液剧烈翻动冲击织物所造成的擦伤,对丝纤维的强力损伤小,泛黄程度降低,手感柔软,渗透性好,光泽好。但酶练成本高。

④新型精练法。随着化学工业的不断发展,新型精练剂不断涌现,如快速精练剂、高效精练剂等;同时,纺织技术的进步,使真丝织物新品种层出不穷。这些因素都促进了真丝织物前处理技术的不断革新,相继出现了多种新型精练法。

a. 高效精练剂精练法。高效精练剂为高效能表面活性剂,它的润湿、膨化、渗透、乳化和扩散能力非常强,因此可省去预处理工序。同时,高效精练剂具有良好的缓冲性能,精练浴 pH 值大于常规精练工艺,精练过程中不需要补充碱剂。而且其中还含有高效能丝素保护剂,可保护丝素在较高 pH 值条件下精练时免受损伤。精练剂 EM-900 就是目前较常用的一种高效能精练剂。其精练实例如下。

精练工艺流程:

初练→复练→练后处理

织物:12103 真丝双绉 30 匹,浴量 5200L。

初练:在该工序中即加入大量的高效精练剂,由于表面活性剂的膨化、渗透及碱剂的水解等作用较为强烈,使练减率几乎达到皂—碱法的预处理和初练两个工序的效果。初练和复练的工艺条件分别见表 3-12 和表 3-13。

表 3-12　初练工艺条件

工艺因素	精练剂 EM-900/kg	保险粉/kg	温度/℃	时间/min	pH 值	浴比
工艺条件	31	3.5	98~100	45	练前:10.6 练后:9.8	1∶30

表 3-13　复练工艺条件

工艺因素	精练剂 EM-900/kg	保险粉/kg	温度/℃	时间/min	pH 值	浴比
工艺条件	16	3.0	98~100	45	练前:10.5 练后:9.7	1∶30

练后处理同皂—碱法。

应用该工艺能把挂练速度提高到与平幅精练相似的水平,精练时间只用 90min。并且能够使练后织物保持皂—碱法精练的手感风格,而又克服了皂—碱法易产生灰伤、白雾等疵病的缺点。

b. 水泡—皂碱法精练。重磅真丝绸类产品克重均在 130g/m^2 以上,纬线需经多股单丝并合及加捻。在精练过程时,纤维膨化速度慢,练液渗透性差,退捻不充分,使练得的成品缺乏弹性、生熟不匀、手感粗糙。为了克服这些问题,江苏省吴江丝织二厂探索开发了水泡—皂碱法精练工艺。

工艺流程:

水泡→预处理→初练→复练→练后处理

具体工艺条件如下:

水泡:一般在当天精练结束后进行,以便节省时间,温度≤50℃,时间 4h 以上,将织物浸在练桶清水中,浴比 1∶20,不需另加助剂。

预处理:纯碱 0.8g/L,时间 90min,温度 65℃。

初练:纯碱 0.8g/L,肥皂 1g/L,泡花碱 1.2g/L,保险粉 0.3g/L,时间 90min,温度 98~100℃,pH 值为 9.5~10。

复练:纯碱 0.8g/L,肥皂 0.8g/L,泡花碱 1g/L,保险粉 0.4g/L,时间 90min,温度 98~100℃,pH 值为 9.5~10。

练后处理:水洗三次,分别在 100℃、80℃、60℃下水洗 10min。

该精练工艺使织物脱胶均匀,织物弹性极好,白度好。

2. 平幅连续精练

(1)精练助剂。采用平幅连续精练机精练,织物完成全部过程所需的时间要比挂练槽精练短得多。要在较短时间内有较好的精练效果,这就对精练剂提出了更高的要求。近年来,国内外相继研究并陆续出现了各种快速精练剂,即复合精练剂。这些快速精练剂,除了以脱胶为主外,还要去除蚕丝所含的蜡质及其他杂质。所以在这类精练剂中含有多种成分,以增强净洗和柔软作用，促进杂质的乳化、分散和溶解，提高练液的稳定性，分散肥皂和油剂中的渣滓，防止再污染以及对重金属离子的络合作用，增加对丝素的保护作用等。如法国的海帕特克斯 P-400、意大利的格罗邦 BPM/50、德国的米托邦 SE 等，国产的快速精练剂有 AR-617、SR-875、ZS-1 等。这些精练剂的成分尚不完全清楚，但一般认为是由碱剂、多种表面活性剂、金属络合剂、丝素保护剂及添加剂等几部分组成。

碱剂根据需要可选用氢氧化钠、硅酸钠、硼酸钠、磷酸三钠、碳酸钠和碳酸氢钠等中的一种或两种。强碱精练速度极快，但易损伤丝素。碳酸钠和碳酸氢钠拼混使用，因缓冲作用良好，有助于提高精练效果。表面活性剂一般选用阴离子型的和非离子型的。阴离子型表面活性剂以肥皂常用，其中以软肥皂（油酸钠）为好。非离子表面活性剂常用品种有脂肪醇、聚氧乙烯醚、烷基酚聚氧乙烯醚等。金属络合剂主要为 EDTA 和六偏磷酸钠、焦磷酸钠等。丝素保护剂的作用在于，在高温和高 pH 值精练时，可与最后一层与丝素相连的丝胶相结合，从而避免丝素受到损伤。添加剂主要是指粉状精练剂中的填料，如无水硫酸钠；有的则是还原剂，如亚硫酸钠等，可提高精练绸的白度；有的则是柔软剂，可减小丝纤维间的摩擦系数，减少灰伤疵病。

（2）工艺实例。采用平幅连续精练机精练可根据织物的厚薄不同使用不同的精练工艺。具体工艺举例如下。

①轻薄织物。平幅连续精练的时间是以车速来控制的，对于各种厚薄不同的丝织物，一般要求精练时间在 40～65min。一台 VBM 型精练槽容量按 400m 计，若采用车速为 10m/min，则实际精练时间为 40min，这对薄织物来说，用一台 VBM 型精练槽即可。其工艺如表 3-14 所示。

表 3-14　轻薄织物平幅精练工艺条件

工艺因素	米托邦 SE/(g/L)	保险粉/(g/L)	温度/℃	pH 值	车速/(m/min)
工艺条件	12	0.5	96～98	11.3	10～25

练后水洗：第一格 80℃；第二格 40℃；第三格室温。

②厚织物。对于厚织物来说，因组织紧密，练液渗透速度慢，所以，为了保障脱胶均匀，需要用两台 VBM 型精练槽联合使用。前后槽可以选用不同的精练工艺，分别见表 3-15 和表 3-16。

表 3-15　前槽工艺

工艺因素	海帕特克斯 P-400/(g/L)	纯碱/(g/L)	保险粉/(g/L)	六偏磷酸钠/(g/L)	温度/℃	车速/(m/min)	pH 值
工艺条件	5.0	1.7	若干	0.25	98	15	9.5～10

表 3-16　后槽工艺

工艺因素	精练剂 AR-617 (50%)/(g/L)	保险粉/(g/L)	温度/℃	车速/(m/min)	pH 值
工艺条件	10	若干	98	15	10

前槽及后槽练后水洗:第一格70℃;第二格40℃;第三格室温。

平幅连续精练可用于各类真丝织物的精练,练白成品比挂练成品脱胶均匀,没有灰伤、吊襻印等疵病。该机自动化程度高,节省人力,降低劳动强度。但它浴比过大(1∶500),耗水、耗电、耗汽,精练成本较高。若操作不当,薄织物易飘浮,成环时会折叠或偏离中心,产生无法修复的皱印等。另外,使用快速精练剂,特别是采用强碱来调节pH值,随着槽中练液使用时间的延长,槽内丝胶越来越多,每天补加的强碱也越来越多,对织物的强力会产生一定的影响。由于上述种种原因,使平幅连续精练机的应用受到一定的限制。

3. 星形架精练

(1)精练用剂。主要是肥皂、纯碱、泡花碱、保险粉、表面活性剂等。

(2)精练工艺。

生坯退卷→缝头→手工挂绸→预处理→初练→热水洗→复练→热水洗→温水洗→冷水出桶→整体脱钩→轧水打卷

工艺条件同精练槽精练。

4. 高温高压精练

(1)精练用剂。主要是肥皂、硅酸钠、保险粉、高级醇及快速精练剂等。

(2)精练工艺。

前处理→高温高压精练→后处理

以加工厚型电力纺(170g/m²)为例,各工序具体工艺分别见表3-17~表3-19。

表3-17 前处理工艺条件

工艺因素		古勒恩 pl/kg	肥皂/kg	精练剂 EDTA/kg	保险粉/kg	30%硅酸钠/kg	浴比	温度/℃	时间/min
工艺条件	头桶	0.3	3	0.1	0.4	4~5	1∶35	97~98	70
	续桶	0.3	2	0.1	0.4	3			

表3-18 高温高压精练工艺条件

工艺因素		古勒恩 pl/kg	肥皂/kg	精练剂 EDTA/kg	保险粉/kg	30%硅酸钠/kg	浴比	温度/℃	时间/min
工艺条件	头桶	0.3	4	0.1	0.4	4~5	1∶35	115	60
	续桶	0.3	3	0.1	0.4	3			

表3-19 后处理工艺条件

工艺因素	高级醇/kg	保险粉/kg	温度/℃	时间/min	浴比
工艺条件	0.3	0.3	97~98	20~40	1∶35

该工艺在我国应用较少。

(五)质量评定

桑蚕丝织物脱胶后的质量标准主要有:脱胶率、白度、泛黄率、渗透性、手感及光泽等。

1. 脱胶率

脱胶率又称练减率，是以绸匹脱胶后的失重（脱胶前与脱胶后的重量差）对脱胶前绸匹重量的百分率表示。其计算公式为：

$$脱胶率=\frac{精练前织物绝对干重-精练后织物绝对干重}{精练前织物绝对干重}\times 100\%$$

织物脱胶前后的重量用绝对干重称重法获取。绝对干重称重法是将预先准备好的试样置于称量瓶内，放入烘箱中，同时将瓶盖放在称量瓶旁边，在（105±3）℃的温度下烘4~16h，如烘干时间小于14h，则需烘至恒重（指连续两次称得试样重量的差异不超过0.1%）；烘干后，盖上瓶盖并迅速移入干燥器中冷却，冷却时间以试样冷却至室温为限（一般不能少于30min）。冷却后，从干燥器中取出称量瓶，在分析天平上迅速（在2min内称完，防止试样因吸湿而增重）并准确地称取试样重量（精确到0.001g）。

丝织物练白绸的脱胶率一般掌握在23%~24%。在脱胶过程中可用指示剂来检验脱胶程度。常用的指示剂为苦脂酸红，即由苦味酸和胭脂红的铵盐组成。由于胭脂红在pH值为9~10时不上染丝素，但能上染丝胶呈红色；而苦味酸在pH值为9~10时对丝素和丝胶都能上染呈柠檬黄色。因此，将pH值约为9.5的指示剂溶液滴于被测织物上，根据其呈现的色泽判断脱胶程度。如仅呈柠檬黄色，表示丝胶已经脱净；如呈橘红色或橘黄色，则表示丝胶有残留。用指示剂检查脱胶程度只是定性的检验，而且灵敏度不高。

生产中一般用计算脱胶率来进行测定。脱胶率高于工艺要求，通常称为“过练”，会导致绸匹手感粗糙，撕破强力下降。脱胶率低于工艺要求，则绸匹的手感粗硬，易产生各种折印。生产实际中不同产品的脱胶率稍有区别。一般还需进行染色或印花加工产品的脱胶率比练白绸稍低些，控制在21%~23%，剩余丝胶可起保护作用，避免在后道工序中损伤丝纤维。

2. 白度

练白绸要求洁白，练白绸的白度可用白度仪来测定，所用仪器为ZBD型白度仪和WSB-IV型智能白度测定仪。它们是以纯净氧化镁的白度作为对比，与其他被测物通过光学仪器比较来读出读数的，所得读数为百分数。一般电力纺、斜纹绸织物的白度在85%左右；绉类织物，因为纬线强捻，织物呈绉效应，减少了光的反射，白度稍低，一般控制在80%以上；精练后作为染色、印花用的坯绸，对白度要求可稍低些，只要能满足染色鲜艳度或印花绸的白花、白地的要求即可。

3. 泛黄率

练白绸经日光照射或长久放置后会泛黄。泛黄程度可用泛黄率来进行表示。测定仪器仍选用白度仪。用白度仪测定练白绸的白度后，即可求出泛黄率。测试泛黄率的方法有两种：一种是先测出练白绸的白度后，再将它放置一二年，测出其白度，求出泛黄率，这种测定方法时间相隔太长，生产中实用性不强。另一种方法是将同一块练白绸先测白度，然后放在日晒牢度机上用紫外线照射规定时间后，再测定其白度，求出泛黄率。计算公式如下：

$$泛黄率=\frac{练白绸成品白度-照射后白度}{练白绸成品白度}\times 100\%$$

对于练白绸,要求其泛黄率越低越好。精练后充分净洗,彻底去除肥皂、表面活性剂等杂质,或用双氧水漂白等,均有利于降低成品泛黄率。目前也可通过后整理来降低泛黄率。

4. 渗透性

练白绸一般用作印染加工半制品,因而要求渗透性均匀、良好。一般用毛细管效应来进行测定。即取经向30cm、纬向5cm的织物,用2~3g重锤使之均匀下垂,放入定温(一般为室温)蒸馏水中,记录时间,30min液面上升的高度即为毛细管效应,检测结果应取五条试样的平均值。毛细管效应越高,绸匹的渗透性越好,对提高染色速率和印花渗透效果越有利。一般要求电力纺类织物应达8~10cm/30min;斜纹绸、双绉类织物达13~15cm/30min。毛细管效应值在10~13cm/30min以上,已基本能满足后加工的要求,但关键是要绸匹整体渗透性均匀一致。

5. 手感和光泽

真丝绸的手感和光泽是练白绸的又一重要质量指标。手感是用手触摸后得到的感觉。对于手感和光泽的测定,大多数还只是凭经验,用手摸和目测的方法描述和评定。目前,科研上常用"硬挺度"和"弹性回复度"这两个物理量来评定手感。一般来说,硬挺度值越小,表明织物越柔软。而弹性回复度数值越大,则织物弹性越好。但它们与感官评定的结果未必相符。练白绸要求手感柔软、滑爽、丰满,光泽自然、明亮,摩擦后有"丝鸣"声等。所谓"丝鸣"是用手握住丝绸轻轻揉搓而发出的微弱声音,它是真丝绸特有的性能。符合这些要求者为优质品,反之,手感粗硬、疲软、没有身骨、光泽差或有极光等的为质量较差或不合格的产品。

三、柞蚕丝织物的前处理

(一)精练

1. 柞蚕丝织物的精练特点

柞蚕丝与桑蚕丝一样,都是由丝素、丝胶组成的蛋白质纤维,其基本单元结构都是α-氨基酸。但柞蚕丝的丝素、丝胶的氨基酸组成和含量与桑蚕丝有较大的区别,丝胶杂质的含量与桑蚕丝也有明显差异。

(1)丝胶含量和溶解性。桑蚕丝含丝胶量为20%~30%,柞蚕丝含丝胶只有12%左右。就非蛋白质成分而言,桑蚕丝只有2%左右,而柞蚕丝为8%以上。柞蚕丝中的丝素蛋白质主链骨架上所带的极性侧基,无论是酸性侧基,还是碱性侧基,都比桑蚕丝多,等电点比桑蚕丝中的丝素低(桑蚕丝素等电点pH值为3.5~5.2,柞蚕丝素等电点pH值为2.79)。柞蚕丝胶中亲水性氨基酸含量比桑蚕丝胶多,但由于柞蚕丝胶中非蛋白质成分(即指无机盐、油脂、蜡质及少量的单宁、色素和糖类物质)与丝胶结合牢固,致使丝胶溶解性能降低,影响了丝胶的膨化、软化和溶解,使柞蚕丝胶与丝素难以分离,因此柞蚕丝精练需在较强的碱性条件下,采用较高的温度和较长的时间。

(2)色素含量和存在形式。桑蚕丝天然色素含量少,又只存在于丝胶层中,随着精练脱胶就可以去除,如果没有特殊要求,桑丝绸一般不需要进行氧化漂白,只要在精练过程中加入保险粉之类的还原漂白剂即可,以消除织造过程中施加的着色染料及其他有色物质,提高绸匹白度。而柞蚕丝具有天然淡黄褐色,其色素含量比桑蚕丝高,这些色素不仅存在于丝胶层,而且牢固地结合在丝素中,难以通过脱胶而去除。所以,柞丝绸精练只能去除部分色素,练后绸匹仍呈淡黄褐色。因此,柞丝绸一般需要经过以氧化剂为主的漂白工序。若对白度有更高要求时,也可以在氧化漂白后再进行还原复漂或者进行荧光增白剂增白。而采用适量的还原剂(如二氧化硫脲等)漂白,不但能提高织物白度,还能延缓柞丝绸在服用期间的氧化着色过程,从而对柞丝纤维起到保护作用。

2. 柞蚕丝织物的精练方法与工艺

柞丝绸精练常采用挂练方式,设备为不锈钢精练槽。精练以皂—碱法脱胶和酶法脱胶两种工艺最为常见。工艺流程为:

坯绸前准备→精练(分为预处理、酶练、皂碱练和水洗)→漂白(包括氧化漂白、还原漂白)→练后处理(包括酸洗、脱水烘干、润绸、柔软、平洗等)

(1)坯绸前准备。柞蚕丝织物精练的前准备与桑蚕丝织物基本相同,工艺流程为:

检验→挑剔分档→修整(剪毛)→洗油→码绸→钉线扣襻→打印

下面就柞蚕丝织物特有的洗油工序做一叙述。

洗油的目的是将坯绸上各种油污除掉,以提高精练绸质量,避免在染色、印花中产生疵点。它是柞蚕丝织物在精练前的独特工序,桑蚕丝织物在精练前一般不洗油。这是由于柞蚕丝在煮漂茧时丝胶脱落较多,沾上的油污大部分已渗透到丝素纤维内部,若不经洗油处理,单纯依靠精练,油污是不能全部去除的。洗油剂配方见表3-20。

表3-20 洗油剂配方

洗油剂组成	甘油	平平加O	松节油	肥皂	水
质量分数/%	10	32	10	1.2	46.8

洗油方法:遇有油经、油纬、油块、较小的油档子、灰沾等,用毛刷蘸洗油剂涂抹于污垢表面即可。严重的油污迹,除涂抹正反两面外,用双手的拇指、食指握住涂抹处两边的绸坯,轻轻搓洗。洗处要在清温水中荡涤几下。如仍有污垢处,应再涂抹少许洗油剂,留待精练。洗油时切忌用力搓、擦、刷、揉,防止产生擦伤。缎纹织物只刷背面。各类绸匹洗后都要展平,不能折皱。

(2)精练方法与工艺。

①皂—碱法脱胶。脱胶用剂同桑蚕丝织物的皂—碱法脱胶。工艺流程为:

浸泡→煮练→热水洗(水煮)→(漂白)→酸洗→脱水

具体工艺因柞蚕茧缫丝方法不同而略有差异。

a. 水缫柞丝绸的工艺条件如表3-21和表3-22所示。

表3-21 浸泡工艺条件

工艺因素	纯碱/(g/L)		温度/℃	时间/min	浴比
	头桶	续桶			
工艺条件	2	1	90	60	1∶30

注 浸泡时,待碱液温度升到90℃后泡绸,绸页入槽无窝折,入槽后要及时活动,不得在绸匹入槽后升温和加碱。

表 3-22 煮练工艺条件

工艺因素	肥皂/(g/L)		纯碱/(g/L)	温度/℃	时间/min	浴比
	头桶	续桶				
工艺条件	3~4	0.5~1	2~2.5	98~100	90~120	1:(30~50)

练后水洗:第一道水洗为热水洗,工厂里习惯称为“水煮”。在 98~100℃条件下,洗 40min,视需要可加入 0.1~0.2g/L 平平加 O。第二道水洗为温水浴,若需漂白,可在 50~60℃条件下洗 15min 后,将绸转入漂白槽中进行漂白;若为成品绸,则需要进行两次温水洗,第一次温度为 70~80℃,第二次为 40~50℃,两次水洗时间均为 10min。

酸洗:酸洗是柞丝精练的最后一道工序,若需漂白,则将酸洗工序安排在漂白之后进行。经脱胶水洗后,织物上仍残留少量的肥皂和碱性物质(如纯碱、泡花碱等),如果立即脱水、干燥,其手感、光泽不佳。因此,必须经过酸洗,以调节织物 pH 值,使织物略偏酸性,从而使其手感柔软,光泽饱满,丝鸣增强,白度也有所提高。酸洗可以在平幅水洗机上进行,也可以在精练槽中挂绸酸洗,其中以挂绸酸洗最为常用。使用的酸类以醋酸和硫酸最为常见,具体工艺见表 3-23。

表 3-23 挂绸酸洗工艺

工艺因素		98%硫酸/(mL/L)	冰醋酸/(mL/L)	温度/℃	时间/min	浴比
工艺条件	硫酸	0.3~0.5		室温	10~15	1:(80~100)
	醋酸		1~2	30~40	20~25	1:(40~60)

挂绸酸洗易产生织物吃酸不匀,尤其以硫酸处理为甚。因此,酸洗时需注意织物入槽后的抬绸、掀动,使吃酸均匀,然后用温水洗一次。

脱水同桑蚕丝织物。

b. 干缫柞丝绸的工艺条件。干缫柞丝绸的丝胶含量少,含杂量较多,因此和水缫柞丝绸精练工艺条件相比,除温度相同外,肥皂用量应高一些(3.5~5g/L),纯碱用量要低一些(0.5g/L)。其精练时间也应少于水缫柞丝绸,一般煮练 60~90min。浸泡、热水洗、温水洗、酸洗等工艺条件都与水缫柞丝绸的精练工艺相同。

②酶脱胶。酶脱胶工艺流程为:

预处理→水洗→酶脱胶→水洗→(皂煮或漂白)→酸洗→脱水

酶制剂选用及使用条件基本同桑蚕丝织物的酶脱胶。具体工艺条件见表 3-24 和表 3-25。

表 3-24 预处理工艺条件

工艺因素	纯碱/(g/L)		温度/℃	时间/min	浴比
	头桶	续桶			
工艺条件	1	0.8	80~90	60	1:(30~50)

表 3-25 酶脱胶工艺条件

工艺因素	纯碱(pH=10~11)/(g/L)	2709 碱性蛋白酶(4 万活力单位)/(g/L)	温度/℃	时间/min	浴比
工艺条件	2~2.5	1~2	45~50	60~90	1:(30~50)

预处理之后的水洗是为了降低织物温度,以与酶练温度相适应,同时也可洗除部分杂质。一般采用 40~45℃水温,洗涤 30min。

酶脱胶液的续用次数为一次,补加量为 1/2。

酶练后水洗:80~90℃热水,洗涤 20~30min。

皂煮或漂白:如为成品绸,需进行轻微皂练、水洗后脱水,以进一步去除残留杂质。若为漂白产品,则不需要皂练,只需再用 50~60℃温水洗涤 15min 后,进入漂白槽即可。

(二)漂白

1. 设备

柞丝绸和其他蛋白质纤维一样,不能使用含氯漂白剂,而主要使用过氧化氢漂白。漂白设备为不锈钢精练槽。常采用分阶段升温法,漂白时间较长。

2. 漂白工艺

工艺流程:

漂白→热水洗→温水洗→(还原复漂或增白)→水洗→润绸

漂白工艺条件见表 3-26。

表 3-26 漂白工艺条件

工艺因素	35%(40°Bé)泡花碱(pH=9~11)/(g/L)	过氧化氢(28%~30%)/(g/L)	温度/℃	时间/h	浴比
工艺条件	3~5	10~16	60~85	3~12	1:(30~50)

热水洗:温度 80~85℃,浴比 1:(30~50),洗涤 2~3 次。

温水洗:温度 40~50℃,浴比 1:(30~50),洗涤 1 次。

增白:对白度要求较高的柞丝绸,可进行二氧化硫脲还原复漂或增白处理。具体工艺条件见表 3-27 和表 3-28。

表 3-27 还原复漂工艺条件

工艺因素	二氧化硫脲/(g/L)	EDTA/(g/L)	35%(40°Bé)泡花碱/(g/L)	pH 值	温度/℃	时间/min	浴比	水洗
工艺条件	0.5	0.33	0.6	5~5.7	75~85	60	1:40	70℃两次 40℃一次

表 3-28 增白工艺条件

工艺因素	雷可福 WS/(g/L)	匀染剂 O/(g/L)	温度/℃	时间/min	浴比
工艺条件	0.15~0.25	0.1~0.2	70~80	20~30	1:(50~60)

润绸:润绸是漂白柞蚕丝织物后处理中必不可少的一道工序,而染色或印花绸则不需润绸。原因是经过水洗、干燥后柞丝练白绸匹往往达不到在正常大气条件下的含水量,手感和光泽较差。根据实践经验,在织物含湿率为18%~20%时经呢毯整理后,手感柔软、光泽明亮,并能增进白度。为此,在上整理机整理前,特意将水洗烘干后的织物再进行均匀给湿处理,即润绸。所谓润绸,是在两层需要润湿的干织物中,平幅状态下夹入一层含湿率在60%~70%的湿织物,自然平摊堆放5~10min,使原来干燥的织物变湿。当织物含湿率达到所需要求时分开,然后再堆放4~8h,使被润湿的织物各处含湿率均匀一致。润绸后的织物经呢毯整理,即可得到练白成品绸。

学习任务3-3　再生蛋白质纤维及其织物的前处理

知识点

1. 牛奶、大豆蛋白纤维的概念及性能。
2. 含再生蛋白质纤维织物的前处理工艺。

技能点

1. 能制订再生蛋白质纤维织物前处理的工艺流程,并对每道工序进行熟练操作。
2. 能根据再生蛋白质纤维织物的特点,对所需加工的织物进行前处理工艺设计和实施操作,并能根据产品的加工要求,对工艺中不合理的地方进行调整。
3. 能对含再生蛋白质纤维织物前处理过程中出现的质量问题进行分析,并提出解决问题的方案。

一、大豆蛋白纤维及织物的前处理

(一)大豆蛋白纤维生产与特性

大豆蛋白纤维(简称大豆纤维)属于再生植物蛋白纤维类,它是以食用级大豆蛋白粉(5%~23%)为原料,通过添加功能性助剂,与聚乙烯醇(77%~95%)或氰基等高聚物接枝、共聚、共混,采用湿法纺丝,半成品通过含醛类交链剂交链,再经后处理形成改性聚乙烯醇纤维。该纤维具有蚕丝般的柔和光泽,羊绒般的柔软手感,优于棉的保暖性和良好的亲肤性,被誉为“新世纪的健康舒适纤维”和“肌肤喜欢的好面料”。大豆蛋白纤维外层基本上都是蛋白质,含有人体必需的多种氨基酸,有一定的保健功能。

大豆蛋白纤维皮芯结构明显,且皮层相当厚,染整加工时要注意皮层的影响。其耐酸性能和耐光性能较好,耐碱性一般。

(二)大豆纤维织物的前处理

大豆蛋白纤维本身的杂质较少,主要是纤维和纺纱加工中添加的油剂、抗静电剂和润滑剂等,前处理负担较轻。大豆蛋白纤维是由18种氨基酸组成的蛋白质大分子,含有的主要活性基是氨基,在提纯、共溶纺丝等一系列工艺过程中会和空气接触,生成黄色的氨基氧化物,因此大豆蛋白纤维呈现出较深的米黄色,因此漂白的任务较重。大豆蛋白纤维在室温条件下,随着氢氧化钠浓度的提高,织物手感变硬,但对织物强力影响不大,大豆蛋白纤维织物不宜进行丝光处理;当温度升至120℃处理时,织物手感会逐渐变硬,织物变薄,强力下降较大。含大豆纤维织物的染整工艺流程为:

烧毛(一正一反)→酶退浆→精练→水洗→还原漂白→增白→水洗→染色→松式烘干→柔软→拉幅→成品检验

1. 烧毛

大豆蛋白织物的抗起毛起球性好于全毛织物、真丝、醋酯纤维织物、天丝类织物,但不及棉。大豆蛋白织物的耐热性较差,因此必须控制好烧毛条件,才能达到最佳效果。烧毛火口为一正一反,车速为110~120m/min,火口温度1100℃。

2. 酶退浆

凡上有浆料的织物,需先进行退浆处理,退浆方法有酶退浆、碱退浆、氧化剂退浆。但由于大豆蛋白纤维耐碱性一般,所以选用酶退浆的方法。

(1)采用浸渍法的酶退浆工艺。

BF-7658淀粉酶	2~6g/L
元明粉	2~3g/L
非离子渗透剂	1g/L
pH值	6.0~6.5
保温温度	55~60℃
保温时间	60min

(2)采用浸轧法的酶退浆工艺。

高温酶2000L	3g/L
非离子渗透剂JFC	2g/L
堆置温度	70~80℃
堆置时间	60~90min

大豆纤维与不同纤维混纺,退浆方法有很大区别,应考虑其他纤维的特性制订相关工艺。

3. 精练

精练液处方:

100% NaOH	1.5g/L
30%双氧水	15~40g/L
双氧水稳定剂	6g/L
精练剂	2g/L
防皱剂	2g/L
平滑剂	2g/L
螯合分散剂	1.5g/L
消泡剂	适量

工艺条件:95℃×60min,浴比1∶10,车速130~150m/min,喷口压力49.0~88.3kPa(0.5~0.9kg/cm²)。

4. 漂白

(1)氧漂(中深色)工艺。

纯碱	3~6g/L
30%双氧水	10~30g/L
硅酸钠或其他双氧水稳定剂	2~4g/L
渗透剂	0.5~1.0g/L
净洗剂	2g/L
温度	90~95℃
时间	60min

(2)还原剂漂白工艺。

保险粉	3~8g/L
纯碱	2~4g/L
精练剂	1~2g/L
浴比	1∶10
pH值	11
保温温度	90~95℃
保温时间	50~60min

(3)增白工艺。

增白剂4BK	0.6~0.8g/L
盐(元明粉)	5~15g/L
保温温度	70~80℃
保温时间	30~40min
浴比	1∶10

注意:如果对白度要求较高,氧化剂漂白后,可再用还原剂漂白,并用荧光增白剂增白。

二、牛奶蛋白纤维及织物的前处理

牛奶蛋白质纤维是一种新型蛋白质纤维,它以牛奶为原料,经干法新工艺和高科技手段加工而成。就国内生产的牛奶蛋白纤维而言,其主要组分是:

聚丙烯腈:牛奶酪蛋白,含量比为(68~74)∶(32~26);

聚乙烯醇:牛奶酪蛋白,含量比为(69~73)∶(31~27)。

(一)牛奶蛋白质纤维的组成及特性

牛奶蛋白质纤维的主要成分为蛋白质、水、脂肪、乳糖、维生素和灰分等,其中蛋白质是加工牛奶纤维的基本成分,它的含固量为11.4%,水分88.6%,固体成分脂肪占3.3%、蛋白质2.9%、乳糖4.5%,其余是维生素和无机物质。

牛奶纤维具有一定的耐碱性、较好的耐酸性和耐光性。在热收缩性能方面,由于牛奶蛋白纤维分解温度在92.7℃,所以,必须严格控制处理温度和时间。一般湿热收缩情况为:聚乙烯醇类牛奶蛋白纤维>聚丙烯腈类牛奶蛋白纤维。

(二)牛奶蛋白纤维织物前处理

工艺流程:

翻布→缝头→烧毛→退浆→精练漂白→(增白)→定形

1. 翻布

为了便于管理,常把同规格、同工艺坯布划为一类进行分批、分箱。分批原则应根据加工设备容量而定。

2. 缝头

缝头要求平整、坚牢、边齐,针脚疏密一致,不漏针和跳针,否则将在后道工序产生皱条、卷边等而难以加工。缝头时应注意坯布规格一致、正反面一致和不漏头等。此外,应在两布边的1~3cm处加密,防止开口和卷边。如发现来坯开剪歪斜,应将布头撕正后再缝,这对克服稀薄织物的纬斜尤为重要。

3. 烧毛

牛奶蛋白纤维织物烧毛应慎重,特别是染色织物,可采用高速轻烧工艺。因为牛奶蛋白纤维织物烧毛之后,容易造成布面受损,产生不易观察的熔球。虽然烧毛后使布的光洁度得到了提高,但染色后容易产生色点。可采用一正一反对织物进行烧毛,织物的运行速度为120m/min,烧毛后立即用蒸汽灭火。

4. 退浆

牛奶纤维在纺丝加工中添加上油剂、抗静电剂、润滑剂等,并且在织造时需要上浆,通常为淀粉和PVA的混合浆。另外,由于牛奶蛋白纤维分子系多肽结构,不耐烧碱,因此采用酶退浆工艺。未退浆织物由于浆料和杂质的存在,渗透性很差。为此,采用两格热水洗后多浸一轧工作液,以达到工作液在织物内均匀渗透。

酶退浆工艺流程:

热水洗(60~70℃)→浸轧酶液(55~65℃,多浸一轧,轧液率110%~130%)→堆置(松堆,4~5h,用塑料薄膜盖好保温、保湿)→水洗→烘干

酶退浆处方:

BF-7658 淀粉酶	2~6g/L
元明粉	2~3g/L
非离子渗透剂	1g/L
pH 值	6.0~7.0

5. 精练漂白

牛奶蛋白纤维属于再生蛋白质纤维,布面杂质少。但纤维本身呈黄色,退浆后必须进行漂白。由于其耐碱性、耐热性能较差,只能选择在弱碱性条件下漂白。漂白时可以采用双氧水漂白、还原剂漂白和双氧水漂白+还原剂漂白等工艺。在染特浅色织物时,还要进行增白处理。

尽管如此,有时仍不能达到漂白布的白度,织物略带黄光。

(1)双氧水漂白工艺。

双氧水	20~40g/L
纯碱	3~5g/L
精练剂	2~3g/L
双氧水稳定剂	3~8g/L
pH 值	11
保温温度	90~95℃
保温时间	60~80min

(2)还原剂漂白工艺。

保险粉	3~8g/L
纯碱	2~4g/L
精练剂	1~2g/L
pH 值	11
漂白温度	90~95℃
保温时间	60~80min

双氧水漂白的效果较好。在漂白工序中特别要注意漂白的温度不能过高。因为当温度超过 95℃时,会对纱线的断裂强度造成较大影响,纤维的回缩大,手感发硬。

在染中、浅色时,牛奶蛋白纤维织物要采用双氧水漂白或双氧水漂白+还原剂漂白后,氧漂后洗净再进行还原剂漂白的工艺。

6. 增白

在染特浅色织物时,需在双氧水漂白、还原剂漂白的基础上进行增白处理。

增白工艺:

增白剂	0.3~0.8g/L
元明粉	5~15g/L
温度	70~80℃
保温时间	30min

7. 定形

为提高织物平整度和尺寸稳定性,稳定成品的单位面积质量,消除织物内应力,减少其在湿热条件下收缩和折皱,需对织物进行预定形。牛奶蛋白纤维分解温度为 115~120℃。定形温度过高,牛奶蛋白纤维组分会收缩、硬化、变黄,失去蛋白部分,因此,确定定形温度为 110℃,车速 20~30m/min,超喂 15%~25%,预定形幅宽比成品定形幅宽大 5%~10%。

复习指导

1. 了解羊毛纤维的杂质情况。

2. 掌握洗毛原理、工艺以及工艺影响因素。
3. 掌握羊毛炭化的原理及工艺。
4. 了解羊毛漂白方法及工艺。
5. 掌握蚕丝织物精练加工的目的及脱胶的原理。
6. 了解蚕丝织物精练设备。
7. 掌握蚕丝织物精练的工艺,并进行工艺条件分析。
8. 掌握精练质量评价指标及标准。
9. 了解柞蚕丝织物的前处理。
10. 了解再生蛋白质纤维织物的前处理。

思考与训练

1. 什么叫原毛?原毛中含有哪些杂质,它们的含量分别为多少?
2. 什么是乳化洗毛法?乳化洗毛法的影响因素有哪些?设计出乳化洗毛法的工艺(包括工艺流程、工艺处方、工艺条件及助剂)。
3. 碱性洗毛分为哪些具体方法,各有何特点?
4. 中性洗毛法有何优点?
5. 洗毛温度为何不能太高?洗毛温度一般控制为多少?洗毛时为何要严格控制温度和pH值?
6. 炭化的目的是什么?简述炭化去草的原理。
7. 简述散毛炭化的工艺过程,其中焙烘的目的是什么?
8. 羊毛或羊毛织物采取双氧水漂白有何优点?简述双氧水浸漂法的工艺过程和工艺条件。
9. 生丝上杂质有哪些?对蚕丝织物的品质及染整加工有何影响?
10. 何谓精练或脱胶?其目的是什么?
11. 简述蚕丝织物的脱胶原理。
12. 蚕丝织物脱胶的最佳pH值是多少?为什么?
13. 什么叫浴比?脱胶时的浴比对脱胶效果有何影响?
14. 在碱性条件下脱胶时,可否使用硬水?为什么?
15. 蚕丝织物的脱胶设备有哪几种?各有何加工特点?
16. 采用精练槽精练时,前准备有哪些工序?
17. “S”码加工和圈码加工各有何优缺点?如何选用码折形式?
18. 设计蚕丝织物皂—碱法脱胶的工艺(包括工艺流程、工艺处方、工艺条件及助剂),详述各助剂的作用,并对各工序加以分析。
19. 采用合成洗涤剂—碱法脱胶时,对合成洗涤剂的性能有何要求?常用品种有哪些?
20. 酶脱胶有何特点?蚕丝织物脱胶常用酶是什么?
21. 写出酶脱胶的工艺流程,并对各工序加以分析。

22. 平幅连续精练有何特点？对精练剂有何要求？常用品种有哪些？

23. 桑蚕丝织物脱胶后的质量评定有哪些指标？对练减率如何控制？

24. 柞蚕丝与桑蚕丝中的丝胶含量及溶解性有何差异？

25. 柞蚕丝织物与桑蚕丝织物在采用精练槽精练时，前准备有何异同？

26. 柞蚕丝织物为何必须漂白？写出其漂白方法。

27. 为何要对柞蚕丝织物进行润绸处理？何时需润绸？

学习情境 4　合成纤维织物的前处理

学习目标

1. 熟悉涤纶机织物退浆、精练、松弛、预定形、碱减量等工艺的相关知识。

2. 能够设计出较为合理的涤纶、锦纶、腈纶织物前处理和定形加工工艺，并能对其进行前处理操作。

3. 学会根据产品加工要求调整各工序、工艺处方及条件，为实现工艺设计奠定基础。

4. 通过前处理各工序的助剂使用，学会使用去油剂、精练剂、减量促进剂等的基本方法。

5. 学会对涤纶半成品的减量率、强力、手感和光泽等性能指标的检测。

案例导入

案例 1　某印染厂接到一大批涤纶仿真丝的意向订单，要求产品具有蚕丝织物风格特征，并且强力损失要达到客户的最低要求，生产管理部门要求技术人员判断能否加工，并提出能达到的质量标准。签订加工合同后，生产管理部门要求技术员确定该品种具体的加工工艺和质量指标。

案例 2　某印染厂接到一批眼镜擦拭布的意向加工订单，要求布面效果有短、小、细腻、均匀的绒毛，擦拭眼镜时不损伤镜面。生产管理部门要求技术员判断能否加工，并提出能达到的质量标准。如何选择材料，并制订其染整加工工艺，完成产品的订单生产？

引航思问

1. 什么是合成纤维？合成纤维如何分类？

2. 涤纶、腈纶和锦纶的力学性能和化学性能如何？

3. 涤纶织物上有哪些浆料？退浆精练的主要目的是什么？涤纶织物松弛处理的目的是什么？

4. 涤纶织物染整加工工艺路线是根据哪几方面来选择和确定的？

5. 什么是碱减量？碱减量工艺原理是什么？影响减量的因素有哪些？

6. 什么是热定形？合成纤维热定形的目的是什么？

7. 锦纶织物、腈纶织物的前处理与涤纶织物有何区别？

8. 何谓新合纤？其前处理工艺如何？

合成纤维种类较多，目前在纺织品上应用较多的是涤纶、锦纶、腈纶和氨纶。本情境主要内容为涤纶织物的前处理加工，也涉及锦纶、腈纶及新合纤的前处理加工。锦纶的前处理加工与涤纶较为相似，纯腈纶织物相对较少，所以只需简单了解即可。

学习任务4-1　涤纶织物的前处理

知识点

1. 涤纶织物退浆方法及工艺。
2. 涤纶织物松弛加工及预定形的目的。
3. 涤纶织物碱减量的原理、目的、工艺因素及织物性能变化。

技能点

1. 能制订涤纶织物前处理的工艺流程,并对每道工序进行熟练操作。
2. 能根据涤纶织物特点及成品要求对选定涤纶织物进行前处理工艺设计和实施操作,并能根据产品的加工要求,对工艺中不合理的地方进行调整。
3. 能对涤纶织物前处理过程中出现的质量问题进行分析,并提出解决问题的方案。

在合成纤维中,涤纶产品无论是数量还是品种,都占据主导地位。涤纶强度高、弹性好,其织物挺括、保形性好,且易洗、快干、免烫、不受虫蛀,因此涤纶产品在市场上一直经久不衰。涤纶的学名叫作聚对苯二甲酸乙二醇酯,由对苯二甲酸(PTA)和乙二醇(EG)经缩聚反应而成,纤维分子中各个链节都是以酯基相连接。涤纶的分子结构如下所示:

$$\left[CO - C_6H_4 - COOCH_2CH_2 - O \right]_n$$

涤纶分子是由脂肪烃链、酯基、苯环、端醇羟基所构成。涤纶分子中的脂肪族烃链使涤纶分子具有一定柔顺性,但由于还含有不能内旋转的苯环,故涤纶大分子基本为刚性分子,分子链保持直线型。涤纶分子结构中除分子末端的两个醇羟基外,不含其他极性基团,因而涤纶纤维亲水性极差。涤纶分子中的酯基在高温时能发生水解、热裂解,遇碱则水解反应加剧,使其聚合度降低。

随着人们对消费要求的提高,克服合成纤维固有缺点(如吸湿性差、静电大、易吸尘、舒适性差等)的各种涤纶仿真技术和产品(如仿真丝、仿毛、仿麻、仿棉等)不断开发和应用。

一、涤纶织物染整工艺介绍

涤纶织物因产品的要求、风格及本身品种的不同,其染整加工工艺有较大差异。一般情况下,染整加工工艺路线是根据以下几方面来选择和确定的。

(1)涤纶丝原料种类、规格和结构;

(2)织造工艺(包括张力、捻度、织缩等)、组织结构和组织规格;

(3)最终产品风格、用途及要求。

不同涤纶产品,其染整加工工艺也不尽相同,现简述如下。

1. 传统涤纶产品染整工艺

早期传统的涤纶产品染整加工较为简单，其传统的染整加工过程为：

坯绸准备→精练（退浆）→烘干→（预热定形）→染色（或印花）→热定形→后整理

涤纶针织物无浆料，精练以去油为主；机织物含浆，则以退浆为重。

2. 涤纶新型产品染整工艺

由于涤纶新型产品品种众多（如仿真丝、仿毛等），风格各异，原料差异和织造加工差异较大，因而染整加工过程也有明显的区别，举例如下：

（1）仿真丝缎类织物染整工艺。这类织物要求组织紧、轻薄、光泽好、绸面挺、色泽匀、手感柔而不烂，所以，染整加工时不需起绉和碱减量，但需预定形，以提高其色泽均匀性，故其染整加工过程为：

坯绸准备→精练→烘干→预定形→染色（或印花）→后整理

（2）仿真丝绉类或乔其类和强捻类织物染整工艺。此类织物具有明显的绉或乔其效应，且加捻后手感粗糙，强捻类产品增加了悬垂性，故其加工过程中需起绉、松弛、碱减量，并加预定形，以保证织物风格及色泽均匀，所以，这类织物的染整加工基本过程为：

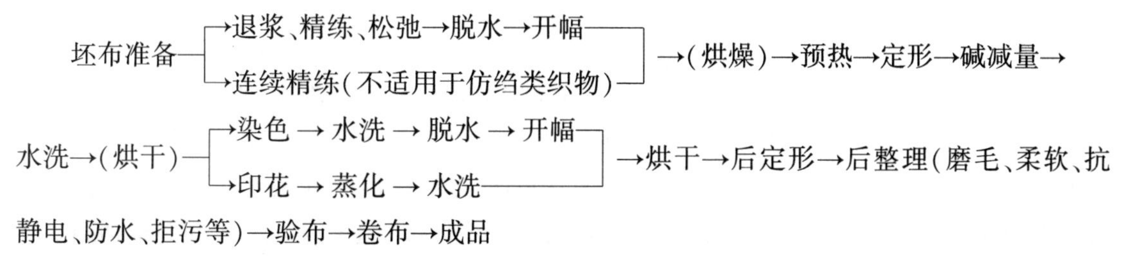

此工艺特点是，加工中尽可能使织物保持松弛状态，以利其充分收缩。

若是用超细复合丝作原料的强捻类织物，则其染整加工过程为：

坯布准备→退浆精练松弛→（预定形→碱减量→皂洗）→开纤→水洗→松烘→热定形→

染色→水洗→烘干→后整理→成品

└→印花→蒸化┘

（3）仿桃皮绒类产品染整工艺。仿桃皮绒类产品可按色泽进行分类。不同色泽，其染整工艺流程不同。

中浅色：

坯绸准备→退浆精练松弛→（预热定形→碱减量→皂洗）→（开纤→水洗）→松烘→热定形→染色→柔软烘干→（预热定形）→磨绒→砂洗→柔软拉幅定形→成品

深色：

坯绸准备→退浆精练松弛→（预定形→碱减量→皂洗）→（开纤）→柔软烘干→（预热定形）→磨绒→砂洗→松烘→热定形→染色→柔软拉幅定形→成品

超细复合丝采用开纤工序，细旦丝等采用碱减量工艺。

（4）仿麂皮绒类产品染整工艺。

坯绸准备→退浆精练松弛→预热定形→起毛→剪毛→染色→浸轧→聚氨酯涂层→湿法凝

固→柔软烘干→磨绒→整理→拉幅定形→成品

3. 仿毛类产品染整工艺

常用的仿毛类产品主要有涤纶仿毛、阳离子可染涤纶仿毛及中长仿毛三类。中长仿毛产品多为混纺织物如涤/粘中长仿毛,将在混纺织物前处理中介绍。

涤纶仿毛织物染整加工工艺过程为:

坯布准备→洗呢→烘干→热定形→碱减量→皂洗→松烘→定形→染色 → 水洗烘干→浸

(染色→印花→蒸化→水洗烘干)

轧风格整理剂→短环预烘→拉幅焙烘→热定形→起毛→剪毛→蒸呢→成品

阳离子可染涤纶仿毛织物染整加工工艺过程为:

坯绸准备→洗呢→松烘→热定形→染色→烘干→蒸刷→剪毛→热定形整理→蒸呢→成品

由涤纶织物的染整工艺过程可知,涤纶前处理主要包括退浆精练、松弛、预定形、碱减量等步骤。

二、退浆精练

1. 涤纶产品常用浆料及其性能

涤纶在织造时,往往会引起丝线的起毛,尤其是线密度小的纤维,它们单纤细、强力低、静电大,特别容易起毛起球,不但影响产品质量,还会影响生产效率,甚至中断生产。为此往往给丝线上油,尤其是经丝,无论是 FDY 长丝加工,还是 POY 长丝加工,涤纶表面的含油率都会超过4%。DTY 长丝的加弹过程也需要 2%以上的含油率。可采用单独上油工艺,也可将油加到浆液中,与上浆一起进行。上油时,常用的油剂有矿物油、酯化油和非离子表面活性剂等。

机织物织造时经丝要经受反复摩擦、拉伸和弯曲,因而,若采用单纤抱合力低、耐磨性较差的原料作经丝,都需要上浆,从而防止织造中丝线起毛,减少断头。涤纶织物一般采用浆料、矿物油、酯化油、蜡质和非离子表面活性剂等上浆。

涤纶织物常用的浆料是聚丙烯酸酯,PVA、CMC 浆料应用也比较多,浆液中也加入辅助剂,以改善上浆效果,提高浆丝润滑性。但辅助剂和油剂的引入,增加了退浆的难度。PVA 浆料因为不易生物降解,应用不断减少。

2. 退浆精练方法及工艺

涤纶本身不含有杂质,只是在合成过程中存在少量(约 3%以下)的低聚物,所以不像棉纤维那样需进行强烈的前处理。退浆精练工序的主要目的是除去纤维制造时加入的油剂和织造时加入的浆料、着色染料及运输和储存过程中沾污的油迹和尘埃,所以退浆精练任务轻,条件温和,工艺简单。然而,若涤纶织物退浆不净或不退浆,则会导致碱减量液组分不稳定、pH 值难以控制、减量效果降低,产生减量不匀、染色不匀或色点、色花等病疵。所以,必须去尽这些杂质,才能保证后道工序的顺利进行。

细和超细涤纶以及异形涤纶丝由于纤维表面积的增大,纺丝中吸附油剂量大,上浆时吸附浆料多(超细纤维可达 15%以上),加上超细纤维纺丝的油剂成分复杂,往往是矿物油、酯化油、石蜡等高固型复合物,这样就增加了退浆精练的难度,尤其是高密度的织物。

退浆剂、精练剂的选用和退浆精练方法的确定是退浆精练工序的关键,需根据织物上浆料的种类,选择不同的退浆剂和精练剂。常用的退浆剂是氢氧化钠或纯碱,因常用的丙烯酸酯类浆料,无论是可溶性的,还是不溶性的,它们均能在碱剂的作用下成为可溶性的丙烯酸酯钠盐而溶解去除。而对 PVA 或 CMC 类浆料,热碱可增加其膨化作用,从而使浆料与纤维之间作用力降低,在机械力的作用下,浆料易脱离纤维;另外,碱也能增加浆料的溶解度。碱还能使部分油剂如酯化油、高级脂肪酸酯等皂化成为水溶性物质而去除。

一般情况下,聚酯浆料退浆 pH 值控制在 8,聚丙烯酸酯浆料 pH 值为 8~8.5,聚乙烯醇浆料 pH 值为 6.5~7。而喷水织机织造的织物需用烧碱退浆。

纤维或织物上的油剂、油污及为了上浆和织造高速化而加的乳化石蜡及良好的平滑剂的去除需采用精练剂(阴离子和非离子型表面活性剂复合,并添加少量防止再沾污的助剂),通过它们的润湿、渗透、乳化、分散、增溶、洗涤等作用,将油剂和油污从纤维和织物上除去。除此之外,为避免金属离子与浆料、油剂等结合形成不溶性物质,精练时还要加入金属络合剂。

如果采用过氧化物(如过硫酸钠),则在退浆精练过程中有助于合成浆料聚合物的氧化和脱落。

3. 常用的退浆精练工艺

(1)精练槽间歇式退浆精练工艺。一般的涤纶长丝织物或仿真丝织物可采用精练槽间歇式退浆精练工艺。工艺过程是:先用 0.25% Albalex FFC 50℃洗 5min 后,加入 2%~4% Wltravon GP 净洗剂、1%螯合剂、1%~2% Irgasol FL,并用纯碱调节 pH 值至 8.5~9.0,90℃精练 30min,然后降温到 70℃溢流冲洗 5~10min,换新水加热至 60℃洗 10min,再 40℃温水洗。若 pH 值偏碱性,则可用 0.5% HAc 中和。若坯绸含有较多铁渍,则可在退浆精练前先用草酸处理(草酸 0.2g/L,平平加 O 0.2g/L,于 70~75℃处理 15min),然后加入 0.5g/L 纯碱中和(于 40~45℃处理 10min),再退浆精练,或直接在退浆液中加入螯合分散剂 1~2g/L,以去除铁渍。

(2)喷射溢流染色机退浆精练工艺。在喷射溢流染色机上进行退浆精练是目前印染行业常用的工艺。特别适合春亚纺、乔其等纯涤纶织物的加工。

①涤纶双绉精练工艺。采用精练剂 0.5g/L,纯碱 2g/L,30%烧碱 2g/L,保险粉 1g/L,浴比 1∶10,于 80℃处理 20min;或用去油剂中性去油,均能达到目的。高性能的精练剂也是目前常用的,如汽巴的 Ultravon GP/GPN 1~2mL/L、Invadin NF 1~3mL/L、Irgalen PS 0.5~1mL/L,用 NaOH 调 pH 值至 10~11,在喷射溢流染色机中于 90℃处理 20~30min,而后温水洗 5min,40℃水洗 10min,洗后烘干即可。

②常规涤纶织物精练工艺。

去油精练剂	1~3g/L
纯碱	2~3g/L
保险粉或双氧水	0~1.0g/L
低聚物去除剂	0~1.0g/L
浴比	1∶10

温度	80~90℃
时间	20~30min

如果需漂白或加工特别浅的颜色,可适当提高前处理温度,延长前处理时间,或用烧碱代替纯碱,或增加碱的用量。漂白织物加工可把前处理、漂白通过一浴法完成。

(3)连续松式平幅水洗机精练工艺。此工艺特点是连续式加工,生产效率高,且平幅状态松式加工张力较小,能使织物在退浆精练过程中得到充分的收缩,但对紧密强捻类厚重织物,由于处理时收缩率大,故易产生收缩不匀,造成皱印。该类设备对于含浆料多的织物往往不能充分退浆和精练,所以需要堆置后进行第二次精练。

①工艺流程。

平幅进布→预浸槽(60℃)→喂布轮→本液槽(85℃)→热水洗(90℃)→热水洗(80℃)→温水洗(60℃)→温水洗(40℃)→冷水洗→落布

②工艺处方。

精练剂	2~4g/L
30%液碱	5~10g/L
去油剂	1~2g/L
渗透剂	1~2g/L
螯合分散剂	1~2g/L

在退浆精练过程中,后水洗十分重要,所以还需在加工设备和工艺中采用各种能提高水洗效果的装置(如振荡水洗)和方法。

由于涤纶长丝织物(包括仿真织物)要求松式加工,以提高产品的质量,改善织物风格。因此,大部分产品实际上在松式的退浆精练中都能完成松弛收缩,但对部分品种,退浆精练与松弛是必须分开进行的,尤其是超细纤维的品种。

三、松弛

充分松弛收缩是涤纶仿真丝绸获取优良风格的关键。

纤维在纺丝、捻丝及织造过程中,均产生一定的扭力和内应力,尤其是强捻织物。丝线一经加捻,即产生旋转,纤维分子的高分子链沿加捻方向扭曲,但此时纤维大分子链排列未遭破坏,从而使丝线内部产生一个回复的扭力。为了便于织造,需让加捻丝在加捻的状态下固定下来。而印染加工中,则必须将这些扭力释放出来,一方面产生绉效应,另一方面改善织物的手感,提高丰满度。即使是无捻或弱捻织物,也存在着较小的扭力,而且在纺丝和织造时也同样存在内应力,而这些应力的存在,降低了织物的活络感,使织物手感粗糙。因此,也需要通过松弛来释放存在的扭力和内应力。由此也说明松弛处理对改善织物的风格影响极大。

松弛加工是将纤维在纺丝、加捻时所产生的扭力和内应力消除,并对加捻织物产生解捻作用而形成绉效应,故而松弛加工时的条件必须超过扭力和内应力形成的条件,才能使分子间作用力被破坏而导致分子运动。

对强捻织物,由于强捻丝有较强的回复扭力,从而使丝线不平整而不利于织造,因而织造时需让丝线加捻产生的扭矩暂时固定下来,这样就需对加捻丝进行定形处理。若定形过度,可织性好,但松弛时难以退捻而使织物发硬,绉效应降低,穿着舒适性差;若定形过浅,则丝线捻度不伏,平整度差,可织性差。工厂实践证明,织物绉效应随定形温度的升高而变差,缩差、缩率也随定形温度的升高而减小;在 80~90℃定形温度范围内,织物绉效应最佳,也最均匀,缩率变化最小;超过 90℃,产品绉效应差,织物缩率减小,所以强捻涤纶长丝或中捻涤纶加工丝最佳捻丝定形温度不宜超过 90℃。然而目前织造厂普遍采用的加捻丝定形温度较高,即使如此,加捻纬丝织造时仍有困难,只能通过提高温度来"伏捻",这样就会导致印染中松弛退捻起绉难度增加,涤纶仿真丝织物风格受到影响。

织物在松式状态下松弛时,随着温度的升高,收缩增大,即温度提高,纤维大分子运动性能增加,从而促进了扭力和内应力的释放。但要注意的是,由于激烈的升温,会使绳状织物产生收缩不匀及皱印,而且它们会随温度的升高,最终被固定而造成次品。从这点上讲,希望纤维大分子运动及织物收缩变化缓慢并一致,因而在松弛处理时须严格控制升温速率,从低温开始慢慢地升温,尤其对细旦涤纶丝及异形和异收缩丝更应如此。如细旦涤纶丝与普通涤纶丝织物松弛工艺曲线见图 4-1。

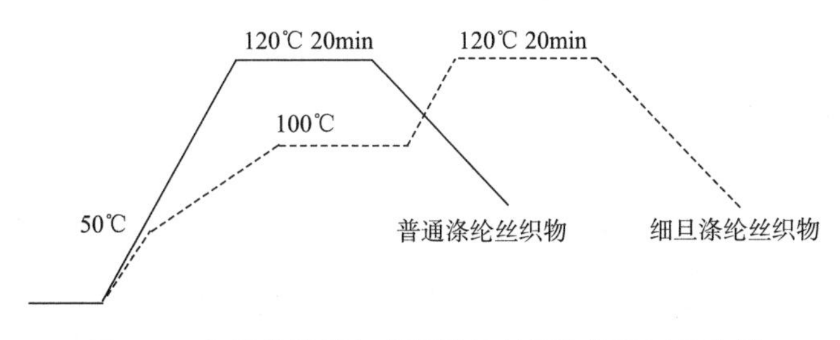

图 4-1　细旦涤纶丝与普通涤纶丝织物松弛工艺曲线

大部分涤纶织物,松弛与精练是同步进行的,有些还与退浆同步一浴。而超细纤维织物由于纤维线密度低,织物密度高,因此若退浆精练与松弛同时进行,则往往组织间隙中的浆料、油剂不易脱除,故退浆精练与松弛以分开处理为宜。一般先退浆精练,而后松弛,并且可在松弛时再加入部分精练剂,以进一步去净杂质。

不同的松弛设备有不同的松弛工艺,松弛处理后,其产品风格也不尽相同。用于涤纶织物松弛的设备及相对应的松弛工艺有以下几种。

1. 喷射溢流染色机

喷射溢流染色机是国内进行退浆、精练、松弛处理使用最广泛的设备。用此类设备加工,织物在进出布及循环运动中,不能完全消除张力,且升降温较慢,高温时间较长,织物不能达到充分的松弛收缩,所以产品收缩率不高,手感及丰满度受到影响。同时绳状加工若处理不当,易产生皱印,尤其是厚重强捻织物。

在喷射溢流染色机中加工,织物的张力、摩擦和堆置与浴比和布速有很大的关系,而松弛处理产品质量与上述因素的关系更为密切,因而除合理地控制升降温速率外,还要选择合理的浴比和布速。涤纶仿真丝织物松弛精练时,布速不宜太高,一般以 200~300m/min 为宜。而浴比则需根据设备及织物特性而定。超细纤维织物由于纤维比表面积大,单纤细,因而超细纤维织物与普通丝织物相比,浴比大,布速慢。

以涤纶双绉仿真丝织物为例,其高温高压喷射溢流染色机精练松弛起绉工艺处方为:

30% NaOH	2~5g/L
润滑防皱剂	1~2g/L
去油精练剂	x
浴比	1:(10~12)
布速	200~300m/min

工艺曲线如图 4-2 所示。

若捻线定形温度过高,不易解捻起绉,则可在安全范围内适当提高温度和延长保温时间。

若退浆精练与解捻起绉二浴,则解捻起绉工艺处方为:

30%(36°Bé)NaOH	1.5g/L
浴中润滑防皱剂 JM	1g/L
去油精练剂	1~3g/L
浴比	1:10
布速	200~300m/min

工艺曲线如图 4-3 所示。

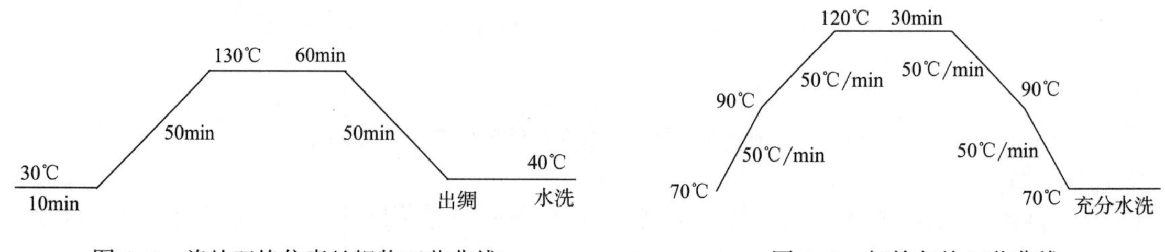

图 4-2 涤纶双绉仿真丝织物工艺曲线

图 4-3 解捻起绉工艺曲线

喷射溢流染色机精练松弛解捻起绉操作时,升、降温要慢,尤其是降温,否则会使织物手感粗糙。

2. 平幅汽蒸式松弛精练机

此设备最大的优点是,可克服喷射溢流染色机易产生的收缩不匀而形成皱印的缺点,且加工效率高。织物通过碱及精练剂预浸及精练,于 98~100℃汽蒸,最后振荡水洗。但是此设备精练时间短,织物翻滚程度低,因而强捻产品的收缩率较低。大多采用退浆精练、松弛解捻两步法。

3. 转笼式水洗机

高温高压转笼式水洗机是精练松弛解捻处理最理想的设备,织物平放于转笼中松弛处理,织物的缩率可达 12%~18%,强捻类织物可达 20%,使织物手感丰满度,风格更为理想,是其他设备所不能达到的。

但此设备操作要求较高且烦琐,劳动强度大,加工批量小,周期长,操作处理不当可能产生折皱、起皱不匀、边疵等疵病,操作时要注意。

转笼水洗机用于松弛解捻起绉,其工艺条件可定为:浴比 1 :(10~15),温度 135℃,时间 30~40min,缸体转速 5~20r/min。

若精练起绉一浴,则精练液一般含 30% NaOH 2~5g/L,螯合分散剂 0.1~0.5g/L,H_2O_2 1~2g/L,低泡渗透精练剂 0.5~1g/L。

喷射溢流染色机与转笼式水洗机松弛起绉效果差异明显,两者的处理效果对比见表 4-1。

表 4-1　喷射溢流染色机与转笼式水洗机处理效果对比

设备	缩率		绉效应评定
	经向/%	纬向/%	
转笼式水洗机	15.4	14.6	绉效应明显、细腻、均匀
喷射溢流染色机	14.3	12.7	绉效应较差

四、预定形

涤纶织物预定形的主要目的是消除织物在前处理过程中产生的折皱及松弛退捻处理中形成的一些月牙边,稳定后续加工中的伸缩变化,改善涤纶大分子非结晶区分子结构排列的均匀度,减少结晶缺陷,增加结晶度,提高后续碱减量的均匀性。

松弛收缩的织物经干热预定形后,织物的风格受到影响。因为要消除折皱、提高分子结构排列的均匀度,必定要对织物施加张力,而张力的增加,会使绉效应降低,活络度降低,柔软度、回弹性、丰满度等一系列性能恶化。虽然定形时因张力作用会降低绉效应,但能改善减量的均匀性和尺寸的稳定性。因此,松弛后应尽量避免加工中张力过大,所以定形前一般不烘燥。若烘燥也应采用松式烘燥设备。

为了尽量避免绉效应消失而影响织物风格,一般定形幅宽较成品小 4~5cm,或较前处理门幅宽 2~3cm,前车导辊张力全部放松,加上适当的超喂(如增加 10%~20%),以保持经线的屈曲,改善织物风格;冷却系统保证正常运转,以防织物压皱、融熔和硬化。

预定形温度一般控制在 180~190℃。定形温度低,对织物手感有利,但湿热折皱增加。减量率和得色率随定形温度的改变而有不同的变化。一般来说,减量率和得色率在 170~180℃ 随温度升高而降低;在 190~230℃ 随温度升高而增加。所以,预定形温度需根据减量率和织物风格要求,并结合得色率进行选择。

定形时间则根据纤维加热时间、热渗透时间、纤维大分子调整时间和织物冷却时间确定。一般定形温度高,定形时间短。定形时间还与定形机风量大小和烘箱长短有关。从产品质量角度考虑,以低温长时间定形为宜,但需兼顾设备及生产效率。若选用 180~190℃ 预定形温度,则预定形时间一般为 20~30s。如果织物厚度和含湿率增加,则时间需延长,一般通过调节定形机车速来实现。若定形机箱体长度增加,则可提高车速。

定形的张力只要能达到织物平整度要求,保证外观即可,以免影响织物的丰满度、悬垂感。

涤纶织物预定形应用最为广泛的设备是布铗链式热风拉幅定形机。涤纶预定形工艺举例如下：

(1)工艺流程。

进布→定形→冷却→落布

(2)工艺条件。

温度	180~190℃
车速	30~40m/min
超喂	+5%
门幅	按要求设定

五、碱减量

1. 涤纶碱减量的目的和原理

涤纶分子的分子间作用力强、分子排列紧密,纺丝后取向度和结晶度高,纤维弹性模量高,手感硬,刚性大,悬垂性差。

若将涤纶放置于热碱液中,利用碱对涤纶分子中酯键的水解作用,可将涤纶大分子逐步打断。由于涤纶分子结构紧密,纤维吸湿性差而难以膨化,从而使高浓度、高黏度的碱液难以渗入纤维分子内部,因而碱的这种水解作用只能从纤维表面开始,而后逐渐向纤维内部渗透。纤维表面被腐蚀而变得松弛,还会出现坑穴,纤维本身重量随之减少,纱线变细,纱线之间移动的空间变大,涤纶丝刚性降低,从而获得真丝绸般的柔软手感、柔和光泽和较好的悬垂性,滑爽而富有弹性。因此,涤纶碱减量加工是仿真丝绸的关键工艺之一,而加工时如何有效地控制减量率,使织物表面呈现均匀的减量状态是至关重要的。

碱处理使纤维重量减少的比率称为减量率,其公式表示如下：

$$\text{减量率}=\frac{\text{碱处理前织物重量}-\text{碱处理后织物重量}}{\text{碱处理前织物重量}}\times100\%$$

2. 影响涤纶碱减量加工效果的因素

(1)NaOH 用量的影响。涤纶具有一定的耐碱性,但在强碱作用下,涤纶分子酯键会发生一定程度的水解。不同的碱剂,对涤纶的水解程度也有较大差异。有机碱对涤纶酯键水解的能力远小于无机碱,但它对纤维强度的破坏却很大。常见无机碱对涤纶碱减量加工的影响见表 4-2。从实验的几种碱剂来看,减量效果 KOH>NaOH>Na_2CO_3,生产中以采用氢氧化钠为宜。

表 4-2 常见无机碱剂对涤纶碱减量加工的影响

碱剂种类	减量率/%	回潮率/%	表观得色量 *K/S* 值(分散红 82)
NaOH	13.37	0.44	6.56
KOH	17.87	0.54	7.87
Na_2CO_3	0.61	0.26	6.00

注 碱剂浓度 0.5mol/L,温度 95℃,时间 30min,浴比 1∶20

氢氧化钠浓度对碱减量加工的影响见图4-4。

浓度越大,涤纶的水解反应程度越大,减量率和强力损失也就越大。

从理论上看,涤纶的理论减量率与氢氧化钠用量关系见下式:

$$\text{理论减量率}=\frac{192\times\text{氢氧化钠用量}(\%,\text{owf})}{80}$$

当氢氧化钠用量为8%(owf)时,涤纶的理论减量率为19.2%。然而,此乃碱与涤纶完全反应时的情况。实际上,受外界条件的影响,涤纶的实际减量率要低于理论减量率。

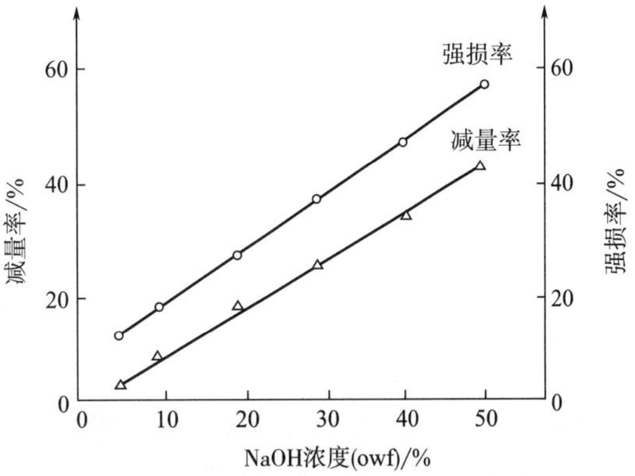

随碱浓度的增大,实际减量率和理论减量率的差距增加,虽然减量率随之提高,但氢氧化钠的利用率逐步降低。

图4-4　NaOH浓度与涤纶减量率、强力损失率的关系

碱处理条件:减量促进剂1g/L,温度100℃,时间60min,浴比1∶50,在练槽中进行

(2)促进剂的影响。促进剂在减量过程中起催化作用。处理浴中加入减量促进剂,可加快碱对涤纶分子的水解反应,提高水解效率和碱的利用率。减量促进剂品种较多,一般为阳离子表面活性剂,常用的是季胺盐类表面活性剂,特别是有苄基的季铵氯化物,其中以碳原子数为12~16的效果较好。不同促进剂及促进剂用量对减量率的影响如4-5所示。

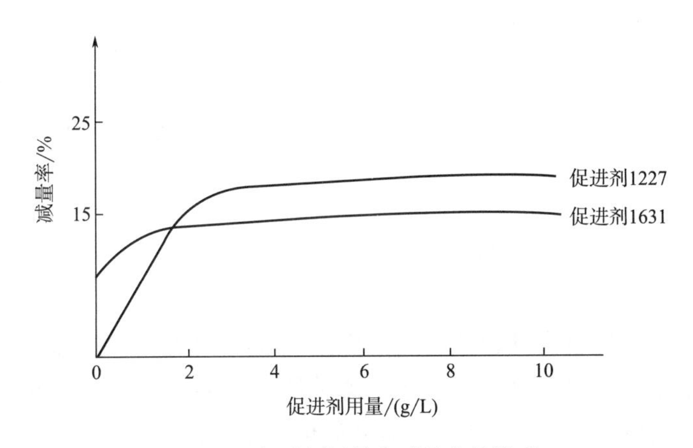

图4-5　促进剂用量和减量率的关系

不同促进剂在不同温度下,促进效果是有差异的。在100℃减量时,1227促进剂(十二烷基二甲基苄基氯化铵)效果优于1631促进剂(十六烷基三甲基溴化铵);而在130℃减量时,则1631效果超过1227。工厂常用的抗静电剂SN作为减量促进剂,使用量为织物重量的1%左右。

促进剂能加快碱对涤纶的水解反应速率,提高碱利用率,但在一般情况下去除涤纶上的促进剂是比较困难的。若纤维上促进剂洗不净,易导致纤维泛黄,造成染色病疵;另外,高温减量时,促进剂的加入会使纤维损伤增加。

阳离子染料可染的改性涤纶织物减量时不可使用促进剂。涤纶全长丝 FDY 产品或全涤低弹丝 DTY 产品减量时可考虑使用促进剂。

(3)温度的影响。温度越高,涤纶水解反应越剧烈。温度对涤纶减量率的影响见图 4-6。随着温度的升高,减量率增加。低温时,减量率受温度变化影响较小;高温段,则影响十分显著。当有促进剂存在时,影响减量率的温度明显降低,且影响程度远大于未加促进剂时。由于温度对减量率影响很大,因而必须严格控制温度,否则极易造成减量不匀。

(4)时间的影响。随处理时间的延长,减量率增加,见图 4-7。处理后期,减量率变化减小,其主要原因是涤纶水解产物增多,促使碱液黏度增大,降低了 OH^- 的扩散速率,导致反应速率减慢,减量率降低。然而时间与温度及碱浓度相对应,温度越高,则所需时间越短;碱浓度越高,所需时间越短及温度越低。同样,促进剂的加入,也可缩短减量时间。但是,温度的升高和促进剂的加入,虽然可加快反应速率,缩短减量时间,但反应的均匀性及涤纶织物的手感将会受到一定程度的影响。因而,应在保证一定生产效率的前提下,采用较低温度、较浓碱液和较长时间的减量。

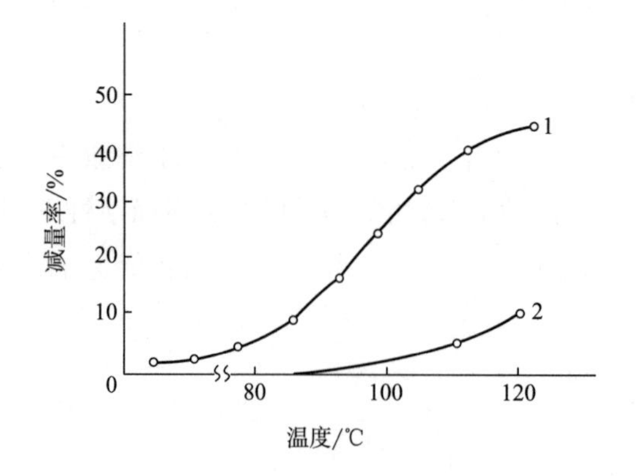

图 4-6 温度与减量率的关系

1—加促进剂 2—不加促进剂

处理条件:NaOH 20%(owf),

时间 60min,浴比 1∶50,促进剂 1g/L

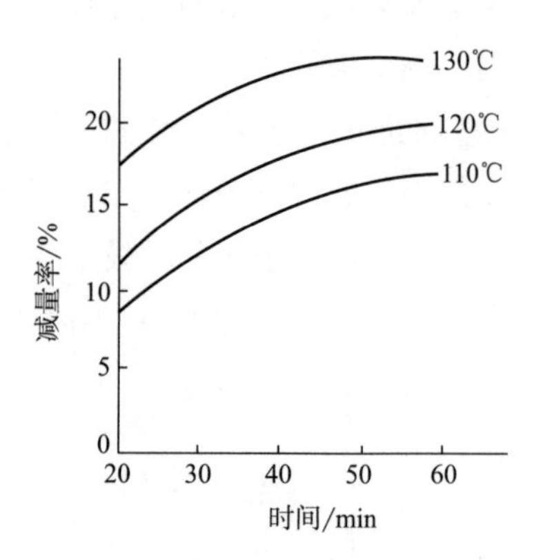

图 4-7 时间和减量率的关系

处理条件:NaOH 10%(owf),

促进剂 1g/L,浴比 1∶25

(5)浴比的影响。浴比增大,以对织物重量计算得到的烧碱量(%,owf)在浴中的碱液浓度(g/L)就降低,因而涤纶碱水解反应速率减慢,减量率下降,见表 4-3。但碱对涤纶作用的均匀性提高,从而使减量均匀。如果烧碱用量以每升体积中克重表示,则碱浓度不受浴比影响,所以浴比的变化不影响碱量率,这时,浴比增大,可提高减量的均匀性,但烧碱用量随之增加。

表 4-3 浴比对减量率的影响

浴比	10%NaOH/(g/L)	减量率/%	浴比	10%NaOH/(g/L)	减量率/%
1∶10	10	23	1∶25	4	18
1∶15	6.7	22	1∶40	2.5	11
1∶20	5	21	1∶50	2.0	8

碱减量加工的浴比还与设备有关。一般溢流染色机控制在1∶(10~12),喷射染色机浴比为1∶(6~8)。

(6)预热定形对减量的影响。热定形能够消除织物的皱印、不均匀的内应力和分子结构的不均匀性,因而,预热定形后碱减量有利于减量均匀和织物手感柔软滑爽。但定形后,涤纶结构的紧密度、取向度和结晶度提高,所以减量时,碱对涤纶分子酯键的进攻受到影响,故减量率有所降低;但当定形温度高于180℃后,由于温度升高,涤纶分子的结晶结构变大,从而使减量率提高,见图4-8。而预热定形时间对减量率的影响见图4-9。

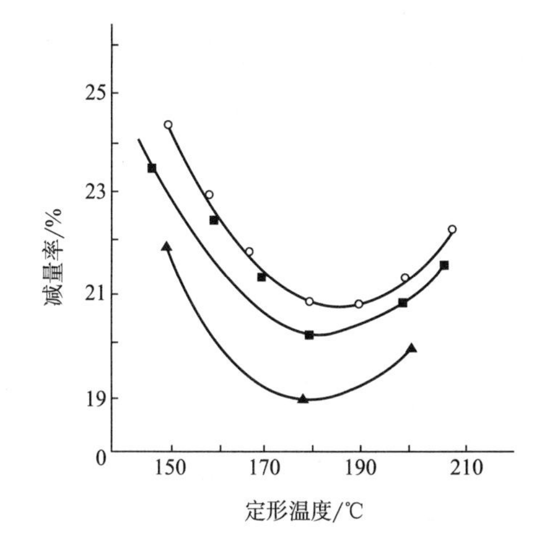

图4-8　预定形温度与减量率的关系

○—POY纤维(加1227促进剂)

■—POY纤维(加1631促进剂)

▲—PET纤维(加1227促进剂)

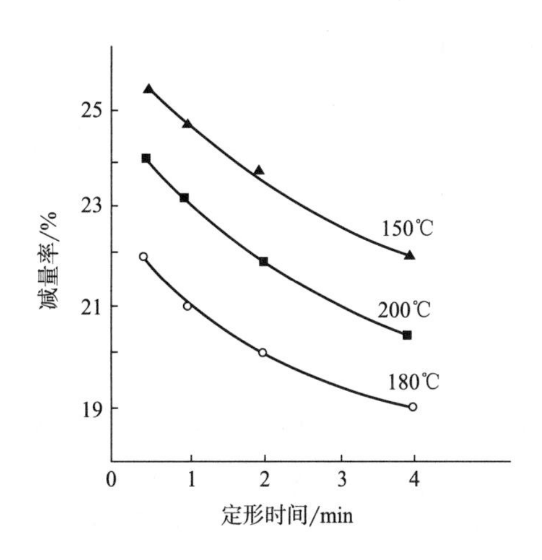

图4-9　预定形时间与减量率的关系

所以为获得良好的减量效果,必须严格控制减量前的预热定形条件。

(7)其他因素的影响。影响涤纶减量率的还有一些其他因素。一般来说,在相同条件下,具有高度光泽的圆形纤维较消光多叶形等异形纤维减量率低;纤维线密度低,则减量率高。不同涤纶原丝的减量性能是不同的,其减量率顺序为:着色丝>高染色丝>假捻丝>三角丝>无光丝>普通丝>有光丝>强力丝。

3. 涤纶碱减量加工设备及工艺

(1)间歇式碱减量加工。

①精练槽。精练槽为长方形练桶,生产时一般以五只练桶为一组。

精练槽减量加工的优点是投资低、产量高、张力小、减量率易控制、纤维强力损伤小、适宜于小批量多品种生产。但缺点是劳动强度大、各工艺参数随机性大、减量均匀性差、重现性差,易在织物边部留下破洞。另外,减量时若人工拎动布匹不及时,容易在减量坯布的折转处产生俗称“刀口印”的减量痕。精练槽减量的工艺流程为:

坯绸准备→精练→预热定形→S码或圈码→钉襻→浸渍处理液(95~98℃,60min)→80℃

热水洗→60℃热水洗→冷水洗→酸中和→水洗→脱水→烘干

碱减量工艺条件:碱的浓度控制在 30% NaOH 6~10g/L,促进剂 0.5~1.5g/L,时间控制在60min 左右,浴比不小于 1∶25;续缸处理时补加的碱剂量为头缸的 60%~70%。

星形架比精练槽减量处理的均匀性高,但特薄及顺纡织物不宜采用。

②常压溢流减量机。染厂都会用容积较大的 J 形箱来做固定的减量机,织物定形后在此设备中进行常压绳状运转,其张力低,减量率易控制,残液可利用,产品风格优于喷射溢流染色机,但易出现直皱印。其操作类似于高温高压溢流染色机。由于该设备是常压下进行减量处理,因而其工艺条件和工艺处方类似于练槽,但浴比较练槽低。

此类设备加工的关键是,精确控制碱液浓度、工艺温度、时间及布速,以提高减量率的均匀性和重现性。

③高温高压喷射溢流染色机。此类设备适用于绉类、乔其类织物的加工。该类设备张力低、温度高、碱反应完全、适应性广,可精练松弛后直接减量,对强捻织物的松弛效果明显。

减量时,其碱用量视织物减量率而定。由于减量温度高,时间又较长,因而减量较为充分,所以其碱用量略大于理论用量。如果工艺处方、温度及时间配合合理,则实际碱用量与理论用量最多相差 1%。涤纶仿真丝织物的碱量率一般控制在 15%~20%,所以实际生产的碱用量宜控制在 7%~9%(owf)。上述用碱量是在加入促进剂情况下的用量,此时用碱量应低于 9%,至烧碱反应完,即使温度再高,时间再长,也不会发生过度减量而损坏纤维,而且此时不会发生涤纶内部结晶区的水解。如不加促进剂,则用碱量需提高,但一般不宜超过 30%。薄型织物在高温高压碱减量时一般不加促进剂,而中厚型织物,则往往需要加促进剂。

该类设备减量,往往根据织物装载容量的多少和设备类型,选择浴比在 1∶(10~20)。但对低浴比的高温高压染色机,则可采用更低浴比,如气流式染色机,浴比可达 1∶(3~4)。

这类设备加工的关键在碱浓度的控制,否则减量率就难以控制。

在高温高压喷射溢流染色机碱减量工艺操作中,需注意的是,先将织物在溢喷机中走顺,然后用泵打入已溶解的碱液和促进剂,再走顺 5min,使碱液与织物接触均匀,然后升温到 70℃开始采用程控,升温速率不超过 1℃/min,升至 120~130℃,并保温 30~40min。常规设备布速不能太高,一般小于 100m/min,以溢流为主,略加喷力助送。因此不宜采用单喷射机台,否则易使织物擦伤。若使用单喷射设备,布速宜慢,降温也要缓慢,一般每分钟下降 1~1.5℃,至 70℃排液。减量后洗涤要充分,如加促进剂,残碱液 pH 值达 7~8,可不用中和,只用热水洗再加皂洗,以去净织物上的表面活性剂及涤纶水解物。

高温高压喷射溢流染色机碱减量工艺举例如下:

30%液碱	20%
促进剂	0.5~1.5g/L
浴比	1∶(10~15)
温度	95℃
时间	30~60min

高温高压喷射溢流染色机进行碱减量加工,可使减量在高温下完成,提高减量效率,但控制

不当易出现减量过重现象。

喷射溢流染色机易发生布的堵塞，进布速度不宜过快，进布时必须经过导布环，否则会造成织物剧烈抖动，容易与设备缸口部分发生剧烈碰撞，造成织物表面产生大量的“鱼鳞斑”疵点。另外，它虽然张力低，但毕竟存在张力，仍会影响织物的风格。所以生产中要注意防止，并注意避免布匹高速运转时织物的擦伤，减量时布速宜慢。

（2）连续式减量机加工。连续式减量机为平幅减量设备，特别适合加工大批量轻薄涤纶强捻机织物。此类织物大多含有浆料，捻度较高，需进行碱减量加工。该类设备减量织物手感的统一性是精练槽减量和染色机减量所不能比拟的。减量重，手感要求高，是对强捻轻薄涤纶机织物减量产品的基本要求。该设备具有液碱利用率高、生产效率高、水洗效果好的优点。

这类设备都由浸轧、汽蒸、水洗单元组成（图4-10和图4-11），其压力、汽蒸温度、碱浓度等技术参数均自动控制，十分稳定。

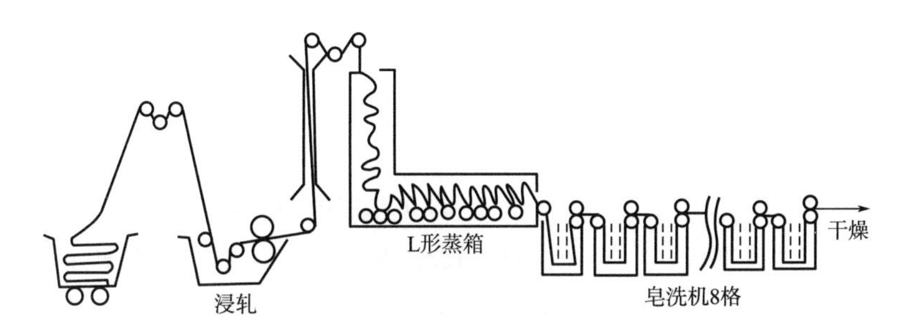

图4-10　带L形蒸箱的浸轧汽蒸减量设备结构示意图

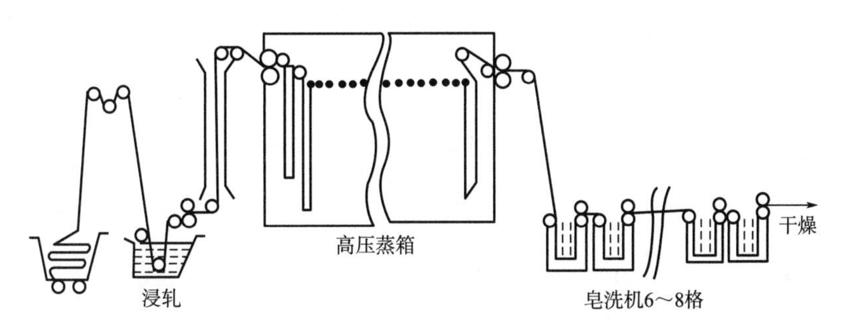

图4-11　带高压蒸箱的浸轧汽蒸减量设备结构示意图

①工艺流程。

缝头进布→浸轧碱液→汽蒸→热水洗→皂洗→水洗→中和→水洗

②工艺处方及条件。

30%液碱	270～400g/L
耐碱渗透剂	8～15g/L
汽蒸温度	110～130℃
车速	18～20m/min

由于连续式减量速度快,同时碱浓度和黏度大,涤纶又紧密,因而碱渗透差,使碱与涤纶反应不完全,且易表面化。所以连续减量需加入耐强浓碱的渗透剂,以促进碱的渗透。

③工艺条件的讨论。

a. 轧液率提高,增加了涤纶织物上的含碱率,因而减量率随之提高。

b. 温度升高,反应速率加快;碱浓度增加,减量率提高。然而,高浓碱不易控制且去碱水洗难,所以连续减量采用低浴比、低碱浓度的高温反应。

c. 汽蒸时间加长,减量率增加。

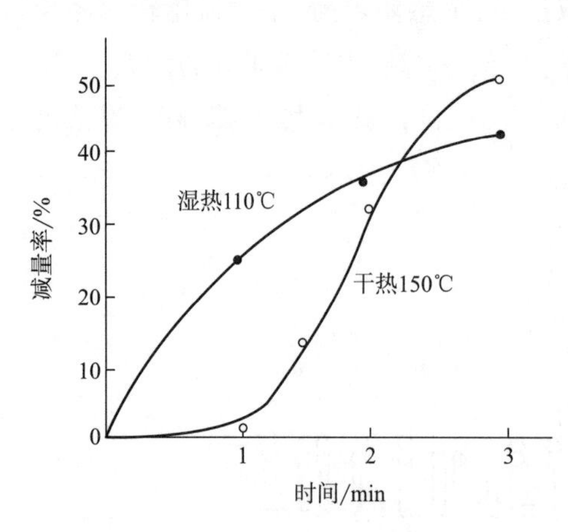

图 4-12　含湿量对减量率的影响

d. 汽蒸时,当蒸箱内含湿量降低,则被纤维吸附的水分降低,因而使布面的碱液浓度发生变化。若蒸箱内含湿量均匀性不一,则织物上的碱浓度均匀性也会产生问题,从而造成减量不匀。若提高汽蒸温度,则应降低含湿量,所以汽蒸时应均匀给湿。含湿量对减量率的影响见图 4-12。要注意,干热与湿热相比,织物强度显著降低,且干热织物没有悬垂性。

e. 连续减量时,张力控制极为重要。张力不匀会引起减量不匀。尤其是强捻织物松弛后,对张力特别敏感。

f. 连续汽蒸,碱反应效率在 30%~50%,因而汽蒸后需充分水洗。

从工艺及生产产品分析,几种减量工艺各有特点,分别有其适应性。比较目前常用的几种减量方式,其结果见表 4-4。

表 4-4　几种减量方式的减量效果比较

碱量方式	工序	操作性	产品质量稳定性	织物手感	织物强度下降情况
挂练法(练槽)	分批	差	差	很好	很少
高压溢流喷射染色机	分批	一般	一般	较好	较多
高压溢流喷射染色机(阳离子促进剂)	分批	良好	较好	较好	多
浸轧烘燥法	连续	很好	良好	一般	多
浸轧汽蒸法	连续	很好	很好	良好	多

4. 碱减量加工对织物性能的影响

涤纶织物经过碱减量加工后,织物性能发生了变化。

(1)织物的力学性能和风格。织物经减量后,随减量率的提高,纤维变细,吸湿回潮率提高,拉伸断裂强度降低,杨氏模量有所提高。随减量率增大,织物的蓬松性、爽挺性及柔软度均有增加,尤其是柔软度;织物弹性和身骨有所下降,悬垂性增加,丰满度提高。

(2)织物的空隙率。经碱减量后,织物纤维变细,因而织物空隙率提高,透气量增加,从而改善了织物的透气性、吸湿性、手感和光泽。

(3)织物的染色性。涤纶经减量后能在较低温度下染色,且随减量率的提高,上染率增加,但饱和得色量与减量率无关,而表观得色量随减量率的增加而降低。其原因是减量后,单位重量纤维的表面积增大,且表面变得凹凸粗糙,使光的漫反射增强。

(4)提高了织物的抗起毛和起球性能。

(5)织物的染色牢度。涤纶碱减量织物的染色牢度要低于未减量织物,其原因主要是纤维上的残留物对染料的吸附导致染料用量的增加等。但色牢度的变化视染料品种的不同而不同。

5. 减量效果的控制

(1)手感。手感是碱减量后涤纶织物最显著的变化之一。把织物完全攥在手掌中,先较轻柔再较用力地揉搓织物,才会得到该织物比较全面的手感信息。

(2)强力。减量过重,织物强力损伤过大,克重损失过多,织物变薄,虽然增加了织物的飘逸性,但悬垂性损失较大,织物身骨将逐渐消失。一般情况下,减量率每增加1%,织物的强力就下降2%。织物强力损伤过大后,纱线间的移动空间明显增加,服装在缝制过程中可能会造成接缝的滑移和扒丝。虽然织物表面柔软剂过多时也能产生扒丝,但这种现象是可修复的。强力损伤过大造成的织物扒丝现象无法回修。

6. 减量织物常见疵病及解决办法

(1)水洗不净。减量中低聚物优先于大分子聚酯纤维水解。根据相似相溶原理,这些先水解的低聚物对涤纶织物表面的吸附能力很强。如果不把吸附于纤维表面的低聚物去除,染色时分散染料会更容易在织物表面与这些低聚物相互吸附,在织物表面产生染料聚集,形成色点,严重影响染色质量。另外,减量后水洗不净也会造成织物表面残留碱剂偏多,分散染料在湿热高温碱性条件下易水解,最后织物易产生色变和色花。所以,减量后染色前的水洗十分重要。

(2)低聚物凝聚。低聚物是聚酯纤维生产过程中产生的聚合度较低的聚酯小分子。减量后低聚物由于分子结构与涤纶相同,很容易吸附在织物表面。染色时吸附在织物表面的低聚物吸收大量染料后在织物表面产生色花。染色前要充分水洗,水洗时加入有利低聚物去除的助剂。

(3)减量过重。由于工艺控制不当可能会造成减量过重现象。织物手感疲软无身骨,织物厚度明显下降。适当提高定形温度、适当降低定形张力、适当增加定形正向超喂、定形时适当添加少量修补剂、不添加柔软剂,都可以增加织物收缩率和厚度,适当补救减量过重疵病对织物的影响。

(4)减量过轻。由于工艺控制不当可能会造成减量过轻现象。织物手感偏硬、厚度偏高、无悬垂性。减量产品定形后发现手感偏硬,通过添加柔软剂的方法无法解决。用染缸在常温下加适量碱液回修,可较好地修正手感。减量回修后织物出现色差,需出缸脱水、烘干后重新打样染色。

六、增白

涤纶织物增白加工,采用的增白剂,要具有强度高、色光鲜艳洁白、耐高温、不易升华、不易泛黄、耐漂等特点,才能达到理想增白效果。涤纶荧光增白剂增白一般采用如下两种工艺。

1. 高温高压法

在实际生产中常常会将漂白和增白同浴进行。此方法通常采用高温高压染色机来进行,用双氧水、氧漂稳定剂、精练剂、螯合分散剂、液碱及增白剂、增白匀染剂等各种助剂配制成工作液,织物于125~130℃处理20~30min。增白剂DT用量在1%~4%。增白剂CPS用量一般为DT的1/12~1/10。

2. 热熔法

该法是织物浸轧增白液并烘干,然后热熔或热定形(180~200℃,30~60s)。增白和热定形可以同时进行。增白剂DT用量较高,而增白剂CPS和ER用量较低,CPS约为DT用量的1/12~1/10。增白剂CPS和ER在高温段对织物白度的改变较小,而DT在180℃以上随温度的提高而使织物白度降低;190℃热熔时,50s后,DT使织物白度有较大幅度降低。故增白剂DT不适用于本法。

学习任务4-2 锦纶织物的前处理

知识点

1. 锦纶织物的类别和特点。
2. 锦纶织物前处理工艺。

技能点

1. 能制订锦纶织物前处理的工艺流程,并对每道工序进行熟练操作。
2. 能根据锦纶织物特点及成品要求对选定织物进行前处理工艺设计和实施操作,并能根据产品的加工要求,对工艺中不合理的地方进行调整。
3. 能对锦纶织物前处理过程中出现的质量问题进行分析,并提出解决问题的方案。

锦纶,又称“耐纶”“尼龙”,学名聚酰胺纤维,是世界上最早的合成纤维品种。它是由带酰胺键(—CONH—)的线型大分子组成的。锦纶是聚酰胺纤维的国内商品名称,品种较多,有锦纶6、锦纶66、锦纶1010等。在纺织行业应用较多的是锦纶6和锦纶66。

锦纶6,全名为聚己内酰胺纤维,由己内酰胺聚合而成,结构如下:

$$\left[NH-(CH_2)_5-\overset{\overset{\displaystyle O}{\|}}{C} \right]_n$$

锦纶66,全名为聚己二酰己二胺纤维,由己二酸和己二胺聚合而成,结构如下:

$$\left[NH(CH_2)_6NH-\overset{\overset{\displaystyle O}{\|}}{C}-(CH_2)_4-\overset{\overset{\displaystyle O}{\|}}{C} \right]_n$$

锦纶在制造过程中已经过洗涤、去杂,甚至漂白,是一种较为纯净的纤维,所以锦纶前处理的主要目的是去除油剂和污物,其练漂加工较为简单。

锦纶属于热塑性纤维,在高温精练或染色时易产生变形和折皱印,所以必须对织物进行预定形处理,以防止产生折痕等疵病。

一、精练

锦纶在纺丝加工时需加入适当油剂,以提高纺丝效率。另外,为了提高经丝强度,锦纶织造时需上浆处理,所以在染色前需进行退浆处理。因此,锦纶织物精练的目的是去除纤维在纺丝、织造过程中沾上的油剂和其他污物,所以常把退煮或退煮漂合并进行。精练用剂常用去油精练剂,对沾污严重的可加入少量纯碱、磷酸三钠,精练条件也比较温和。锦纶织物通常可在卷染机或溢流染色设备上进行精练。

以轻薄型尼丝纺为例,其在卷染机上加工的精练工艺如下。

工艺流程:

备布→卷轴→进布→精练→热水洗→冷水洗→上卷

工艺处方:

去油精练剂	2~5g/L
螯合分散剂	2~4g/L
渗透剂 JFC	0. 2~0. 5g/L
纯碱	4~6g/L
或磷酸三钠	2~5g/L
保险粉(还原漂白剂)	0. 5~1g/L
浴比	1∶4

工艺条件:

50℃进布→70℃二道→80℃二道→90℃二道→80℃水洗一道→室温水洗一道→上卷

精练时必须逐渐升温,否则锦纶织物易产生折皱。

工艺说明:

精练时升温不易过高,升温速度不易过快。加入螯合分散剂可防止浆料和杂质对织物产生二次沾污。精练后需充分水洗,以免织物表面带碱,影响染色正常进行。

中厚型锦纶机织物,可用来加工外套,适合做休闲装。常用设备为溢流染色机。为提高织物表面平整程度,也可选用卷染机进行前处理加工。溢流染色机精练工艺举例如下:

纯碱	4~6g/L
螯合分散剂	2~4g/L
精练渗透剂	0. 2~0. 5g/L
浴比	1∶(10~15)
温度	80~90℃
时间	20~30min

二、漂白

锦纶本身已较洁白,除要求白度特别高的品种外,一般不需进行漂白。次氯酸钠和过氧化氢对锦纶有降解、脆化发黄作用,因此锦纶漂白只能用亚氯酸钠。但由于亚氯酸钠的储运和存放要求很高,所以这种漂白方法也很少使用。因考虑到因素环保性问题,不少厂家仍选用双氧水轻度漂白。如需进一步提高锦纶织物的白度,通常对其进行增白处理。

选用的增白剂,要有较好的增白效果,不易被日光降解,或降解物也呈白色。其用量为不超过饱和值。

如荧光增白剂 NFW 增白工艺举例如下:

荧光增白剂 NFW　　0.1~0.5%(owf)

浴比　　1∶10

HAc 调节 pH 值至 4.5,40℃运行 10min,升温至 95~98℃,运行 20~30min,降温、排水、清洗。

三、预定形

预定形的目的是为了纠正纺织过程中纤维受到的歪曲、折皱,消除加工中织物的内应力不匀,保证织物精练染色时平整,防止染色过程中产生条花、折皱和鸡爪花等疵病,同时使织物尺寸稳定,而且可改善织物的服用性能。

预定形可在精练或染色前进行,但若织物用聚乙烯醇(PVA)等浆料上浆,则必须先退浆再定形,否则,PVA 浆料在热定形的高温作用下,会产生不溶于水的有色物质,增加退浆、煮练的困难,并会影响织物的外观质量。

预定形常用针板式定形机,因为该定形机有超喂装置。定形时纬向拉力要小,经向要尽量超喂,以保证织物充分放松。预定形的条件不仅与锦纶的种类有关,还与以后使用的染色设备有关。具体条件见表 4-5。

表 4-5　锦纶织物预定形工艺条件

锦纶织物类型	染色使用设备	锦纶的品种	预定形温度/℃	预定形时间/min
锦纶常规丝(机织品)	卷染机	锦纶 6	190±2	0~20
		锦纶 66	215±8	
锦纶异形丝(机织品)	经轴染色机	锦纶 6	170	10~20
		锦纶 66	190	
锦纶常规丝(针织品)	绳状染色机或喷射溢流染色机	锦纶 6	190±2	10~20
		锦纶 66	215±8	
锦纶异形丝(针织品)	绳状染色机或喷射溢流染色机	锦纶 6	最高 160	10~20
		锦纶 66	最高 180	

锦纶织物预定形工艺举例如下:

温度　　190~200℃

时间　　20~30s

超喂　　按要求设定

学习任务4-3 腈纶织物的前处理

知识点

1. 腈纶的组成及特性。
2. 腈纶织物的前处理工艺。

技能点

1. 能制订腈纶织物前处理的工艺流程,并对每道工序进行熟练操作。
2. 能根据腈纶织物特点及成品要求对选定织物进行前处理工艺设计和实施操作,并能根据产品的加工要求,对工艺中不合理的地方进行调整。
3. 能熟练使用测试仪器,对腈纶纶处理后的效果如手感、悬垂性、白度、退浆率等进行检测。
4. 能对腈纶织物前处理过程中出现的质量问题进行分析,并提出解决问题的方案。

腈纶,是我国聚丙烯腈纤维的商品名称,又称为“人造羊毛”,国外称“奥纶”“开司米纶”。其分子结构如下所示:

$$\left[CH_2-\underset{\displaystyle CN}{\underset{|}{CH}} \right]_n$$

由上式可以看出,腈纶的单体主要是丙烯腈。纯粹的丙烯腈纤维,内部结构紧密,染色性差,服用性能差,所以通常要加入第二、第三单体,以改善其性能。第一单体为丙烯腈(85%以上),它是聚丙烯腈纤维的主体,对纤维的许多化学、力学性能起着主要的作用;第二单体为结构单体,加入量为5%~10%,改善弹性和手感,通常选用含酯基的乙烯基单体,如丙烯酸甲酯、甲基丙烯酸甲酯或醋酸乙烯酯等;第三单体又称染色单体,加入量为0.5%~3%,以改善其染色性能,提供阳离子染料染色的“染座”。所以腈纶一般是指用85%以上的丙烯腈与第二和第三单体聚合而成的共聚物,经湿法纺丝或干法纺丝制得的合成纤维。丙烯腈含量在85%以下的丙烯腈共聚物纤维则称为改性聚丙烯腈纤维或改性腈纶。

腈纶和其他化学纤维(如涤纶、维纶)一样,含杂较少,本身不需精练,它与黏纤、富纤、涤纶等化学纤维的混纺布也不需要精练,所以腈纶及其混纺制品或其中长纤维织物前处理工艺比较简单,只需进行烧毛、退浆、热定形加工即可。对于白度有特殊要求的产品,可进行轻度漂白或增白处理。但在整个前处理加工过程中,织物应保持松弛状态,以消除织物在纺织加工过程中所形成的内应力,使织物充分松弛、回缩,以提高织物的仿毛风格。腈纶的中长化纤织物具有一定的仿毛风格,适用于做外衣,产品要求既挺括又无粗硬感,既柔软又无飘荡感;薄织物要求具有平整、滑爽的特点,厚织物则要求具有手感丰满、厚实、蓬松、弹性好的特点。因此,中长化纤织物产品风格的优劣关键在于染整加工。

虽然腈纶不含天然杂质,无需精练,但在纺纱织造过程中易沾上油污,所以在染色前应对腈纶织物进行去污处理。由于腈纶在第三单体引入后,腈纶上酸性基团的离解使纤维表面带负电荷,而染色时使用的又是带正电荷的阳离子染料,若使用阴离子表面活性剂作洗涤剂,会使纤维表面聚集过多的阴离子,染色时造成表面浮色过多,降低染色牢度。若使用阳离子表面活性剂,它会与带负电的纤维相结合,占据纤维上的染座,使染色时阳离子染料上染率降低。由于非离子表面活性剂的临界胶束浓度比阴离子表面活性剂低,在低浓度下去污能力很强,而且化学性质较稳定,对染色无影响,所以可以作为腈纶织物的洗涤剂,其浓度为 1.5%(owf),浴比为 1∶15,或用浓度为 1g/L。

一、烧毛

腈纶的混纺制品或其中长纤维织物在穿着过程中易起毛,所以烧毛就显得很重要。烧毛可使织物布面光洁,改善织物的起毛起球现象,同时对提高产品风格也有较好的效果。

腈纶织物的烧毛采用气体烧毛机。其中长纤维织物烧毛应适度,采用少火口、强火焰、快车速的烧毛工艺,以获得较好的质量。实践证明,在同样的烧毛条件下,一正一反的烧毛效果如手感、弹性、断裂强度、耐磨性等都要比二正二反有所提高。至于烧毛工序的安排,可根据各厂具体条件和品种要求进行。但烧毛不匀会导致染色不匀。

二、退浆

腈纶中长纤维织物退浆不仅可以去除织物上的浆料,更重要的是使织物在松弛、湿热加工中得以充分收缩,从而获得仿毛风格。所用的浆料有淀粉、橡子粉、PVA、CMC 等,应根据浆料的种类选用合适的退浆剂进行退浆。由于目前上浆多以 PVA 浆为主,因此可采用碱、氧化剂、洗涤剂等退浆剂进行退浆。氧化剂退浆可用过硫酸钠、亚溴酸钠或双氧水等,但亚溴酸钠因卤素问题不再采用,生产中多用双氧水,双氧水可与碳酸钠或烧碱进行一浴法退浆。双氧水与碳酸钠或烧碱一浴法退浆时,两者的退浆率、毛效、白度相似,但前者的手感较后者柔软。腈纶的热水洗涤退浆可用非离子高效精练剂,精练剂实际上起洗涤作用,退浆效果主要靠高温洗涤来完成。洗涤退浆与碱退浆相比,两者的毛效相近,但碱退浆在同样的高温条件下布面颜色稍深,手感稍粗硬;而洗涤退浆则手感柔软,弹性较好,拉幅容易,但布面颜色稍浅。退浆通常在松式退浆联合机上进行,即织物在履带式或翻滚式汽蒸箱中进行松式汽蒸,再在松式水洗机中进行松式水洗,最后在短环烘燥机中进行松式烘干。

三、热定形

热定形是腈纶中长纤维织物的重要加工工序,目前大都是在短环烘燥定形机上进行。定形温度不宜过高,一般在 190℃左右,但应尽可能超喂,以使织物进一步回缩,对成品仿毛感有利。涤/腈中长纤维织物凡采用热熔染色的都应在染色前定形,这样可以保持织物在热熔染色过程的尺寸稳定性,减少折皱,提高染色质量。如采用高温高压卷染,因织物比较平整,幅宽收缩不大,故可在染色后定形。

四、增白

腈纶增白产品有针织物、纱线及绒线等。所用的腈纶专用荧光增白剂有分散型勃仑可福(Blankophur)DCB、天来宝 AN,增白时在酸性浴中进行。处理时与阳离子染料染腈纶相似,升温速度宜缓慢,必要时可加入阳离子缓染剂(如 1227)帮助匀染,防止增白不匀。

工艺处方(owf):

勃仑可福 DCB	0.5%~1.5%
非离子分散剂	2%~5%
草酸	1%~1.5%
醋酸(98%)	调节 pH 值至 4~5
柔软剂	0~5%
阳离子匀染剂	1%~5%
浴比	1∶(10~15)

在 70℃时依次加入分散剂、醋酸、草酸和增白剂后搅匀(在溢流机中先循环数分钟),然后入染。要特别注意控制升温速度,以获得匀染效果。通常在 70~80℃每分钟升高 1℃;80~85℃每 2min 升高 1℃;85~100℃每 4min 升高 1℃时,连续处理 30~60min 后降温。要注意不可骤冷,否则引起严重手感发硬,在 30~60min 内自然降温至 40~50℃,可改善织物手感,尤其对腈纶膨体纱应予特别注意,如有必要可进行柔软处理。

学习任务 4-4　新合纤织物的前处理

知识点

1. 新合纤的概念。
2. 新合纤常见品种的染整加工工艺。
3. 新合纤前处理加工要求与加工工艺。

技能点

1. 能制订新合纤织物前处理的工艺流程,并对每道工序进行熟练操作。
2. 能根据新合纤织物特点及成品要求对选定织物进行合理的工艺设计和实施操作,并能根据产品的加工要求,对工艺中不合理的地方进行调整。
3. 能对新合纤织物前处理过程中出现的质量问题进行分析,并提出解决问题的方案。

一、新合纤概述

新合纤即新型的合成纤维,它是通过成纤聚合物的化学和物理改性,运用纺丝和后加工技术使纤维截面异形化、超细化;采用复合、混纤、多重变形及新型的表面处理等各种手段,使合成纤维具有天然纤维的各种特性,并赋予纤维超天然的功能、风格、感观等综合素质。从广义上讲,新合纤还包括用上述新型纤维进行织造、染色、整理等深加工后的具有高品质、高性能、高科技含量和高附加值的合纤新产品。新合纤在结构上有别于常规纤维,因此,染整加工性能与常规纤维有明显的差别。

现就一些新合纤品种及其性能作简要说明。

1. 仿丝改性新合纤

(1)异形纤维。所谓异形纤维,即纤维截面不是普通圆形的纤维。纤维的截面形状是由纺丝时喷丝板上喷丝孔的形状所决定的。

异形纤维与圆形纤维相比,在风格、光泽、染色性、抗起球性和防污性方面均有明显的改善,手感更接近真丝。

(2)复合纤维。复合纤维是将两种或两种以上成纤高聚物的熔体分别输入同一纺丝组件,在组件中的适当部位汇合,从同一纺丝孔中喷出而成为一根纤维。复合纤维又称双轭纤维、组合纤维、异质纤维及多组分纤维。

复合纤维与共混纤维不同。复合纤维的两种组分互不混融,在喷丝组件中,两者通过各自的通道,在喷丝孔入口处汇合,一并挤出成型。因此纤维中两种组分有清晰的分界面。而共混纤维是两种组分相混融喷丝而成,无清晰分界面。复合纤维与混纤丝也不一样。复合纤维是一根单丝中有两种成分,而混纤丝是一束复丝中有两种成分,但每一根单丝只有一种成分。

(3)超细纤维。超细纤维通常是指 0.3dtex 以下的纤维,也有的国家将 0.55dtex 以下的纤维划归为超细纤维。超细纤维表面看起来似乎只是纤维直径的变化,但实际上纤维的许多性能也随之发生了变化,对纱线和织物各种特性影响更大。

(4)混纤丝。混纤丝是指在一束丝中含有不同品质的合纤丝,它们或细度不同,或收缩性能不同,或截面形状不一。混纤丝生产可采用先纺出不同品质的丝,再制成混纤丝;也可以在同一纺丝板上形成不同品质的丝,从而组成混纤丝。不同组成的混纤丝具有不同的风格和效果,如有的有优越的蓬松性,有的可形成不同染色效果等。

2. 纤维后加工改性新合纤

纤维后加工改性是将细度、截面形状、收缩率等不同的纤维通过假捻变形、空气变形、特殊的混纤技术及特殊的膨松技术等,使纤维产生各种花色效果。

变形丝包括假捻变形丝和空气变形丝。

假捻变形丝是纤维经过变形和热定形后,得到高度卷曲、膨松性能的纤维。因在纤维长度方向有高度的伸缩性,所以又称为弹力丝。涤纶一般加工成低弹丝,也可加工成中弹丝。低弹丝性能优良,具有优异的蓬松性和覆盖性,既改善了涤长丝蜡状手感等缺点,又保留了涤纶高强、挺括、美观的优点。

空气变形丝是纤维通过一个特殊的喷嘴,在空气喷射作用下,单丝被吹开,并发生弯曲形成线圈和环圈,成为一种高度蓬松的纱线。空气变形丝具有天然羊毛、棉、麻短纤纱的特性,是一种非常逼真的仿短纤纱。

3. 功能改性新合纤

为改善合纤静电大、吸湿性差、易起球、穿着不舒服及有的纤维(如涤纶、丙纶)不易染等缺点,需对合纤进行功能性改性。在功能性改性中又以聚酯纤维改性为主。聚酯纤维改性必须改变其大分子链结构,一般的聚酯纤维改性产品有以下几种。

(1)易染改性聚酯纤维。主要品种有阳离子染料可染聚酯纤维、酸性染料可染聚酯纤维、两性离子染料可染聚酯纤维、分散染料可染聚酯纤维、聚对苯二甲酸丁二酯(PBT)纤维。其中,PBT 纤维具有优越的回弹性,手感柔软,常压下可染得鲜艳的色彩。以 PBT 与 PET 共混纺丝,也可生产易染纤维。

(2)抗静电改性聚酯纤维。聚酯纤维的静电较大,比电阻在 $10^{14}\Omega \cdot cm$ 以上,摩擦电压在 1000V 以上,半衰期可达数小时。为消除静电,应进行抗静电改性。可以采用将纤维及织物进行共混改性,或使用导电纤维与涤纶交织等多种方法。其中化学改性及添加抗静电剂共混纺丝可获得永久的抗静电纤维。

(3)抗起球纤维。织物起球是由于光滑、松散的纤维尾端从织物表面露出,在使用中摩擦缠成小球而形成的。常规合纤表面光滑,而且纤维强度高,形成的小球会牢固地系在织物表面不易脱落。抗起球纤维制造的方法,一种是物理改性,增加纤维的抱合力,防止纤维露出纱线和织物表面,一般采用改变纤维的圆形截面,使截面异形化,也可以采用变形加工及网络加工等增加纤维抱合力的方法。另一种是化学改性,用低黏度的切片纺丝或在聚合物中加入第三单体进行纺丝,使纤维强度降低,从而使形成的小球易断裂掉落。

(4)吸水吸湿性纤维。纤维的吸水吸湿性影响织物的舒适性、抗静电性及防污性。吸水吸湿纤维的制造方法很多,如聚合物与亲水性单体共聚、用亲水性单体进行接枝共聚、与亲水性化合物共混纺丝、用亲水性物质进行表面处理,使织物表面形成新水层,使纤维形成微孔结构或使纤维截面异形化等。

4. 其他新合纤

除上述新合纤品种之外,新合纤还有阻燃纤维、高弹性纤维、抗紫外线纤维、远红外纤维、负离子纤维、热感凉感纤维、石墨烯纤维、矿物纤维、芳香纤维、抗菌防臭纤维、变色纤维(如光致变色纤维、热致变色纤维、压力变色纤维和溶剂变色纤维等)。

在新合纤中,目前使用较多的是特殊柔软手感、悬垂性好的超细纤维和具有丰满手感和身骨的高异收缩纤维。

二、新合纤中常见品种的染整加工工艺

1. 仿真丝绸强捻类产品的工艺流程

(1)细旦丝仿真丝绸织物。

坯布准备→圈码钉线→退浆精练松弛(解捻预缩)→脱水(烘干)→预定形→碱减量→皂洗→松烘→定形→染色 → 水洗 → 烘干→后整理(各种功能性、风格化)→拉幅定形→成品

　　　　　　└印花 → 蒸化┘

(2)超细复合丝仿真丝绸织物。

坯布准备→圈码钉线→退浆精练松弛(预定形→碱减量→皂洗)→开纤→水洗→松烘→定

形→染色 → 水洗 → 烘干→后整理→成品
　　　└印花 → 蒸化┘

2. 仿桃皮绒类产品工艺流程

(1)超细复合丝仿桃皮绒织物。

①中浅色。

坏布准备→退浆精练松弛→(预定形→碱减量→皂洗)→开纤→水洗→松烘→定形→染色→柔软→烘干→(预定形)→磨绒→砂洗→柔软拉幅定形→成品

②深色。

坯布准备→退浆精练松弛→(预定形→碱减量→皂洗)→开纤→柔软烘干→(预定形)→磨绒→砂洗→松烘→定形→染色→柔软拉幅定→成品

(2)细旦丝仿桃皮绒织物。

①中浅色。

坯布准备→退浆精练松弛→预定形→碱减量→皂洗→松烘→定形→染色→柔软→烘干→(预定形)→磨砂→砂洗→柔软拉幅定形→成品

②深色。

坯布准备→退浆精练松弛→预定形→碱减量→皂洗→柔软烘干→(预定形)→磨绒→砂洗→松烘→定形→染色→柔软拉幅定形→成品

3. 仿鹿皮绒类产品工艺流程

坯布准备→退浆精练松弛→预定形→起毛→剪毛→染色→浸轧聚氨酯涂层液→湿法凝固→水洗烘干→柔软烘干→磨绒→整理(视织物风格而定)→拉幅定形→成品

4. 仿毛类产品工艺流程

(1)涤纶仿毛织物。

坯布准备→洗缩→烘干→预定形→碱减量→皂洗→松烘→定形→染色 → 水洗 → 烘干→
　　　└印花 → 蒸化┘

浸轧风格整理剂→短环预烘→拉幅→焙烘→定形→起毛→剪毛→蒸呢→成品

(2)阳离子染料可染涤纶仿毛织物。

坯布准备→洗呢→松烘→定形→染色→烘干→蒸刷→剪毛→定形整理→蒸呢→成品

5. 高密类产品工艺流程

坯布准备→退浆精练松弛→(预定形→碱减量→皂洗)→松烘→定形→染色 → 水洗 → 烘干→
　　　└印花→蒸化┘

后整理(各种功能性风格化整理)→拉幅定形→成品

三、新合纤前处理加工要求

新合纤织物前处理加工是决定新合纤织物染整产品质量的关键。通常新合纤的前处理加工包括退浆、精练松弛、预定形、碱减量(或开纤)等几个过程。对新合纤而言,上浆需采用矿物油、酯化油、蜡质类的复合油，但因新合纤结构紧密、比表面积大，故上浆或上油率及黏附力大大增加，从而增加了退浆的难度。所以，退浆以选择去油脂性、去蜡性、脱浆性强，并具良好净洗效果的精练助剂为佳。显然，新合纤退浆主要是去除油剂，所以退浆应以表面活性剂的作用为主，以碱剂为助剂。

为使新合纤织物有效收缩并获得良好的蓬松感，精练松弛工艺条件要求较高。在精练松弛过程中，还应使残脂率低于 0.2%，并防止再沾污。但在此过程中，新合纤收缩率随温度变化的敏感性远强于常规涤纶，因此，需把握好热处理时温度与纤维收缩率的关系。织物往往从低温开始处理，缓慢升温，使其充分收缩，否则部分纤维因收缩不匀，会产生折皱、光泽不匀及高温下将这些折皱定形而影响产品质量。对于新合纤强捻织物，应采取低温松弛处理。当然，应根据新合纤织物的不同要求，调整精练松弛工艺。

新合纤织物的精练和松弛宜分开进行。可先在连续松弛机上进行预松弛，再经溢流染色机正式松弛。松弛宜湿热、干热相结合。松弛方法对织物风格的影响见表 4-6，松弛条件对织物风格的影响见表 4-7。

表 4-6　松弛方法对织物风格的影响

松弛方法	收缩动态	手感评价	平滑性	回弹性	蓬松性
湿热松弛	经向<纬向	一般	一般	一般	尚佳
湿热松弛（加膨润剂）	经向≤纬向	尚佳	尚佳	尚佳	尚佳
湿热+干热松弛	经向≥纬向	最佳	尚佳	最佳	尚佳

表 4-7　松弛条件对织物风格的影响

松弛条件	平滑性	回弹性	蓬松性	匀染性
干热（180℃）	○—△	☆	×	○—△
溢流湿热（120℃，5℃/min）	○—△	○	☆—○	×
溢流湿热（120℃，1℃/min）	○—△	○—△	○	○
加膨润剂溢流湿热（120℃，1℃/min）	○	○	○	○
加洗涤剂湿热（120℃，1℃/min）	△	△	☆	○—△
溢流（120℃，1℃/min）+干热（180℃）	○	○	○	○
溢流（120℃，5℃/min）+干热（130℃）	○	☆	○—△	○

注　☆—优，○—良，△—稍差，×—差。

良好的预定形，不但能改善织物尺寸的稳定性、消除折痕，而且有助于提高减量率和染色的均匀性。

碱减量不仅能使纤维变细，而且还能改善织物的悬垂性、吸湿性和柔软性等，表现出新合纤的织物风格。但新合纤原料与传统产品不同，因而减量率要求也不同，如掌握不好，将造成碱量率的差异，使强力下降，织物经向伸长。

超细纤维（复合纤维）的碱减量与传统涤纶仿真丝不一样，其主要是开纤，因而一般减量率控制在 1%～2%即可，但其控制及生产较困难。所以实际生产中，有的品种不采用碱减量方法，而采用开纤剂和经磨毛、砂洗来达到开纤目的。若用碱减量法进行开纤,绝不能让减量率过大。对涤锦双组分复合纤维的开纤,减量率不得超过5%,但需保证开纤率,一般开纤率达80%即为充分开纤。值得注意的是,新合纤碱水解速率快于常规涤纶,而且新合纤中各组分的水解速率又互不相同,因而必须注意新合纤中水解快的组分会引起自身强力过分下降,同时,弯曲和剪切特征也将降低,影响织物的身骨和韧性。因此,新合纤减量控制要求远较常规涤纶严格,并且加工难度大。

在新合纤织物的前处理加工中,应尽可能保持松式或无张力条件。

四、新合纤前处理加工工艺

1. 退浆、精练松弛加工工艺

退浆、精练的作用是去除坯布织造过程中施加在经纱上的浆料,同时去除纤维纺丝时加入的油剂及运输和储存过程中沾上的油渍等。碱剂是退浆剂中的主要成分,需根据不同的浆料添加不同的碱剂,调节不同的pH值。如聚酯及聚丙烯酸酯浆料,调节pH值至8.0~8.5,聚乙烯醇调节pH值至6.5~7.0。对于超细纤维而言,由于纤维线密度低,织物密度高,往往组织间隙中的浆料、油剂不易去除,所以除了碱剂外,通常选用耐碱、耐高温、渗透性和乳化性较好的高效精练剂作为主要助剂。

精练方法视精练剂和工艺处方而定,精练质量的优劣主要取决于精练剂性能、用量及工艺配比。

异收缩混纤和复合纤维常需精练、松弛同时进行,而松弛要求在无张力、无摩擦、无挤压及升温速率较慢等湿热条件下进行,其条件十分苛刻。因而,新合纤精练剂与普通合纤精练剂有所差异,主要是以表面活性剂为主,碱剂为辅,一般采用具有协同和增效作用的阴离子和非离子表面活性剂复配物。如专用于新合纤的精练剂有Disef MOL-305、Diserf MOL-315、Sunmorl系列等。

其工艺实例如下所示。

(1)用Sunmorl WX-9(脂肪醇聚氧乙烯酯)处理新合纤织物。

工艺处方:

Sunmorl WX-9	1g/L
NaOH(98%)	1g/L

溢流洗涤机工艺流程:

精练(浴比1∶10,120℃,20min)→热水洗(80℃,5min)→水洗→烘干

(2)用Diserf MOL-305对附油量2.52%的新合纤生坯精练。

①双槽连续精练。

两槽练液处方:

	第一槽	第二槽
Diserf MOL-305	3g/L	1.5g/L
NaOH(98%)	2g/L	1.0g/L
织物精练剂	10g/L	5.0g/L

精练工艺条件为浴比 1∶10，温度 85℃，时间 1～2min。

②间歇精练。练液处方：

Diserf MOL-305(30%)	2.5g/L
NaOH(98%)	1g/L

精练工艺流程：

精练(浴比 1∶10，120℃，15min)→热水洗(80℃，5min)→水洗烘干

(3)高温高压转笼水洗机松弛精练。加精练液(30% NaOH 2～5g/L，去油精练剂 0.5～1g/L，软水剂 0.1～0.5g/L)和织物，于 60℃开始自控升温，以 1℃/min 升温至 120～130℃，保温 20～30min，再以 1℃/min 降温至 70℃，排液，70℃热水洗 15min，室温清水洗 10min。

(4)Kieralon CD 精练超细纤维织物。

处方 1：

Kieralon CD	3g/L
小苏打	2g/L
螯合剂 Trilon TA	1g/L

浸渍温度 60℃，吸液率 70%，水洗温度>90℃(含聚酯浆)。精练条件为 110℃，20min。

处方 2：

Kieralon CD	3g/L
NaOH(98%)	2g/L
螯合剂 Trilon TA	1g/L

浸渍温度 60℃，吸液率 70%，水洗温度>80℃(含聚丙烯酯浆)。精练条件为 110℃，20min。

(5)涤/锦新合纤织物精练。

①连续式处方。

Sandodean PC	0.5～2mL/L
Sandozin NA	0～0.5mL/L
Sirrix AK	0.5～2mL/L
NaOH(98%)	2～3g/L

处理温度 90～98℃。

②间歇式处方。

Sandodean PC	0.5～2mL/L
Sandozin NA	低泡加 0.2～1mL/L
Imacot S	1～1.5mL/L
纯碱(碱性时加)	2～3g/L

处理条件为 50～70℃，30～45min。

2. 松弛处理

松弛处理可使海岛型超细纤维织物在高温湿热和松弛状态下有效收缩并能获得良好的蓬松感。松弛处理时织物完全处于无张力状态下，经湿热作用，纤维间产生收缩差异，从而提高织

物的回弹性、平滑性和蓬松性。工艺举例如下：

烧碱	2~3g/L
高效精练剂	1~2g/L
螯合剂	0.5~1g/L
温度	90~95℃
时间	20~30min

3. 预定形加工工艺

超细纤维织物定形加工条件与常规仿真丝织物差异不大，一般温度控制在180~190℃，时间30~60s，经向超喂10%左右。但对改性涤纶则有明显差异，如阳离子可染涤纶定形温度控制在105~110℃，时间30~60s，超喂8%~10%；涤锦复合超细纤维织物，温度控制在170~175℃，时间30s。预定形时，织物门幅比成品门幅小1.5%。预定形温度太低，则布面皱痕不易去尽，易产生染色疵病，严重时门幅稳定性不够，并影响成品的手感和风格；预定形温度过高，则布面发硬，增加减量难度，还会产生染色疵病。但要注意，定形条件应根据不同织物特点、组织规格、密度、捻度、原料种类，来确定适宜的工艺条件。工艺举例如下：

温度	180~190℃
时间	30~60s
超喂	8%~10%

4. 碱减量(或开纤)加工工艺

选用超细纤维的长丝织成织物，经特殊的染整加工，就会在织物成品表面形成细密均匀的绒毛。仿麂皮绒就是利用超细纤维的特性，通过染整技术手段使其成为表面绒毛细腻、光泽柔和、手感柔软，具有一定皮质感的面料，是服装、装饰、箱包等面料的理想材料。目前超细纤维有多种型号，适合做仿麂皮绒的有涤/涤海岛型和涤/锦橘瓣型。海岛型纤维用溶解法开纤，橘瓣型纤维用剥离法开纤。目前通常选用涤/涤海岛型超细旦纤维长丝为原料，采用溶解法溶解涤/涤海岛型纤维，开纤后成为超细旦纤维，开发制造仿麂皮绒产品。由海岛复合丝织造的仿麂皮绒基布的染整加工，首先要塑造成鹿皮绒产品风格，即柔软、活络、悬垂性好的绒面等，其中前处理加工中的开纤至关重要。海岛型超细纤维的开纤是溶掉海组分、分离岛组分，使纤维细化。

涤纶超细纤维仿麂皮绒前处理加工的重点是碱减量，减量的目的是为了“开纤”。“开纤”通过减量方法，使一根涤/涤海岛型纤维变成一束超细纤维。开纤质量的好坏，将直接影响后续工艺的实施，也必将影响产品最终质量。细旦丝“开纤”不充分或者“开纤”过分，都将直接影响后道工序、产品风格以及最终产品质量。“开纤”不充分，织物表面仿麂皮绒毛就会较短；如果“开纤”过分，织物表面仿麂皮就容易产生长毛绒。减量率根据海岛形超细纤维的组分、织物组织结构、成品风格要求而定，一般控制在15%~25%。碱减量(开纤)工艺举例如下：

30%液碱	15%~20%
精练剂	0.5~1g/L
浴比	1：(10~15)
温度	95~100℃

时间　　　　　　　　　　　　　　30~60min

涤锦复合纤维织物采用剥离开纤的方法，如开纤减量率为18%时的参考处方为：

NaOH(98%)　　　　　　　　　　　3~5g/L

开纤促进剂 CT　　　　　　　　　2~3g/L

浆斑去除防止剂 ACR　　　　　　0.5~2g/L

在100~110℃处理60mim，然后在含 Supersoap NF 2g/L 的皂液中90℃处理20min。

也可用剥离开纤剂（或溶胀剂）和烧碱开纤，如在 Mezzera 卷染机上加工/涤锦复合纤维织物的工艺为：

工艺处方：

30%(36°Bé)NaOH　　　　　　　　10g/L

剥离开纤剂　　　　　　　　　　　4g/L

处理条件：80~90℃，2.5~3h。

工艺流程：

90℃热水处理两道→放残液→80℃热水处理两道→放残液→70℃热水处理两道→放残液→冷淋至 pH 值为7~8时打卷

舒适性改性涤纶仿真丝织物，碱减量工艺处方：

NaOH(98%)　　　　　　　　　　　3g/L

抗静电剂 SN　　　　　　　　　　0.4g/L

处理条件为浴比1∶14，85℃时处理20min。

超细纤维的碱量率高，会影响纤维的强力，引起纤维损伤，因而超细纤维一般减量率较低。从生产实践经验可知，超细纤维的减量率一般以5%~8%为宜。然而减量率过低，虽对纤维损伤小，但对涤锦复合纤维的开纤不充分，所以，通常在生产中，碱减量使纤维预开纤后，再经机械揉搓作用，使纤维进一步开纤。要注意的是，涤锦复合纤维在前处理中不需要完全开纤，否则染色及后整理加工会引起纤维更大的损伤。

碱减量后，再经机械开纤，效果较好。如减量后用 Airo-1000（爱乐手感机）处理，通过该设备强大的气流动力，在高温下绳状布以1000m/min 的速度经过特型文丘里管被抛至机械后方的不锈钢栏板上，使布料在瞬间完成三步机械揉搓作用，将纤维充分分离，从而达到良好的开纤效果。

学习任务4-5　合成纤维织物的热定形

知识点

1. 热定形的机理与方法。
2. 影响热定形效果的工艺因素。
3. 热定形工序安排。

技能点

1. 能制订各类合成纤维织物的热定形工艺流程,并能进行熟练操作。

2. 能根据合成纤维织物的特点及要求对选定织物进行热定形工艺设计和实施,并能根据产品的加工要求,对工艺中不合理的地方进行调整。

3. 能熟练使用热定形设备,能对影响热定形的主要工艺因素进行分析。

4. 能对各类合成纤维物热定形加工过程中出现的质量问题进行分析,并提出解决问题的方案。

纺织品经过一定的处理,从而获得所需的形态并保持其稳定性的加工过程称为定形。定形在纺织品染整加工中具有重要的意义。就织物而言,随着纤维品种和要求的不同,有各种不同的定形方法。如棉织物的丝光和防皱整理、毛织物的煮呢和防毡缩处理、合成纤维织物的热定形等。本任务仅对合成纤维织物的热定形进行叙述,而合成纤维混纺或交织物的热定形,如涤/棉、锦/棉和棉/氨纶弹性织物等,都是针对其中的合成纤维而进行的。

合成纤维及其混纺织物的热定形是利用合成纤维的热塑性,将织物在一定的张力下,加热到所需温度,并在此温度下加热一定时间,然后迅速冷却,使织物的尺寸形态达到稳定状态的加工过程。织物热定形可分为干热定形和湿热定形两种。对同一品种的合成纤维来说,达到同样定形效果时,采用湿热定形的温度可比干热定形的温度低一些。锦纶和腈纶及其混纺织物往往多采用湿热定形工艺,而涤纶由于吸湿溶胀性小,因此涤纶及其混纺织物多采用干热定形工艺。

合成纤维织物在纺织及染整加工中,由于受到各种外力的反复作用,织物内部积存着内应力,它是造成织物尺寸和形态不稳定的主要原因。通过热定形,可消除织物的内应力,提高织物的尺寸稳定性,消除织物上已有皱痕,并使织物在之后的加工或使用过程中不易产生难以去除的折痕。此外,热定形还可改善织物的强度、手感和表面平整性,同时织物的染色性能和起毛起球现象也有一定程度的改善。

一、热定形机理

合成纤维织物经过热定形后,尺寸和形态的稳定性获得提高,其原因和纤维的超分子结构的变化密切相关。

在玻璃化温度(T_g)以下,纤维无定形区大分子链中的原子或原子团只能在平衡位置上发生振动,分子间作用力不被拆散,链段也不能运动。当温度高于玻璃化温度时,分子链段热运动加剧,分子间作用力被破坏,这时若对纤维施加一定的张力,分子链段便可按外力的作用方向进行蠕动而重排,相邻分子链段间在新的位置上重新建立起分子间作用力,冷却后,这种新的状态便被固定下来,这样就使纤维产生了在这一温度条件下的定形作用。

合成纤维的热定形效果还与纤维结晶区的含量、晶粒大小和晶体完整性等变化有关。热定形温度实际上是介于纤维的玻璃化温度和熔点(T_m)之间的。虽然热定形温度低于纤维的熔点,但仍可能使分子中的结晶区、晶粒和晶体发生变化。这是因为通常所说的熔点是指纤维中尺寸比较大而完整的晶粒熔化所需的温度,而实际上涤纶等合成纤维的结晶区是由大小和完整性各不相同的晶粒组成的。大小和完整性不同的晶粒有各自不同的熔点，部分尺寸较小、完整性较差的晶粒，其熔点低于纤维熔点，因而这些小或有缺陷的品粒会在定形温度下发生熔化，并使得比较完整而又较大的结晶变得更完整或更大，从而纤维的结晶度得到提高（图 4-13）。这样使晶粒的大小及完整性的分布达到了一个新的状态，纤维的热稳定性得以显著提高。经过一定温度（T）定形后的纤维，在松弛状态下假如再经过 T 及低于 T 的温度热处理，由于纤维中已没有能够熔化的较小尺寸的结晶，所以原定形效果并不改变，即获得了稳定的形态。如果要破坏这个状态，必须进一步提高温度，才能使纤维分子中的结晶区大小及完整性的分布发生新的变化，而纤维也在新的条件下获得更高的尺寸热稳定性。

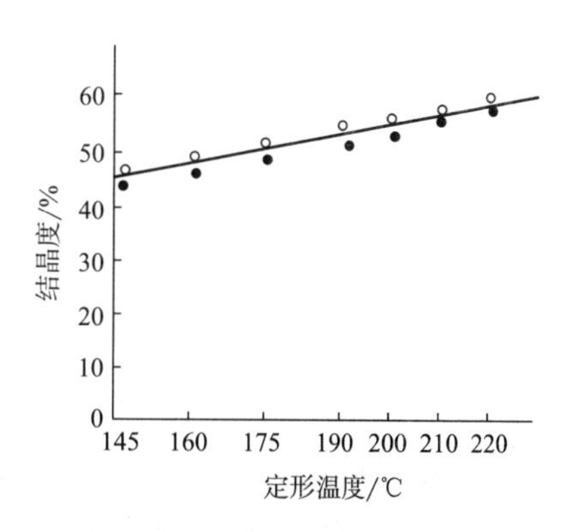

图 4-13 涤纶长丝结晶度与定形温度的关系

定形时间：30s

○—松弛 ●—定长

由于合成纤维热定形后其超分子结构发生了变化，结晶度和取向度有所提高，因此热定形后的纤维断裂强度增加，纤维对染料的吸附性能变化很大。变化规律随热定形温度和张力的不同而异，总趋势是热定形温度越高，吸附能力下降越大。但染料性质不同，纤维吸附性能的变化不一样。

二、热定形方法

合成纤维热定形的方法根据有水与否分为湿热定形和干热定形两种。

1. 湿热定形

湿热定形时，由于水分的存在使纤维大分子之间的作用力降低，链段的热运动变得容易进行，从而加快了应力松弛的速度，故可在较低的温度条件下获得较好的定形效果。湿热定形后的织物手感柔软、丰满。湿热定形可分为水浴和汽蒸两类。

（1）水浴定形。水浴定形是将织物在沸水中处理一定时间。该方法简单，但定形效果较差，定形后的织物仍有较大的热收缩率。此法现已很少使用。

（2）汽蒸定形。汽蒸定形有两种，一种是在高压釜中进行的高温高压汽蒸定形，该法可获较好的定形效果，但需要采用特殊耐压设备，且无法连续生产。另一种汽蒸定形是采用过热蒸汽，在常压下处理织物。这种方法能连续生产，可缩短热处理时间，提高生产效率，还可防止纤维变黄，提高织物的色泽鲜艳度，改善织物的手感、弹性和风格。

2. 干热定形

干热定形是使织物在干态、无水的情况下进行热处理的一种热定形工艺。由于水对涤纶的膨化作用很小，所以常规的涤纶及其混纺织物多采用干热定形工艺，其定形温度相对湿热定形法较高，一般在 180~210℃，具体需根据织物的品种和组织结构、设备的状况等来控制定形温度。干热定形的加热方式主要是热风加热，另外还有红外线辐射及热辊筒表面接触加热等。

下面仅对干热定形工艺展开讨论。

三、热定形工艺条件分析

热定形是在一定张力下将织物加热到所需温度,并在此温度下保持一定时间,然后迅速冷却,使织物的尺寸和形态达到稳定的加工过程。由此可见,热定形的温度、时间及张力是影响定形效果的主要因素。现分析讨论如下。

1. 温度

温度是影响热定形效果的最主要因素。温度的高低对织物尺寸的热稳定性、表面平整性及织物的染色性能都有较大影响。一般而言,定形温度越高,定形效果越好,但定形温度必须低于纤维的熔点而高于纤维的玻璃化温度。

(1)温度对织物尺寸稳定性的影响。将涤纶长丝织物在不同的温度下热定形,然后放置在不同的温度下任其自由收缩(没有外力作用的干热收缩),其实验结果如图 4-14 及图 4-15 所示。

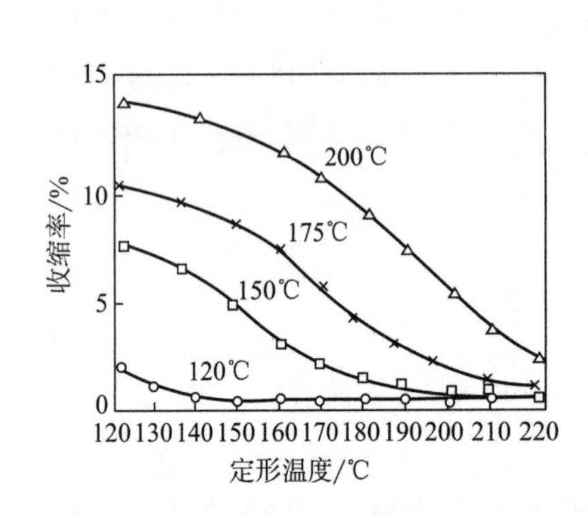

图 4-14　定形温度对涤纶长丝织物尺寸热稳定性的影响(曲线上标明的温度是自由收缩温度)

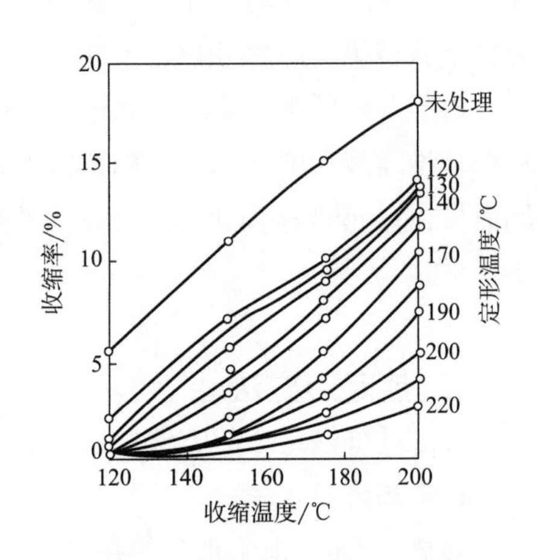

图 4-15　热定形后涤纶长丝织物在不同温度下的收缩率

由图 4-14 和图 4-15 可知,热定形可提高织物的尺寸稳定性,定形温度越高(120~220℃),织物在指定温度(120~200℃)下的收缩率越低。例如,未定形和 120℃、170℃、220℃定形的织物,在 175℃下的收缩率分别为 15%、10%、5.5%和 1.0%。从图中还可以看出,只有当定形温度超过自由收缩温度一定值后,织物的尺寸稳定性才趋于稳定。定形温度过高,对收缩温度下织物的热稳定性影响不大;但温度过低,织物仍将发生较大的收缩。一般情况下,涤纶长丝织物的定形温度往往比具有良好热稳定性的规定温度高 30~40℃。

(2)温度对织物抗皱性能的影响。定形温度对织物的抗皱性能有一定的影响。定形温度越高,织物的抗皱性越好。将未定形和在 100~200℃不同温度下定形的涤纶长丝织物在水中以挤压状态沸煮 1h,发现未定形织物上产生皱痕多而深,经过一般条件熨烫后也不易消除;但经过定形的织物,随着定形温度的提高,皱痕变得少而轻,并且经过熨烫后容易消除。这说明热定形后织物的湿抗皱性提高了。但如果湿处理温度超过定形温度,织物仍会起皱。

（3）温度对染色性能的影响。热定形后由于织物的超分子结构发生了变化，因此对染料的吸附性能也随之发生变化。而热定形温度直接影响纤维的结晶度和取向度，因而定形温度对织物染色性能的影响十分显著。将不同温度下（120～230℃）定形的涤纶长丝织物用2%（owf）C. I. 分散红92于100℃染色60min，织物对染料的吸收率（染料的上染百分率）如图4-16所示。

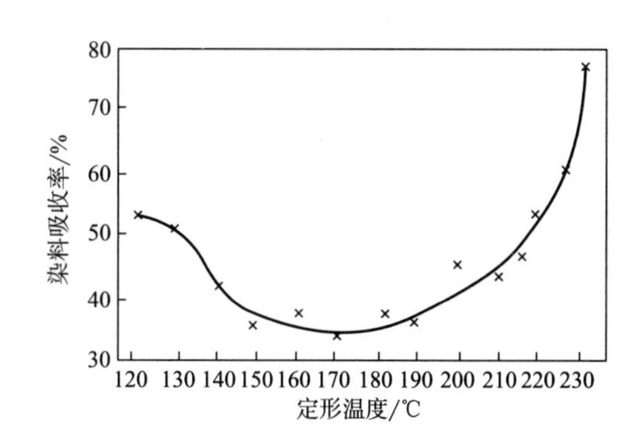

图4-16　定形温度对涤纶长丝织物染色性能的影响

从图4-16可以看出，织物对染料的吸收率随定形温度的提高而不断降低，直至温度为170～180℃时，织物对染料的吸收率降低至最低值；当温度超过180℃后，织物对染料的吸收率随定形温度的升高而增加；当温度超过220℃时，织物对染料的吸收率急剧上升。

根据以上的分析，合成纤维的热定形温度实际上远远超过了纤维的玻璃化温度，定形温度低，定形效果差；定形温度提高，织物的尺寸稳定性和抗皱性等都相应提高；但温度过高，会造成织物手感粗硬、强力下降，影响其使用性能。

热定形温度通常根据织物品种和要求等来确定。涤纶或涤棉混纺织物的热定形温度一般为180～210℃，时间为20～30s；锦纶及其混纺织物热定形温度为190～200℃（锦纶6）或190～230℃（锦纶66），时间为15～20s；腈纶织物通常在170～190℃处理15～16s。为了获得理想的定形效果，必须使织物均匀加热，布的温差不超过±2℃。织物离开烘房后要进行强制冷却，以保持定形时的尺寸形态。出定形机时，布面的温度应低于纤维的玻璃化温度，一般织物的落布温度控制在50℃以下。

2. 时间

定形时间是影响定形效果的另一个重要因素。织物在整个定形过程中所需要的时间大约可分为以下几个部分。

（1）加热时间。织物进入加热区后，将织物表面加热到定形温度所需要的时间。

（2）热渗透时间。织物表面达到定形温度后，表面热量向纤维内部渗透，使织物内外各部分的纤维都达到定形温度所需要的时间。

（3）调整时间。织物达到定形温度后，纤维大分子的链段随外力作用进行重排和调整所需要的时间。

（4）冷却时间。织物出烘房后，为使织物的尺寸形态固定下来，进行冷却所需的时间。

通常所说的定形时间是指前三阶段时间之和。在前三段中，加热和热渗透时间较长，分子调整所需要的时间很短,只要将织物表面和内部均匀地加热到所需温度,则分子调整一般只需1~2s即可,而分子调整决定了定形效果,所以真正有效的定形时间很短。由此可知,加热和热渗透时间决定了热定形的速度。

加热和热渗透所需要的时间取决于热源的性能、织物的规格、纤维的导热性和织物含湿量等因素。加热介质的含热量越大,给热系数越高,则加热速度越快;在其他条件相同的情况下,织物越厚,含湿量越高,纤维的导热系数越低,则所需要的定形时间越长。

热定形时间与热定形温度有着非常密切的关系。定形温度高,定形时间可缩短;定形温度低,则应适当延长定形时间。一般定形时间为15~30s。

3. 张力

热定形时织物所受的张力对定形质量包括织物的尺寸稳定性、强度和延伸度都有一定的影响。织物经向尺寸热稳定性随着定形时经向超喂的增大而提高;纬向尺寸热稳定性则随着幅宽拉伸程度的增大而降低;定形后织物的平均强度比未定形的略有提高,而纬向的变化比经向明显;定形后织物的断裂延伸度,经向随着超喂的增大而增大,纬向则随着拉伸程度的增大而降低。此外,适当的张力还有助于改变织物的平整度,增进织物滑、挺、爽的风格,提高定形效果。但张力过大,则织物的手感板硬,热水收缩率提高。

为了使织物获得良好的尺寸稳定性和有利于提高织物的服用性能,热定形时应兼顾织物的各项指标,选择适当的经、纬向张力。经向应有适当的超喂,一般超喂率控制在2%~4%;纬向则应根据成品规格进行适当拉伸,通常拉伸至稍大于成品幅宽(2~3cm)即可。定形张力的施加与定形设备有关,同时还需根据产品特点进行适当调整。

四、热定形设备

1. 针铗链式热风拉幅定形机

合成纤维织物干热定形应用最广泛的设备是针铗链式热风拉幅定形机,它的结构形式与针板(铗)热风拉幅机相似,如图4-17所示。

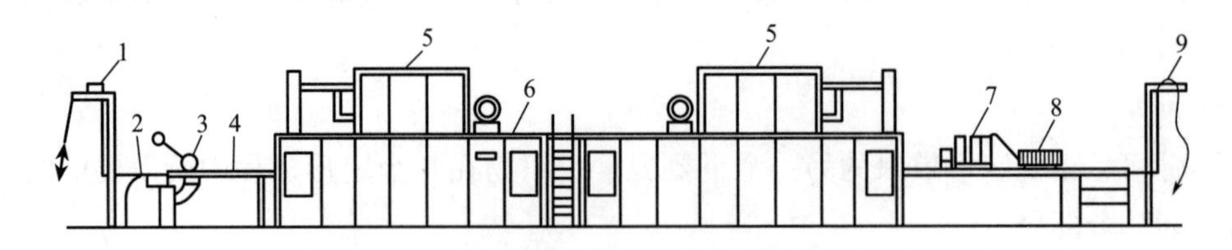

图4-17 针铗链式热风拉幅定形机示意图

1—进布架 2—操纵台 3—超喂装置 4—针铗链 5—燃烧室 6—烘房 7—冷风吹风口 8—空气冷却装置 9—落布架

由图4-17可知,针铗链式热风拉幅定形机主要由进布装置、超喂装置、针铗链、扩幅装置、烘房和空气冷却装置等组成。

进布装置包括导布辊、探边装置和光电整纬装置。探边装置能随着运动的织物布边位置变化而自动调整针铗链轨的位置，从而保证布边准确地进入针板。光电整纬装置使进入针板的织物纬斜得到控制并给予调整，以减少纬斜。

织物在进入针铗链之前，先经过一对超喂辊，其主动超喂辊可以变速。超喂装置的结构如图 4-18 所示。

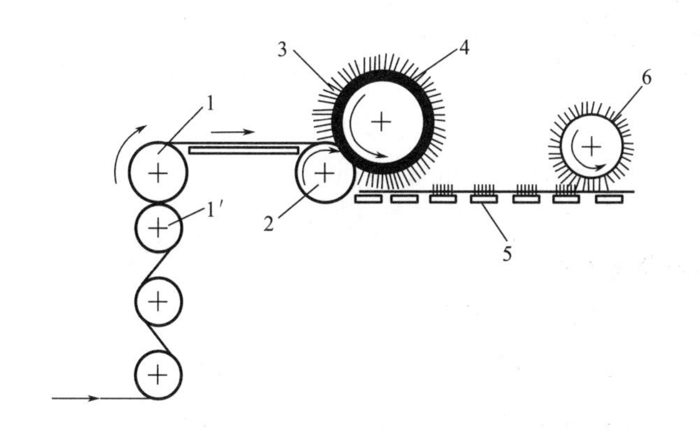

图 4-18 超喂装置结构示意图

1,1′—给布辊 2—小橡胶轮 3—大橡胶轮 4—第一毛刷压布轮
5—针板铗链 6—第二毛刷压布轮

织物在进入针铗链之前，它的两边分别在给布橡胶轮间的轧点通过，而后进入针铗，并由大毛刷压布轮将布边压于针板上，而后再由第二毛刷压布轮继续深压，避免脱针。大橡胶轮主动回转并可变速，可作超喂之用，它的线速度略大于前面一对给布辊的线速度。

针铗链扩幅装置是靠两条环形针铗链刺住布边，在运行中逐渐将布幅拉伸而进行扩幅的。针铗链(图 4-19)是由不锈钢针板连接而成的，针板上植有两排不锈钢细针，针的表面光洁，针尖锐利，针尖向内倾斜 10°~15°，以防织物被热风冲击而脱针。两条环形针铗链间的距离可调节，以控制门幅，通常将织物门幅拉宽到比成品略大一些，如 2~3cm。

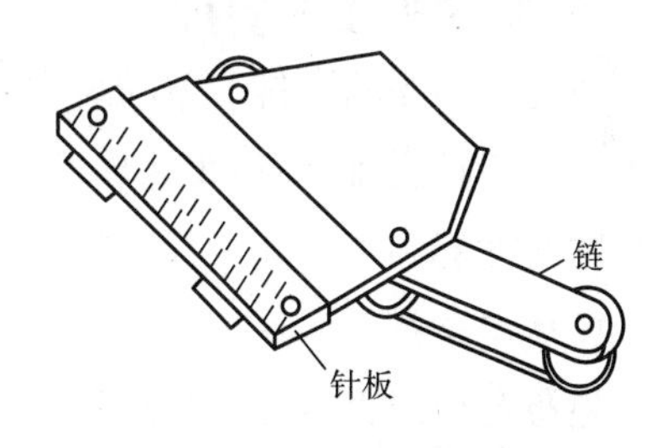

图 4-19 针板和针铗链

织物压在针板上以后，便进入烘房加热。热定形机的烘房包括预热区和热定形区两部分。预热区即加热部位的前端，主要作用是使织物在进入热定形区前先预热，以保证热定形的温度和时间。而热定形区一般由 5~10 段加热风房组成，每段风房长度为 2~5m。热风房是由风道、吹风口、燃烧室、挡板等几部分组成，如图 4-20 所示。

烘房加热热源常用的有电热、煤气、汽油汽化气、液化石油气等。

织物经加热区后立即进入冷却区。冷却有两种方式，一是喷吹冷风；二是用冷水辊筒，织物通过接触冷水辊筒表面而降温。一般落布温度控制在 50℃以下。

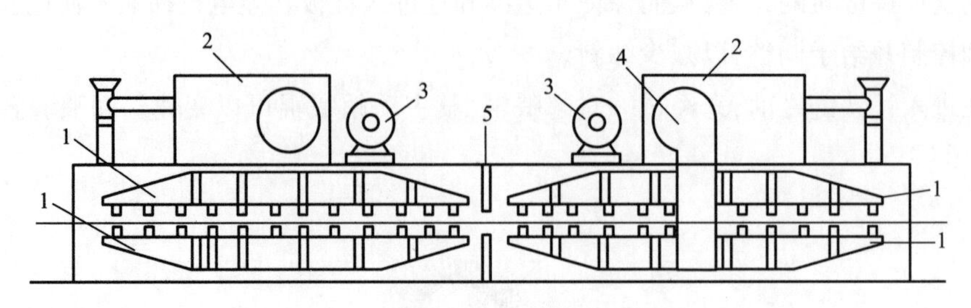

图 4-20　热定形机烘房结构示意图

1—吹风口　2—燃烧室　3—电动机　4—风口　5—挡板

2. 短环预烘热风拉幅定形机

短环预烘热风拉幅定形机(简称 SST)由浸轧槽、短环预烘(悬挂松式)装置和热风拉幅定形装置几部分组成。其主要特点是预烘采用松式,这样既能使织物烘干,又能使织物得到自由回缩,所以用短环预烘热风拉幅定形机定形的织物手感更为丰满,但松弛预烘时不易控制幅宽。

在松式预烘区,织物悬挂在向前移动的两个导辊之间形成短环,并随导辊向前移动。导辊在向前移动时本身也缓慢转动,其转向与织物前进方向一致,以防止织物固定一处与导辊接触而形成烫痕。织物在前移过程中不断受到温度为 110~130℃上下热风的喷射,然后再由同样结构的下层导辊导回。织物经松式预烘区烘干后,便进入热定形区。热定形区烘房温度一般为 160~210℃,定形时间为 20~40s。

五、热定形工序安排

热定形工序的安排一般随织物品种和要求、染色方法及工厂实际条件等的不同而不同,目前大致有三种安排,即坯布定形、染前定形和染后定形,各有其特点。热定形工序的不同安排,对织物的性能和生产加工均有较大的影响。

1. 坯布定形

坯布定形即直接对坯布进行热定形,使织物在开始进行染整加工时就处于比较稳定的状态。这种定形工序的安排,优点在于织物在后续加工过程中不易变形和起皱,且比半制品定形减少了脱水烘干工序,另外,对染料选择要求较低。但对坯布质量要求较高,要求还布上不能含有经过高温处理后变得难以去除的杂质。实际生产中,坯布定形应用不多。但弹性织物的预定形,多采用坯布定形。

2. 染前定形

染前定形即织物在前处理之后、染色之前进行热定形。这种热定形的优点是能消除织物在前处理过程中造成的皱痕,使布面平整,减少染色疵病;定形后的织物在后续染色等湿热加工过程中不易起皱,对染料要求低;不存在坯布定形后油污、浆料等难以去除的缺点。但中间增加脱水烘干工序,成品尺寸稳定性和折皱回复性略差。若染后再进行一次定形,即“二次定形”,则可克服上述缺点,但工艺流程长,生产效率低,织物手感差。

3. 染后定形

染后定形工艺简单,不仅可以消除织物在前处理及染色过程中所产生的皱痕,还可使成品保持良好尺寸稳定性和外观平整性,但对染料选择要求高,染色时易产生折痕,而且织物幅宽会发生较大收缩。如果染后需要经过树脂整理,则可将染后定形工序与树脂整理的焙烘合并起来一次完成,缩短工艺过程。

复习指导

1. 了解涤纶织物常见品种的染整工艺,注意合成纤维与天然纤维织物前处理中去除的杂质有何不同？理解松弛、减量等概念及工艺。
2. 了解腈纶、锦纶等织物前处理特点及注意点。
3. 理解新合纤的概念,了解新合纤的前处理工艺。
4. 掌握合成纤维及其混纺织物热定形的目的和方法。
5. 了解针铗链式热风拉幅定形机的设备组成及功能。
6. 掌握涤纶热定形的原理,并能分析和选择其定形的主要工艺条件。
7. 能根据加工产品的性能、风格及要求等综合选择、安排热定形工序。

思考与训练

1. 涤纶织物染整加工工艺路线是根据哪几方面来选择和确定的？
2. 涤纶长丝织物退浆精练采用什么设备？简述各种设备的优缺点。
3. 为什么涤纶织物退浆精练两工序名词不同,但常常相提并论？
4. 涤纶织物为什么要进行松弛加工？举一个松弛加工工艺的例子。
5. 涤纶织物预定形的主要目的是什么？预定形条件如何控制？
6. 碱减量工艺中促进剂有何作用？碱减量的控制指标有哪些？
7. 涤纶减碱量加工的影响因素有哪些？如何控制这些影响因素？
8. 碱减量加工对涤纶织物性能有何影响？
9. 腈纶、锦纶织物的前处理各有何特点？
10. 新合纤织物前处理加工有哪些要求？举一个例子并进行分析。
11. 什么是热定形？合成纤维及其混纺织物热定形的目的是什么？
12. 简述涤纶热定形的原理,分析影响热定形的主要工艺因素。
13. 超喂的大小对热定形的质量有何影响？
14. 干热定形常用的设备有哪些？试简述针铗链式热定形机的主要组成及各组成部分的作用。

学习情境5　混纺（或交织）织物的前处理

学习目标

1. 掌握混纺织物染整工艺的要点。

2. 掌握涤/棉、麻/黏、麻/棉等棉型混纺织物前处理的加工要点，能查阅资料设计制订涤/棉、棉/黏、麻/棉等混纺织物的前处理工艺，并能对其进行前处理操作。

3. 掌握涤/黏、涤/腈等中长纤维混纺织物的前处理加工要点，能查阅资料设计制订涤/黏、涤/腈等混纺织物的前处理工艺，并能对其进行前处理操作。

4. 学会根据产品加工要求调整各工序、工艺处方及条件，为实现工艺设计奠定基础。

5. 学会对涤/棉、涤/黏等混纺织物半成品的退浆率、白度、强度等性能指标进行检测。

案例导入

案例1　某染整加工企业接到一大批涤/棉织物染整加工的订单，涤/棉织物染色前也要进行前处理加工，生产管理部门要求我们制订涤/棉织物前处理工艺，并提出能达到的质量标准。混纺织物的前处理与单一纤维织物的前处理是否相同？如何进行操作？

案例2　某染整加工企业接到一大批麻/棉织物染整加工的订单，生产管理部门要求我们制订麻/棉织物前处理的工艺，并提出能达到的质量标准。麻/棉织物的前处理与麻织物和棉织物的前处理是否相同？如何进行操作？

引航思问

1. 混纺织物的染整加工与纯纺织物有哪些不同？

2. 制订涤/棉织物前处理工艺应遵循的原则是什么？

3. 涤/黏织物的前处理有什么特点？

4. 麻/棉织物前处理要注意什么问题？

纺织纤维的种类日益增多，而每种纺织纤维又有不同的风格和特性，如果将性能各异的纺织纤维科学地拼混使用，可以产生各种品质、风格和使用性能或特殊功能的纺织品。混纺及交织制品均采用两种或两种以上的纤维组合而成，由于纤维结构和性能上的差异给前处理加工带来了一定的复杂性。本情境仅对一些常见的混纺织物的前处理做一简要介绍。

一、混纺及交织产品的概念

混纺织物是指构成织物的原料采用两种或两种以上不同种类的纤维，经混纺而成的纱线所制成的织物。例如涤/黏、涤/腈、涤/棉、棉/麻织物等。混纺织物的优点就是通过两种或两种以上不同种类纤维的有机结合，取长补短，优势共存，满足人们对衣着的不同要求。

交织物是指经、纬用两种不同纤维的纱线交织成的织物。例如，经向14.6tex（40英支）棉和纬向11.1tex（100旦）涤纶低弹丝交织。交织物一般用于服装、装饰布等。其染整加工性能同混纺产品类似。

随着化纤工业的发展，出现了很多具有特殊功能的纤维，如防静电纤维、阻燃纤维等。若将这些纤维混入，则纺织产品的防静电性、阻燃性等性能将得到改善。采用不同性质的纺织材料，有利于纺织材料资源及产品的开发，并可以降低成本，性能上取长补短或“强强联合”，发挥多种纤维的优点，增加纺织品的附加值。因此，从国内外纺织品的流行趋势和纺织工业的发展趋势来看，混纺织物的研发意义深远、前景广阔。

二、混纺织物的类别

1. 按纺织材料区分

（1）两种纺织材料构成的混纺织物，如涤/棉、涤/黏、麻/棉、腈/棉、毛/腈、涤/黏、涤/腈、棉/腈、黏/锦等混纺织物。

（2）两种以上的纺织材料构成的混纺织物，如毛/涤/黏、毛/涤/锦、毛/腈/黏三种材料相拼混，称为三合一混纺织物。另外还有四合一混纺织物和五合一混纺织物。

2. 按混合比例区分

根据不同的需要，实际上混纺织物可按任何比例进行拼混。如涤纶/羊毛可按照30/70、35/65、40/60、45/55、50/50、60/40、70/30等比例拼混。考虑加工过程及产品风格的要求，目前，多数产品以两种原料相拼混的居多，混纺比例也在上述范围之内。

混纺或交织物中都含有两种或两种以上的纤维，不同的纤维具有不同的物理、化学和染色性能。因此，其染整加工要比纯纺产品复杂得多，对工艺制订的要求也比纯纺产品高。混纺织物在染整加工中需要兼顾各纤维组分的特性，如耐酸、碱性、湿强等。例如，涤纶纤维的耐碱性较差，那么就要在煮练工艺中严格控制烧碱用量和加工条件，以避免对涤纶造成损伤。混纺纤维越多，染整加工越困难。

学习任务5-1　棉型混纺（或交织）织物的前处理

知识点

1. 涤/棉织物前处理工艺制订应遵循的原则。
2. 涤/棉织物退浆、煮练、漂白常用的方法及特点。
3. 涤/棉、麻/棉织物前处理工艺。

技能点

1. 能制订棉型混纺织物前处理的工艺流程，并对每道工序进行熟练操作。

2. 能根据棉型混纺物特点及要求对选定织物进行前处理工艺设计和实施,并能根据产品的加工要求,对工艺中不合理的地方进行调整。

3. 能对棉型混纺织物前处理过程中出现的质量问题进行分析,并提出解决问题的方案。

一、涤/棉织物的前处理

(一)涤/棉的特性

涤/棉织物的印染加工比纯纺织物困难,关键在于两种纤维之间的化学和物理性能相差太大。表 5-1 为两者的差异。

表 5-1 涤纶和棉的物理与化学性质的比较

项目		涤纶	棉
相对密度		1.38	1.54
含水率/%	20℃,RH65%	0.4~0.5	7~8
	20℃,RH95%	0.6~0.7	12~14
	20℃,RH100%	1.0~1.1	23~27
干湿强力比/%		100	102~110
伸长率(标准状态)/%		20~50	3~7
弹性回复率/%	干燥状态	97~100	74
	潮湿状态	80~90	45
热影响		软化点 238~240℃, 熔点 255~260℃;能自燃	120℃,5min 变黄;150℃分解
耐气候性		强力下降	强力下降,变黄
耐酸性		遇浓盐酸、硝酸、75%硫酸, 强力下降	与热的稀酸、冷浓酸会分解, 冷稀酸影响不大
耐碱性		遇 10%氢氧化钠和浓氨水, 强力下降	遇碱膨胀
其他化学品		一般抵抗能力好	遇铜氨溶液溶解
有机溶剂		一般不溶	一般不溶
染色染料		分散、还原、不溶性偶氮染料	活性、直接、还原、硫化、不溶性偶氮染料
染色方法		高温高压、载体、热熔	常压

由表 5-1 可以看到,涤/棉织物的印染加工不仅比由单一纤维构成的织物复杂,而且也比一般二元纤维织物如维/棉、黏/棉等困难。涤/棉织物中的涤纶与棉纤维混合在一起。因此在印染加工时只能在一个条件下进行反应,虽然有时这种反应对另一种纤维并不需要。制订涤/棉织物每道印染生产工序时,必须注意兼顾涤纶和棉的作用与影响,尽量减少纤维损伤,不能顾此失彼。如表 5-2 所示。

涤纶是合成纤维,品质比较纯净。棉纤维是天然产物,成分复杂。为此,涤/棉织物仍然需要保留纯棉织物全部的前处理工序。由于涤纶不耐高压高温及强碱,所以只能采取常压高温低碱的条件,这对棉纤维来说不能满足前处理的要求。因此,目前只能依赖氧化剂(如过氧化氢和亚氯酸钠等)来弥补不足。对于氧化剂的使用也必须控制适当,否则会损伤棉纤维。

表5-2　各印染工序与涤纶和棉的关系

工序	涤纶		棉	
	需要	危害	需要	危害
高温烧毛、快速冷却	√	—	√	—
普通烧毛(800℃)	—	手感发硬	√	—
退浆	√	—	√	—
氢氧化钠高温煮练	—	—	√	去杂不净
氢氧化钠高压煮练	—	有损伤	√	—
溶剂煮练	√	—	√	去杂不净
亚氯酸钠练漂	—	—	√	—
过氧化氢练漂	—	—	√	—
次氯酸钠漂白	—	—	√	—
碱丝光	—	有损伤	√	—
分散型增白	√	—	—	沾污
可溶性增白		沾污	√	—
分散染料染色	√	—	—	沾污;热空气条件下对棉有损伤
活性、还原等染料染色	—	沾污	√	—
分散/活性染料印花	√	沾污	√	沾污
涂料印花	√	—	√	—
热定形	√	—	√	热空气条件下对棉有损伤
树脂整理	—	—	√	—

注　“√”表示需要;“—”表示不需要。

传统纯棉织物的印染生产工艺已不适用于涤/棉织物,因此必须另行制订适合涤纶和棉两种纤维在同一条件下生产的工艺。这种工艺必须处理好两者之间的矛盾,可遵循下列三条原则。

(1)两种纤维都需要而又能使用同一条件的就合并进行。如高温烧毛、退浆等。

(2)两种纤维中只有一方需要,只能采取对一方有用而对另一方无害(或少害)的条件。如碱丝光后不用高温去碱。

(3)两种纤维都需要但又不能使用同一条件的,只能先进行对一方有用而对另一方影响较小的工艺,然后再进行对另一方有用而对这一方影响较小的工艺。如增白、染色等。

由于涤纶和棉的化学属性差异较大,所以很难制订出理想的生产工艺。有些工艺只能做到大体上对另一方无害或危害较小。

(二)涤/棉织物的各种印染工艺过程

1. 漂白品种

(1)退浆→过氧化氢练漂→涤纶漂白→定形(兼增白发色)→烧毛→丝光→过氧化氢漂白(兼棉增白)→整理

(2)烧毛→退浆→氢氧化钠煮练→过氧化氢(亚氯酸钠)漂白→丝光→涤纶漂白→定形(兼发色)→过氧化氢漂白(兼棉增白)→整理

(3)烧毛→退浆→过氧化氢(亚氯酸钠)漂白→丝光→漂白(兼棉增白)→涤纶增白→定形(兼发色)→整理

(4)烧毛→退浆→氢氧化钠煮练→过氧化氢漂白→丝光→涤纶增白→定形(兼发色)→过氧化氢漂白(兼棉增白)→整理

2. 什色[❶]品种

烧毛→退浆→过氧化氢练漂→丝光→定形→染色→整理

3. 深色品种

烧毛→退浆(无浆品种可不进行此工序)→氢氧化钠煮练→过氧化氢漂白→丝光→定形(或定形→丝光)→染色→整理

4. 印花品种

退浆→过氧化氢漂白→涤纶增白→定形(兼发色)→烧毛→丝光→过氧化氢漂白(兼棉增白)→印花→热固→(汽蒸)→整理

考虑到环保因素,漂白一般推荐用双氧水代替亚氯酸钠练漂。

(三)涤/棉织物的前处理

1. 烧毛

烧毛的原则是只烧去织物表面的绒毛而不能使织物本身受到损伤。

涤/棉织物的烧毛除了使布面光洁、避免造成印染疵点外,也是防止涤纶起毛起球的重要措施之一。

涤/棉织物使用的烧毛设备以气体烧毛机比较适宜。凡是接触式烧毛机(如铜板和圆筒式烧毛机)均不宜采用,因为涤纶容易熔融和燃烧而产生黑色胶状斑点。

对于涤/棉织物而言,不一定进行坯布烧毛,有时可放在退浆或染色之后进行,如对布面光洁度和白度要求较高的品种。其原因是,若将烧毛放在退浆之前,涤/棉织物在烧毛过程中烧去了棉纤维的绒毛,涤纶表面的绒毛除部分被烧掉外,其他部分受热收缩。涤纶表面的某些长绒毛收缩成球状物,浮于织物表面,在分散染料高温染色时,就会形成带色点的疵布。同时,涤/棉织物经过烧毛的高温作用后,浆料不易退去,织物上油污也将会固着,影响织物白度。

织物经烧毛后,只有不同程度的起毛,而较少起球。烧毛条件越是剧烈,起毛现象就越轻微,但织物手感也就越硬,织物门幅收缩也越剧烈。但织物手感变硬的现象可以在以后的湿加工中得到一部分改善。由于坯布烧毛的工序顺当,管理方便,烧毛机的清洁要求不高,所以对于涤/棉织物而言,除个别品种外,很多印染厂依然会将烧毛放在第一道工序。

当织物通过烧毛的火口时,涤纶受到高温的作用,分子链间的排列变得更为紧密,线密度也相应增加,从而提高了纤维的刚性,弹性也有所提高。所以,涤/棉织物的烧毛操作不仅可除去织物表面的绒毛,而且还能赋予织物一定的身骨。

---

❶ 什色指彩色,或两种纤维呈不同的颜色。

涤/棉薄织物采用弱烧方式,强烧方式主要用于有绒毛的厚重织物。此外,火焰幅度和火口与冷却辊筒之间的距离均能调节。

涤/棉织物在烧毛前必须保持平整、干燥、无油污斑渍,否则烧毛不尽或是油污在高温时进入涤纶内部,会造成疵点。涤/棉织物烧毛后,要求达到3~4级质量标准,门幅收缩不得超过2%。收缩过多,则织物的撕破强度会明显下降。为了防止涤/棉织物在高温烧毛时手感变硬、刚性增加和静电积聚,可在火口上端的导布辊中通水或使织物通过三只冷却辊筒。烧毛时可采用强烈炽热的火焰,车速宜快,采用二正二反烧毛工艺。烧毛后干落布温度必须保持在50℃以下,干落布应加装静电消除器以免落布不齐,或者织物被卷绕到落布架上。在生产运行中应经常注意落布质量,以便随时调整车速、火口角度及其他工艺参数,防止烧毛不匀、烧毛过度、手感发硬。

涤/棉织物一般不再进行后刷毛。但仿毛织物必须进行烧后刷毛。

2. 退浆

涤/棉织物上浆剂,我国主要采用聚乙烯醇和淀粉的混合浆料,两者比例不等,上浆率控制在12%左右。聚乙烯醇和淀粉混合浆的退除比纯淀粉困难,尤其是使用纤维品级的聚乙烯醇,由于它的聚合度和醇解度均高,水溶性差,所以退浆更为困难。

涤/棉织物的退浆十分重要。因为退浆不净,将影响以后的练漂、丝光、染色、印花和整理,要求其退浆率在80%以上,布上残浆必须控制在1%(owf)之下。

(1)淀粉酶退浆。凡是涤/棉织物上的浆料中,淀粉比例大于聚乙烯醇浆料的,可采用淀粉酶退浆。淀粉酶去除混合浆料的机理为:在一般情况下,分子较小的物质往往包围较大分子物质,也就是聚乙烯醇包裹淀粉,淀粉酶可以从聚乙烯醇的孔隙中进入,与淀粉作用。当淀粉水解后外层聚乙烯醇随之破裂、变形,并从织物上脱落。涤/棉织物采用BF-7658酶退浆的工艺如下。

退浆液组成:

BF-7658酶(2000倍)	1~2g/L
NaCl	1~2g/L
非离子渗透剂	1g/L

织物浸轧50~60℃的退浆液后,堆置30~60min,在90~95℃汽蒸或热水浴浸渍,然后进行充分水洗。

用BF-7658酶退浆的特点是作用快速,退浆(淀粉)率高,对纤维损伤少。

(2)碱退浆。凡是以聚乙烯醇为主的混合型浆料均可以采用碱退浆。

淀粉在热碱液的作用下,可发生强烈膨化。充分膨化后的淀粉,可以用热水洗除。

碱退浆的退浆效率虽不算很高,但由于它有助于棉籽壳的去除,也能去除纤维中的果胶、含氮物质及色素等纤维素共生物,所以退浆后白度和渗透性均较好。

退浆液组成:

氢氧化钠	5~10g/L
渗透剂	1~2g/L

织物浸轧80℃氢氧化钠退浆液后,轧后堆置30~60min,然后用热水洗、冷水洗。采用碱退浆要注意控制工艺条件,并且水洗要充分,以防止退下的浆料重新吸附到织物上,减轻后续精练

加工的负担。必须注意的是,洗后织物上的 pH 值不能超过 8,否则有损产品质量。

由于受到聚乙烯醇化学性质的限制,用碱去除聚乙烯醇和淀粉的混合浆料,效果总是不那么理想。聚乙烯醇在碱的作用下,虽能溶解,但黏度很高,如不用大量热水洗涤即形成凝胶。另外,已溶在水中的聚乙烯醇又能逐渐累积重新沉淀在织物上,必须用大量的溢流水来冲洗。如用过氧化氢协同碱退浆,则效果较好。因为过氧化氢能够分解聚乙烯醇,形成相对分子质量较低的聚合物,使聚乙烯醇凝胶趋势降低,水溶性增大。所以,在碱法退浆的基础上发展为碱—过氧化氢退浆,对涤/棉织物更为有利。

过氧化氢和氢氧化钠二浴法退浆,是织物先通过 pH 值为 6.5 的过氧化氢溶液,然后再通过氢氧化钠溶液,使过氧化氢与聚乙烯醇同时分解,退浆后水洗温度在 80℃以上较为合适。实践证明,这种退浆方法无论是退浆效果、生产成本,还是实际操作性和可行性都比较令人满意。

当涤/棉织物上的浆料为丙烯酸酯类水溶性浆料时,也可用碱法退浆,这样可以加快退浆速度。退浆工艺为:

氢氧化钠	5g/L
退浆精练剂	2~3g/L

退浆操作可在五格平洗机上完成。

(3)氧化剂退浆。由于涤/棉织物的浆料日趋复杂,为了高速度、高效率退除浆料,可采用氧化剂退浆。其主要优点是不仅能分解淀粉,还能分解合成浆料。缺点是条件控制不当会损伤棉纤维。

用于氧化剂退浆的氧化剂有过硫酸盐、过氧化氢、亚溴酸盐等。过硫酸盐的退浆工艺举例如下。

退浆液组成:

过硫酸盐	5g/L
非离子渗透精练剂	5~10g/L
氢氧化钠	5g/L

在室温浸轧退浆液后,在 102℃下汽蒸 45~60min,然后用热水洗和冷水洗即可。

3. 煮练

涤/棉织物的煮练主要是针对棉纤维而言,煮练的目的也是去除纤维素共生物及棉籽壳。由于涤/棉织物中一般含棉较少,品质又较好,因此煮练工艺的负担较轻;又由于涤纶耐碱性较差,所以不能采取传统的煮练方法,煮练工艺应比棉织物温和,并严格控制工艺条件,以防涤纶在煮练过程中产生过度损伤。实际生产中一般将煮练和漂白合并进行。

(1)碱煮练。涤/棉织物的煮练主要是去除棉纤维共生物以及膨化和脱除棉籽壳,其次也可以去除涤纶上的一些沾污及低聚物,使织物具有良好的润湿性。

煮练主要采用碱剂及精练剂,碱剂中以氢氧化钠最常用,但超过一定条件时,对涤纶有损伤,所以,需严格掌握氢氧化钠的用量及反应温度,使涤纶的损伤降到最小,又能使棉纤维获得较好的煮练效果。涤/棉织物经过碱煮练虽对涤纶有轻微的损伤,但后加工中可减少氧化剂的用量,从而降低氧化程度,减少对棉纤维的损伤,从综合平衡因素中得到补偿。退浆后织物上残存的浆料,也能在煮练过程中进一步除去。煮练工艺如下。

煮练液组成:

氢氧化钠	15~20g/L
精练剂	10~15g/L
防氧化剂 Lufibrol KB	1~3g/L

涤/棉织物浸轧以上煮练液,轧液率为70%,在85~98℃作用1h后水洗。

在无保护助剂(如防氧化剂 Lufibrol KB)的条件下,涤/棉织物的碱煮练液中的氢氧化钠用量不宜超过10g/L(95~100℃)或15g/L(60~70℃),工艺举例如下。

煮练液组成:

氢氧化钠	8~10g/L
精练剂	2~5g/L

织物浸轧煮练液后,在95~100℃条件下作用1h后水洗。

(2)生物酶煮练。即利用各种分解酶或氧化酶的协同作用去除棉纤维共生物及棉籽壳。

酶作用的特点是作用专一,它不会损伤棉纤维,也无损于涤纶。另外,酶的催化反应效率比一般化学催化剂高上万倍,而且可以在常温常压下进行。采用生物化学的反应工艺既有助于劳动环境的改善,也不会产生设备腐蚀的问题,同时生化煮练也不需要特种材料制成的设备。

生物酶煮练主要采用果胶酶、色素酶、纤维素酶等几种酶的复合体,目的是去除棉纤维上的果胶质和残留在织物上的棉籽壳外色素层和表皮层的色素。生物酶煮练可以加入经过乳化的溶剂来协同作用。溶剂可以去除棉纤维上的油脂蜡质、织物上的油性沾污物和涤纶上的低聚物。乳化溶剂的乳化剂可采用非离子表面活性剂,这种活性剂不仅无碍于酶的催化作用,而且还可以增大酶的作用面积。

生物酶煮练方法已开始用于生产,并随着生物化学领域科学水平的提高,印染工业必将越来越多地采用生物化学法。

4. 漂白

涤/棉织物的前处理工艺目前并存两种流程:一种是煮练与漂白两步法;另一种是煮练与漂白一步法。适应一步法工艺的试剂主要有过氧化氢和亚氯酸钠。

根据棉织物前处理中所述,亚氯酸钠漂白不是一种理想的环保型生产工艺,所以很少使用。过氧化氢练漂的产品虽然白度比亚氯酸钠练漂稍差,除杂较少,对棉纤维损伤也多,但从劳动保护、环保和设备腐蚀方面来说,过氧化氢练漂远比亚氯酸钠练漂有优势,因此得到广泛的应用。涤/棉织物采用过氧化氢漂白时,其浓度根据布面含杂情况和漂白要求而定,通常漂白布和中、浅色布浓度较高,复漂和深色布浓度稍低。

过氧化氢练漂如先用低碱煮练一次,可以弥补去杂效果较差的缺点,也可以节省过氧化氢的用量。

采用过氧化氢连续练漂的方法主要有两种;一种是常压高温汽蒸法,另一种是高温高压汽蒸法。另外,还有采用冷堆法的。

(1)常压高温汽蒸法。采用平幅练漂设备生产。

工艺处方及工艺条件:

过氧化氢(100%)	(5±2)g/L
硅酸钠(40°Bé)或无硅氧漂稳定剂	(7±3)g/L
渗透精练剂	1~2g/L
氢氧化钠	适量(调节 pH 值为 10.5~11)
温度	100~102℃
时间	60~90min

生产漂白品种时,过氧化氢漂前先经轻度碱煮,可以提高去杂效果,然后进行过氧化氢两次练漂。复漂时过氧化氢浓度可适当降低,对于白度要求较高的品种,可在工作液中加入 1g/L 棉用荧光增白剂,以增加织物白度。

过氧化氢练漂也可以与亚氯酸钠练漂联合进行,即先进行亚氯酸钠练漂,然后再进行过氧化氢练漂,兼顾两者优点,还可以去净亚氯酸钠练漂后在织物上残存的余氯。此外,也可以与次氯酸钠漂白联合进行,即先经次氯酸钠漂白,然后再经过氧化氢练漂,兼顾两者优点,而且生产成本较低,除氯较净。

次氯酸钠漂白:

次氯酸钠(有效氯)	2~3g/L
漂液 pH 值	9.5~10.5
温度	25~35℃
堆置时间	55~65min
大苏打(脱氯)	1.5~2g/L

过氧化氢漂白:

过氧化氢(100%)	6~8g/L
硅酸钠(40°Bé)或无硅氧漂稳定剂	5~8g/L
渗透精练剂	1~2g/L
氢氧化钠	适量(调节 pH 值为 10.5~11)
温度	100~102℃
时间	40~60min

(2)高温高压汽蒸法。采用特殊高温高压设备进行生产。

过氧化氢(100%)	3.5~3.7g/L
35%硅酸钠(40°Bé)或无硅氧漂稳定剂	10~15g/L
氧漂稳定剂	1~4g/L
渗透精练剂	2~3g/L
螯合分散剂	1~4g/L
氢氧化钠	3~5g/L
温度	130~142℃
压力	203~304kPa

时间　　30~120s

为了缩短工序,便于连续生产,退浆、煮练、漂白可合并进行。

三合一工作液配制:

过氧化氢(100%)	7~14g/L
35%(40°Bé)硅酸钠或无硅氧漂稳定剂	20~30g/L
螯合分散剂	0.5~2g/L
渗透精练剂(阴/非)	4~10g/L
氢氧化钠	10~15g/L

涤/棉(65/35)织物在30℃浸轧以上工作液,轧液率为80%~90%(补充液为上述配制浓度的5~8倍)。然后在304kPa(3个大气压)和142℃高温条件下汽蒸60s,再冲淋平洗。

(3)冷堆法。采用冷堆法生产的织物手感良好,纤维损伤少,热能消耗降到最低程度,而且漂白均匀。

工艺流程:

浸轧工作液→打卷堆置(16~24h)→水洗

工艺处方:

过氧化氢(100%)	10~20g/L
氧漂稳定剂	20~25g/L
耐碱渗透剂	3~5g/L
螯合分散剂	1~2g/L
氢氧化钠	8~10g/L

织物浸轧工作液后打卷,用塑料薄膜包扎好,不使其风干。在A字架上保持慢速旋转,不能太快,目的是防止工作液积聚布卷下层而造成的漂白不匀,同时也不因离心力作用使内部工作液甩出。反应16~24h后水洗。

这种生产方法的缺点是白度和渗透性较差,主要原因是在低温时,过氧化氢分解极慢,即使反应16h后,织物上仍有一部分过氧化氢未分解。如果能将温度提高到40℃,效果则较好。如能堆后在100℃蒸1~3min,再加强水洗,提高白度和毛效很明显。此外,加入5~10g/L的过硫酸铵,可帮助提高效果。过硫酸铵是强氧化剂,在碱浴中与过氧化氢一样,也能与果胶、蜡质、含氮物质发生反应,有助于去杂,同时还可引发过氧化氢生成过氧游离基。该游离基既可破坏色素的发色系统而消色,也会引起漂液的催化损失和纤维的氧化损伤。所以,在使用时用量不能太多,需严格控制。

以上各类工作液配制中应用的渗透精练剂,主要采用耐碱耐高温的非离子型精练剂。

5. 定形

定形是涤/棉织物印染加工的必要工序。通过热定形可使织物具有良好的形态稳定性、平挺度、弹性手感,改善起毛和起球现象,同时染色性能也产生一定的变化。

涤/棉织物热定形工序的安排及其比较见表5-3。

表 5-3 涤/棉织物热定形的不同安排及其比较

比较项目	退浆前定形	漂白前定形	染色后定形
浆料与杂质	被固着	不会固着	不会固着
织物在定形前能否自由收缩	不能	能	能
浆料限制性	无	无	只能用耐升华牢度好的品种
定形造成的泛黄	漂白时能除去	漂白时能除去	不能除去
起皱情况	坯布定形后在各工序中不易起皱	坯布在定形前的各工序中容易起皱	坯布在各道工序中都易起皱
抗纬纱变位性	较好	不好	差
染色性	困难	困难	较好

在实际生产中,定形工序的排列必须根据不同情况而加以变化。例如,用翻板式汽蒸机练漂常常造成织物平整度差,所以定形工序必须放在练漂之后或热熔染色之前进行。通过定形可以消除织物皱痕并控制幅宽,以防止织物在热熔染色时发生收缩,从而降低纬向缩水率。如果织造时使用了定捻不匀的纬纱,则采用烧毛前定形为宜。如使用轧卷式汽蒸机练漂,则织物比较平整,定形工序放在染色前的退浆工序后或漂白工序前都可以。有些工厂采用布铗式热熔机染色,不会造成织物门幅的收缩,所以也无须考虑定形的伸幅作用。有时为了保证质量,在染色前后需要进行两次定形。

涤/棉织物须在2%~4%的超喂条件下进入布铗定形机。而且必须通过控制布铗链间距来调节织物幅宽。一般情况是,在定形机上拉幅的幅宽要比成品大2~3cm。定形温度控制在180~210℃,时间控制在15~60s。如果涤纶含量较高,时间可较长些;如果涤纶含量较低,则时间较短些。

织物各部分的定形温度应保持一致,相差不应超过1~2℃,否则会造成定形色差。若将热定形工序安排在涤/棉织物棉增白后或者与涤纶增白结合进行,则必须考虑增白剂的耐热性。

织物经过热定形后,必须迅速冷却以固定形态,通常要求降到50℃以下,否则织物落入布车后,会收缩并产生难易消除的折痕。

6. 丝光

涤/棉织物的丝光主要针对棉纤维而言,故其工艺与棉织物丝光基本相同,可参考棉织物丝光,但由于涤纶对碱较为敏感,因此工艺条件需要做适当的调整。

丝光工艺的基本条件有氢氧化钠溶液的浓度、温度、作用时间、张力和去碱五个方面。其中碱液浓度是丝光最主要的条件,碱液浓度对丝光效果的影响见表5-4。

表 5-4 碱液浓度对丝光效果的影响

氢氧化钠浓度/(g/L)	对棉纤维的作用
105	无丝光作用
>105	收缩显著增加

续表

氢氧化钠浓度/(g/L)	对棉纤维的作用
134	纤维收缩,退捻迅速
177	膨胀现象发生
>177	有全面丝光效果
240~280	纤维收缩,膨胀趋于稳定,浓度再增高,除染着力稍有提高外,丝光效应并未明显改善
300	丝光光泽反而有所下降

浓度、温度和时间三者与丝光效果的关系为:

①浓度和时间在一定条件下与光泽成正比;

②温度与光泽成反比;

③浓度与时间成反比,低浓度需要较长时间,高浓度可以缩短反应时间;

④温度与浓度也成反比,如 240g/L 碱液在低温时丝光,相当于 280g/L 碱液在室温下丝光。

丝光效果主要指织物的光泽和对染料的吸收能力。

丝光时,张力的作用是防止收缩并产生光泽。在一般情况下,张力与光泽成正比,与染料吸收能力成反比。

织物丝光后的去碱也十分重要。因为减小纬向张力后,如果织物上仍然有很多的碱存在,则织物将会收缩,这样有碍光泽和扩幅,影响纬向缩水率。

涤/棉织物的丝光工序一般安排在练漂后进行,可以获得较好的丝光效果并消除皱痕。漂白织物由于丝光碱液含有杂质和色泽,常常因此降低了织物的白度,所以一般需再用过氧化氢漂白一次。深色织物有时为了提高织物表面效果及染色牢度,也有采用染后丝光的。

涤/棉织物的丝光设备一般采用布铗丝光机,也可采用直辊丝光机。

7. 增白

涤/棉织物的漂白产品以及印花中白地面积较大的品种,都必须在漂白的基础上进行增白,以进一步提高织物的白度。增白概念包括荧光增白和上蓝增白。

由于两种纤维性质不同,涤/棉织物的荧光增白必须采用不同的荧光增白剂分别进行处理。为了节省工序,两次荧光增白处理(包括上蓝增白)可以分别安排在涤纶热定形和棉纤维过氧化氢漂白工序中合并进行。

涤纶增白常与热定形结合进行,即先浸轧上蓝或荧光增白液,然后利用热定形使其受高温发色。增白工艺举例如下。

工艺处方:

荧光增白剂 DT	20~25g/L
分散染料(蓝紫混合品)	0.06~0.1g/L
渗透剂 JFC	1~2g/L

工艺流程:

干布在室温时二浸二轧或二浸一轧增白液→烘干→发色(与热定形合并)

实际生产时的工艺需兼顾定形效果和良好的白度。涤纶增白后,沾污在棉纤维上的涤纶增白剂必须清洗干净。

涤/棉织物中漂白品种的棉纤维部分的荧光增白一般安排在丝光后与过氧化氢漂白合并进行,这样可以节省工序。

过氧化氢漂白与荧光增白混合液组成:

100%过氧化氢	5~7g/L
35%(40°Bé)硅酸钠或无硅氧漂稳定剂	3~4g/L
磷酸三钠	3~4g/L
荧光增白剂 VBL	1.0~2.5g/L
精练剂	3~6g/L
pH 值	10~11

工艺流程:

干布浸轧增白液→汽蒸(100℃,80~90min)→皂洗→热水洗→冷水洗

二、亚麻/棉织物的前处理

麻有不同的种类,如苎麻、亚麻、罗布麻、汉麻等,虽然都属于麻类,但性能及含杂均有所不同。亚麻是用得比较多的麻类产品,而亚麻粗麻纤维经脱胶后与棉以一定比例混纺,可弥补纯亚麻织物生硬、粗糙的缺陷,用以生产时装、装饰用品及床上用品,并深受消费者喜爱。但是,由于亚麻纤维的纤维素含量比棉纤维少,而木质素、果胶质、蜡质都比棉纤维高,且结晶度高、无定形区少,再加上亚麻纤维对化学药剂比较敏感,耐酸、碱、氧化剂的能力均比棉纤维差,宜采取较缓和的工艺,这给麻/棉织物的前处理加工带来一定的困难。如前处理不当,会给染色加工造成不良影响。值得注意的是,亚麻/棉织物前处理的主要问题是织物强力损失严重,如果没有该方面的加工经验,很难进行亚麻/棉织物的染整加工工作。所以,亚麻/棉织物的前处理在染整工艺中占有重要地位,是亚麻/棉织物获得优良品质的基础和保证。

(一)传统前处理工艺

1. 烧毛

麻类纤维由于刚性突出,对其纤维成纱抱合力产生一定的影响,使织物表面毛羽较长且难去除,一般在生产过程中需要采取二次烧毛。又由于亚麻/棉织物坯布表面的麻屑、麻皮等杂质很多,影响织物外观及使用性能。所以在烧毛前,需经过刮刀和金刚砂辊刷毛,使麻屑、麻皮等杂质部分脱落,并使织物上的绒毛竖立而便于烧毛,有助于改善布面光洁度,再经过二正二反烧毛,可获得明显效果。

煮漂等工艺对浮在织物表面的麻皮等杂质有一定的去除作用。但由于亚麻纤维的抱合力差,煮漂后又会有粗硬的麻皮和纤毛,在布面浆料退除后,在不断的机械作用下,重新露出布面,从而影响织物的外观效果。所以在丝光前再进行第二次烧毛,可以得到理想的布面光洁度。

具体工艺及操作要求:

第一次烧毛:原坯缝头平直坚牢,车速为80~85m/min,火口为二正二反;采用蒸汽灭火,落

布要求均匀、洁净、无毛柳。

第二次烧毛：车速为 85~90m/min，火口为二正二反，采用蒸汽灭火，落布要求均匀、洁净、无毛柳，烧毛效果达 4 级以上。

2. 退浆

亚麻/棉织物的退浆可以采用碱退浆或酶退浆，由于亚麻纤维对化学药剂比较敏感。因此，酶退浆是亚麻/棉织物安全理想的退浆方法，其退浆效果较好，同时又不影响织物的手感和强力。酶退浆工艺如下。

工艺流程：

热水洗(65~75℃，2 格)→浸轧工作液(50~55℃，轧液率 110%~130%，多浸一轧)→堆置(45~55℃，3~4h)→水洗

工艺处方：

淀粉酶	3~5g/L
食盐	9~12g/L
非离子渗透剂	2~3g/L
pH 值	6.0~7.0

轧酶堆置后一定要充分水洗，一方面要洗除织物上已膨化的浆料，达到退浆的目的；另一方面亚麻/棉织物上带的胶质、杂质很多，在水洗时可以将浮在织物表面的胶质洗除一部分，减轻煮练的负担。

3. 煮练

亚麻纤维中的木质素、果胶质、蜡质较多，是影响漂白和染色效果的重要因素，必须将这些杂质通过煮练去除。高温煮练对果胶等杂质的去除有明显的效果，同时在煮练液中加入高效渗透精练剂及较高浓度的烧碱，对纤维素共生物等杂质的去除也有帮助作用。黄色的麻皮严重地影响着织物的外观效果，必须彻底去除。虽然去除麻皮的色素最终需在漂白工序完成，但有充分的煮练作基础，就会减轻漂白的负担，使漂白更加有效。

在煮练液中加入亚硫酸钠、亚硫酸氢钠等可有效防止氧化纤维素的产生，同时，该类物质对去除木质素有显著效果。

加大煮练力度，可以提高去杂效果，但盲目的加大烧碱及其他助剂的浓度或提高温度，延长时间，就会使织物失重过大。煮练失重过大是纤维素降解和损伤的体现，所以煮练条件不宜太强。但轻煮不利于木质素的去除，影响染色效果。另外，亚麻/棉织物中的亚麻纤维是以束纤维存在的，过分的脱胶将使亚麻纤维"棉纤化"，棉纤化的亚麻纤维很短，可能失去自身特有的风格，也可能使棉纤化的亚麻纤维在纱线中失去抱合力，使织物的失重率较大。为此，在煮练时要控制好烧碱浓度、温度、时间之间的关系，以获得最佳煮练效果。煮练工艺举例如下。

煮练工艺处方及条件：

烧碱(100%)	20~25g/L
亚硫酸钠	2~3g/L
渗透精练剂	3~5g/L

硅酸钠	2~3g/L
煮练温度	100℃
煮练时间	4~6h
热水洗	90~95℃

亚麻/棉织物的煮练宜在常温常压的条件下长时间进行,而不宜在高温高压条件下加工。这是因为亚麻/棉织物中的亚麻纤维大部分是亚麻根部和梢部的纤维,纤维束较短且粗,在麻/棉纱中的抱合力较差,经高温高压煮练,短纤维更易脱落。而长时间加工主要是针对亚麻纤维中的麻皮而进行的。对亚麻/棉织物,希望保留亚麻纤维的果胶,以保持亚麻织物的风格,避免其棉纤化。

4. 漂白

亚麻/棉织物经退浆、煮练后,绝大部分杂质已被去除,但亚麻/棉织物的坯布颜色较深,退煮后的布面仍有较多的天然色素及少量杂质,尤其是亚麻皮的颜色对织物的染色鲜艳度有很大的影响。漂白可将色素及麻皮去除,使织物达到一定的白度,同时也进一步去除亚麻纤维中的木质素等杂质。亚麻/棉织物的漂白工艺可采用氧—氧双漂白工艺。对于杂质含量比较高的麻纤维,可采用氯—氧双漂工艺。氯漂工艺对麻皮的漂白优于氧漂工艺。

在棉织物的漂白工艺中,白度与强力是一对矛盾体,对于亚麻/棉织物就显得更为突出。如何解决织物白度与强力的关系,是漂白工艺的关键所在。在白度和强力的关系中,更重要的是强力,应在确保强力的前提下,提高织物的白度。因此,要严格控制漂白液的 pH 值、有效氯浓度、温度和时间等工艺条件。

(1)氧—氧双漂工艺。氧漂处方及条件:

双氧水(100%)	4~6g/L
双氧水稳定剂	3~5g/L
渗透精练剂	3~5g/L
烧碱调节 pH 值	10.5~11
温度	90℃
堆置时间	40~50min

在亚麻/棉织物的氧漂工艺中,双氧水的分解比较剧烈,完全不同于纯棉织物的氧漂。其主要原因是亚麻/棉织物中亚麻纤维的两端暴露在溶液中以及亚麻纤维中含有少量的无机盐成分,均促进了双氧水的分解。所以,选择适合亚麻/棉织物双氧水漂白的氧漂稳定剂尤为重要。

对于杂质含量比较高的麻纤维,可采用氯—氧双漂工艺,其工艺参照任务 2-2 麻织物的前处理。

(2)冷轧堆漂白工艺。

工艺流程:

室温浸轧工作液(八浸二轧,轧液率 90%~95%,车速 45m/min)→打卷→室温堆置→出卷→蒸箱(100~102℃)→热水洗二格(90℃以上)→皂蒸箱(90℃以上)→热水洗五格(90℃以上)→烘干

浸轧工作液处方:

烧碱(100%)	(45±2)g/L
双氧水(100%)	(19±1)g/L
耐碱精炼剂	12g/L
氧漂稳定剂	10g/L
渗透剂 JFC	3g/L

打卷时要求松紧一致,两边整齐,卷布压辊压卷平整,轧液率调至略有液滴滴下。布卷用塑料布包好,慢慢转动(6~8r/min),堆放20~24h。

皂洗液处方:

皂洗剂	4g/L
纯碱	4g/L

5. 丝光

亚麻/棉织物的丝光对棉纤维的作用原理与棉织物丝光相同,对亚麻纤维的作用主要是降低亚麻纤维的结晶度,增加无定形区(可由10%提高到30%),提高其染色性能、得色量和染色鲜艳度,丝光后亚麻纤维的光泽度也有一定程度的提高。

亚麻纤维是束纤维成纱,亚麻单纤维被果胶包覆在一起。当遇到高浓度强碱时,不仅纤维会受到碱的作用而产生丝光效果,包覆纤维的果胶也会受到影响,在丝光时很容易产生拉烂边的现象;遇浓碱后纤维的收缩较大,造成扩幅困难,达不到加工幅宽的要求,对手感也有一定影响。所以在生产中需控制好丝光的烧碱浓度及布铗拉幅条件和工艺。

亚麻/棉织物丝光工艺举例如下。

轧碱浓度:NaOH 160~180g/L

车速:35~40m/min

布铗幅宽:根据坯布和成品幅宽定(比纯棉织物窄2~3cm)

喷吸碱:五喷五吸

回收碱浓度:NaOH 45~50g/L

直辊去碱温度:85~90℃

水洗蒸箱温度:85~90℃

2格热水洗温度:80~85℃

1格热水洗温度:60~75℃

1格冷水洗

烘干:以最后两只烘筒不冒汽为准。

可见亚麻/棉织物的丝光工艺条件比纯棉织物缓和得多。

(二)生物酶前处理工艺

酶精练是利用酶的催化专一性,目前应用于棉/麻织物精练加工的生物酶主要是α-淀粉酶、果胶酶、脂肪酶和纤维素酶的混合酶。用果胶酶可以去除织物表面的果胶物质,但是单独使用很难达到理想的精练效果。因为果胶不是连续分布在纤维表面上,而是间断地分布在纤维素分子之间,如果单纯用果胶酶,不但处理时间长,而且去除杂质不够充分。采用多组分的混合酶共同作用,其主要成分在分解果胶的同时,也使初生胞壁中的纤维素分解,而纤维表面存在不溶性果胶质使其中的纤维素酶不能短时间内进入纤维内层,使次生胞壁的纤维素分子不受破坏,达到去除织物表皮杂质的目的。

(1)工艺流程。

浸轧热水(65~75℃)→浸轧酶液(二浸二轧)→堆置(50℃,60min)→清洗→烘干→浸轧漂液(二浸二轧)→汽蒸(100-102℃,30min)→清洗→烘干

(2)工艺处方。

酶液处方及条件:

α-淀粉酶	3g/L
果胶酶	3g/L
纤维素酶	1.5g/L
非离子渗透剂 JFC	2g/L
pH 值	6.0
堆置温度	50℃
时间	60min

漂液处方及条件:

H_2O_2	5g/L
渗透精练剂	2g/L
Na_2SiO_3	4g/L
pH 值	10~10.5
汽蒸温度	100℃
时间	30min

学习任务 5-2　中长纤维混纺(或交织)织物的前处理

知识点

1. 中长纤维的概念。
2. 涤黏、涤腈混纺织物的前处理工艺。

技能点

1. 能制订中长纤维织物前处理的工艺流程,并对每道工序进行熟练操作。
2. 能根据中长纤维织物特点及要求对选定织物进行前处理工艺设计和实施操作,并能根据产品的加工要求,对工艺中不合理的地方进行调整。
3. 能对中长纤维织物前处理过程中出现的质量问题进行分析,并提出解决问题的方案。

中长纤维(其长度为51~76mm)是一类介于棉型和毛型纤维之间、按照长度而得名的化学纤维,其织物主要有涤/黏和涤/腈织物。它们的风格近似毛织品,而且可利用棉纺设备稍加改进即能生产。这类纤维大都具有良好的弹性,长度又接近于羊毛,通过选用合适的染整工艺和设备进行加工,可使产品具有毛织物的风格。因此,中长纤维织物主要用作外衣面料,它所追求的风格为毛、麻类织物。仿毛效果的好坏,染整加工是关键。在整个染整加工过程中,织物应始终在松弛状态下进行加工,这样才能使织物充分回缩,消除纺织加工过程中所形成的内应力,加工后的成品手感柔软、丰满,光泽自然。

涤/黏产品是我国目前生产数量上仅次于棉混纺产品的大类品种,也是中长纤维类织物中产量最高的品种。中长纤维织物的前处理工艺比较简单,因为除浆料及少量黏附的杂质外,化学纤维本身比较纯净。其染前处理主要有烧毛、退浆、煮练、漂白、烘干和热定形等工序。

一、烧毛

中长纤维织物的烧毛,不仅使表面光洁匀净,而且还使纤维具有一定程度的收缩,从而改善服用中的起毛起球现象。另外,涤纶受高温后,分子中分子链段运动加剧,克服了分子内应力,致使分子重新排列,当迅速冷却后又使新的分子排列固定。在以上从受热到冷却的过程中,纤维收缩使结晶度增加,起到提高中长纤维织物的弹性和身骨的作用。然而烧毛会使黏胶纤维无定形部分扩大,从而使大分子在最弱的键上发生裂解。也常常导致涤纶泛黄、发硬,甚至断裂。所以,中长纤维织物的烧毛宜在温度高(约1100℃)、车速快(115~125m/min)、火口少(一正一反)的条件下进行。在织物通过火口后必须采取急冷措施,这对提高纤维刚性、防止纤维过热损伤很重要,急冷可采用风冷或冷水辊冷却。

烧毛要求均匀,因为在火焰的高温作用下,会引起涤纶等热塑性纤维微结构变化。烧毛不均匀将导致染色时上染不均匀。在高温高压染色时,这种现象较为明显。所以采用高温高压染色的织物,可采用染后烧毛。

烧毛虽属前处理,但是处理不当会导致染色不匀等现象,因此一些中、深色泽的浸轧染色的品种,烧毛可在退浆煮练前进行;而中、浅色采用吸尽染色的品种,烧毛在染色后较为适宜。

二、退浆、煮练

黏胶纤维煮练的目的主要是去除油剂及污物。通常可将退浆与煮练合并进行。

中长纤维织物并不都需要上浆,即使上浆,其含浆率也较低,约在5%以下。这种织物应用的浆料主要为聚乙烯醇和淀粉两类。PVA浆料聚合度及醇解度都高,水溶性差,热水退浆无法取得良好的退浆效果,PVA用碱液退浆,但由于黏胶纤维耐碱性也差,所以碱液浓度较低[NaOH 0.5%(owf)左右]。淀粉用淀粉酶退浆,如BF-7658酶,它耐高温,退浆速度、效率都很高,一般可用非离子渗透剂配伍,采用60~80℃汽蒸法。此外,还可用双氧水、过硫酸盐、亚溴酸钠及合成洗涤剂(精练剂)等退浆法。合成洗涤剂(精练剂)法退浆尤其适用于低度上浆或不上浆的中长纤维织物,其中理想的品种是非离子和阴离子的复合型精练剂。

在退浆、煮练过程中,应采用松式设备进行加工,使织物在湿、热作用下能充分收缩,消除内应力,提高毛型感。

三、漂白

中长纤维织物属化学纤维织物,一般织物白度已能满足加工要求,但对于浅色或漂白产品,则还需要进行漂白,主要采用双氧水漂白或加入增白剂以提升织物白度。

织物经烧毛后,退浆、煮练可与漂白合并进行,可直接采用碱氧一浴法前处理。

四、烘干

中长纤维织物在经过松式退煮漂后,纤维得到充分的收缩、蓬松,如果用烘筒烘干机烘燥,则织物又将伸长,且手感板结,达不到仿毛的效果。若采用松式烘燥,则可获得松软厚实的手感和良好的仿毛效果。目前使用的松式烘燥设备有长环悬挂式热风烘燥机、多层短环烘燥机和短环布铗热风拉幅机等。

五、热定形

对采用热熔法染色的涤/黏中长化纤织物来说,染前热定形可消除皱痕,使织物表面平整,保证染色均匀,并可减少染色过程中织物幅宽的剧烈收缩。织物经过热定形,在热熔染色过程中的尺寸稳定性比未定形的有显著提高,并随定形温度的提高尺寸变化率减小。薄型织物热定形时,经纬向张力可较大些,以使织物表面平整,手感挺爽;中厚型织物定形时,纬向张力不宜过大,经向要适当超喂,以使织物手感丰厚,布面光泽自然。

涤/黏中长纤维织物的热定形,实际上仅是对涤纶产生作用,对黏胶纤维达不到定形效果。在一般情况下,涤/黏织物的定形温度为200℃左右,涤/腈织物的定形温度为170~180℃。定形虽属前处理工序,但并不一定要安排在染色之前进行。通常有三种排列方法:

(1)烧毛→定形→退浆(煮练、漂白)→染色→整理

(2)烧毛→退浆(煮练、漂白)→定形→染色→整理

(3)烧毛→退浆(煮练、漂白)→染色→定形→整理

这三种排列方式各有其优缺点,对仿毛感的织物来说,方法(1)效果较差,但此法可除去由于定形产生的泛黄现象,对定形后纬密变化影响不大。方法(2)的优点是易去除浆料和杂质,有较好的仿毛效果,对染料使用无限制,也不影响染色,织物不易起皱,可自由松弛。因此,这种排列方式应用较多。其缺点是不能去除定形造成的泛黄现象,定形后纬密增加。方法(3)主要用于一些特殊情况,但必须使用耐升华牢度较高的分散染料,而且对仿毛感有些影响。

定形后的冷却十分重要,这与织物的仿毛效果有很大关系。冷却速度不宜太快,最好经2~3m距离的自然冷却后,再用冷水辊筒降温至50℃以下,这样,织物的手感、弹性和防皱性能都能达到较满意的效果,有条件的还应打卷存放。

常用的热定形设备为短环预烘热风拉幅机和热风拉幅定形机。涤/黏中长纤维织物定形时间为30~40s,涤/腈中长纤维织物则为20~30s。

学习任务 5-3　聚乳酸纤维混纺(或交织)织物的前处理

知识点

1. 聚乳酸纤维的概念及性能。
2. 聚乳酸纤维混纺织物的前处理工艺。

技能点

1. 能制订聚乳酸纤维织物前处理的工艺流程,并对每道工序进行熟练操作。
2. 能根据聚乳酸纤维织物特点,对所要加工的织物进行前处理工艺设计和实施操作,并能根据产品的加工要求,对工艺中不合理的地方进行调整。
3. 能对聚乳酸织物前处理过程中出现的质量问题进行分析,并提出解决问题的方案。

聚乳酸纤维(Polylactic Acid Fiber,简称 PLA 纤维)是由可再生资源合成的脂肪族聚酯,是美国 Cargill 公司与 DuPont(杜邦)公司联合开发的可再生资源新材料,既可用于可降解纤维材料,作新型纺织面料,也可用于可降解食品包装材料。其生产采用天然可再生玉米、小麦等淀粉为原料,经淀粉发酵先制成葡萄糖,再经过生物工程技术将葡萄糖转化成乳酸,通过乳酸二聚后再开环聚合制成聚乳酸树脂切片,聚乳酸树脂可经过纺丝制备 PLA 纤维。

对 PLA 和 PET 纤维的耐热性能进行测试,测试结果见表 5-5 所示。

表 5-5　PLA 和 PET 纤维的耐热性能

纤维类别	玻璃化温/℃	熔融温度/℃	起始分解温度/℃	沸水热缩率/%	极限氧指数/%
PLA	58~62	175	280	8~15	27
PET	78~81	256	353	8~15	20~21

从表 5-5 可以看出,PLA 纤维的耐热性比涤纶织物差,因此前处理加工时要注意温度的控制。

PLA 纤维耐弱酸,即使在煮沸的条件下,也不致发生严重损伤,但不耐碱,特别是高温易发生水解降解作用,即使是弱碱,对纤维也有损伤,这是 PLA 纤维的显著弱点。因此前处理加工时要注意碱剂的使用和控制。

聚乳酸纤维在 55℃以上的碱性条件下容易水解,碱处理时要考虑织物的失重和收缩,所以该织物在印染加工过程中应尽量避免强的碱剂。但鉴于目前许多织造厂家采用淀粉和 PVA 复合浆料对聚乳酸交织物或混纺织物进行浆纱处理,所以有时仍需加入适量的碱剂进行处理,以保证织物退浆和煮练效果。也可以加入生物酶进行处理,可降低处理温度和碱剂用量,达到既可以退浆和除油的效果,又可以最大程度的降低对纤维的损伤。

现以 PLA/天丝交织物为例介绍 PLA 纤维混纺织物的前处理工艺。

(1)工艺处方及工艺条件。

高温退浆酶	2g/L
30%双氧水	6g/L
精练去油剂	2g/L
双氧水稳定剂	2g/L
pH 值	8
保温温度	80℃
保温时间	30min
浴比	1∶30

(2)工艺流程。

配置处理液→40℃织物入浴→升温(3℃/min)→保温(80℃,30min)→热水洗(两遍)→冷水洗→烘干

复习指导

1. 掌握混纺织物制订染整工艺的要点及前处理工艺特点。
2. 掌握涤/棉织物与纯棉织物前处理的不同点。
3. 掌握涤/棉织物前处理的工艺(包括工艺流程、工艺处方及工艺条件)。
4. 了解中长纤维和聚乳酸纤维织物的前处理工艺。

思考与训练

1. 什么是混纺织物和交织物?
2. 涤/棉织物前处理工艺制订应遵循的原则是什么?
3. 涤/棉织物前处理主要工序有哪些?
4. 涤/棉织物退、煮、漂的常用方法有哪些? 各自特点如何?
5. 为什么亚麻/棉织物氧漂工艺中,双氧水更容易剧烈分解?
6. 什么是 CVC 产品?
7. 中长纤维织物退浆、煮练等采用绳状加工还是采用平幅加工?
8. 中长纤维定形温度比涤/棉织物温度哪个更高,为什么?
9. 中长纤维织物前处理的关键是什么?
10. 中长纤维织物仿毛加工工艺特点是什么?
11. 中长纤维纺织品需要丝光吗?

学习情境6　弹性织物的前处理

学习目标

1. 能够设计出较为合理的几种典型弹性织物前处理加工工艺并实施。

2. 学会根据产品加工要求调整各工序、工艺处方及条件。

3. 通过各工序的助剂使用，学会使用精练剂、稳定剂、漂白剂等的基本方法。

4. 学会对弹性织物半成品的毛效、白度、强度、弹性等性能指标进行检测。

案例导入

案例1　某印染厂接到一批棉氨纬弹纱卡的订单，染厂生产部门随即安排了该订单的生产，在成品检验环节，检验员发现生产出的棉氨纬弹纱卡的布面出现了绉条、卷边等问题。如果你是该厂的技术人员，请思考一下在前处理阶段应该通过哪些措施来避免这些问题的出现。

案例2　某纺织品贸易公司下单给某一化纤面料生产企业5000m的涤纶弹性织物订单。验货时，贸易公司的面料业务员发现这批产品布面平整度较差，随即与化纤面料企业进行沟通，面料企业召集技术人员进行商讨，查找问题出现的原因。你觉得在面料的前处理加工阶段，哪些情况会导致最终产品出现这样的问题呢？

引航思问

1. 氨纶的化学组成是怎样的？它有哪些特点？

2. 根据弹性织物的弹性方向的不同，弹性织物如何分类？

3. 棉氨弹性织物的加工要点有哪些？

4. 涤纶弹性织物的前处理工序有哪些？

5. 涤纶弹性织物为何要进行平幅精练？

6. 涤纶弹性织物为何要进行预定形？

织物产生弹力的主要原因就是在原料中使用了弹性纤维。目前，最常见、最广泛使用的是氨纶弹性纤维。近年来，随着国产氨纶产量的增加和进口氨纶价格的下滑，氨纶弹性纤维在纺织品中的用量急剧增加。氨纶可采用裸丝形式做纺织原料，也可将裸丝加工成包芯纱、包覆纱、合捻线等，以不同的比例与天然纤维、合成纤维及其他纤维混用，生产机织物或针织物。一般在机织物中氨纶的混用比占织物质量的1%~5%，在针织物中为5%~10%。氨纶可织造多种用途的织物，如体操服、游泳衣、球衣、短裤、束腰带及各种弹力袜。

(1)按弹性织物所含成分划分。目前市场上以全涤弹性织物、全棉弹性织物、混纺弹性织物和交织弹性织物为主。

(2)按弹性织物的组织分类。可分为平纹、斜纹、缎纹、小提花和大提花弹性织物等。

(3)按照弹性纤维在织物经纬向中的存在方式分类。可以把弹性织物分成纬向弹性织物(简称纬弹织物)、经向弹性织物(简称经弹织物)和经纬双向弹性织物(简称双弹织物,又称四面弹织物)。如全棉纬弹织物,全涤纬弹织物,经向为棉纱、纬向为涤纶加氨纶包覆弹力丝的棉/涤纬弹交织物等都是常见的纬向弹性织物。T/R 罗缎用 16.7tex DTY 涤纶包覆 4.4tex 氨纶作经纱,用 58tex(10 英支)黏胶纱作纬纱,以平纹成布,是最常见的经弹织物。

(4)按弹性织物的弹性大小分类。目前国际上有多个标准,通常按美国杜邦公司的标准可分为三个类别。

高弹织物:具有高度伸长和快速回弹性。其弹性伸长率为 30%~50%时,回复率减少 5%~6%。通常用作泳衣、运动服等。

中弹织物:也称舒适性弹性织物。其弹性伸长率为 20%~30%时,回复率减少 2%~5%。通常用作日常衣着和装饰用织物。

低弹织物:又称一般弹性织物。一般是低比例氨纶织物,其弹性伸长率小于 20%。通常用于一般衣着用织物。

弹性织物具有一定的特殊性,要使弹性织物经染整加工后达到预期的质量,在染整加工中应综合考虑各项因素。

弹性织物在染整加工中需要考虑弹性纤维的特性、织造因素、不同品种的特点、最终产品的质量要求,同时要兼顾所有纤维组分的特性,如耐热性、耐化学性等。例如,氨纶不耐高温,不耐热浓碱,加工时张力不宜大;弹性织物坯布不宜采用紧式打包,尤其是贡缎类织物很易产生染整加工难以去除的折痕;烧毛时应考虑到氨纶受高温易收缩和熔融等特点;不宜采用氯漂工艺;聚酯型氨纶不耐高温、浓碱,易水解断裂,所以聚酯型交织物不能丝光。要注意张力、温度和长时间湿热处理对氨纶物理性能的影响,以保证织物达到规定的弹性和尺寸稳定性。要认真选择合适的染整加工工艺路线、加工条件和采用的设备,其中,前处理是关键工序。

本情境在完成棉织物、涤纶织物前处理加工学习的基础上探讨相关弹性织物的前处理加工。

学习任务 6-1 棉氨弹性织物的前处理

知识点

1. 氨纶的组成及性能。

2. 棉氨弹性织物前处理加工要点及基本工序。

技能点

1. 能根据棉氨弹性织物的特点和要求,对织物进行合理的前处理工艺设计和实施,包括选用设备、设计工艺条件和工艺处方等。

2. 能熟练使用测试仪器，对处理后的效果如毛效、白度、强度、弹性等进行检测。

3. 能对工艺中不合理的地方进行调整。

氨纶是聚氨酯弹性纤维的商品名称，它是以聚氨基甲酸酯为主要成分的一种嵌段共聚物制成的纤维，在织物中以长丝状态应用。氨纶具有很高的弹性，常以多种方式混入纺织品中，以改善和提高纺织品的服用性能。

聚氨酯弹性纤维最早由德国拜耳（Bayer）公司于1937年试制成功，但当时未能实现工业化生产。1959年美国杜邦公司首先实现了工业化生产，并命名为lycra（莱卡）。此外，氨纶的商品名还有Espa（日本东洋纺）、Dorlastan（德国拜耳）等。根据其分子结构划分可分为聚醚型氨纶和聚酯型氨纶两种。氨纶具有强度高、弹性好、低负荷高伸长的特点，所以在染整加工过程中应保持其较高的回弹性和良好的舒适性，而且要能经得起各种染整加工，特别是湿热加工和化学加工，包括高温热定形、分散染料高温高压染色及树脂后整理加工等。

氨纶不适合制作纯氨纶织物，通常以一定比例与棉、麻等纤维共存于织物中。棉氨弹性织物既具有棉纤维的优点，又有氨纶的高弹性，使织物具有良好的形变回复能力，透气、透湿，手感柔软。弹性坯布的幅宽，从下机到验布码布已收缩30%~40%，到染厂后坯布幅宽还很宽，很多布匹还未显现出特有的弹性。通过前处理加工使其自然收缩，当织物幅宽充分收缩，应力释放后才会显现出良好的弹性。但产品中因含有氨纶，前处理中的碱使用不当或丝光和定形等工艺控制不当会对氨纶弹性纤维产生不良影响，使棉氨弹性织物失去风格。同时，由于氨纶弹性纤维的高收缩性，导致生产时缩率、门幅较难控制，加上品种规格的变化，织物的正反面紧度不同，溶胀程度不一致等，易在斜纹和缎纹织物的加工过程中造成严重卷边。因此，在前处理加工中应严格控制各工艺要点，以减少生产中的误区。

一、棉氨弹性织物前处理工艺路线

根据不同品种和组织规格，棉氨弹性织物的前处理工艺流程主要有以下几种。

1. 平纹等正反面相同的纬弹织物的前处理

由于平纹织物结构紧密，织造时左右应力基本均衡，所以在染整加工中一般不会产生卷边和折皱。通常可采用的前处理工艺流程为：

（1）烧毛→退煮→氧漂→热定形→丝光

（2）烧毛→酶退浆→热定形→冷轧堆→（复漂）→丝光

2. 斜纹和缎纹弹性织物的前处理

斜纹、缎纹等弹性织物在前处理加工时极易卷边起皱，所以在染整加工中较适合采用冷轧堆的方式进行加工，退浆可选择酶退浆。通常可采用的前处理工艺流程为：

（1）烧毛→冷轧堆→水洗烘干→氧漂→热定形→丝光

（2）酶退浆→热定形→烧毛→煮漂→丝光

（3）烧毛→酶退浆→冷轧堆→水洗烘干→丝光→热定形

3. 经纬双弹织物的前处理

双弹织物由于经纬向都有氨纶,其缩率的一致性较难控制,通常要求生产各工序的张力应控制一致。在前处理加工中也较适合采用冷轧堆的方式。通常可采用的前处理工艺流程为:

(1)烧毛→冷轧堆→水洗烘干→氧漂→热定形→丝光

(2)热定形→烧毛→冷轧堆→水洗烘干→丝光

二、棉氨弹性织物加工难点

1. 易卷边

弹性织物在加工中受湿热作用易产生卷边等疵病。具有正反面的斜纹或缎纹织物,因纱支排列不同,纱线收缩所受阻力不同,或织造应力左右不均衡等,更易产生卷边等问题。

2. 易产生皱条

棉氨弹力坯布质量不一,如有空芯、露芯纱,氨纶丝粗细不同、氨纶含量不同、牵伸倍数不一致等,都会导致加工过程中弹性织物易产生皱条。

3. 门幅不一、尺寸不稳定

弹性织物特别是纬弹织物,纬向缩率较大,幅宽较难控制。为了保证织物幅宽一致,尺寸稳定,同一品种应采用同一批号的弹力纱。

三、棉氨弹性织物前处理工艺

氨纶耐酸性较好,在常温下对稀无机酸和有机酸较稳定。聚酯和聚醚两种类型的氨纶耐碱性差异较大,聚酯型氨纶耐碱性非常差,在热碱溶液中快速水解。因而在染整加工时就要考虑到酸、碱等化学药品对氨纶纤维的影响。聚醚型氨纶能经受一定程度碱液的浸轧—汽蒸处理,处理后不影响氨纶的整体功能和使用。

1. 烧毛

棉氨弹性织物烧毛的目的、原理和工艺与普通织物基本相似,都是为了去除织物表面的绒毛,让织物更加光洁。通常落布要求烧毛均匀、布面洁净。

烧毛工序的安排及烧毛工艺需要根据织物组织规格、幅宽及织物含浆情况等来确定。在实际生产中有时会将烧毛工序放在碱煮练后进行。这是因为弹性织物,特别是中高支纱弹性织物经纱上浆较重,虽经织布时的摩擦,但坯布上较多毛羽并未脱离纱线而冒出,坯布烧毛很难烧净,故常会安排在退浆、煮练后进行,此时毛羽已基本冒出纱线,在这样的情况下进行烧毛可以保证烧毛质量。宜用气体烧毛机进行烧毛,二正二反快速烧毛。

2. 练漂

氨纶对氯较为敏感,不耐含氯漂白剂,在次氯酸盐溶液中会形成氮—氯结合而使纤维损伤、泛黄,聚醚型结构损伤更严重,氯漂会造成氨纶丝的严重损伤和弹性回复力的大幅降低。所以氨纶弹性织物通常采用双氧水进行漂白。双氧水漂白时,棉氨弹性织物中的氨纶会受到碱的影响,所以在练漂过程中要注意碱浓度的控制。对于双氧水的浓度和汽蒸时间也要进行控制,否则会影响织物的弹性。根据设备的不同,练漂的工艺方法很多,有连续平幅汽蒸法、冷轧堆法、酶退浆—冷轧堆法等，这一工序是织物门幅收缩的主要工序。对于斜纹、缎纹织物，这一工序尽可能缩短，最好采用冷轧堆法进行。

（1）连续平幅汽蒸法。这一工艺比较适用于平纹及正反面相同的斜纹织物。由于正反面浮纱长度相同，收缩力均衡，不会形成卷边，故可先浸轧中浓度烧碱，然后高温汽蒸一段时间，这样对浆料的膨化降解、对棉籽壳的软化疏松降解以及油脂蜡质等的去除均十分有利。工艺举例如下：

①退煮合一轧碱汽蒸处方及条件。

烧碱	45~60g/L
氧漂稳定剂	6~8g/L
耐碱渗透剂	2~3g/L
精练剂	8~10g/L
螯合分散剂	1~2g/L
浸轧工作液温度	70~75℃
汽蒸温度	100~102℃
汽蒸时间	60~70min
车速	40~45m/min

②氧漂工作液处方及条件。

100%双氧水	4~5g/L
烧碱	4~6g/L
氧漂稳定剂	4~5g/L
精练剂	4~5g/L
螯合分散剂	1~2g/L
浸轧工作液温度	30~35℃
汽蒸温度	100~102℃
汽蒸时间	50~60min
车速	40~45m/min

（2）冷轧堆法。棉氨纬弹织物的纬向弹性受到经向张力的影响，易造成皱条、卷边等问题，一般不适合在连续设备上进行紧式加工，较适合在低张力的卷染机上进行松式加工。特别是斜纹布、纱卡等织物前处理加工时极易卷边起皱，特别在高温松式汽蒸堆置时，织物受高湿热作用，布幅急剧收缩，造成卷边起皱严重。这是因为此类织物正反两面含氨纶纬纱的浮纱长度不同，经浸碱湿热处理后，两面纬纱收缩力差异大，布边总是向纬纱浮纱长而收缩率大的反面卷起。

对于这类织物更适合采用冷轧堆工艺，在长时间含湿高且低温松置的情况下，能较缓慢地自然收缩。另外，由于布是打卷的，布边不易翻转，这就防止了弹力布的严重卷边。由于此类弹力布中低支纱织物含杂较多，冷堆工艺处理后，其残余杂质，特别是棉籽壳与残留化学浆比较多，仅靠碱洗与水洗不能去净。因此，堆置后，需要先轧去布上含杂浆状液，再浸轧低浓度双氧水与精练剂混合液,再汽蒸一段时间,使布上残余浆料与棉籽壳等进一步降解去除。

利用冷轧堆练漂工艺的低温、打卷、堆置、缩幅缓慢、不易卷边的特点,以防止纬弹斜纹、缎纹织物卷边和折皱。同时,整个过程都是在室温、低碱状态下进行的,所以能将对氨纶的损伤降到最低限度。冷轧堆练漂工艺举例如下:

①冷轧堆工作液处方及条件。

烧碱	30~40g/L
100%双氧水	8~10g/L
耐碱渗透剂	5~6g/L
精练剂	6~8g/L
氧漂稳定剂	6~8g/L
螯合分散剂	1~2g/L
温度	室温
堆置时间	16~24h

②双氧水工作液处方及条件。

100%双氧水	4~5 g/L
烧碱	4~6g/L
氧漂稳定剂	4~5g/L
精练剂	4~5g/L
螯合分散剂	4~6g/L
浸轧工作液温度	35~40℃
轧液率	110%~115%
汽蒸温度	100~102℃
汽蒸时间	40~50min
车速	35~45m/min

(3)酶退浆—冷轧堆法。酶退浆特别适合棉氨弹性织物,其主要目的是温和缩幅。室温条件下用淀粉酶退浆,温度低,退浆慢,缩幅缓慢温和,卷边程度小。

①酶退浆工艺处方及条件。

BF-7658 淀粉酶	2~3g/L
食盐	5~6g/L
非离子渗透剂	1~2g/L
浸轧工作液温度	50~55℃
堆置温度	50~55℃
堆置时间	60min

②冷轧堆工作液处方及条件。

烧碱	40~50g/L
100%双氧水	10~15g/L

耐碱渗透剂	5~6g/L
精练剂	8~10g/L
氧漂稳定剂	6~8g/L
温度	室温
堆置时间	20~24h

3. 热定形

氨纶的耐热性较其他合成纤维差,氨纶的软化温度为 175~200℃,熔点为 230~250℃,热分解温度约 270℃。在 150℃以上时,纤维变黄、发黏、强度下降。氨纶的热性能决定着它在染整加工中能经受的温度。

热定形工序对弹性织物的影响很大,热定形工序在控制棉氨弹性织物的幅宽、纬向缩水、克重及弹性上起着关键性作用。大多数弹性织物都要经过定形,定形有稳定幅宽,防止幅宽收缩过度以及使织物平整的作用。氨纶弹性织物经高温热处理后,门幅的收缩很大,通过定形可以有效控制织物的弹性,使织物门幅和回缩达到某种平衡。对于弹性织物的热定形加工而言,除了要考虑各工序间的协调问题外,还需要考虑织物尺寸的变化规律。一般该工序的安排原则为:

(1)如果弹性织物下机后因氨纶的回缩导致坯布幅宽大大小于成品要求,则应进行坯布定形,使织物在进行染整加工前通过定形让织物组织结构初步得到稳定,并使布面保持平整状态。由于弹力坯布下机后其幅宽方向的回缩可高达 40%~60%,在加工时,极易导致布面起皱和卷边以及门幅达不到要求,这就需要通过热定形来控制其回缩率,以达到规定的幅宽要求,防止布面起皱卷边。

(2)如果下机后的坯布幅宽与成品要求相差不多,则可以先进行烧毛,再根据烧毛后织物幅宽减小的程度来安排热定形工序。

(3)如果下机后的坯布幅宽远大于成品要求,则可先进行练漂等湿处理加工,再根据成品对弹性的要求安排热定形工序。

弹性织物经拉伸和回缩后,其回复到原来状态的程度还取决于拉伸后弹力纱的回缩率和织物交织点阻力的大小,因此要保证氨纶的优良弹性及回弹率达到 96%左右,这样成衣穿着时才不致有较大的变形。

由于氨纶在干热 195℃中停留 30s,其弹性会受损,降低 9%左右,故热定形温度宜控制在 170~195℃,一般不要超过 195℃。定形时间应根据织物厚薄而定,薄型织物(如弹性府绸布)定形时间一般在 30s 以内,中厚织物一般为 40s,粗厚斜纹布的定形时间不超过 60s。

定形工艺中弹性损失的大小和定形温度、时间有关。温度在 160℃以下弹性损失虽小甚至不受影响,但定形效果差;如温度过高(195℃以上),时间达到 60s,则弹性损失就大。实际生产中需平衡好温度、时间、弹性这三者间的关系,严格控制定形温度、时间和落布幅宽。一般采用热定形的工艺条件为;温度为 180~195℃,时间为 30~60s。热定形时落布幅宽通常宜控制在超过成品幅宽的 5%~10%,伸幅过大会影响织物成品的弹性。

在给定的热定形温度、时间条件下确定织物热定形的幅宽,其原则为:先定形的半制品幅宽应低于成品幅宽,后定形的半制品幅宽应略高于成品幅宽,总之弹性织物定形工艺条件要求很高,过或不及都会造成致命的问题。因此,必须根据织物的组织特点、门幅及弹性的具体情况来制订定形的工艺条件。由于氨纶多以包芯纱或包覆纱的状态存在于织物中,因此在热定形过程中可采用较高温度(180~190℃),但处理时间一般不超过40s。

4. 丝光

氨纶丝本身并不需要丝光,同时氨纶在棉氨弹性织物中仅占了很小的比例,但外包的棉纤维需进行丝光。丝光工序是棉氨弹性织物的最关键工序之一,干缩湿胀最为显著,也是最易发生卷边、皱条的工序之一。同时,因为氨纶的存在,所以在丝光时需要考虑丝光碱浓度对氨纶弹力的影响。研究表明,在室温下,碱浓度在150~230g/L时,氨纶弹力损伤不大。为了既能达到丝光的效果,又能尽量降低碱对氨纶造成的影响,对于棉氨弹性织物可以适当降低丝光碱浓度。通常在应用中可根据织物厚薄而定,薄型织物丝光碱浓度宜低些,厚重织物碱浓度不超过230g/L。浸轧浓碱至布铗中央淋碱前时间不低于50s。丝光后的去碱很重要,要加强冲淋去碱,冲淋淡碱浓度60~65g/L,温度60℃以上,去碱箱温度以80~90℃为宜,确保落布pH值符合要求,同时避免产生皱条。丝光时所加张力以落布幅宽稍大于成品幅宽为宜。丝光采用直辊或布铗丝光机均可。

四、棉氨弹性织物前处理生产实例

织物品种:棉氨纬弹纱卡

织物规格:36.44tex×(36.44tex+7.78tex)/116×42/160cm[16S×(16S+70D)/116×42/63英寸]

工艺流程:

烧毛→冷轧堆→水洗烘干→预定形→复漂→丝光

工艺处方及条件:

①烧毛。

烧毛火口数	4火口,2正2反
烧毛车速	100m/min
烧毛级别	4级

②冷轧堆。

流程:

进布→浸轧工作液→打卷堆置(塑料薄膜包覆)

处方及条件:

烧碱	5g/L
100%双氧水	15g/L
精练剂	8g/L
氧漂稳定剂	5g/L
温度	室温
时间	24h

③预定形。

温度	185℃
时间	30s

④复漂。

100%双氧水	3g/L
烧碱	2g/L
精练剂	5g/L
氧漂稳定剂	5g/L
汽蒸温度	95~100℃
汽蒸时间	40min

⑤丝光。

烧碱	200g/L
温度	室温
时间	50s

学习任务 6-2　涤纶弹性织物的前处理

知识点

1. 涤纶弹性织物前处理加工要点。
2. 涤纶弹性织物前处理加工的基本工序。

技能点

1. 能根据涤纶弹性织物的特点和要求，对织物进行合理的前处理工艺设计和实施，包括选用设备、设计工艺条件和工艺处方等。
2. 能熟练使用测试仪器，对处理后的效果如毛效、白度、强度、弹性等进行检测。
3. 能对工艺中不合理的地方进行调整。

涤纶弹性织物是指织物的经纱或纬纱中含有弹性纤维，经过染整加工以后成品织物能够明显地保持这些弹性。弹性纤维主要有两种类型，一种是聚氨酯弹性纤维，另一种是涤纶弹力丝。

聚氨酯弹性纤维俗称氨纶，包括聚酯型氨纶和聚醚型氨纶，通常聚醚型氨纶的耐高温性更明显。涤纶弹力丝俗称涤纶高弹丝，主要是通过提高涤纶长丝在抽丝时的卷绕速度，降低抽丝时对涤纶长丝的加热功率，充分降低涤纶长丝的结晶度，保留抽丝过程的取向度，使得该涤纶长丝在湿热状态下的收缩最大化，从而明显地体现出不同寻常的弹性。一般情况下，涤纶高弹丝大多为涤纶的 DTY 长丝，当 DTY 的沸水收缩率在 25%以下时，称作涤纶低弹丝；当其沸水收缩率高于 25%以后，达到 35%甚至 40%以上时，经过前处理加工以后织物就会显现出十分明显的弹性。用涤纶高弹丝织造的涤纶弹性织物,其弹性集中表现在织物的纬向。

一般在没有特别说明的情况下,弹性织物多指含氨纶的涤纶弹性织物。同样,涤纶弹性织物按照弹性纤维在织物经纬向中的存在方式,可以把弹性织物分成纬弹织物、经弹织物和四面弹织物。

一、涤纶弹性织物的前处理工艺

涤纶弹性织物在染色之前的加工都属于前处理的范畴。主要包括平幅精练、松弛和预定形等工序。在涤纶弹性织物进行前处理加工时,保持此类织物的回弹性和平整度是弹性织物加工的重点,而织物纬纱于受控状态下均匀收缩,是织物平整的关键。布面平整,回弹性良好,尺寸稳定,是对弹性织物的基本要求。

氨纶丝在纺制时使用大量有机硅乳液,若有机硅去除不净,将会在后续染色加工中出现染色疵病。另外,加工弹性织物,只有湿热状态下的低张力松弛处理,才能充分消除织物的内应力,减少蠕变,防止氨纶疲劳,从而较好地保证织物的尺寸稳定性和回弹性。温和的热定形可以保证织物的门幅一致,密度均匀,同时改善织物的弹性。所以,平幅精练、松弛和预定形三道工序是涤纶弹性织物加工与普通织物最大的区别。

在弹性织物加工时,纬弹加工难度大于经弹,双弹织物大于纬弹,斜纹织物大于平纹。影响织物经纬双向回弹性和织物平整度的因素很多。控制的重点仍然是平幅精练、松弛和预定形。

1. 平幅精练

喷气织机在织造过程中,打纬时纬纱于坯布两边所受到的外力是不一样的。从喷嘴中高速喷出的压缩空气带动纬纱冲向织物的对边,开始时纬纱受到外力较大,结束时外力较小。成布以后,无论是卷装还是匹装,存放过程中都不足以消除因织造时纬纱受力不匀而产生的内应力。用平幅精练机进行精练,可在较温和的湿热状态下消除坯布的内应力,减少织物在后续加工时布面产生褶皱的机会。

在室温潮湿状态下涤纶弹性织物均匀地收缩,是成品布面平整的基础。在平幅精练机中完成涤纶弹性织物的低温精练,将对其后道工序的加工产生深远的影响。低温下的平幅精练是实现涤纶弹性织物缓慢均匀收缩的有效工艺。

涤纶弹性织物的平幅精练是在平幅精练机上完成的。平幅精练设备是以棉织物平洗设备为基础,随涤纶弹性织物加工工艺要求不断完善而迅速发展起来的一类新型设备。设备主要包括进出布装置、张力调节装置、对中装置、扩幅装置、平洗槽、加热装置、调速装置、冷水喷淋装置和真空吸水装置或轧水烘干装置。以涤纶纬向弹力机织物为例,其平幅精练工艺如下:

调整平幅精练机进布装置的张力杆的角度,使坯布布面平整,门幅适当回缩。六槽平洗机内不添加任何精练剂,采用清水精练。第一槽采用室温即可,最后一槽水温80℃。中间各槽水温逐渐升高。车速可以根据坯布门幅收缩尺寸来调整。门幅收缩过大,可以降低平幅精练车速。水槽之间可由直辊扩幅辊连接。扩幅辊表面宜用非不锈钢材质。扩幅辊转速须随出布速度自动调节。平幅精练机尾部用均匀轧车和真空吸水装置即可。均匀轧车之前可增加一套冷水喷淋装置,以尽快降低织物表面温度。上机210cm的纬弹坯布,下机以后门幅一般在180cm(包括布边)左右。

虽然在轧水和吸水装置之后增加一柱(8~10个烘筒)烘筒,可使织物进一步缩幅,但烘燥

(包括预定形)后织物门幅收缩过快是纬弹织物布面出现永久褶皱的主要原因。

2. 松弛(预缩)

弹性织物平幅精练后需要进行松弛处理,通常又称预缩处理。松弛处理是在高温湿热状态下进行的,目的是为了保持弹性织物经平幅精练加工已经获得的均匀收缩成果,使弹性织物在高温湿热状态下进一步消除内部应力,进一步均匀收缩。虽然弹性织物的纱线捻度类似于涤纶低捻织物,但是弹性织物的松弛温度略低于强捻织物。一般情况下,为了保持氨纶的弹性,在弹性织物的松弛和预定形工序中,工艺温度可适当降低。

弹性织物的松弛,其目的与强捻织物的松弛有类似之处,也有不同之处。强捻织物的松弛更多的是为了成品手感的均匀性,而弹性织物的加工重点,一是要保持布面的平整,二是要保持布面的弹性。这就决定了弹性织物松弛更多的是为了稳定和保持织物的尺寸稳定性,尽可能地保持布面平整,弹力均匀。无论是强捻织物,还是弹性织物,松弛工序的最终目的,都是通过“拉平效应”尽可能地消除织物的内应力,以达到稳定手感,稳定尺寸,均匀收缩的目的。弹性织物进行松弛处理时可适当加入碱剂、精练剂等以去除织物上的浆料、油剂及各类其他杂质。弹性织物的松弛可在高温高压溢流染色机中进行。松弛时的升降温速度要比普通涤纶织物适当降低,因为升降温速度过快,织物内应力的释放就会加剧,这样就会在织物表面产生大量皱痕。弹性织物的松弛工艺举例如下。

(1)工艺处方及条件。

高效精练剂	1~2g/L
30%液碱	2~3g/L
螯合分散剂	1~2g/L
浴比	1:(10~12)
温度	115~125℃
时间	20~30min

(2)工艺说明。松弛时缓慢升温可以减少布面皱痕。加大喷嘴压力,可以减小经纱收缩与弯曲。织物在115~125℃在高温高压喷射溢流染色机内运行20~30min,门幅还会收缩15%~20%。松弛过程中堵缸,会对半缸织物造成严重损伤。降温过快,冷水进缸过早,都会使织物表面出现细小褶皱,影响织物平整度。

可根据坯布克重大小,决定高温高压喷射溢流染色机喷嘴的大小和调节喷嘴压力。前处理温度低于染色温度,加工过程中适当调小喷嘴压力,都对保持经向弹力有益。为保护涤纶弹性织物中氨纶弹性,弹性织物松弛时,加入缸内的碱剂相对于强捻织物要少。即使这样,若在染过深颜色的染缸内对欲染较浅颜色的弹性织物进行松弛,加入缸内的助剂也会对染过深颜色的染缸产生清洗作用。缸内残留的染料会对弹性织物产生比较严重的沾污现象。特别是弹性织物中的氨纶会被染成红棕色,这将会严重影响弹性织物在后道工序中染成较浅的颜色。所以,不可在深颜色缸内对欲染浅色的织物进行松弛。固定若干只干净的染缸做松弛是非常必要的。

3. 预定形

预定形的主要目的是在高温干热状态下进一步保持和巩固平幅精练和松弛之后弹性织物的

布面平整度。对于弹性织物来说,预定形是松弛的继续。松弛是在湿热状态下进行的,而预定形则是在干热状态下进行的。湿热状态下缓慢松弛的结果,需要干热状态下预定形的巩固和加强。

预定形时,温度、门幅、张力和车速是预定形工序的主要工艺参数。结合预定形门幅和布面平整程度合理制订预定形工艺,是保证预定形质量的关键。

预定形温度略高于成品定形温度,有利于预定形后织物的尺寸稳定性。车速的快慢不仅取决于烘房的长度,还取决于织物厚度、原料性质、组织结构等多个方面。根据松弛门幅、织物预定形前布面的平整程度和成品定形门幅决定预定形门幅。预定形时调整预定形门幅的幅度不宜过大,定形温度的波动也不宜过大,否则,经过后续工序加工后,同一缸中的织物成品定形前的门幅会相差过大而无法定形。织物门幅和布面平整程度是预定形工序主要的工艺指标。预定形时采用针板定形机。具体工艺举例如下。

(1)工艺处方及条件。

温度	180~195℃
车速	45m/min

(2)工艺说明。定形车速的快慢不仅与织物厚度、含潮率有关,还取决于定形机长度。以9节烘房定形机为例,45m/min的车速足以保证预定形的质量。预定形门幅窄于白坯门幅而高于成品定形门幅。定形张力和超喂的调节,以布边不出现“荷叶边”为宜。预定形门幅不得宽于成品门幅,可适当小于成品门幅2~3cm。若此时织物表面仍有很多皱条,则说明平幅精练和松弛工序没有完成质量指标。布面的平整程度不仅取决于预定形的门幅,还取决于预定形时织物的经向张力。通过的导布辊越多,织物在导布辊上形成的包角越大,超喂辊的转速比预定形时的车速越低,织物经向受到的张力越大,布面越平整。

经向张力过大,经纱会被进一步拉直。经纱被过分拉直以后,纬纱就会变得进一步弯曲。纬纱上的氨纶因纬纱的过度弯曲也会被进一步拉伸。若此时的预定形温度过高,就会造成氨纶弹力的进一步损伤,最终导致染色后织物门幅过宽、成品门幅过宽、织物纬向弹力明显下降的现象。

定形时主要通过调整定形门幅和张力来保证布面平整。张力调节主要通过定形机头的紧布器完成。车速过快,定形探边器频繁换向,容易造成定形漏挂和脱针,引起停车且在布面上产生“风档”。车速过缓,不仅浪费能源,还容易造成氨纶回弹性明显下降。有些工厂为了充分保持一些特殊风格弹性织物的特点,在松弛之后预定之前进行松式烘干。松式烘干可使织物的手感更加蓬松。烘干程度参考经弹织物加工。预定形温度可略低于成品定形温度,预定形门幅宽于松弛门幅而略窄于成品门幅,一般比成品门幅窄3%左右。预定形门幅确定以后,布面的平整度就取决于定形张力和超喂调节。

二、涤纶弹性织物前处理生产实例

织物品种:涤纶弹力雪纺

织物规格:5.55tex×(5.55tex+2.22tex)/86×40/160cm[50D×(50D+20D)/86×40/63英寸]

工艺流程:

平幅精练→预缩→预定形→碱减量

工艺处方及条件：

①平幅精练。织物纬向含有氨纶，为避免织物强烈收缩，产生不可回复的折皱，织物需在平幅状态下使氨纶缓慢回缩。织物经过螺纹开幅和对中装置平幅进入多级精练槽，每级精练槽的水温逐级提高，以防止织物纬向收缩过快和收缩不均匀而造成皱条。

精练槽水温	40℃→60℃→80℃→90℃
车速	40m/min
平幅精练后门幅	121.92cm（48 英寸）

②预缩。对于薄型强捻类弹性织物而言，预缩除了进一步消除织物内应力，让织物缓慢缩幅，同时保持织物的弹性外，还能让织物在染缸内通过高温松弛预缩，织缩明显增加，织纹达到成品要求的风格，产生均匀的绉效应。因而在实际生产中，要严格控制液碱用量、处理温度、升降温速度和保温时间，以获得较高品质的成品。

30%液碱	1g/L
去油灵	2g/L
温度	125℃
时间	30min

③预定形。预定形可以消除织物在前面生产过程中产生的折皱，稳定后续加工中的伸缩变化，增加结晶度，提高后续碱减量的均匀性，以保证减量后织物幅宽稳定、弹性好、手感好。

定形温度	195℃
定形车速	45m/min
超喂	+15%
落布门幅	111.76cm（44 英寸）

④碱减量。通过碱减量加工，可以获得优良的手感和鲜明的风格特征。涤纶弹力雪纺的碱减量加工可采用平幅连续碱减量机。

流程：

平幅进布→浸轧热碱液→汽蒸→平幅水洗→出布

处方及条件：

30%液碱	不稀释
轧液率	90%～100%
轧碱温度	60℃
汽蒸温度	120℃
车速	30m/min

☞ 复习指导

1. 了解氨纶弹性织物的种类。
2. 掌握棉氨弹性织物前处理加工的要点及基本工序。

3. 掌握涤纶弹性织物前处理加工的要点及基本工序。

思考与训练

1. 涤纶弹性织物的前处理需要哪些工序?
2. 涤纶弹性织物的前处理加工与普通涤纶织物有何异同点?
3. 涤纶弹性织物为何要进行平幅精练?
4. 涤纶弹性织物进行松弛加工有何重要作用?
5. 涤纶弹性织物的前处理加工难点有哪些?
6. 弹性织物的前处理加工主要考虑的因素有哪些?
7. 棉氨弹性织物的前处理加工与普通棉织物有何异同点?
8. 棉氨弹性织物的前处理加工有哪些基本的工序?主要目的是什么?加工难点有哪些?
9. 棉氨弹性织物的热定形有何重要作用?
10. 如何解决弹性织物在加工过程中的“卷边”问题?

学习情境7　其他类型织物的前处理

学习目标

1. 掌握针织物、绒类织物、色织物、纱线等制品前处理的方法及特点。

2. 能够设计出较为合理的针织物、绒类织物、色织物、纱线的前处理加工工艺，并能对织物进行前处理操作。

3. 学会根据产品加工要求调整各工序、工艺处方及条件，为实现工艺设计奠定基础。

4. 学会使用退浆剂、精练剂、漂白剂、丝光剂等的基本方法。

5. 学会对针织物、纱线、色织物、绒类产品的规格检测和毛效、白度、强力指标的检测。

案例导入

案例1　某针织厂需要加工一批白色纯棉针织T恤面料，要求织物白度、毛效、强力和手感都要好。可以用机织物的前处理加工设备和工艺来处理针织物吗？要求技术人员制订这批白色的纯棉针织T恤面料的前处理工艺，并对其进行操作，以满足客户对产品的质量要求。

案例2　某印染厂现接到一批灯芯绒织物的染整加工订单，要求最终成品为浅色、靓丽的颜色。对坯布来样进行分析发现，该坯布比较厚重，表面还有很多天然和人为的杂质，并且颜色泛黄。因此，要对织物进行前处理。要求技术人员制订该批灯芯绒织物的前处理工艺，并对其进行前处理操作，以满足客户的要求。

案例3　某印染厂接到一批色织物染整加工订单，要求经过加工后织物的手感、吸湿性和尺寸稳定性要有所提高，并且不能影响织物的色泽、色牢度，不能互相沾色。请根据该厂的实际生产情况选择合适的前处理设备，并制订相应的前处理和整理工艺，以满足客户对成品的质量要求。

案例4　某纱线染整加工企业接到一批棉纱线染整加工的意向订单。要求纱线染成浅粉色，并且要具备一定的光泽度。请根据该厂的实际生产情况选择合适的纱线前处理设备，并制订相应的前处理工艺，以满足客户对成品的质量要求。

引航思问

1. 什么是针织物？针织物有哪些特点？

2. 棉针织物前处理的特点是什么？必须特别注意哪些环节？

3. 涤/棉针织物的练漂加工通常使用哪种设备？

4. 绒类织物的前处理加工工艺如何？

5. 什么是色织物？色织物有何特点？

6. 色织物的前处理与坯布的前处理有哪些不同或注意点？

7. 如何区分色织物的小整理和大整理?

8. 纱线是如何分类的?纱线进行练漂加工的形式有哪些?

9. 纱线是如何进行丝光的?纱线丝光易出现哪些问题?

除前面六个学习情境中提到的各类纺织品外,实际生产中还有几种出现较多的纺织品,如针织物、绒类织物、色织物及纱线等。本情境主要介绍其前处理加工技术。

学习任务 7-1 针织物的前处理

知识点

1. 针织物的加工特点,不同针织物的加工工艺流程。

2. 棉针织物丝光和碱缩的定义、影响因素及碱缩后棉针织物性能的变化。

3. 棉/氨纶针织物前处理要点。

4. 涤纶针织物前处理工艺。

技能点

1. 能制订针织物前处理的工艺流程,并对每道工序进行熟练操作。

2. 能根据针织物特点对选定织物进行前处理工艺设计和实施操作,并能根据产品的加工要求,对工艺中不合理的地方进行调整。

3. 能对针织物前处理过程中出现的质量问题进行分析,并提出解决问题的方案。

针织物具有柔软的手感,良好的透气性,富有伸缩性,穿着舒适。常用来制作汗衫、棉毛衫、运动衫、手套和袜子等。由于针织物是由线圈构成的,因此结构疏松,外力作用下容易变形,不能经受较大的张力,故加工时最好采用松式加工设备,同时应尽量缩短加工流程。另外,针织物在加工时会因纱线受损而造成脱散,也会因卷边而使练漂加工不匀,因此加工时应注意防止脱散和产生卷边。不同组成成分的针织物,其前处理的要求不同,工艺也不同。

一、棉针织物的前处理

棉针织物的主要有汗布、棉毛布、毛圈布等。其前处理加工与棉机织物的前处理加工有所不同。因针织用纱在织造前不经上浆,因此不需进行退浆。一般品种只需进行煮练和漂白加工,且为了尽量多地保留油蜡,其练漂条件比较温和。棉针织物的前处理加工随品种和用途的不同而异。如深色品种,对前处理要求较低,只需煮练或轻度漂白;中、浅色品种一般需要煮练和漂白,目前采用较多的是煮漂一步法。为了增加汗布类织物的弹性和组织密度,提高织物尺寸稳定性,需要进行碱缩处理。高档棉针织物还需进行烧毛和丝光,以进一步改善织物的外观风格和产品性能。棉针织物前处理工艺流程主要有以下几种。

(1)漂白汗布。

坯布→(烧毛)→碱缩→煮练→(次氯酸钠漂白)→双氧水漂白→(生物抛光)→增白→整理

(2)染色(印花)汗布。

坯布→(烧毛)→碱缩→煮练→双氧水漂白(或次氯酸钠漂白)→(丝光)

(3)染色(印花)棉毛布。

坯布→(烧毛)→煮练→双氧水漂白(或次氯酸钠漂白)→(丝光)

次氯酸钠漂白一般不再使用,主要因为卤素残余,不符合环保要求。

(一)烧毛及生物抛光

1. 烧毛

棉纤维纺纱时,虽经过加捻,但仍会有散纤维露于纱线表面,织造后在织物表面形成长短不一的绒毛,影响织物表面的光洁度及后续的染整加工。但传统上对针织物的外观要求没有机织物高,所以一般情况下,针织物不进行烧毛。对于高档针织面料而言,需要织物表面更加光洁、色泽纯正,手感更加滑爽,通常会进行烧毛。

与机织物烧毛工艺相似,影响针织物烧毛的工艺因素主要有车速、火口温度、火口数和火口烧毛方式。通常根据织物的原料组成、织物的厚薄及成品要求等确定其烧毛工艺。烧毛设备可采用圆筒平幅烧毛机、圆筒筒状烧毛机和剖幅平幅烧毛机。棉针织物烧毛工艺举例如下:

烧毛火口数	2 火口,1 正 1 反
烧毛方式	对烧
火口温度	1000~1100℃
火口高度	距离织物表面 6mm
烧毛车速	80m/min

2. 生物抛光

可以利用纤维素酶进行生物抛光(光洁)处理以去除织物表面绒毛。

生物抛光是一种用纤维素酶改善纤维素纤维制品表面的整理工艺,以达到持久的抗起毛起球并增加织物光洁度和柔软度的效果。生物抛光是去除从纱线表面伸出来的细微纤维,以防止起毛起球,色泽也更光亮,表面绒毛减少使得布面更光洁。酶的作用是弱化微纤基端,但没有把它们和纱分离开,要靠机械作用力完成这一步。生物抛光是给予织物持久性的整理效果,这里使用的酶制剂是天然蛋白质,可完全生物降解,使用量也相对较低。因此,酶制剂对排污的负担是很轻微的,这使得生物光洁整理较相应的化学品整理更具吸引力。

生物抛光可以在前处理阶段进行,煮漂与生物抛光一步法或二步法,也可以在印染结束前进行纤维素酶生物抛光。

与相应的传统加工方法比,生物抛光有如下优点:

(1)织物表面更光洁无绒毛;

(2)织物表面显得更加均匀;

(3)减少起毛起球的趋向;

(4)增加悬垂性并具滑爽手感;

(5)与通常的柔软剂组合可获得独特的柔软性;

(6)处理的织物更具有环保意义。

生物抛光工艺举例:

纤维素酶	0.5%~1.5%(owf)
温度	45~55℃
时间	40~60min
pH值	4.5~5.5
浴比	1:15
设备	常温溢流喷射染色机

在其他条件相同的情况下,采用不同设备,处理结果也有很大差别。机械冲击力大,则可缩短处理时间;机械冲击力小,则达到效果所需的时间长。因此,一定要考虑各方面因素,制订出既能达到抛光效果,又能最大程度节约成本的工艺。

(二)碱缩

1.碱缩原理

所谓碱缩,是指棉针织物在松弛状态下,用冷、浓烧碱溶液进行处理后,使之任意收缩的过程。

在浓烧碱溶液作用下,纤维发生膨化,使经、纬纱直径增大很多,经、纬纱之间弯曲程度增大,即产生异向溶胀现象,导致织物长度缩短,幅宽变窄,织缩增加,使棉针织物弹性和密度增加。此外,碱缩能提高棉纤维的吸附性能、化学反应性能以及对染料的吸收性能;同时使棉针织物的缩水率下降,尺寸稳定性和强度都有所增加。但碱缩是在松弛状态下进行的,因而不产生光泽。

碱缩工艺主要针对汗布,这是由于汗布织物是由纱线编织成的平面环状线圈结构,组织结构较疏松,容易变形,因此通常要经过碱缩处理,使其结构变得紧密且富有弹性。

2.影响碱缩的因素

影响碱缩的工艺因素有碱液浓度、碱液温度、碱缩时间等。

(1)碱液浓度。随着碱液浓度的提高,纤维的膨化作用加大,达到某一值时,纤维才会产生显著的膨化作用。实践表明,当碱液浓度达到240~250g/L时,织物的收缩率达到最大限度。但碱缩时收缩不能太大,否则影响产品的透气性,缝纫性也不好。但在实际生产中,一般将碱液浓度通常控制在140~200g/L。具体处理浓度视针织物的组织密度及加工要求而定。

(2)碱液温度。碱与纤维素的反应是一个放热反应,因此,提高温度对碱缩不利。但是,碱液温度过低,高浓度碱液的黏度会增大,而影响碱液的渗透。在生产中,为了平衡碱液的渗透性和处理效果(溶胀)两个因素,不能采用过低温度,故碱液温度应控制在15~20℃。生产中采用具有夹层的碱液槽,在夹层中通入冷水,以达到降温的目的。

(3)碱缩时间。碱缩时间是指从针织物浸渍碱液至洗碱之前为止的全部时间。它包括碱液的浸渍渗透时间、碱与纤维的反应时间、织物收缩时间和去碱时间。因此,碱液中可加耐碱渗透剂以缩短浸渍渗透时间,浸轧碱液后,还要进行堆置,以延长碱缩时间,提高碱缩效果,一般堆置时间为 5~20min。

棉针织物碱缩工艺举例如下：

NaOH	160~200g/L
温度	室温
时间	10~20min
张力	无

碱缩的工艺流程：

缝头→扩幅→浸轧浓碱液→堆置(或在浓碱液中浸渍)→去碱→热水洗→冷水洗

3. 碱缩过程和设备

棉针织物的碱缩有干缩和湿缩两种工序。干缩是直接对坯布进行碱缩，然后进行练漂。干缩工序简短，可连续化生产，但坯布的润湿性较差，易产生碱缩不匀。湿缩是坯布煮练后进行碱缩。湿缩吸碱均匀，但碱液浓度不易控制。湿缩织物的弹性、光泽和匀染性也比干缩好。目前国内以采用干缩为主。

碱缩过程包括浸轧碱液、堆置收缩和洗去碱液三个步骤。堆置方法有干堆和湿堆两种。干堆是织物浸轧碱液后在 J 形箱中堆置，这种方法设备较简单，占地面积小。湿堆是织物浸轧碱液后浸堆在一定浓度的碱液中，此方法碱缩效果好，但设备占地面积较大。

棉织物碱缩在碱缩机上进行。碱缩机结构形式多样，但是常见的通常由三个轧槽和两个容布箱组成，其构造如图 7-1 所示。

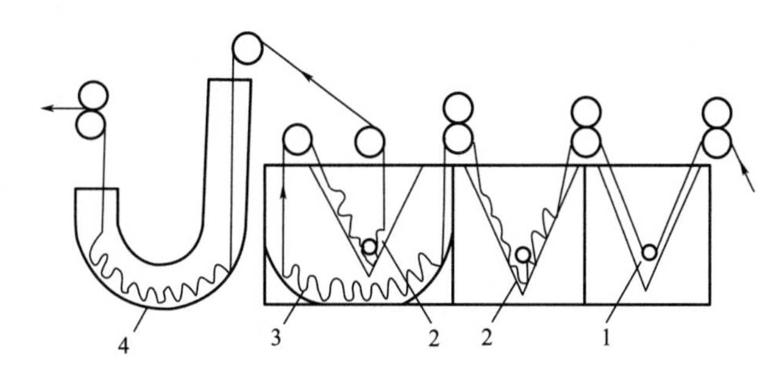

图 7-1 碱缩机结构示意图

1—紧式浸轧碱槽 2—松式浸轧碱槽 3—碱液浸渍堆布箱 4—堆布箱

碱缩时的具体过程如下：坯布先经撑板扩撑成紧式状态，并通过第一碱槽，然后经轧辊浸轧进入第二碱槽，以松式浸渍短暂时间后经轧辊浸轧进入第一存布箱，在箱内存放一定时间后进入第三碱槽，又经浸渍短暂时间后再经轧辊浸轧进入第二存布箱，存放一定时间，最后经 80~85℃热水洗后用冷流水洗净。

坯布经碱缩后应及时进行煮练，防止织物因带少量剩碱搁置过久，而影响手感和容易造成针洞。

在碱缩中最常见的疵病是产生永久性细皱纹，其原因主要是在碱缩机上，坯布撑幅不足形成的。解决细皱纹的主要措施是调节好扩幅时撑板的门幅，使坯布在第一槽紧式浸轧碱时尽量平整;其次,可以适当减轻轧辊压力。此外,也可在第一碱槽中加渗透剂,使织物浸碱均匀。

(三)煮练

目前,棉针织物大都沿用传统的烧碱煮练法。按其加工方式可分为煮布锅煮练、染色机煮练、连续汽蒸煮练等。无论采用哪种方法,均应比一般棉布煮练的条件缓和些,目的是使布上保留较多的蜡状物质,以免影响织物手感和造成缝纫破洞。

(1)煮布锅煮练。煮布锅煮练是一种传统方法,煮练匀透,除杂效果好,但属于间歇式生产,劳动强度高,生产效率低,目前已很少使用。

(2)连续汽蒸煮练。连续汽蒸煮练是将织物浸轧碱液后,通过汽蒸一定时间来达到煮练目的的一种方法。连续汽蒸法的主要优点是能连续生产,因此劳动强度低,生产效率高。但连续汽蒸法的煮练效果不及煮布锅煮练。

棉针织物连续汽蒸煮练的工艺流程如下:

经碱缩后的棉针织物 / 棉毛坯针织物 →浸轧煮练液→汽蒸→热水洗→冷水洗→酸洗→冷水洗→中和→冷水洗

汽蒸是在汽蒸容布箱中进行的。常用的汽蒸容布箱是J形箱,针织物落入箱内,堆放一定高度完成汽蒸后,从另一端拉出。内加热式J形箱连续汽蒸煮练机结构如图7-2所示。

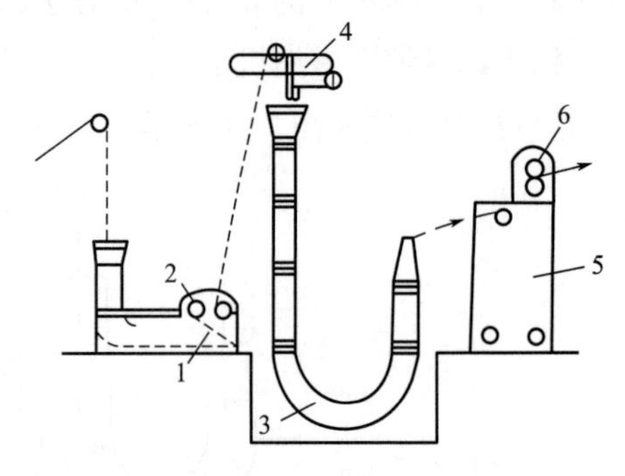

图7-2 J形箱连续汽蒸煮练机结构示意图

1—浸轧槽 2—轧液装置 3—J形汽蒸容布器 4—堆布装置 5—水洗槽 6—轧液装置

连续汽蒸煮练法常用的工艺处方及工艺条件如下。

①浸湿用剂及处理条件。

润湿剂	1~5g/L
浸轧道数	三浸三轧以上
温度	80~95℃

②轧碱液处方及工艺条件。

烧碱	12~18g/L
亚硫酸钠	0~3g/L
磷酸三钠	0~1g/L
润湿精练剂	1~3g/L
轧碱温度	90℃以上
浸轧道数	三浸三轧
轧液率	200%

③汽蒸条件。温度95~100℃,时间90~180min。

④酸洗液。硫酸3~6g/L。

⑤中和液。纯碱0.5~1.5g/L。

初开车时在J形容布箱内可以放入适量碱液，以提高煮练效果。在煮练时为了提高煮练效果和均匀度，可以进行两次轧碱和汽蒸。

(四)漂白

棉针织物经煮练后，由于纤维上仍有天然色素，织物不够洁白，会影响染色或印花织物的色泽鲜艳度，因此煮练后的棉针织物还需进行漂白加工。漂白的目的就是要去除色素，赋予织物必要的白度。漂白还能进一步去除棉纤维上残留的棉籽壳、蜡状物质、含氮物质等杂质，进一步提高织物的吸水性。

漂白剂有还原漂白剂和氧化漂白剂两大类。还原漂白剂因漂白后，织物白度稳定性差，故不选用，一般采用氧化漂白法。棉针织物可采用的氧化漂白剂有过氧化氢、次氯酸钠和亚氯酸钠，常用过氧化氢漂白。

过氧化氢用于棉针织物漂白的方法有煮布锅漂白法和连续汽蒸漂白法。

1. 煮布锅漂白法

煮布锅漂白为间歇式漂白法。

漂白液的组成：

过氧化氢(100%)	3~4g/L
36%硅酸钠(相对密度1.4)	6~8g/L
30%(36°Bé)烧碱	0~3g/L
润湿剂	0.5~3g/L

漂白的工艺条件：

漂液pH值	10.5~11
漂液温度	95~100℃
漂白浴比	1∶(5~6)
漂白时间	150~180min

漂后将漂液放去，并立即用60~80℃热水洗涤，以防止硅酸钠残留在织物上，最后用冷水浸洗后出锅。

2. 连续汽蒸漂白法

连续汽蒸漂白法是将织物在浸轧漂液后通过汽蒸来完成漂白过程的方法。其工艺流程如下：

浸轧漂液→汽蒸→热水洗(60~80℃)→水洗

漂白液的组成：

过氧化氢(100%)	2.5~4.5g/L
36%硅酸钠(相对密度1.4)	9~15g/L
30%(36°Bé)烧碱	0~3g/L
润湿剂	0.5~3g/L

漂白的工艺条件：

浸轧液 pH 值	10.5~11
浸轧温度	80~95℃
轧液率	130%~200%
汽蒸温度	95~100℃
汽蒸时间	90~120min

汽蒸后必须用热水洗涤,以防止硅酸钠残留在织物上,最后用冷水洗净。

这种工艺可以与连续汽蒸煮练法连接起来,使煮练、漂白连续化。这样做不仅能提高产量,降低成本,而且能简化操作,降低劳动强度。

3. 碱氧一浴练漂法工艺(前处理短流程工艺)

碱氧一浴练漂法是将氢氧化钠与双氧水同浴对棉针织物进行处理,使煮练与漂白同时完成的一种练漂工艺。该工艺能大大缩短棉针织物的前处理加工时间,提高加工效率,节约能源,降低劳动强度等。碱氧一浴法已经广泛地应用于针织印染领域。该工艺需要注意两个方面:一是因为工艺处方中碱的浓度较高,所以需选择耐碱性较强的氧漂稳定剂;二是因为碱氧一浴法的碱浓度要低于常规碱煮练,所以需选择高效精练剂以提高煮练效果。

棉针织物可以用溢流喷射染色机进行煮漂,然后直接染色。如全棉汗布[28tex(21 英支),18tex(32 英支),15tex(40 英支)汗布]前处理工艺:

①工艺流程。

煮漂→水洗→酸洗→除氧→水洗

②工艺处方及条件。

煮漂:30%(36°Bé)烧碱	3~6g/L
30%双氧水	4~10g/L
去油剂	0.5~1g/L
精练剂	1~2g/L
氧漂稳定剂	1g/L
浴中柔软剂	2 g/L
温度	98~100℃
时间	40~60min
浴比	1∶12
酸洗:冰醋酸	0.5g/L
温度	40℃
时间	10min
除氧:除氧生物酶	0.8g/L
温度	60℃
时间	10min

③加料顺序及工艺曲线。

氧漂后布面有过氧化氢残留,会将染液中染料的反应基团氧化分解,使染料与纤维不能充

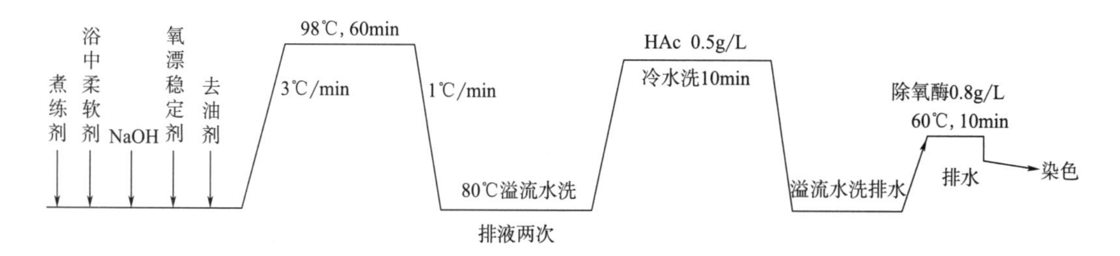

分反应和有效结合，从而产生色浅、色花等染色疵病。因此，前处理以后需要用除氧酶去除织物上残留的双氧水，以免影响后道染色。

4. 针织物冷轧堆煮漂工艺（节能减排前处理工艺）

国外采用冷轧堆前处理工艺已占到总数 30%左右。国内在棉机织物上批量冷轧堆前处理生产应用取得了较好的效果。但针织物上存在褶皱和毛效、白度不均匀两大瓶颈，必须配套设备（保证不产生褶皱、毛效均匀、白度均匀）和配套助剂（保证毛效、白度，包括均匀性）来解决。

目前，经过浙江纺织服装职业技术学院染整技术研究所与宁波华科纺织助剂有限公司合作研究，开发了设备、工艺与助剂，使节能减排的针织物冷轧堆前处理工艺得以实施，并得到大规模的使用。

（1）工艺流程。

翻布缝头→冷轧（助剂+双氧水）→堆置（室温，12h 及以上）→短时间热处理（80～90℃热煮或汽蒸）→水洗→中和→脱氧→进染缸染色或冷轧堆染色

（2）冷轧配方。

27.5%双氧水	80～100g/L
冷轧堆精练剂 HK-F	25～30g/L
轧液率	100%～110%，多浸一轧
浸轧温度	室温

（3）针织物冷堆前处理联合机。针织物冷堆前处理联合机（宁波华科纺织助剂有限公司生产）如图 7-3 所示。工艺流程：

冷轧机→布车堆置→热处理机→水洗机（水洗、中和、脱氧）

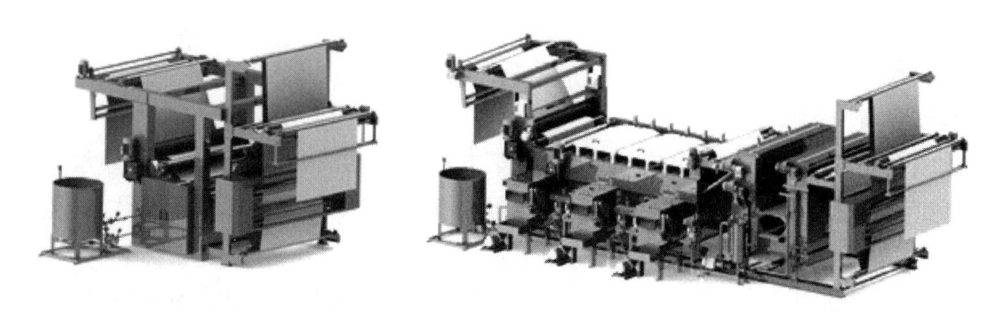

图 7-3　针织物冷堆前处理联合机（冷轧+热洗+水洗）

①设备生产效率。

a. 染色机利用率可以提高30%以上(因前处理在机缸外加工,所以提高了机缸的利用率)。

b. 本白布的加工效率可以提高100%。

c. 每台染色机装布量可以提高20%以上。

②技术指标。

白度:能满足一般产品白度要求。

毛效:能满足各类产品的需求。

色牢度:与传统工艺的染色指标无差异,色牢度符合要求。

生产练耗:可以在传统工艺的基础上降低50%左右。

生产质量:无色花、批差、折皱记录,重现性好。

产品风格:天然蓬松、厚实、柔软、布面光洁、色泽柔和。

③突破传统针织物煮漂及冷堆法煮漂技术的几大瓶颈。

a. 实现了针织物连续化前处理的工艺,可圆筒也可平幅生产;

b. 克服了堆置时的压痕、折痕等问题;

c. 克服因前处理产生的色花;

d. 改变了传统机缸煮漂引起的匹差问题;

e. 消除了堆置物上下、内外白度差和不均匀性;

f. 简化了传统复杂烦琐的操作程序;

g. 减轻了工人的劳动强度;

h. 摆脱了工艺和化学品对操作者的不安全因素;

i. 打破了传统冷堆工艺对设备、助剂、温度、时间和方法的苛刻要求。

(四)丝光

棉针织物丝光除具有一般织物丝光的优点外,还有防止单面针织物产生卷边和使织物表面平滑,改进手感等优点。由于人们对针织面料的要求不断提高,所以纯棉中高档针织物,一般都要进行丝光处理,甚至会采用"双烧双丝"工艺,即先纱线进行烧毛和丝光,做成织物后再进行烧毛和丝光。棉针织物丝光所采用的设备有圆筒状丝光机和开幅丝光机。

1. 丝光工序安排

棉针织物丝光可分为坯布丝光、先漂后丝和先丝后漂等工艺。这三种丝光工艺的优缺点与棉布丝光相同。

2. 丝光方式

棉针织物丝光可采用干布或湿布丝光的加工方式,一般多采用干布丝光。干布丝光就是用针织毛坯布直接进行丝光处理。由于毛坯布未经精练处理,织物吸湿性较差,所以丝光液中必须加入高效渗透剂。干布丝光工艺有以下特点:

(1)丝光处理后织物不需要煮练,工艺路线缩短,坯布可保持较大的抗拉强度和较小的变形。

(2)由于未煮练,丝光过程中会有大量杂质混入碱液中,既可以造成织物丝光不均匀,也会对丝光工艺和碱液循环系统产生干扰。

湿丝光是指棉织物经煮练后再进行丝光，由于预先去除了棉纤维中固有的杂质，织物丝光时渗透性好，吸碱均匀，碱液较干净，丝光作用充分，效果均匀，布幅也较稳定。但由于工艺路线较长，织物易产生较大的形变。

3. 工艺条件

（1）碱液浓度。针织物的结构比机织物疏松，渗透性较好，碱液的浓度可比机织物稍微低些，浓度范围也可放宽些。机织物丝光碱液浓度一般控制在240~280g/L，半丝光碱液浓度一般控制在150~180g/L。棉针织物丝光碱液浓度可稍低一些，一般为220~280g/L，半丝光为140~180g/L。实际生产中为了获得均匀的丝光效果，提高丝光产品的质量，可在丝光液中加入耐碱性较强的丝光渗透剂，以促进碱液的快速渗透，提高丝光效果。

（2）碱液温度。丝光过程是放热反应，降低温度对丝光有利。但温度过低，碱液黏度显著增大，渗透困难，且需要冷却大量烧碱，成本较高。因此，通常选择室温丝光。

（3）丝光时间。丝光时间包括碱液的浸渍渗透时间、碱与纤维的反应时间、织物稳定时间和去碱时间。碱液作用时间与碱浓度、温度都有关。根据实践经验，一般认为棉针织物与烧碱接触时间有30s已经足够。在湿布丝光时，浸碱时间需长一些，因为氢氧化钠置换纤维内的水分需要一定时间，一般为40s以上。此外，可以通过适当提高碱液温度、多浸多轧、加耐碱渗透剂来缩短时间。

（4）轧液率。棉针织物离开浸碱槽时的轧液率对丝光效果影响很大。如轧液率低，可减少烧碱的消耗量，同时水洗容易；轧液率高，可获得较高光泽，这是由于棉纤维周围有较多碱液围绕时，可提供适当的润滑作用，有助于棉纤维变形。一般丝光时的轧液率为100%，对于薄织物，要求有较好光泽时，轧液率可大一些。

（5）丝光张力。棉针织物经浸轧稳定后就进行扩幅水洗，这个过程对织物丝光的光泽、尺寸稳定性和匀染性影响很大。一般施加的张力要能将坯布扩幅到原来的宽度，才能获得良好的尺寸稳定性和较高光泽，如能比原宽度更宽一些则更好。纵向一般不需施加额外张力，如要求有很好的纵向光泽，可使织物扩幅水洗的速度稍快于浸碱速度，但一般不超过5%。

棉针织物离开扩幅水洗工序后应充分水洗，以确保离机时织物不再产生收缩。一般棉针织物上含碱浓度低于3g/L时，织物就不再收缩；如高于此浓度，织物将因收缩而降低光泽及尺寸稳定性。

棉针织物丝光工艺举例如下：

NaOH	220~260g/L
温度	室温
时间	40~60s
张力	通过机械力来控制

4. 丝光设备

（1）针织物丝光设备必须具备的机械性能。棉及其混纺针织物丝光一般采用针织物丝光联合机。针织物的组织结构具有一定的弹性且容易变形，要获得最佳丝光效果，除宜选用长绒棉纤维,纱支要均匀,编织过程中应该避免张力过大或张力波动,织物组织结构均匀,采用较好的丝光助剂外,丝光设备必须具有以下的主要机械性能。

①适合针织物丝光的独特控制方式,特别是设备的运转和针织物的运行方式。

②能在针织物纵、横两个方向调节张力,以适应各种组织结构和加工状态下的含棉针织物的收缩特性,既能达到所要求的尺寸稳定性,又可获得规定的单位面积重量。

(2)针织物丝光机的分类。按针织物形态不同丝光机可分圆筒针织物丝光机和平幅针织物丝光机。

①圆筒针织物丝光机。圆筒针织物丝光机由浸渍/反应槽、稳定/还原蒸箱和水洗槽三个单元组成。

a. 浸渍/反应槽。容布量为30m,因此在车速为25m/min时,浸渍溶胀时间可达1min以上。该单元还配有烧碱处理浴的循环和过滤管道,在出口处配有专门设计的轧辊,浸渍浴中配有冷凝管,以保持15℃的浸渍温度,此外还配有自动配液和供液系统,可控制烧碱和润湿剂的浓度。

b. 稳定/还原蒸箱。在蒸箱内用一个可变直径的机械式环形伸幅器可将圆筒针织物在纬向扩开和伸展,伸幅器的结构合理,使织物通过时不会因摩擦而被擦伤,织物在宽度上可伸展到原来的15%~20%,以获得最佳的光泽、弹性和尺寸稳定性。

c. 水洗槽。同样采用伸幅器,可使水易于渗透到筒状织物内部,从而提高了水洗效率,彻底去除残余的烧碱。

②平幅针织物丝光机。平幅针织物丝光机由平幅进布装置、浸碱反应单元、高效去碱水洗单元及低张力防卷边装置四个部分组成。

a. 低张力平幅进布架。根据针织物的结构特点,平幅进布装置采用伸缩式光电平移对中机。为达到低张力的效果,导布辊均为主动传动方式,配置灵敏的速度传感器和旋转式张力架,确保各导布辊与主电动机同步运行。织物与辊筒之间有比较大的包角,同时配有主动螺纹扩幅辊。

b. 浸碱反应单元。浸碱反应单元由直辊槽、五辊大筒轧碱机和针铗拉幅机三部分组成。针织坯布低张力进入直辊槽,均匀渗透碱液。五只特殊橡胶辊在不锈钢大筒上相互挤压,使浓碱均匀渗透到织物内部并膨化,达到透芯丝光的效果。针铗拉幅机配有超喂进布、光电探边和平板剥边器等单元,上针超喂调整范围大(-10%~+30%),适合各种织物的不同超喂率,左右布边的张力可分别设定。通过淡碱喷淋逐步降低碱浓度的同时,均匀地拉伸织物,使针织物线圈的纵向密度与织物整个幅宽相平衡。

c. 高效去碱水洗单元。去碱水洗单元由多个相同的高效转鼓淋洗箱和二辊轻轧车组成。淋洗箱由3只多孔转鼓组成,下方两转鼓浸于水下,上面的大转鼓有4组可调角度的水刀式喷淋,水泵流量达到100 t/h时,具有很强的穿透力,进一步提高了水洗效果。转鼓直径大,光滑度高,上转鼓、液下转鼓和补偿辊之间自由布段短,各个转鼓由电动机单独驱动,确保织物张力最小。在进轧车前后均设有主动螺旋辊、扩幅板及旋转式张力架,使织物运行无折皱、无卷边。水洗箱的设定温度和实际温度均在操作台上显示,便于加热过程中观测和操作。废水通过热能回收装置与清水进行热能交换,节能减排,减少了环境污染。此外,每个淋洗箱配有动态过滤装置，以过滤杂质，始终保持水洗箱内清洁，保证水洗效果前后一致。

d. 低张力防卷边装置。该机穿布流程合理，自由布段短，转鼓接触面大。进轧点前设有主动螺旋辊或可调式平板螺纹扩幅板及平板剥边器等。

二、化学纤维针织物的前处理

化学纤维针织物自身不含杂质，通常比较洁净，一般不需要进行前处理加工。但由于纺丝过程中的油剂、抗静电剂及编织过程中沾上的油污的存在，化学纤维织物仍需进行一定的前处理。化纤针织物的前处理的目的主要是通过精练剂去除织物上的油剂、油污等，同时可消除纤维或织物的内应力，起松弛作用。

化学纤维的前处理一般都采用肥皂或其他的去油洗涤剂，在必要时可加入一些纯碱，然后在较温和的条件下进行处理。化学纤维针织物一般不需要漂白，除非白度有特别要求，可通过增白、双氧水或亚氯酸钠漂白来达到要求。

1. 黏胶针织物的前处理

黏胶针织物一般分为两类，一类是黏胶长丝织物，一类是黏胶短纤经纺纱后再进行针织织造的产品。主要是黏胶长丝针织物。黏胶属于再生纤维素纤维，但与棉纤维相比，聚合度、结晶度较低，对化学药品的稳定性差，湿强差，所以黏胶针织物进行染整加工时条件不能太剧烈，避免施加太大的张力。黏胶纤维本身不含杂质，且白度较高，所以只需要进行轻度的精练即可，精练时不能使用烧碱，以免造成织物损伤。黏胶针织物一般无需漂白，对于白度要求较高的产品，可进行增白处理。黏胶针织物的精练通常在绳状染色机或溢流染色机上进行。工艺举例如下：

纯碱	2~3g/L
去油精练剂	1~3g/L
浴比	1：(6~10)
温度	80~85℃
时间	40~60min

2. 涤纶针织物的前处理

涤纶针织物前处理的目的在于去除纺丝时纤维上的油剂和抗静电剂、织造油剂等，消除织物内应力，使织物收缩松弛。涤纶针织物前处理主要包括精练和松弛处理。

(1)精练。涤纶精练多采用非离子表面活性剂类净洗剂等，在较温和的条件下进行。沾污严重的可加入少量纯碱，促使污物乳化而除去，但精练后必须充分洗净残碱，以免影响染色。

涤纶针织物精练工艺举例如下：

去油净洗剂	0.5%~1%(owf)
纯碱	0~0.5%(owf)
浴比	1：(5~8)
温度	80~90℃
时间	30~40min

涤纶针织物本身已较洁白,一般无需漂白。对白度要求高的特白品种,可以用涤纶荧光增白剂 DT 和 CPS 增白。

涤纶针织物一般采用各种绳状染色机进行精练,加工时应尽量减少织物的纵向张力,以免织物幅宽收缩过大造成定形时扩幅困难。

(2)松弛处理。松弛处理是使织物处于无张力状态下,在湿热或干热作用下,使纤维间产生收缩,消除坯布组织点上和纤维本身的内应力及弹力纱的卷缩,从而提高织物的尺寸稳定性、回弹性、平滑性、蓬松性、柔软性,使织物手感丰满,提高产品服用性能,形成不同的产品风格;同时还可减轻卷边现象,防止染色时起皱和产生染斑,也便于起毛加工的进行。涤纶针织物一般要在染色前进行松弛处理。

松弛处理有湿热松弛、干热松弛以及湿热与干热松弛相结合三种方式。以前以湿热松弛为主,近年来,干热松弛增多,干热、湿热联合加工也逐步应用。在干热松弛时,要视加工织物的性能及要求,掌握合适的超喂量和幅宽方向上的温度分布,以免因温度不匀而造成染色时出现染斑疵病。在采用干热、湿热联合加工时,一般宜先进行湿热松弛,然后进行干热松弛。特别是对于强捻绉织物,采用后干热松弛,有利于捻度定形和有效起绉。因为从湿热到干热处理过程中,纤维收缩达到平衡。具体采用何种松弛处理方式,应根据织物品种和风格要求而定。一般松弛处理的收缩率以控制在 5%~15%为宜。

松弛处理应在无张力状态下进行,即张力越小越好。但完全无张力状态,在高温处理中反而会使织物有产生皱痕的危险,因此松弛处理时需有微小的张力。

对于涤纶弹力纱针织物的松弛回缩处理,主要包括两道工序,即热水处理及机械处理。热水处理温度为 70~95℃(实际生产中,处理温度为 95~100℃)。在织物收缩时,宜从低温开始,缓慢升温,使其充分收缩,发挥织物的良好风格,否则部分纤维收缩不充分,会产生折皱、光泽不匀等疵病。处理时间一般在 20~30min,这要根据弹力纱的种类及针织物的组织结构而定。

此外,机械的作用力也有助于去除针织物组织间的压力和张力,可增进松弛效果。处理方法有屈曲、压缩、振动、揉搓等。

精练与松弛可以同浴进行,也可以分开进行。同浴法工艺简便,而分开进行可以避免由于松弛加工引起的纤维卷缩膨化而使浆料、油蜡等杂质夹于纤维间隙中不易洗净的问题。采用何种工艺,应根据具体情况而定。

涤纶针织物的松弛处理有平幅和绳状两种方式。绳状松弛处理一般在绳状染色机或溢流染色机中进行,溢流染色机不易形成折皱,处理效果较好。平幅松弛处理可采用平幅松弛精练机或平幅松弛水洗机(图 7-4)。

织物由进布装置进入 J 形槽上部的喷淋室,室内两排喷液管对织物两面喷射工作液。然后织物松弛地堆置在履带上,在上、下两层履带的夹持下向前运行。由于履带的线速度低于织物喂入速度,因而织物呈层波形堆置。松弛槽内有空气喷射管,其作用是搅动槽中液体并使织物振动,提高处理效果。也有的采用工作液循环装置代替空气喷射管,即用循环泵对履带上的织物喷射大流量精练循环液,使织物充分回缩。织物离开松弛槽进入轧点前,经吹气装置使圆筒

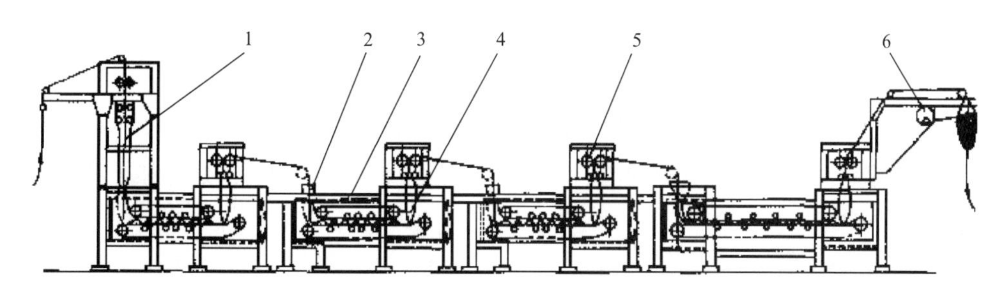

图 7-4 平幅松弛水洗机

1—进布喷淋室 2—J 形槽 3—履带松弛槽 4—吹气装置 5—小轧车 6—落布装置

织物在各个方向获得均匀伸展，防止产生折痕。

3. 腈纶针织物的前处理

用于针织物的腈纶大都是短纤维，可以进行混纺或交织。产品品种主要是棉毛布、绒布、绒线衫、人造毛皮、围巾等。

腈纶针织物精练的目的也是去除油污、杂质等。其精练工艺举例如下：

去油净洗剂	1%～3%
浴比	1：(8～15)
温度	60～65℃
时间	20～40min

腈纶针织物一般不进行漂白，对白度要求高的特白纱，常采用增白处理来提高白度。用于腈纶的荧光增白剂有阳离子型和分散型两类，阳离子型增白剂 DCB 的处理过程与阳离子染料染色相同，处理不当会产生增白不匀。

增白剂 DCB 增白的工艺举例如下：

增白液处方(owf)：

增白剂 DCB	1.5%
阳离子匀染剂	0.5%
草酸	1%
醋酸	2%
分散剂 WA	2%

增白处理时，浴比为 1：(10～20)。一般在 70℃时开始处理，30min 升温至近沸点，在此温度下处理 20～30min，处理后经 20～30min 降温至 40℃即可。

4. 锦纶针织物的前处理

锦纶是针织外衣工业中使用较早的一种化学纤维，用于针织物的锦纶主要是锦纶长丝和锦纶弹力纱。产品主要是锦纶的纯纺、混纺或交织外衣、弹力衫、袜子、围巾、手套、锦丝带及罗纹的领口、袖口、裤口等。

锦纶针织物的前处理同样比较简单，主要是精练和漂白。精练常用合成洗涤剂，对沾污严重的可加入少量纯碱或磷酸三钠。精练条件比较温和,通常在 60~70℃下处理 20~30min,精练浴比为 1∶(10~20),肥皂或去油洗涤剂总用量为 13g/L,纯碱用量为 1~2g/L,或用磷酸三钠 0.5~1g/L。

锦纶本身已较洁白,除要求白度特别高的品种外,一般无需进行漂白。锦纶不耐双氧水,也不耐含氯漂白剂。故对于特白品种的漂白,工厂常用还原漂白法,其工艺处方和工艺条件如下:

保险粉(85%)	4%(owf)
荧光增白剂	1%(owf)
匀染剂 O	1%(owf)
温度	95~97℃
时间	20~40min
浴比	1∶(10~20)

为了使增白均匀,织物可在 50℃入浴,然后逐渐升温至规定漂白温度进行处理。

通过预定形可以消除锦纶织物前处理加工中的应力不匀和预缩时产生的皱痕,提高织物尺寸稳定性,而且可改善织物的服用性能。锦纶针织物预定形条件因织物品种不同而不同。预定形时锦纶 6 的干热温度一般为 170~180℃,锦纶 66 的为 190~200℃,处理约 30s。

三、涤/棉针织物的前处理

涤/棉针织物中的两种纤维的性能可以相互取长补短,但它们的性质不同,进行前处理加工时应注意兼顾两种纤维的含杂情况和化学性能,以能获得满意的去杂和洁白效果,而又不损伤任何一种纤维为原则。化学纤维不耐高温碱液处理,因此这类混纺织物的精练条件要比纯棉针织物温和,通常采用纯碱或低浓度的烧碱溶液,温度一般采取 80~90℃。可在绳状染色机中用适量烧碱进行大浴比精练,也可在煮布锅中用双氧水精练,涤/棉汗布进行碱缩后可不用精练。

涤/棉针织物常采用煮布锅双氧水练漂一浴法进行前处理,工艺举例如下:

双氧水(30%)	14mL/L
硅酸钠	3.5mL/L
纯碱	1g/L
磷酸三钠	0.5g/L
精练剂	1g/L
pH 值	10.5~11
浴比	1∶6
温度	98~100℃
时间	3h

对白度要求较高的特白品种,漂白后应进行增白处理,以提高织物的洁白度。

学习任务 7-2　绒类织物的前处理

知识点

1. 绒类织物的类别及前处理特点。
2. 绒类织物前处理工艺。

技能点

1. 能制订绒类织物前处理的工艺流程,并对每道工序进行熟练操作。
2. 能根据绒类织物特点对选定织物进行前处理工艺设计和实施操作,并能根据产品的加工要求,对工艺中不合理的地方进行调整。
3. 能对绒类织物等前处理过程中出现的质量问题进行分析,并提出解决问题的方案。

一、灯芯绒织物的前处理

灯芯绒又叫条绒,它是由地组织和绒组织两部分组成的,地组织是由一组经纱和纬纱组成的灯芯绒的底布,绒组织则由一组称为纬绒的纬纱组成。灯芯绒织物通过割绒、刷绒等一系列加工处理,在织物表面呈现出条状的绒面。灯芯绒按成品外观可分为条纹灯芯绒、提花灯芯绒和弹力灯芯绒;而条纹灯芯绒又可按条绒的宽窄分为特细条、细条、中条和粗条。

灯芯绒织物的风格特点是绒毛丰满,绒条清晰、圆润,手感柔软,光泽柔和、均匀。服用时与外界摩擦的大都是绒毛部分,所以灯芯线比一般的棉布坚牢、结实,耐穿、耐用。

灯芯绒织物加工时要求:沿织物上顺毛方向加工,要控制好刷绒前织物的含湿量,并提高刷绒效果,减轻轧辊的挤压力,采用单面烘燥,严格控制伸长等。

灯芯绒前处理工艺流程:

翻布缝头→喷汽缩幅或轧碱→烘干→割绒→检验修补→热水去碱或酶退浆→水洗、烘干→刷绒→烧毛→煮练→漂白

1. 喷汽缩幅或轧碱处理

灯芯绒坯布布身柔软,且不平整,不利于割绒。在割绒前对织物进行喷汽给湿或浸轧烧碱溶液,可使织物的幅宽产生合理收缩,布身平挺、条路齐直,绒纬隆出,从而有利于割绒。轧碱工艺条件如下:

烧碱(100%)	10~15g/L
润湿剂	1~2g/L
温度	80~85℃

轧碱后,织物可不经水洗而直接烘干,含潮率小于 5%。

2. 割绒

割绒是灯芯绒织物特有的加工工序。灯芯绒为双层组织的织物,通过割断坯布正面的纬绒

纱,再经一系列加工整理,在织物上形成圆润条状的绒面。割绒有手工和机械割绒两种。机械割绒效率高,目前应用较广泛。

3. 退浆

退浆的目的是去除织物上的浆料,去除坯布上因割绒要求所带的烧碱,使绒毛初步松懈。退浆的方法根据织物上浆料的种类及含量,采用履带式平幅热水退浆和酶退浆。无浆(或轻浆)的灯芯绒,可在平洗机上进行热水退浆。含浆较多的灯芯绒普遍采用酶退浆法。热水平洗去碱退浆的工艺流程:

平洗槽一格温水洗(50℃以上)→五格热水洗(85~95℃)→堆置(1~2h)→五格热水洗(85~95℃)→一格温水洗→烘干

水洗后要求织物上的 pH 值为 7~8。

4. 刷绒前烘干

对灯芯绒织物而言,应尽可能采用不经轧压的烘干方式,以获得较好的绒毛质量。烘干方式常采用一般的烘筒烘燥机,或大烘筒的单面烘燥机。但这种烘干方法因轧压和布的正面紧贴烘筒,使绒毛较紧瘪,刷绒较困难,往往得不到较好的绒毛质量。而使用真空吸水后烘干较好,烘干后织物的回潮率控制在 10%~13% ,便于刷绒。

5. 刷绒

刷绒可以使绒毛进一步松懈、竖立,形成圆润的绒条。刷绒在专用的刷绒机上进行。在刷绒前织物先经过蒸汽给湿,控制织物回潮率为 10%~13%,回潮率过大,刷绒后不易烘干、易产生压皱等疵病,且影响烧毛质量;回潮率过低,纬绒不易松散,刷绒效果差。刷绒效果与刷绒多少、毛刷往复速度及车速有关。

平板毛刷刷绒工艺条件:

工艺	I	Ⅱ
数量	10~12 块	6~8 块
往复次数	170~190 次/min	310~330 次/min
织物刷绒前回潮率	11%~13%	11%~13%
车速	10m/min	16m/min

履带毛刷刷绒工艺条件:

工艺	I	Ⅱ
数量	12 块	6~8 块
转速	4~4. 3r/s	5. 17~5. 8r/s
织物刷绒前回潮率	11%~13%	11%~13%
车速	10m/min	16m/min

6. 烧毛

刷绒后绒面有大量浮毛,且长短不齐,绒条不清,必须经过烧毛,才能使成品绒面光洁,条路清晰。烧毛可采用铜板烧毛机、气体烧毛机或圆筒烧毛机。铜板烧毛是灯芯绒织物的传统烧毛方法,烧毛后绒毛平齐,因此绒面出现柔和的闪光。圆筒烧毛也能获得同样的效果。气体烧毛绒条比较圆润，但绒毛平齐度差，绒面的光泽受到一定的影响。烧毛时要采用轻烧毛，顺毛进布。

7. 煮练

灯芯绒练漂不宜以紧式绳状进行，一般以平幅形式加工。灯芯绒的煮练可在煮布锅中或在履带式汽蒸机上进行。煮布锅煮练工艺已很少使用，目前以平幅履带汽蒸工艺为主。

轧碱汽蒸平幅煮练工艺条件如下：

烧碱(100%)	30~45g/L
耐碱渗透精练剂	5~10g/L
轧碱温度	85~90℃
轧碱方式	多浸多轧
汽蒸温度	100~102℃
汽蒸时间	50~60min

汽蒸后应充分水洗。

现在许多工厂采用退煮合一的工艺。

工艺流程：

二浸二轧→汽蒸(100~102℃,40~45min)→水洗→烘干

工艺条件：

NaOH	45~50g/L
渗透剂	2~3g/L
耐碱精练剂	5g/L

8. 漂白

灯芯绒的漂白一般采用双氧水或次氯酸钠平幅轧漂工艺。双氧水漂白工艺如下：

工艺流程：

多浸多轧→汽蒸(100~102℃,40min)→水洗→烘干

工艺条件：

H_2O_2(100%)	干布 4~5g/L;湿布 10g/L
稳定剂	5~6g/L

9. 冷轧堆工艺

现在许多工厂采用冷轧堆工艺，节能，绒面效果好。

(1)工艺流程。

浸轧→打卷→堆置→短蒸(100℃,2min)→水洗

(2)冷轧堆处理液组成及工艺条件。

100%烧碱(g/L)	45~50
100%双氧水(g/L)	13~14
氧漂稳定剂(g/L)	3~4
耐碱精练剂(g/L)	5~10

螯合分散剂(g/L)	2~3
轧液温度(℃)	室温
堆置时间(h)	18~24
车速(m/min)	30~35
轧车压力(MPa)	
前轧	0.25~0.3
后轧	0.2~0.25

(3)短蒸处理液组成及工艺条件。

100%烧碱(g/L)	20~25
100%双氧水(g/L)	2~3
水玻璃(g/L)	10
耐碱精练剂(g/L)	10
螯合分散剂(g/L)	2
轧液温度	室温
车速(m/min)	30~35
轧车压力(MPa)	
前轧	0.2
后轧	0.15

灯芯绒的绒条和绒毛极易被压伤,如果逆毛进入轧车,轧辊会对其产生很大的剪切挤压作用,造成绒毛严重压伤,破坏灯芯绒绒条的顺逆毛感,即使后整理时上蜡刷毛,也难以完全恢复灯芯绒的独特风格。因此,灯芯绒织物在前处理加工时应注意织物的倒、顺毛。顺毛加工获得的绒毛效果好、光泽足,因而在加工过程中要进行翻箱,使织物始终处于顺毛加工。

二、绒布的前处理

绒布品种较多,有单面绒布和双面绒布及漂白、染色、印花绒布等。它是从原来织物的纬纱中拉起部分纤维,而形成绒毛。绒布织物具有保暖性好、质地松软厚实、吸湿性好等特点,宜作春、秋、冬三季的内衣及婴儿、儿童服装面料。

绒布在前处理时既要适当满足一般印染加工的要求,又要考虑起绒的要求,两者要兼顾。起绒的要求是尽可能多地保留棉纤维中的蜡质,以便于拉绒,并使织物手感柔软;印染加工则需要将棉纤维中的杂质去净,以获得良好的渗透性和白度。因此,绒布的前处理采用重退浆、不煮练(轻煮)、适当加重漂白及不丝光的工艺。绒布的前处理工序一般为:

翻布缝头→(烧毛)→退浆→(煮练)→漂白→开、轧、烘→起绒→洗绒→(丝光)

1. 烧毛

由于绒布需要起绒,一般情况下不需要烧毛,但单面绒,如印花的哔叽绒,在不起绒的一面仍然要烧毛。烧毛以用气体烧毛较好,但应控制好火焰大小和车速的快慢,既要达到烧毛效果,又不致影响起绒质量。

2. 退浆、煮练、漂白

绒布要求退浆净，以免浆料黏附影响起毛。此外，由于绒布一般不经过精练，因此退浆时，应尽量去除杂质。所以，以碱退浆为宜。碱退浆时，常采用两次轧碱，两次保温堆置，具体工艺为：

轧碱（100%烧碱18～25g/L，渗透剂3～5g/L，磷酸三钠0～2g/L，90～95℃）→堆置（70～75℃，90min）→轧碱（碱液浓度为第一次用量的70%，其他同前）→堆置（70～75℃，90min）→水洗

此外，也有进行热水退浆（或酶退浆）并进行煮布锅常压轻煮的。还有进行中煮、中漂工艺的，既去除部分杂质，又保证白度和强力。

经过退浆、煮练后，织物的毛细管效应要求达到6～8cm /30min。

织物上的杂质在退浆时去除一部分，剩下的部分杂质和色素一起应在漂白时去除，特别是棉籽壳，因此必须加强漂白工艺。漂白时，在保证织物强度的条件下，为了达到白度和布面无棉籽壳的要求，漂白剂浓度要高。

3. 起绒

为了起绒方便，漂白和染色绒布在起绒前应先浸轧起绒剂，漂白绒布还应适当加些增白剂。用于印花的绒布，漂白烘干后可直接进行起绒，然后印花。起绒在起绒机上进行，要求起出的绒毛短、密、匀，在织物表面覆盖一层蓬松而均匀的绒毛，并且要控制好半制品的幅宽，且织物的损伤要小。起绒道数一般为6～8道，布速10～15m/min（先慢后快），要多道轻拉。

4. 洗绒

在起绒过程中，有些纤维被拉断，附着在绒布的表面，导致染色和印花加工中出现一系列疵病，因此要进行洗绒，以去除这些短绒。印花绒布在洗绒后还要上浆，然后再进行印花。

5. 丝光

绒布丝光后，纤维膨化，纱线捻数增多，经纬密度也相应改变，增加了起绒的困难，所以绒布一般不经丝光。但丝光能降低织物的缩水率，增加花色鲜艳度，提高印制效果。具体是否需要进行丝光，应视织物品种要求而定。

学习任务7-3 色织物的前处理

知识点

1. 色织物的概念及前处理工序。
2. 纯棉色织物的整理工艺。

技能点

1. 能制订色织物前处理的工艺流程，并对每道工序进行熟练操作。
2. 能根据色织物特点对选定色织物进行前处理工艺设计和实施操作，并能根据产品的加工要求，对工艺中不合理的地方进行调整。

3. 能对色织物前处理过程中出现的质量问题进行分析,并提出解决问题的方案。

色织物(又称色织布)是用色纱(线)(包括漂白纱、本白纱和原纱)织成的织物。其花型一般为格子花型或条子花型,此外还有青年布、米通布及牛津布等品种。色织物的前处理是在色织物的整理过程中进行的,其加工复杂程度和工艺成本一般比素色织物高。对色织物的生产来说,整理是很关键的环节,对于纺织品品质的提升至关重要。色织物的整理要从产品要求、原材料、色纱性能及生产成本等诸多方面综合考虑,选择合理的整理工艺,才能获得理想的整理效果,生产出高品质的色织物。根据色织物的特点和不同用途,其整理加工工艺可分为如下几种,并分别简述。

一、纯棉色织物整理工艺

(一)纯棉色织物整理工艺的类型

色织物的前处理加工与机织物有相似的地方,也有不同的地方。因色织物上已经染有颜色,所以在前处理加工中要特别注意。纯棉色织物的整理工艺通常可分为以下几种。

1. 小整理工艺

也称半整理工艺。纯棉色织物的小整理工艺较简单,一般不经过退浆、煮练、漂白及丝光等前处理加工。织物经翻布缝头后,直接进行烧毛、轧光、预缩或上浆等整理加工。主要工艺流程如下:

织物准备→烧毛→水洗→拉幅定形→预缩→检量、分等、包装

小整理工艺生产的色织物布面平整、光洁、硬挺,处理成本较低,如果色纱是用硫化染料染制的深色,还应进行防脆处理,以免日久脆损。

2. 大整理工艺

凡在色织物整理过程中,必须经过练漂、丝光、整理的工艺,称为大整理工艺。通过大整理工艺可以提高色织物的外观质量和内在品质。织物经丝光处理后,染色牢度、色泽鲜艳度、布面光洁度、手感、吸湿性和缩水率等方面都获得不同程度的改善。对某些织物来说,若再经过漂白及荧光增白,可进一步提高其白度和染色后的色泽鲜艳度。常用的大整理工艺主要有以下几种。

(1)丝光整理工艺。也称深色织物整理,该工艺是色织物整理中应用最广泛的工艺之一,常用于深、中色及地色中没有白色或只有少量白色嵌条的男女线呢、薄质全纱深中色府绸和要求较高的深色条格布等色织产品。有些浅色色织产品,由于采用了不耐漂的染料而不能进行漂白,也可采用此工艺。但经过丝光后,织物的白度受到一定影响。丝光整理中的全处理工艺流程为:

翻布缝头→烧毛→退浆→烘干→丝光→烘干→上柔软剂拉幅或树脂防缩整理→检量、分等、包装

在丝光整理过程中,应注意丝光引起的织物变色现象。因此,纱线打样时,应以色纱经过一系列整理加工后所得色泽是否符合标样为原则。丝光时还应注意条格织物的纬斜。另外,织物

的色纱若是用硫化染料染成的深色,则必须经过防脆处理,以防日久脆损。

(2)漂白、丝光整理工艺。也称轻漂大整理,该工艺适用于对白度要求较高的中、浅色以及白纱占 1/4 以上的色织产品。白纱一般采用煮白纱或普漂纱,色纱选用耐漂白的还原等染料染色。漂白一般采用双氧水漂白,并用荧光增白剂增白进一步提高织物的白度和色泽鲜艳度。轻漂大整理的工艺流程为:

翻布缝头→烧毛→退浆→漂白→丝光→烘干→柔软拉幅或树脂防缩整理→检验、分等、包装

对白度要求高的产品,可在丝光后进行复漂。荧光增白一般在后整理过程中结合定幅或柔软整理在拉幅机上进行。

轻漂大整理实际上是介于丝光整理和漂白、丝光整理工艺之间的一种工艺。由于轻漂的要求,色纱染色一般采用耐氯漂的染料。

(3)煮练、丝光整理工艺。也称练漂大整理,该工艺适用于白纱占 1/4 以上的府绸、细纺等色织物。采用该工艺,要求使用的染料能耐碱煮和氧化剂漂白。因对染料的要求高,而且工艺过程复杂,故此工艺已很少使用。目前练漂大整理适用于以煮白纱或漂白纱和色纱织造的缎条府绸、提花府绸、全精纱府绸和色织布等。织物中的色纱应选用耐漂的还原等染料染色。色织产品中的白地如使用生纱,则练漂大整理的工艺流程为:

翻布缝头→烧毛→退浆→精练→漂白→丝光→复漂(或同时增白)→拉幅→轧光→预缩→检量、分等、包装

各工序工艺条件一般和普通棉布相同。注意原布准备时应加强对油污纱的检验,分清规格,对不同色泽和不同染料染色的色织物分开堆放。烧毛时,应特别注意提花组织织物和柳条等稀薄织物的烧毛,不能刷毛,同时烧毛不能过重,以免擦伤布面,损伤布身,造成次品。

色织物煮练一般用平幅煮练设备,所用碱剂及煮练工艺条件要根据色织物中色纱的耐碱煮牢度决定,常用碱剂为纯碱和精练剂,用量分别为 10~12g/L 和 2~4g/L,煮练温度不宜过高。

色织物漂白通常使用双氧水或次氯酸钠,漂液浓度应较高,因为煮练的工艺条件缓和,要通过漂白去除残存的天然杂质。漂白时,要注意有些染料不耐漂,要先试验再确定漂白工艺。

白地面积较大的色织物在丝光后应进行复漂,复漂时漂液浓度应低些。

(二)色织物整理工序介绍

色织物整理工艺包含了通常所说的织物的前处理及后整理,本任务只介绍其前处理加工部分。

1. 烧毛

由于色织物种类较多,花型较多,所以在烧毛工序中应引起注意。烧毛加工时要根据产品种类选择不同的火口方式,如比较轻薄的织物可选择切烧,色织细布、府绸等可选择对烧,比较厚重和紧密的色织物可选择透烧。此外,还有许多单纱透空组织织物、不耐高温的纤维织物等则可省略烧毛工序。

2. 退浆

用染色后的纱线进行织造时也需要上浆处理,因此也需要退浆处理,一般是在退浆机上进行,也可通过冷堆的方式退浆。由于色织物上已经染上了染料,为了不影响色织物的颜色和性能,主要采用酶退浆的方法。同时,为了获得良好的退浆效果,应加强水洗处理,如延长水洗时间。氧化剂的退浆适合于还原染料染纱的织物的退浆。

色织物生产过程必须遵循“浅→中→深→中→浅”的原则,还要考虑增白的色织物和本色色织物不能混合加工,避免增白剂沾污,在完成有增白剂色织物退浆后,需对退浆机进行彻底的清洁工作,以免造成不可回修的增白剂沾污。

3. 丝光

色织物的丝光是色织物整理过程中最关键工序之一,它对色织物外观质量和内在质量起到了决定性作用。色织物丝光的目的、原理及工艺等与棉染色织物基本相似,但因色织物上已经染有颜色,所以在进行丝光时需要考虑所使用的染料的性能,防止变色、沾色、搭色、白底沾污等。因此,色织物在丝光过程中应严格控制以下工艺条件。

(1)浓度。由于色织物大多采用活性染料染纱,而活性染料对液碱较敏感,如果碱浓度太高,会使色光发生较大的变化,色牢度也会下降。浓度太低又起不到丝光的作用。所以,色织物在进行丝光时应根据织物类别对碱浓度进行严格控制,以确保色织物丝光后的综合效果。

(2)纬向张力。棉色织物的纬向尺寸稳定性和光泽是由纬向张力大小所决定的,张力越大,尺寸稳定性和光泽越好,反之亦然。如果纬向失去张力,那么成品织物纬向缩水率会很大,在张力条件下缩水率和张力是成反比关系。所以,色织物在丝光时纬向失去张力前,浓度必须控制在100g/L以下。

(3)去碱。去碱是丝光一个十分重要的环节,它对丝光的尺寸稳定性、光泽及后续整理加工影响较人,如去碱不净,织物在后道加工过程中会继续收缩,尺寸稳定性和光泽受到影响,而且对所要上的整理剂十分不利,甚至会破坏所上整理剂的功能。

(三)色织物整理工艺实例

纯棉色织物丝光大整理工艺举例如下:

1. 工艺流程

烧毛→退浆→丝光→定形→预缩

2. 工艺处方及条件

(1)烧毛。

烧毛温度	800~900℃
烧毛火口数	2火口,1正1反
烧毛方式	对烧
烧毛车速	100~110m/min
烧毛压力	1200Pa(12mbar)
烧毛级别	3~4级

(2)退浆。

淀粉酶	8~12g/L
非离子渗透剂	3~5g/L
温度	65~75℃
pH 值	5.5~6.5
车速	70m/min
堆置温度	60~65℃
堆置时间	30~35min

(3)丝光。

烧碱	210~220g/L
车速	65~75m/min

中和水洗槽调节 pH=4.5~5。

二、涤/棉色织物整理工艺

涤/棉色织物的成分与一般涤/棉布相似,多采用涤/棉混纺比为 65∶35 的混纺纱织成。涤/棉色织物的整理工艺可分为如下几种。

1. 深色织物整理工艺

该工艺适用于色织涤/棉花呢类深色织物及部分色织细纺、府绸等深色织物。色纱基本上采用分散染料和还原染料染色,织物中几乎无白纱。其整理的工艺流程为:

翻布缝头→烧毛→退浆(平幅)→丝光→热定形→后整理

工艺条件可参考一般涤/棉织物的前处理。

2. 不漂浅色织物整理工艺

该工艺适用于采用漂白纱和部分不耐漂色纱织成的浅色涤/棉色织物。其整理的工艺流程为:

翻布缝头→烧毛→退浆→丝光→涤增白→热定形→皂洗、烘干→后整理

棉纤维的增白在热风拉幅机上进行。

3. 漂白浅色织物整理工艺

该工艺适用于采用漂白纱和耐漂色纱织成的浅色涤/棉色织物。漂白可采用次氯酸钠或过氧化氢。整理后的织物白度高,色泽鲜艳。其整理工艺流程为:

翻布缝头→烧毛→退浆→漂白→丝光→涤增白→热定形→皂洗、烘干→后整理

棉纤维的增白也是在热风拉辐机上进行的。

三、色织中长纤维织物整理工艺

中长纤维的细度和长度接近羊毛。涤纶仿毛中长纤维具有良好的弹性和形状稳定性及精梳毛织物风格。为此,这类织物在整个前处理、后整理过程中,始终要像毛织物那样处于松弛或低张力状态进行加工,以保证成品的手感柔软丰满、富有弹性、呢面平整、光泽柔和、毛型感强。

这类织物的主要品种有涤/粘色织中长纤维织物和涤/腈色织中长纤维织物等。其整理工艺流程主要有烧毛、退浆及热定形等工序。

学习任务 7-4　纱线的前处理

知识点

1. 纱线的类别及前处理加工形式。
2. 纱线前处理加工工艺及设备。

技能点

1. 能制订纱线前处理的工艺流程,并对每道工序进行熟练操作。
2. 能根据纱线特点对选定纱线进行前处理工艺设计和实施操作,并能根据产品的加工要求对工艺中不合理的地方进行调整。
3. 能对纱线等前处理过程中出现的质量问题进行分析,并提出解决问题的方案。

棉纱在染色前必须先除去棉纤维中的果胶、蜡质、棉籽壳及色素等天然杂质。由于棉纱中不含浆料,因此通常只需进行煮练、漂白即可。高品质产品用纱有时还需进行纱线烧毛和丝光。对于化纤纱来说,其前处理的主要目的是除油。棉与化纤混纺纱的前处理基本与纯棉纱线相似,只要在工艺参数上进行适当的调整即可。纱线的前处理按照加工形式的不同,通常可分为绞纱、筒子纱和经轴纱。

一、纱线的准备

1. 绞纱的准备

棉纤维经纺纱和并线后,在摇纱机(图 7-5)上摇成绞纱(图 7-6),一般每绞纱的重量在 0.34~0.45kg,大号绞纱甚至可达每绞 2kg。绞纱的前处理一般以链状或捆状进行,但以链状形式居多。采用链状绞纱进行前处理有利于前处理的连续化生产,并提高产量,但连接处不易煮透、煮匀。

图 7-5　摇纱机

图 7-6　绞纱

2. 筒子纱的准备

筒纱在进行练漂加工前需进行松式络筒。即将原纱通过络筒机（图 7-7）络到标准的筒管上。在绕线过程中，要调节控制好纱线的张力及卷绕速度，使纱线在筒管上的卷绕密度均匀一致，以保证处理效果均匀。筒管的规格标准要与设备相适应，通常有柱形和锥形两种，筒管周围分布有均匀的小孔，以保证练漂液能够在纱线间进行循环流动，取得均匀的处理效果。筒管材料通常为不锈钢、塑料或非织造物，如图 7-8 所示。

图 7-7　络筒机

塑料柱形筒管

塑料锥形筒管

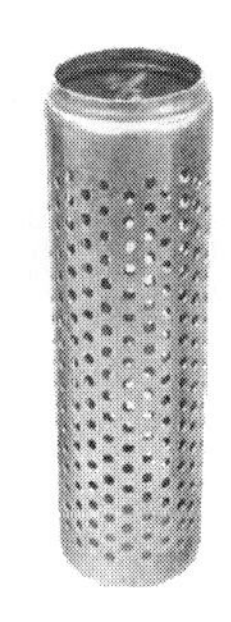

不锈钢筒管

图 7-8　各种类型和材质的筒管

3. 经轴纱的准备

将原纱筒通过整经机进行松式整经，通过控制车速和压辊压力形成一定密度的可供练漂的松式轴。经轴（图 7-9）是由不锈钢材料制成的多孔轴，轴的表面分布有均匀的小孔，以方便液体的循环流动。轴的材料通常为不锈钢，有不同的型号和载重范围，如常规小轴、常规中轴、常规大轴、小芯小轴、小芯中轴及小芯大轴等。在加工时可根据要求进行选择，最后成为经轴纱，如图 7-10 所示。

图 7-9　经轴

图 7-10　经轴纱

二、纱线的练漂

棉纱练漂的目的、所用助剂和原理等与棉织物基本相同。棉织物一般可用次氯酸钠、双氧水和亚氯酸钠进行漂白,但纱线练漂时一般选用双氧水。棉纱上没有浆料,省了退浆这一工序,因而一般采用短流程工艺,即将煮练和漂白合二为一进行。对于白度要求较高的纱线,可进行复漂甚至增白处理。

1. 练漂设备

绞纱练漂可采用常温常压绞纱染色机(图 7-11),也可采用高温高压喷射式绞纱染色机(图 7-12)进行加工。

图 7-11　常温常压绞纱染色机

图 7-12　高温高压喷射式绞纱染色机

筒纱(图 7-13)和经轴纱的练漂采用的是筒纱染色机(图 7-14)。筒纱染色机加工量 5~3000kg 大小不等,根据加工批量选用合适设备。把经过松式络筒的筒子按照计划安排装入纱笼的纱杆上,使松筒纱在纱杆上凹凸相连,顶部用钢碟、锁头锁住,做到完全封闭。同样,经轴纱练漂时,将经轴纱依次装入轴架上,顶部锁紧。

图 7-13　筒纱

图 7-14　筒纱染色机

2. 练漂工艺

纯棉纱线的练漂工艺与棉针织物练漂一浴一步法基本类似,练漂液由过氧化氢、烧碱、氧漂稳定剂和表面活性剂等组成,在高温下处理一段时间即可。纱线的成分不同、加工要求不同,相应的工艺参数也需进行适当的调整,如各助剂的用量、加工温度及时间等。黏胶、涤纶等化纤纱的前处理工艺相对简单,通常只需精练即可,主要是为了去除油污等,以清洗为目的。

(1)纯棉筒纱练漂工艺。

①工艺流程。

络筒→装纱→装缸→练漂→热水洗→冷水洗→酸洗→水洗→去氧

②生产设备是筒纱染色机。

③工艺处方和条件。

练漂:	35%H_2O_2	3~8g/L
	NaOH	3~5g/L
	精练剂	1~3g/L
	螯合剂	0.5~2g/L
	氧漂稳定剂	0.5~2g/L
	浴比	1:(8~12)
	温度	95~110℃
	时间	40~60min
酸洗:	HAc	1g/L
	温度	60℃
	时间	10min
去氧:	去氧酶	0.1g/L
	温度	室温

通常对于普通的白纱或后续要进行染色加工的纱线来说,一般不进行增白处理。若根据产品要求需对纱线进行增白处理,可在漂白后单独进行增白处理,也可在漂白时同步进行。如一浴完成可根据产品白度要求直接将一定用量的增白剂如增白剂 4BK 等加入练漂液中同步完成纱线的增白处理即可。

(2)黏胶筒纱练漂工艺。

①工艺流程。

络筒→装纱→装缸→精练→水洗

②生产设备是筒纱染色机。

③工艺处方和条件。

精练剂	1~3g/L
纯碱	1~2g/L
浴比	1:(8~12)
温度	95~100℃
时间	10~20min

3. 练漂质量指标及常见疵病

检验纱线煮练效果的主要指标为纱线的润湿性能和含杂情况。前者用毛细管效应来表示,后者用纱线中蜡状物质、含氮物质和果胶质的残存量来表示。检验纱线漂白效果的主要指标为纱线的白度和白度的持久性。练漂纱表面的 pH 值需达到 6.5~7.5,练漂纱双氧水残余浓度小于0.01g/L。通常要求练漂后的纱线清洁白净、无各种斑点。纱线煮漂过程中的常见疵病有生斑、碱斑、钙斑、黄斑、漂斑、棉纱脆损及乱纱等。纱线前处理效果不好,会给后续染色带来不良影响。

三、纱线的丝光

纱线丝光一般不能以筒子纱形式进行,而是摇成绞纱后再丝光。丝光后的纱线称为丝光纱。

棉纱线丝光的目的和效果与棉布相同,丝光工艺也基本类似。纱线丝光工艺有干纱(原纱)丝光和湿纱(煮漂后)丝光两种。干纱丝光碱液浓度为180~260g/L,温度为(20±5)℃,浸碱时间110~160s;湿纱丝光一般在煮练、漂白和均匀脱水后进行,丝光前纱线含水率一般在65%左右,碱液浓度为260~280g/L,丝光温度要低,控制在20℃左右,丝光浸碱时间一般为120~150s。丝光张力控制在纱线丝光前后长度不变为宜。丝光后加强去碱水洗,以保证纱线表面pH值为中性。干纱丝光不易浸透,湿纱丝光效果比较好,但湿纱丝光含水率难以控制,易造成丝光不匀。脱水后的待丝光纱如储放时间较久,丝光前应重新水洗、脱水。

1. 丝光设备

常用的纱线丝光设备有双臂式绞纱丝光机和回转式绞纱丝光机两种,前者占地少,后者产量大。

(1)双臂式绞纱丝光机。双臂式绞纱丝光机可分为自动和半自动式两种。

自动双臂式绞纱丝光机设有两对套纱辊筒,分别安装在机身的左右两边。套纱辊筒间的距离和转向的交替更换能自由调节。每对套纱辊筒都由一只辊筒和其上面的一只硬橡胶轧辊组成,用于轧除绞纱上的碱液和帮助碱液向棉纤维内渗透。轧辊能自由升降,由油泵加压。每对套纱辊筒的下面各的盛碱盘和盛水盘组成。盛碱盘用于盛丝光碱液,能自由升降;盛水盘用于承受洗下的残碱液,能自由移动,并与残碱液储槽相通。套纱辊筒上面或中间设有两根喷水管,用于冲洗绞纱上的碱液。喷水管的启闭能自动控制。半自动双臂绞纱丝光机,仅套纱辊筒间的距离以及碱盘的升降能自动控制。双臂式绞纱丝光机结构示意图如图7-15所示。

自动双臂式绞纱丝光机进行丝光操作时,将预先准备好的绞纱套于辊筒上,开动丝光机,辊筒即撑开至设定的距离,当盛碱盘升起时,纱线即浸于预先配制并冷却至一定温度的丝光碱液中,此时辊筒不断转动,纱线也随之转动,转向交替更换。在此过程中,辊筒张力先略放松,以后恢复原来张力。轧辊则以要求的压力施压于一只辊筒上。经过顺转1min,倒转1min后,轧辊停止施压,同时盛碱盘下降。当盛水盘移动到辊筒正下方时,喷水管即开始喷洒温水,同时轧辊又恢复施压。经过一定时间的喷水冲洗后,喷水管停止喷水,轧辊停止施压,辊筒也停止转动,同时盛水盘移开,辊筒即相互靠近。将绞纱自辊筒上取下,进行酸洗和水洗。

(2)回转式绞纱丝光机。回转式绞纱丝光机的八对套纱辊筒成放射形地安装在机身中心的回转装置上,其结构示意图如图7-16所示。

套纱辊筒间的距离和转向能自由调节。八对套纱辊筒分占八个位置。除位置1的一对套

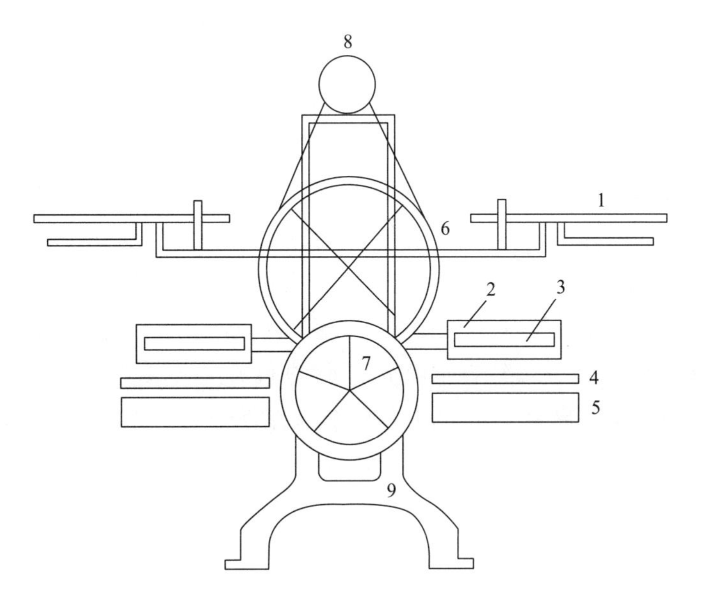

图 7-15　双臂式绞纱丝光机结构示意图

1—理纱架　2—套纱辊筒　3—轧辊　4—水盘　5—碱盘

6—皮带轮　7—张力调节轮　8—电动机　9—铁架

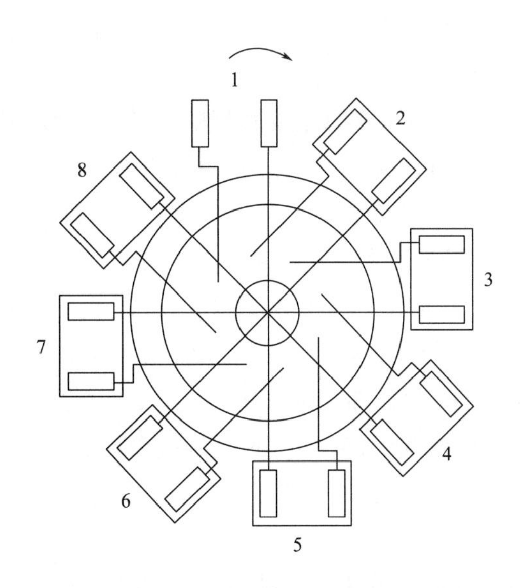

图 7-16　回转式绞纱丝光机结构示意图

1—套纱和卸纱　2,3,4—浸碱　5—轧碱　6,7,8—水洗

纱辊外,其余每对套纱辊下分别装有盛碱盘和盛水盘。2、3、4 为浸碱部分,各设有盛碱盘一只,在 5 中轧液部分设有轧辊,轧去多余碱液。6、7、8 为水洗部分,各设有喷水管、轧辊和盛水盘。轧辊由硬橡胶制成,由油泵施压,能自由升降。套纱辊间的距离、转向的交替更换、盛碱盘的升降、轧辊的升降以及喷水管的启闭,都采用自动控制。

回转式绞纱丝光机丝光操作时,先将一定温度的丝光液盛于位置 2、3、4 的盛碱盘中。将预先准备好的绞纱套于位置 1 的辊筒上。开动丝光机,待辊筒张紧到设定的距离时,回转装置开始启动。辊筒由位置 1 回转到位置 2,位置 2 的盛碱盘即升起,纱线即浸于丝光液中,在辊筒上转动,转向交替更换。处理一段时间后,辊筒由位置 2 回转至位置 3,再由位置 3 回转至位置 4,均以同样方式进行浸碱。辊筒由位置 4 回转至位置 5,轧辊以要求的压力施压于一只辊筒上进行轧液。经过一定时间的轧液后,轧辊停止施压,水管停止喷水。辊筒由位置 5 回转至位置 6,将盛水盘上升,用纱线在辊筒上回转数次,然后辊筒由位置 6 回转至位置 7,以同样方式进行温水轧洗。辊筒由位置 7 回转至位置 8,以同样方式进行冷水轧洗。辊筒由位置 8 回转至位置 1,辊筒停止转动,并相互靠近。将绞纱自辊筒上取下,进行酸洗和水洗。

在绞纱丝光机的操作过程中,绞纱的准备和套纱操作都对丝光质量有直接的影响,不可忽视。套纱时应注意不可使纱线扭曲、重叠,或纱间留有空隙。在湿丝光中,纱线煮练后脱水应力求均匀,脱水后含水率一般掌握在 60%左右。脱水后的纱线应置于槽内或缸内,且不宜久置,以防止局部风干。如果脱水的纱线放置过夜后进行丝光,丝光前应再进行一次水洗。

酸洗可以在喷射式绞纱洗纱机上进行。酸洗一般使用稀硫酸[98%(66°Bé)2~3mL],30~35℃中和 10~15min。然后水洗(不循环),直至丝光线上的残酸被完全洗除为止,再取下绞纱,进行脱水。

2. 丝光工艺

纱线丝光是将纱线套在辊筒上,将辊筒拉开,给予一定的张力,然后运转一定时间,再用温水冲洗去碱,最后去除张力落纱。

丝光机每只辊筒套纱绞数一般根据纱线的支数规格而定,以纱线在辊筒上摊平、不叠纱为准。若扎绞纱线过紧,应拆除或另换较松的扎绞纱,以防浸碱时由于扎绞过紧而导致碱液渗透不均匀,造成丝光花。将理好的纱线用套纱棒套在丝光机辊筒上,铺平、理顺。扎绞纱不可重叠,或有间隙,否则容易产生丝光条花。碱液的温度一般控制在 20℃左右,温度过高不利于丝光;温度过低,碱液黏度高,丝光液渗透困难。同时,要注意监测碱液浓度、温度是否前后一致,避免浸碱不匀而产生丝光条花。丝光效果除了取决于浸碱时间、张力大小和脱碱方式外,还与下机纱线带碱量有关。下机带碱量的多少与辊筒的轧挤及冲洗时间有关。丝光后的绞纱按组分别浸于洗水车内,禁止带碱风干。下机的纱线要求含碱低于 2%。另外,摇纱成绞时必须测定绞纱长度是否一致,分清正反面;成绞纱线应存放于箱内,不可混乱,上机时分清正反面。丝光工艺举例如下:

(1)工艺流程。

整理绞纱→套纱→辊筒绷紧→浸碱→轧碱→热水冲洗(70~80℃,20~40s)→冷水冲洗(40~60s)→挤水→辊筒收缩→脱纱

(2)工艺处方及条件。

碱液浓度	180~260g/L
温度	20℃左右
浸碱时间	110~150s

丝光时张力依纱支优劣及支数而定,一般控制在纱线丝光前后长度不变为宜。

丝光碱的含杂量对丝光效果也有一定影响。新配制的碱液一般含杂较少，如果含杂多，或者棉纤维上的杂质溶解到碱液中，会提高碱液黏度，阻碍碱液向纤维的渗透，降低纤维的膨化程度，最终影响丝光效果。因此，应注意测定碱的实际含量，以免碱浓度过高或过低，造成丝光不匀。丝光张力的大小与光泽度成正比，而与染色性能成反比。张力增大，纱线截面收缩也随之增加。如果纱支粗、捻度低、强力低、张力大，则断头多，造成拉伸不一致，丝光不匀。因此，确定丝光张力大小，要兼顾光泽、纱支和染色性能等方面的因素。丝光冲洗的温度不能过高，否则会引起辊筒逐渐发热，而使碱液温度上升，丝光光泽降低。

3. 纱线丝光常见疵病

(1)丝光花。丝光花是指有规律的丝光光泽不匀。浸碱温度不一致，过高或过低；酸洗中和不充分，每批纱含潮差异大，不同批次的纱混合在一起，是丝光花产生的主要原因。所以在丝光加工过程中要注意浸碱温度，酸洗一般控制在40℃左右，每批纱都必须检测回潮率，分清批次，不要混淆。

(2)黑条花。黑条花是指染色后有不规则的颜色特别深的横条花。如果丝光前或丝光时纱线断头多，导致丝光时无张力，染色时就会造成吸色较深。在加工时要避免各工序加工时的断头现象，控制框长一致，上机前分清绞纱的正反面，避免因内外框长短不一致导致张力不匀，造成丝光不匀。

(3)白点、白条花。白点或白条花是指染色后出现有规律的小白点或横白条，严重者会形成如斑马纹的条花等。通常是因水解纤维素未彻底洗净，扎纱过紧，或死棉混纺的纱线及短绒棉纺纱线所致。在丝光后的酸洗时浓度要适当，同时检测 pH 值，需达 7~8，纱线不要扎得太紧。

(4)染色不匀。纱线丝光时框口长短不一致，纱线条干、捻度不均匀，丝光、染色时有重叠压纱现象等都会造成丝光后纱线染色不匀。所以在生产前要检测条干、捻度是否均匀；丝光、染色时纱线放平，不得重叠、压纱，每杆纱重量要求绝对一致。

☞ 复习指导

1. 掌握棉针织碱缩与碱氧一浴练漂(前处理短流程)工艺。
2. 掌握涤纶针织物前处理的目的、工艺及松弛处理的目的。
3. 了解其他化纤针织物前处理的目的及工艺。
4. 掌握灯芯绒织物和绒布前处理工艺。
5. 了解色织物前处理的特点，掌握常用的大整理工艺分类、每种工艺的特点及工艺流程。
6. 掌握纱线前处理的工艺。

☞ 思考与训练

1. 针织物与机织物相比，在进行染整前处理加工时有何区别？
2. 纱线与织物相比，前处理的工序上会有何不同？为什么？
3. 色织物与坯布前处理相比，工序上会有何不同？为什么？

4. 什么叫碱缩？碱缩后棉针织物的性能有何变化？
5. 影响碱缩的工艺因素有哪些？
6. 影响棉针织物丝光的工艺因素是什么？它与碱缩工艺有何不同？
7. 涤纶针织物前处理的目的是什么？松弛处理的目的是什么？
8. 灯芯绒前处理工艺流程是什么？每道工序的加工目的是什么？
9. 绒布的前处理有何特点？前处理的工序一般是什么？
10. 纯棉色织物常用的整理工艺有哪些？如何进行选择？
11. 纯棉色织物常用的大整理工艺主要有哪几种？每种工艺有何特点？工艺流程是什么？
12. 纱线进行染整加工的形式有哪些？现在普遍采用的是何种方式？
13. 纱线练漂质量如何评定？常见疵病有哪些？

实验项目指导书

项目1　棉织物的前处理实验

棉织物前处理包括退浆、煮练和漂白等工序,其主要任务是去除天然杂质(如纤维素共生物)和人为杂质(如浆料等),提高织物的吸湿性和白度,改善织物的手感等。常见的退浆方法有酶退浆、碱退浆、氧化剂退浆等;常用的漂白方法有氧漂和氯漂。传统的前处理工艺为退浆→煮练→漂白。随着短流程工艺的不断推广,出现了退煮→漂白、退浆→煮漂的两步法工艺以及退煮漂三合一工艺。

本项目训练的目的是使学生了解退、煮、漂各工艺方法的特点,掌握棉织物常用的练漂工艺和操作方法。

任务1-1　棉织物酶退浆工艺实验

一、实验目的

(1)掌握棉织物酶退浆的工艺方法和操作过程。

(2)了解退浆效果的评价。

二、方法原理

酶是一种具有特殊、专一催化能力的蛋白质。如淀粉酶只能对淀粉浆起作用,它在一定的温度、pH值条件下,催化淀粉水解成低分子糖类,使其与棉纤维的黏着力下降,水溶性提高,从而达到退浆的目的。酶退浆法属于生物化学法。

三、实验准备

(1)仪器设备。小轧车、蒸箱(或蒸锅)、烧杯(200mL、500mL)、量筒(100mL)、温度计(100℃)、电炉、托盘天平、角匙、玻璃棒、烘箱等。

(2)染化药剂。BF-7658淀粉酶(工业品)、非离子润湿渗透剂JFC(工业品)、氯化钠(A. R.)、醋酸(A. R.)等。

(3)实验材料。纯棉坯布两块(普通平布,大小以符合毛效测定和后序工艺实验要求为准)。

四、实验方案

(1)工艺处方(表1-1)。

表1-1　棉织物淀粉酶退浆工艺处方

助剂	1#	2#
BF-7658淀粉酶(2000倍)/(g/L)	1.5	1.5

续表

助剂	1#	2#
氯化钠/(g/L)	—	5
渗透剂 JFC/(g/L)	1~2	1~2
醋酸	调节 pH=6.0~6.5	

(2)工艺流程及条件。

坯布→浸渍或浸轧酶液(55~60℃,轧液率 90%~100%)→保温堆置(60℃,60min)→热水洗 2 次(80~85℃)→温水洗 1 次(50~60℃)→冷水洗→晾干或烘干

烘干试样留作测试和后序工艺实验用。

五、操作步骤

(1)将试样烘至恒重,并称出准确重量。

(2)按处方要求计算各助剂的用量。

(3)用 55~60℃的热水将 BF-7658 淀粉酶化开,搅拌均匀后,加入润湿渗透剂 JFC 和氯化钠,并用醋酸调节 pH=6.0~6.5,待用。

(4)将坯布浸透工作液(浸渍 1~2min),取出后用玻璃棒夹去或用轧车轧压去除多余的溶液。

(5)将试样放入 100mL 烧杯中,用保鲜膜密封,置于 60℃烘箱或水浴锅中恒温放置 60min。

(6)取出试样,放入 80~85℃的热水中充分水洗 2~3 次(浸渍时间不少于 60s),每次洗涤后用玻璃棒夹干或用轧车轧压后再做下一次洗涤,然后用温水冲洗、冷水冲洗、晾干或烘干至恒重并称重。

(7)测定退浆失重率,并留作练漂实验用。

$$\text{失重率}=\frac{\text{退浆前织物重}-\text{退浆后织物重量}}{\text{退浆前织物重量}}\times 100\%$$

六、注意事项

(1)配制好的酶液不宜放置太久。

(2)按要求调节退浆液温度和 pH 值,不得将配好的酶液直接加热,以防失活。

(3)若用小轧车浸轧,轧液率宜控制在 90%~100%,且保证轧液均匀。

(4)恒温堆置时注意密封良好,以免试样风干而影响退浆效果。

(5)操作时应避免织物边纱脱落而影响测试结果。

七、实验结果与分析

(1)将实验结果填于表 1-2。

表 1-2　棉织物酶退浆实验结果

实验结果	1#	2#
退浆前织物重量/g		

续表

实验结果	1#	2#
退浆后织物重量/g		
退浆失重率/%		
贴样		

(2)分析实验结果,并简述影响退浆效果的因素。

任务 1-2 退浆率的测定实验(碘量法)

测定织物的退浆率,首先应该了解织物上的含浆率,所以织物退浆率的测定实际上就是对织物上浆量进行定量测定。

织物上浆料的定量测定方法是根据浆料的性质所确定的。对于淀粉浆而言,测定方法有重量法、水解法(碘量法)及高氯酸钾法等。重量法是通过测定退浆前后试样的重量以求得退浆率。这种方法简便,但由于失重部分除浆料外还有其他水溶性物质及纤维绒毛,所以不够准确。水解法是利用无机酸或淀粉酶使淀粉初步水解而溶解于水中,再进一步水解成葡萄糖,然后用碘量法测定退浆前后试样上淀粉水解产物的含量,以求得退浆率。这种方法能反映织物上淀粉含量的变化,但操作难控制,易发生纤维素的水解而影响测定效果。高氯酸钾法是利用高氯酸钾溶液将织物上的淀粉溶解于溶液中,然后加入醋酸、碘化钾和碘酸钾溶液,使其生成蓝色络合物。此络合物水溶液的 λ_{max} 为 620nm 左右,当淀粉浓度在一定范围内时,复合比尔定律。因此,可用比色法测定织物上淀粉含量。以上三种方法以碘量法最常用。

一、实验目的

掌握碘量法测定退浆率的工艺方法和操作过程。

二、方法原理

在强酸条件下淀粉水解成葡萄糖,利用葡萄糖的还原性将碘还原。通过硫代硫酸钠测定溶液中未被葡萄糖还原的碘的多少来计算淀粉的含量。织物上淀粉浆料越多,水解生成的葡萄糖越多,硫代硫酸钠溶液的消耗量就越少。

三、实验准备

(1)仪器设备。烧杯(200mL、800mL)、量筒(10mL、100mL)、容量瓶(100mL)、圆底烧瓶(500mL)、碘量瓶(500mL)、吸管(50mL)、称量瓶、酸式滴定管、回流冷凝装置、滴管、电炉、分析天平、角匙、玻璃棒、烘箱等。

(2)染化药剂。盐酸(C. P.)、氢氧化钠(C. P.)、碳酸钠(C. P.)、碳酸氢钠(C. P.)、硫代硫酸钠(C. P.)、碘(C. P.)、碘化汞(C. P.)、碘化钾(C. P.)、甲基橙指示剂、淀粉指示剂等。

(3)实验材料。经酶退浆和未退浆的织物各一块。

四、溶液的制备

(1) $c(HCl)=1mol/L$ 的盐酸溶液。

(2) $c(NaOH)=1mol/L$ 的氢氧化钠溶液。

(3)$c\left(\frac{1}{2}I_2\right)=0.1mol/L$ 的碘溶液。称取 20g 碘化钾,用少量蒸馏水溶解,再称 13g 碘,缓缓加入碘化钾溶液中,并将溶液振荡至碘完全溶解,加水稀释至 1L,储存在棕色瓶中备用。

(4)$c(Na_2S_2O_3)=0.1mol/L$ 的硫代硫酸钠标准溶液。

(5)制备 25%硫酸溶液和 50%的氢氧化钠溶液。

(6)0.5%淀粉溶液。称取 0.5g 可溶性淀粉置于小烧杯中,加 10mL 水调成浆状,在搅拌条件下倒入 90mL 沸水中,煮沸 2min 后放置,取上层澄清液,加入少量碘化汞备用。

(7)缓冲溶液。每升水中含 21.25g 碳酸钠和 16.8g 碳酸氢钠。

五、操作步骤

(1)取退浆和未退浆织物各一块,分别称取 10g 左右(精确至 0.001g),放在称量瓶中置于 105~110℃环境中烘至恒重,然后放在干燥器中冷却,精确称重以计算含水率。

(2)将织物置于 800mL 烧杯中,加 300mL 蒸馏水,沸煮 1h。沸煮过程中,经常补充沸热蒸馏水,以保持原液量不变。

(3)然后加入 $c(HCl)=1mol/L$ 的盐酸溶液 30mL,再沸煮 0.5h。将试样压挤去除水分,放在另一个 200mL 的烧杯中,以 100mL 沸水分 3 次用倾泻法洗涤。将洗涤液与原液合并,置于 500mL 圆底烧瓶中。

(4)加入 15mL 浓盐酸于(3)的溶液中,装上回流冷凝装置,加热 1.5h。冷却后,倒入 500mL 容量瓶中稀释(用蒸馏水)至刻度。

(5)吸取上述溶液 200mL 置于碘量瓶中,加 50%氢氧化钠溶液 4mL 左右,然后加入 1~2 滴甲基橙指示剂,用 $c(NaOH)=1mol/L$ 的氢氧化钠溶液滴定至甲基橙变色为止。

(6)加入缓冲溶液 50mL,再加入 $c\left(\frac{1}{2}I_2\right)=0.1mol/L$ 的碘溶液 50mL,加盖置于暗处 1.5h,然后加入 25%硫酸溶液 15mL,以 $c(Na_2S_2O_3)=0.1mol/L$ 的硫代硫酸钠标准溶液滴定至淡黄色。加入淀粉溶液指示剂,继续滴定至蓝色消失即为终点,记录硫代硫酸钠标准溶液耗用体积 V_1。平行实验 2 次,取其平均值。

(7)以 200mL 蒸馏水作空白试验,按同样的操作方法滴定,记录硫代硫酸钠标准溶液耗用体积 V_0。平行实验 2 次,取其平均值。

(8)计算退浆率。

$$\text{含淀粉率}=\frac{(V_0-V_1)\times c(Na_2S_2O_3)\times 0.081\times(1+\text{含水率})}{\frac{2}{5}\times\text{布样重量}}\times 100\%$$

$$\text{退浆率}=\frac{\text{坯布含淀粉率}-\text{退浆后试样含淀粉率}}{\text{坯布含淀粉率}}\times 100\%$$

六、注意事项

整个操作过程中,应防止萃取液溅洒到外面。

七、实验结果与分析

(1)将实验结果填于表 1-3。

表 1-3 棉织物退浆率测定实验结果

实验结果	1#(坯布)	2#(退浆布)
织物湿重/g		
织物干重/g		
含水率/%		
V_1		
V_0		
含浆率		
退浆率		

(2)分析实验结果,并简述影响退浆率测试结果的因素。

任务 1-3 棉织物碱退浆、煮练一浴法工艺实验

一、实验目的

(1)掌握棉织物碱退浆、煮练一浴法的工艺方法和操作过程。

(2)掌握棉织物煮练效果的评定方法。

二、方法原理

氢氧化钠能使织物上的淀粉、PVA 等浆料发生膨化和部分溶解,使浆料分子间距离增大、结构变松,同时使淀粉与棉纤维上的—OH 之间的氢键结合受到破坏,淀粉在棉纤维上的黏着力下降。

棉纤维上的天然杂质(如果胶物质、蜡状物质、无机盐、棉籽壳等)严重地影响着织物的吸湿性和外观。借助于氢氧化钠及助剂,在一定的温湿度条件下,使这些杂质发生降解、水解、溶解、乳化、分散等作用,再经过机械、水洗作用,将其从织物上去除。

所以,氢氧化钠既可作为退浆用剂,也可作为煮练用剂,工厂常将其作为棉织物退煮合一工艺的主要用剂。

三、实验准备

(1)仪器设备。小轧车、蒸箱(或蒸锅)、烧杯(200mL、500mL)、量筒(100mL)、温度计(100℃)、电炉、托盘天平、角匙、玻璃棒等。

(2)染化药剂。无磷螯合分散剂、氢氧化钠(工业品)、高效精练剂(工业品)等。

(3)实验材料。纯棉坯布两块(普通平布,大小以符合毛效测定和后序工艺实验要求为准)。

四、实验方案

(1)工艺处方(表 1-4)。

表 1-4 棉织物退浆煮练一浴法工艺处方

助剂	1#	2#
100%氢氧化钠/(g/L)	30	40
精练剂/(g/L)	5	5

续表

助剂	1#	2#
无磷螯合分散剂/(g/L)	1	1

(2)工艺流程及条件。

坯布→浸渍或浸轧练液(40~50℃,轧液率95%以上)→汽蒸(100~102℃,60min)→热水洗3~4次(85℃以上)→温水洗1次(65~70℃)→冷水洗→晾干或烘干

烘干后试样留作测试和后序工艺实验用。

五、操作步骤

(1)按处方要求计算并配置工作液,并将温度控制在40~50℃。

(2)将坯布浸透工作液(浸渍1~2min),取出后用玻璃棒夹去或用轧车轧压去除多余的煮练液,然后将其移入蒸箱或蒸锅中,在100~102℃条件下汽蒸60min。

(3)放入85℃以上的热水中充分水洗3~4次(浸渍时间不少于60s),温水洗1次,每次洗涤后用玻璃棒夹干或用轧车轧压后再做下一次洗涤,最后用冷水冲洗。

(4)晾干后测定退煮失重率和毛效,目测织物外观,并留作漂白实验用。

$$失重率=\frac{退煮前织物重-退煮后织物重}{退煮前织物重}\times100\%$$

六、注意事项

(1)应保证汽蒸温度和时间,否则影响退煮效果。

(2)若用小轧车轧压,则轧液率应控制在95%以上,且保证轧液均匀。

(3)轧蒸工艺也可以改为浸煮工艺,即在95~100℃下处理60min,但应注意浴比控制,防止液量的蒸发,且烧碱用量要适当降低。

(4)洗涤到手模上去无滑感觉时,说明布上的碱与浆料均已洗净。

(5)轧液前和试样处理完毕均需称出试样恒重,并防止掉落的边纱影响准确性。

七、实验结果与分析

(1)将实验结果填于表1-5。

表1-5 棉织物退煮实验结果

实验结果	1#	2#
退煮前织物重量/g		
退煮后织物重量/g		
退煮失重率/%		
毛效		
贴样		

(2)分析实验结果,并简述影响退煮效果的因素。

任务 1-4　织物毛细管效应的测定

一、实验目的

使学生了解棉布煮练前后毛细管效应的变化情况及不同加工工艺对毛细管效应的影响。

二、方法原理

织物经过退浆、煮练后，浆料及纤维素共生物已经基本去除，纤维的毛细管通道打通，水沿着毛细管壁上升，织物的润湿性大大提高。毛细管效应越高，表示前处理效果越好。

三、实验准备

(1)仪器设备。毛细管效应测定装置(图 1-1)、秒表、剪刀、滴管。

(2)化学药品。重铬酸钾(A. R.)。

(3)实验材料。坯布和经不同工艺前处理的试样若干块，并按下列要求准备试样：将待测试样剪成经向 30cm、纬向 5cm 的布条，每种试样各两块，在末端沿纬向穿一根约重 2g 的短玻璃棒作为重荷，并在离布端 1cm 左右处用铅笔画一直线作为标尺零点。

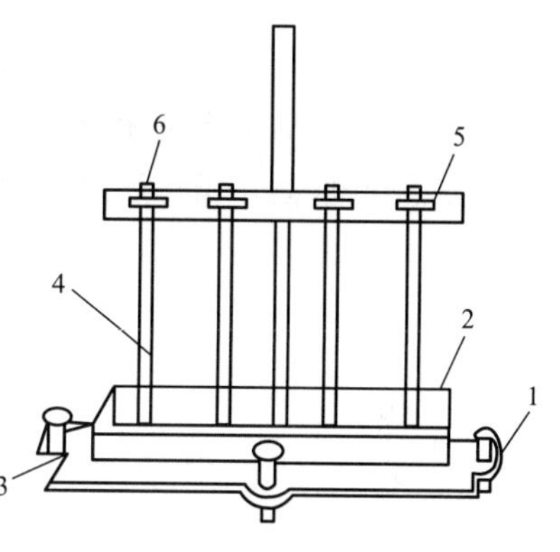

图 1-1　毛细管效应测定装置

1—底座螺丝钉　2—盛液盘　3—底座
4—标尺　5—横架　6—夹子

四、操作步骤

(1)将毛细管效应装置安装好并调整水平。

(2)在底座盘上放上盛液槽，槽内加入约 2L 水(必要时可用 5g/L 重铬酸钾溶液代替)。

(3)调节液面与标尺读数零点对齐，然后升高横架，把试样布条上端夹在夹子上固定，使其下端的铅笔线正好与标尺零点对齐。将横架连同标尺及试样一起下降，直到标尺零点与水平面接触为止。

(4)记录 5min 和 30min 内水沿织物上升的高度(cm)。如液体上升的高度参差不齐，应读取最低值。平行测试两次，求取平均值。

五、注意事项

(1)织物经煮练后水洗要充分，否则表面活性剂残留在织物上，使测得的毛效值偏高。

(2)平行实验的布样应间隔选取。

六、实验结果与分析

(1)将实验结果填于表 1-6。

表 1-6　棉织物毛效测试结果

测试结果	坯布	退煮合一	碱氧一浴轧蒸法	碱氧一浴冷堆法
瞬时毛效/(cm/5min)				
毛效/(cm/30min)				

(2)分析实验结果，并简述影响毛效的因素。

任务1-5　棉织物双氧水漂白工艺实验

一、实验目的

(1)掌握棉织物双氧水漂白的工艺条件和操作方法。

(2)掌握漂白效果的评定方法。

二、方法原理

双氧水在碱性条件下能分解出HO_2^-、HO·、[O]等成分,它们对纤维素共生物色素有漂白作用。但碱性过强,双氧水分解过快,不但H_2O_2无效分解增多,而且对纤维有较大损伤。所以要求体系中维持一个稳定、合适的pH值。除此之外,重金属离子对双氧水分解具有催化分解作用,不但使双氧水产生无效分解,同时也加大了对纤维的损伤。所以需加入氧漂稳定剂及络合剂或螯合剂,防止重金属离子的催化作用而影响漂白效果。

三、实验准备

(1)仪器设备。烧杯(200mL、500mL)、蒸箱(或蒸锅)、量筒(10mL、100mL)、温度计(100℃)、电炉、托盘天平、角匙、玻璃棒等。

(2)染化药剂。过氧化氢(C. P.)、氢氧化钠(C. P.)、硅酸钠(C. P.)、渗透剂JFC(工业品)等。

(3)实验材料。经退浆和煮练后棉布两块(大小以符合白度测定和后序工艺实验要求为准)。

四、实验方案

(1)工艺处方见表1-7。

表1-7　棉织物双氧水漂白工艺处方

助剂	1#	2#
100%过氧化氢/(g/L)	5	5
35%硅酸钠或无硅氧漂稳定剂/(g/L)	6~8	—
渗透剂JFC/(g/L)	3	3
螯合分散剂/(g/L)	0.5~1	0.5~1
30%氢氧化钠适量	调节pH=10.5~11	

(2)工艺流程及条件。

经退浆和煮练的棉布→浸渍或浸轧漂液(室温,轧液率100%~110%)→汽蒸(98~100℃,45~50min)→热水洗2~3次(85℃以上)→温水洗(60~65℃)→冷水洗→晾干或烘干

烘干后试样留作测试和后序工艺实验用。

五、操作步骤

(1)按处方要求计算各助剂用量。在配置器皿内放入工作液总量的2/3的水,然后依次在搅拌条件下加入硅酸钠、渗透剂、螯合分散剂,充分搅匀后待用。

(2)然后加入适量烧碱,调节pH值为10.5~11,再加入双氧水,最后加水至规定体积,搅匀

后复测 pH 值。

(3)取经退浆和煮练后的棉布两块,分别投入已配置好的练液中,在室温下浸渍 30s,取出用玻璃棒夹去或用轧车轧压去除多余的练液,放入蒸箱(或蒸锅)中,于 98~100℃ 汽蒸 40~45min。

(4)取出织物,依次用热水(80℃以上)、温水(60~65℃)、冷水洗净,晾干后测定白度、强力损伤率,并留作丝光实验用。

六、注意事项

(1)测出漂白前坯布的强力。

(2)配置练液时,双氧水应预先进行浓度折算。

(3)若用小轧车轧压,则轧液率应控制在 100%~110%。

七、实验结果与分析

(1)将实验结果填于表 1-8。

表 1-8 双氧水漂白实验结果

实验结果	1#	2#
漂白前织物的强力/(N/10cm)		
漂白后织物的强力/(N/10cm)		
强力损伤率/%		
白度/%		
贴样		

(2)分析实验结果,并简述影响双氧水漂白效果的因素。

任务 1-6 退煮漂一浴一步轧蒸法前处理工艺实验

一、实验目的

掌握棉织物退、煮、漂一浴法前处理的工艺条件和操作方法。

二、方法原理

在适合的稳定剂存在下,双氧水能与较强的碱共浴,协同作用于棉纤维的共生物、棉籽壳及浆料,在一定的温湿度条件下将浆料与杂质去除,达到半制品要求,同时又要尽量降低纤维的损伤。

三、实验准备

(1)仪器设备。烧杯(200mL、500mL)、蒸箱(或蒸锅)、量筒(10mL、100mL)、温度计(100℃)、电炉、托盘天平、角匙、玻璃棒等。

(2)染化药剂。过氧化氢、氢氧化钠、氧漂稳定剂(以上均为工业品),高效复配型精练剂等。

(3)实验材料。纯棉坯布两块(大小以符合白度测定和后序工艺实验要求为准)。

四、实验方案

(1)工艺处方见表 1-9。

表 1-9 棉织物退、煮、漂工艺处方

助剂	1#	2#
100%过氧化氢/(g/L)	18	18
氧漂稳定剂/(g/L)	6	3
渗透剂 JFC/(g/L)	3	3
高效复配型精练剂/(g/L)	8	8
100%氢氧化钠/(g/L)	30	30

(2)工艺流程及条件。

坯布→浸渍或多次浸轧碱氧液(室温,1~2min,100~110%)→汽蒸(98~100℃,60min)→热水洗 3~4 次(90~95℃)→温水洗 2 次(70~75℃)→冷水洗→晾干或烘干

烘干试样留作测试和后序工艺实验用。

五、操作步骤

(1)测出坯布强力。

(2)根据试样大小确定合适的配液量,按处方计算、称取各助剂的用量。

(3)在烧杯中放入工作液总量的 2/3~3/4 水量,依次加入稳定剂、高效精练剂、氢氧化钠、双氧水,每一种助剂加入搅拌均匀后再加另一种,最后加水至规定体积,搅拌均匀待用。

(4)将坯布投入已配置好的练液中,在室温下浸渍 1~2min。

(5)将织物取出,用玻璃棒夹去或用轧车轧压去除多余的练液,放入蒸箱(或蒸锅)中,于 98~100℃汽蒸 60min。

(6)蒸毕取出织物,依次用热水(90~95℃)洗 3~4 次,温水(70~75℃)洗 2 次,冷水洗净,晾干后测定白度、纤维损伤程度,并留作丝光实验用。

六、注意事项

(1)双氧水使用时应预先进行浓度折算。

(2)配置好的工作液不宜放置过长时间。

(3)汽蒸后的洗涤非常重要,应按上述规定进行水洗。

七、实验结果与分析

(1)将实验结果填于表 1-10。

表 1-10 棉织物退煮漂实验结果

实验结果	1#	2#
漂白前织物的强力/(N/10cm)		
漂白后织物的强力/(N/10cm)		
强力损伤率/%		
白度/%		
毛效/(cm/30min)		
手感及布面质量		
贴样		

(2)分析实验结果,并简述影响退煮漂前处理效果的因素。

任务1-7 碱—氧一浴法冷轧堆前处理工艺实验

一、实验目的

掌握棉织物碱—氧一浴法冷轧堆前处理的工艺条件和操作方法。

二、方法原理

同碱—氧一浴法轧蒸工艺。由于反应温度比较低,处理时间应该要长一些,助剂浓度也应高一些。堆置时间应该根据室内温度而定。冬季温度较低时,堆置时间要适当延长。

三、实验准备

(1)仪器设备。烧杯(200mL、500mL)、蒸箱(或蒸锅)、量筒(10mL、100mL)、温度计(100℃)、电炉、托盘天平、角匙、玻璃棒等。

(2)染化药剂。过氧化氢、氢氧化钠、氧漂稳定剂(以上均为工业品),高效复配型精练剂、过硫酸钾等。

(3)实验材料。纯棉坯布两块(大小以符合白度测定和后序工艺实验要求为准)。

四、实验方案

(1)工艺处方见表1-11。

表1-11 棉织物碱—氧一浴法冷轧堆工艺处方

助剂	1#	2#
100%过氧化氢/(g/L)	20	20
氧漂稳定剂/(g/L)	6	3
高效复配型精练剂/(g/L)	8	8
100%氢氧化钠适量/(g/L)	40	40
过硫酸钾/(g/L)	4	4

(2)工艺流程及条件。

坯布→ 浸渍或多次浸轧碱氧液(室温, 100~110%)→ 包封堆置(室温,24h)→热碱煮洗(2g/L纯碱,3g/L净洗剂,95℃,3min~5min)→热水洗,3~4次(95℃以上)→温水洗2次(75~80℃)→冷水洗→晾干或烘干

烘干试样留作测试和后序工艺实验用。

五、操作步骤

(1)测出坯布强力。

(2)根据试样大小确定合适的配液量,按处方计算、称取各助剂的用量。

(3)在烧杯中放入工作液总量的2/3~3/4水量,依次加入氧漂稳定剂、高效精练剂、氢氧化钠、双氧水,每一种助剂加入搅拌均匀后再加下一种,最后加水至规定体积,搅拌均匀待用。

(4)将坯布投入已配置好的练液中,在室温下浸渍1~2min后用玻璃棒夹去或用轧车轧压

去除多余的工作液。

(5)将织物放入表面皿上,用塑料薄膜密封,在室温条件下堆置24h。

(6)取出织物,用含2g/L纯碱、3g/L净洗剂的煮洗液在95℃以上煮3~5min。

(7)依次用95℃以上热水洗3~4次、75~80℃热水洗2次,最后冷水洗净,晾干后测定白度、毛效、强力等,并留作丝光实验用。

六、注意事项

(1)双氧水和氢氧化钠使用时应预先进行浓度折算。

(2)冬天配液时可将水温调节到30~35℃,必要时延长堆置时间。

(3)堆置一定时间后可将织物适当翻动,以防处理不均匀。

(4)冷堆后先煮洗后水洗。可采用100~102℃汽蒸5~10min代替煮洗。

(5)浸轧碱氧练漂工作液后,立即用塑料薄膜密封好,防止风干。

七、实验结果与分析

(1)将实验结果填于表1-12。

表1-12 棉织物碱—氧一浴法冷轧堆实验结果

实验结果	1#	2#
漂白前织物的强力/(N/10cm)		
漂白后织物的强力/(N/10cm)		
强力损伤率/%		
白度/%		
毛效/(cm/30min)		
手感及布面质量		
贴样		

(2)分析实验结果,并简述影响冷轧堆前处理效果的因素。

任务1-8 棉织物生物酶抛光整理工艺实验

棉织物在染整加工中,织物表面绒毛可通过烧毛工序去除,但由于在后续的加工过程中,织物要受到机械及织物间的摩擦作用,又将会导致织物表面起毛,可见利用烧毛方法来去除织物绒毛并不持久。近年来,随着酶处理技术的发展,酶在纺织品中的应用也得到了广泛的研究,棉织物的生物酶抛光整理也颇受关注。实验证明,经生物酶处理的棉织物表面光洁且具有可持久性,这是因为纤维素酶的表面作用,使纤维表面原纤弱化,即使洗涤使纤维表面形成绒毛,也会很快脱离织物表面,使织物表面不会形成持久的绒毛,更不可能形成绒球。

一、实验目的

掌握棉织物生物酶抛光的工艺条件和操作方法。

二、方法原理

生物抛光是用纤维素酶去除织物表面的绒毛,使织物达到表面光洁,抗起毛起球,手感柔软、蓬松等独特性能的整理。抛光酶是一种能在纤维素的1,4-β-葡萄糖键上起特殊催化作用的蛋白质,其酶分子要比水分子大一千倍以上,因此不能渗透到纤维内部。水解只能在纤维素纤维的表面或附近的1,4-β-葡萄糖键上进行,达到去除织物表面绒毛的目的,使织物不易产生起毛起球现象,而且使织物吸湿性、悬垂性、手感都有明显改善。经生物抛光整理后,使布面产生"桃皮"效果,但有部分颜色色光变化较大,在使用时要注意。

三、实验准备

(1)仪器设备。026G电子织物强力仪、恒温振荡水浴锅、电子天平(精度0.01g)、恒温烘箱、烧杯(200mL、500mL)、量筒(100mL)、温度计(100℃)、角匙、玻璃棒等。

(2)染化药剂。纤维素酶、渗透剂JFC、醋酸(C.P.)、醋酸钠(C.P.)等。

(3)实验材料。棉染色织物(学生自己动手染色的织物)。

四、实验方案

(1)工艺处方见表1-13。

表1-13 纤维素酶抛光工艺处方

助剂	1#	2#
纤维素酶浓度(owf)/%	0.5	1.0
pH值(醋酸+醋酸钠调节)	4.5~5.5	4.5~5.5
非离子渗透剂/(g/L)	0.1	0.1
浴比	1∶30	1∶30

(2)工艺流程及条件。

配制纤维素酶整理溶液→浸渍织物(升温至45℃,保温30min)→取出织物热水洗涤(80℃,10min)→冷水洗两次→烘干至恒重(105℃)→称重→测试织物性能

五、操作步骤

(1)按处方要求计算各助剂用量。

(2)按浴比计算好水的量,用量筒量取所需水盛在250ml烧杯中,用醋酸和醋酸钠调节pH值,再加入纤维素酶和渗透剂,溶解待用。

(3)将织物投入酶液中,充分浸透后,升温至45℃,保温30min,用玻璃棒不时搅拌。

(4)取出试样,放入80~85℃热水中充分洗涤10min,然后用冷水洗涤两次,烘干。

(5)测定织物失重率和断裂强力损失率。

$$失重率=\frac{处理前织物重-处理后织物重}{处理前织物重}\times100\%$$

$$强力损失率=\frac{处理前织物断裂强力-处理后织物断裂强力}{处理前织物断裂强力}\times100\%$$

六、注意事项

(1)酶液不宜放置太久,最好在使用前配置。

(2)应按规定要求控制好酶液温度和pH值,以防酶失活。

(3)实验中应避免织物边纱脱落而影响失重率测试。

七、实验结果与分析

(1)将实验结果填于表1-14。

表1-14 酶抛光实验结果

实验结果	1#	2#
失重率/%		
强力损失率/%		
比较色泽		
贴样		

(2)分析酶用量对抛光效果及颜色的影响。

项目2 蚕丝织物合成洗涤剂—酶脱胶工艺实验

一、实验目的

使学生掌握蚕丝织物合成洗涤剂—酶脱胶的工艺条件和操作方法。

二、方法原理

碱性蛋白酶对丝胶有催化分解作用,对丝素相对较稳定,可在一定条件下,将丝胶去除而保留丝素。但是蛋白酶不能去除蜡质和色素,因此,还需要加入其他助剂进一步提高精练效果。

三、实验准备

(1)仪器设备。恒温水浴锅、电子天平(精度0.01g)、恒温烘箱、烧杯(200mL、500mL)、量筒(100mL)、温度计(100℃)、角匙、玻璃棒等。

(2)染化药剂。磷酸三钠、碳酸钠、硅酸钠、保险粉、209洗涤剂、非离子分散剂WA、碱性蛋白酶、封锁剂等。

(3)实验材料。桑蚕丝平纹坯绸(每块重1g)。

四、实验方案

(1)实验程序见表2-1,工艺处方见表2-2。

表2-1 合成洗涤剂—酶脱胶实验程序

试样编号	1#	2#	3#
程序	初练	初练→酶练	初练→酶练→复练

表2-2 合成洗涤剂—酶脱胶工艺处方

助剂	1#	2#	3#
非离子分散剂WA/(g/L)	1.5	—	2.2

续表

助剂	1#	2#	3#
209 洗涤剂/(g/L)	1.8	—	2.2
磷酸三钠/(g/L)	0.9	—	0.9
35%硅酸钠/(g/L)	1.3	—	1.3
碳酸钠/(g/L)	0.5	1.3	—
保险粉/(g/L)	0.25	—	0.5
2709 碱性蛋白酶/(g/L)	—	1.0	—
封锁剂/(g/L)	—	—	0.22
pH 值	10.5	10~10.5	10
浴比	1∶50	1∶50	1∶50

(2)工艺流程及条件。

初练(98~100℃,40min)→热水洗(70~80℃)→水洗(60℃,10min)→酶练(40~45℃,40min)→水洗(60℃,10min)→复练(98~100℃,40min)→热水洗(70~80℃,10min)→温水洗(60℃,10min)→冷水洗(室温,10min)→晾干或烫干→烘燥至恒重

五、操作步骤

(1)按处方分别配制初练浴、酶练浴、复练浴于染杯中。

(2)取试样 3 块,准确称量布的重量。

(3)将不锈钢杯放入恒温水浴锅中,盖上表面皿,升至规定温度后,将三块试样分别按照1#、2#、3#程序进行处理,水洗完毕后晾干或烫干,烘燥至恒重并称重。

(4)分别对三块试样,按下列公式计算练减率。

$$练减率=\frac{练前试样绝对干重-练后试样绝对干重}{练前试样绝对干重}\times 100\%$$

六、注意事项

(1)酶液应该现配现用。

(2)初练试样冷却至 40~45℃或在 40~45℃温水中浸渍 1min,挤干后再投入酶练浴。

(3)温度对脱胶有很大的影响,应严格控制温度,上下浮动在±1℃之内。

(4)可根据织物的厚薄、坯绸的品质调整精练的时间。

七、实验结果与分析

(1)将实验结果填于表 2-3。

表 2-3　合成洗涤剂—酶脱胶

实验结果	1#	2#	3#
练前坯绸重量/g			
练后坯绸重量/g			
练减率/%			
白度/%			

续表

实验结果	1#	2#	3#
手感			
贴样			

(2)分析实验结果,并阐述影响蚕丝织物脱胶效果的因素。

项目3　涤纶织物的碱减量工艺实验

一、实验目的

(1)使学生了解涤纶织物碱减量的原理。

(2)掌握碱减量处理的工艺条件和方法。

二、方法原理

碱减量处理是在高温和较浓的烧碱液中处理涤纶织物的过程,聚酯纤维在氢氧化钠水溶液中,纤维表面聚酯分子链的酯键水解断裂,并不断形成不同聚合度的水解产物,最终形成水溶性的对苯二甲酸钠和乙二醇。

碱起双重作用:一是对水解起催化作用;二是中和水解生成的羧酸。所以通过改变碱的量和测定减量织物的强力,可以探讨碱减量过程中碱对减量率的影响以及对涤纶织物的损伤程度的影响。

碱减量过程中添加的促进剂大多为阳离子表面活性剂,可以促进碱对涤纶的反应。

三、实验准备

(1)仪器设备。恒温水浴锅、强力仪、烧杯(200mL、500mL)、量筒(10mL、100mL)、温度计(100℃)、烘箱、托盘天平、角匙、玻璃棒。

(2)染化药剂。氢氧化钠、碱减量促进剂 1227、纯碱、雷米帮 A、保险粉。

(3)实验材料。未退浆的涤纶生坯和涤纶熟坯织物。

四、实验方案

(1)工艺处方及条件见表 3-1。

表 3-1　涤纶织物碱减量工艺处方及条件

项目	1#	2#	3#	4#
烧碱用量/(g/L)	20	20	30	20
碱减量促进剂 1227/(g/L)	1	—	—	—
温度/℃	100	100	100	110
浴比	1∶20			
时间/min	45			

(2)工艺流程。

配制处理浴→放入坯布→以2℃/min升温至70℃,然后以1℃/min升温至规定温度(100~110℃),浸渍处理45min→以2℃/min降温至70℃→水洗→中和水洗→水洗→烘干→待测定

五、操作步骤

(1)按照工艺处方配制碱减量处理浴,放置在不锈钢染杯中。

(2)称量处理前织物的重量。

(3)按照工艺流程的顺序处理涤纶织物。

(4)称量处理后织物的重量,按照下式计算碱量率。

$$减量率=\frac{减量前试样绝对干重-减量后试样绝对干重}{减量前试样绝对干重}\times 100\%$$

六、注意事项

(1)可根据织物的厚薄、涤纶的品质调整碱减量的时间。

(2)碱减量处理温度过高时,处理时间可以大大缩短。

七、实验结果与分析

(1)将实验结果填于表3-2。

表3-2 涤纶碱减量实验结果

实验结果	1#	2#	3#	4#
减量前织物重量/g				
减量后织物重量/g				
减量率/%				
强度/N				
手感				
贴样				

(2)分析实验结果,并阐述影响涤纶织物碱减量效果的因素。

项目4 涤/棉织物练漂工艺实验(冷轧堆工艺)

涤/棉(T/C)织物由于含杂少,纱线强力较高,目前已采用退煮漂一步法工艺,使涤/棉织物前处理工艺流程大为缩短,能耗明显降低。

一、实验目的

通过实验,加深对涤棉混纺织物前处理工艺的理解,并学习掌握冷轧堆工艺的基本操作及工艺要求。

二、方法原理

在一定的温湿度条件下,氢氧化钠能使织物上浆料发生膨化和部分溶解,使其与纤维黏着

力下降,通过水洗、机械力作用去除;棉纤维上的共生物则在氢氧化钠及助练剂作用下发生降解、水解、溶解、乳化、分散等作用而去除;而纤维上的色素则在双氧水作用下氧化破坏而去除;双氧水对浆料有一定氧化作用,也可去除浆料。由于涤/棉织物中棉组分含量较低,故含杂少,其处理液浓度适当降低。

三、实验准备

(1)仪器设备。烧杯(200mL、500mL)、量筒(10mL、100mL)、温度计(100℃)、电炉、托盘天平、角匙、玻璃棒。

(2)染化药剂。双氧水(工业品)、氢氧化钠(工业品)、过硫酸钾(C. P.)、氧漂稳定剂(工业品)、耐碱精练剂(工业品)。

(3)实验材料。T/C 坯布两块(细平布,大小以符合毛效、白度测定要求为准)、塑料薄膜。

四、实验方案

(1)工艺处方(表 4-1)。

表 4-1 涤棉织物的前处理工艺处方

助剂	1#	2#
100%双氧水/(g/L)	15	15
100%氢氧化钠/(g/L)	20	20
氧漂稳定剂/(g/L)	5	5
耐碱精练剂/(g/L)	5	5
过硫酸钾/(g/L)	—	4

(2)工艺流程及条件。

坯布→浸轧碱氧液(室温,轧液率 100%~110%)→包封冷堆(室温,24h)→热碱煮洗(3g/L 净洗剂,2g/L 纯碱,95℃以上,3~5min)→热水洗(95℃以上)3~4 次→温水洗(75~80℃)→冷水洗→晾干→待测定

五、操作步骤

(1)按上述处方计算、称取各助剂,并配制练液。

(2)将 T/C 坯布投入已配制好的练液中,在室温下浸渍 1~2min,用玻璃棒夹去多余的练液。

(3)然后将织物放在烧杯中或表面皿上,用塑料薄膜密封,在室温条件下堆置 24h。

(4)取出织物用含 3g/L 净洗液、2g/L 纯碱的煮洗液,在 95℃以上煮洗 3~5min。

(5)用 95℃以上热水浸洗 3~4 次(每次不少于 60s),75~80℃热水洗 1~2 次,最后用冷水洗。

(6)晾干后测定毛效、白度、强力等。

六、注意事项

(1)冬天浸渍温度和堆置温度应适当提高至 30~35℃,否则影响精练效果。

(2)后处理热水洗前用热碱煮洗有利于去除杂质,提高毛效和白度。

(3)浸轧碱氧液后立即用塑料薄膜包好,防止织物在堆置过程中风干,而且最好过一定时间上下翻动一次。

七、实验结果与分析

(1)将实验结果填于表4-2。

表4-2　涤/棉织物冷轧堆实验结果

实验结果	1#	2#
冷堆前织物的强力/(N/10cm)		
冷堆后织物的强力/(N/10cm)		
强力损伤率/%		
白度/%		
毛效/(cm/30min)		
手感及布面质量		
贴样		

(2)分析实验结果,并简述影响涤/棉织物冷轧堆前处理效果的因素。

项目5　棉氨纶弹性织物退煮漂一浴法工艺实验

一、实验目的

使学生掌握棉氨纶弹性织物退煮漂一浴法前处理的工艺方法和工艺条件。

二、方法原理

其作用机理为,在100℃时,复合生物酶与双氧水协同作用,使浆料、果胶、棉籽壳等迅速降解溶于热水而被去除;加入精练渗透剂则更有利于油脂、蜡质的去除,同时双氧水对织物进行漂白,从而实现退煮漂一浴前处理工艺。

三、实验准备

(1)仪器设备。烧杯(200mL、500mL)、量筒(10mL、100mL)、温度计(100℃)、电炉、托盘天平、角匙、玻璃棒。

(2)染化药品。双氧水(工业品)、复合生物酶(工业品)、非离子渗透精练剂。

(3)实验材料。棉氨纶坯布两块(细平布,大小以符合毛效、白度测定要求为准)、塑料薄膜。

四、实验方案

(1)工艺处方(表5-1)。

表5-1　棉氨纶织物的前处理工艺处方

助剂	1#	2#	3#
复合生物酶/(g/L)	30	25	20
100%双氧水/(g/L)	14	12	10
渗透精练剂/(g/L)	3~4	3~4	3~4

(2)工艺流程及条件。

坯布→浸轧工作液(室温,轧液率95%~100%)→汽蒸打卷→汽蒸堆置(100℃,70min)→热水洗(85℃以上)3~4次→温水洗(60~70℃)2次→冷水洗→晾干→待测定

五、操作步骤

(1)按照工艺处方配制退煮漂一浴处理浴,放置在不锈钢染杯中。

(2)将坯布浸透工作液(浸渍1~2min),取出后用玻璃棒夹去或用轧车轧压去除多余的练液,将织物打卷,在100~102℃条件下汽蒸70min。

(3)85℃以上热水洗3~4次,然后60~70℃温水洗2次,再次冷水洗,晾干,待测定。

(4)测定退煮漂失重率和毛效。

$$\text{失重率} = \frac{\text{退浆前织物重} - \text{退浆后织物重量}}{\text{退浆前织物重量}} \times 100\%$$

六、实验结果与分析

(1)将实验结果填于表5-2。

表5-2 棉氨纶织物退煮漂实验结果

实验结果	1#	2#
处理前织物的强力/(N/10cm)		
处理后织物的强力/(N/10cm)		
强力损伤率/%		
白度/%		
毛效/(cm/30min)		
手感及布面质量		
贴样		

(2)分析实验结果,并阐述棉氨纶织物练漂处理过程中的注意点。

项目6 棉布或棉绞纱丝光

丝光是指棉布或棉纱在张力状态下用浓碱处理,赋予棉纤维一定的光泽,并改善纤维制品应用性能(如吸湿性、反应性、尺寸稳定性等)的加工过程。丝光效果与碱浓度、张力、作用时间、温度等因素有关。

任务6-1 棉布或棉绞纱丝光工艺实验

一、实验目的

使学生掌握棉布或棉绞纱丝光的一般方法,了解碱浓、张力对丝光效果的影响。

二、方法原理

棉纤维在一定张力下与浓碱作用生成碱纤维素Cell—ONa或Cell—OH·NaOH,纤维

发生不可逆溶胀，然后在一定张力下将碱去除，纤维素纤维的形态结构、超分子结构均发生了变化。如棉纤维发生膨胀，天然扭曲消失，截面由腰圆形变为椭圆形，牵伸后获得光泽；内应力消除，尺寸稳定性增加；纤维取向度提高，分子排列更有序，强度有一定程度增加；无定形区增多，纤维内表面增大，可及羟基数量增加，反应性增加，从而使染料吸附能力提高。

三、实验准备

（1）仪器设备。白搪瓷盆（盘）、烧杯（200mL、500mL）、量筒（10mL、100mL）、温度计（100℃）、刻度吸管（10mL）、玻璃棒、丝光实验架（图 6-1）。

（2）染化药剂。氢氧化钠（C. P.）。

（3）实验材料。经练漂后的纯棉半制品 3 块（每块 40cm×10cm）或棉纱 3 份（每份约 2g）。

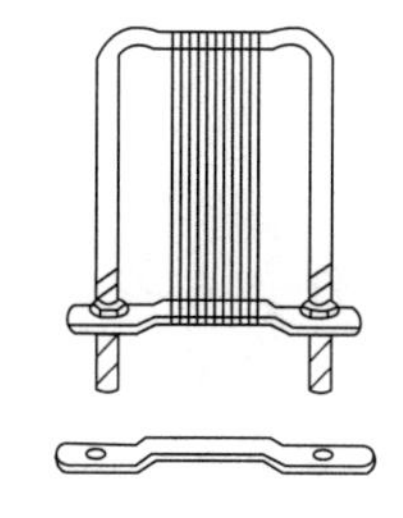

图 6-1　丝光实验架示意图

四、实验方案

实验方案见表 6-1。

表 6-1　织物或纱线丝光工艺处方

工艺条件	1#	2#	3#
碱液/(g/L)	150	250	250
温度/℃	室温	室温	室温
时间/min	5	5	5
张力	保持原长	保持原长	松弛（即碱缩）

五、操作步骤

（1）配制 150g/L、250g/L 烧碱溶液，分别倒入两只白搪瓷盆（盘）中。

（2）拧松丝光架上的螺丝，将两块织物或纱线分别圈绕在两只丝光架上，然后拧紧螺丝，使织物或纱线所受张力以保持原长为宜。

（3）将装有试样的丝光架与另一块织物或纱线分别放入 150g/L 和 250g/L 烧碱中室温浸渍 5min。取出试样及丝光架，用 90~95℃热水洗 3 次，温水洗多次。丝光架上的两块试样保持在张力状态下水洗。

（4）释去张力，将所有试样充分水洗至中性，晾干，一起留作丝光效果测试用。

六、注意事项

（1）若用纱线进行丝光，应使纱线在丝光架上缠绕均匀，即每圈长度等长，保证受力均匀。

（2）浸渍碱液时，织物或纱线必须完全浸没、浸透。

七、实验结果与分析

（1）将实验结果填于表 6-2。

表 6-2 织物或纱线丝光实验结果表

实验结果	未丝光棉	丝光棉		碱缩棉
		1#	2#	3#
丝光钡值				
光泽(目测)				
强力/N				

(2)分析织物(或纱线)经丝光处理后哪些性能发生了变化。为什么?

任务 6-2 丝光效果的测定(钡值法)

一、实验目的

使学生了解钡值法测定丝光效果的基本原理和操作方法。

二、方法原理

丝光钡值用丝光前后棉纤维对氢氧化钡吸附能力的变化百分率表示。由于棉纤维经丝光后无定形区体积增加,因而可及羟基增多,对化学药剂的吸附能力增加。所以丝光钡值越高,说明丝光效果越好。若钡值在 100~105,表示未丝光;150 以上表示充分丝光;105~150 表示丝光不完全。一般经丝光的半制品要求丝光钡值在 135 以上。

三、实验准备

(1)仪器设备。碘量瓶(150mL)、三角烧瓶(150mL)、酸式滴定管、吸液管(10mL、20mL)、称量瓶、分析天平、托盘天平、干燥器、剪刀、烘箱。

(2)染化药剂。氢氧化钡(C. P.)、盐酸(C. P.)、酚酞指示剂。

(3)实验材料。未丝光棉布或棉纱、经不同浓度和张力丝光的棉布或棉纱(每份试样不少于 2g)。

(4)溶液制备。

①$c(\mathrm{HCl})=0.1\mathrm{mol/L}$ 盐酸溶液。

②$c\left[\frac{1}{2}\mathrm{Ba(OH)_2}\right]=0.25\mathrm{mol/L}$ 氢氧化钡溶液:称取氢氧化钡 40g(应稍过量),置于 1L 蒸馏水中溶解,不断振荡,在带盖的瓶中静置一昼夜,然后吸取上层澄清液至一个带盖的储液瓶中,盖上盖子备用。

四、操作步骤

(1)将未丝光、已丝光及碱缩处理棉布的经纱抽出,分别称取约 2g(稍过量),剪成 0.5cm 左右长,置于烘箱中,于 105~110℃下烘至恒重(1.5~2h)。

(2)将纱线取出放在干燥器内冷却至室温,准确称取 2g(精确至 0.001g),分别置于 150mL 碘量瓶中。

(3)取 30mL $c\left[\frac{1}{2}\mathrm{Ba(OH)_2}\right]=0.25\mathrm{mol/L}$ 氢氧化钡溶液于碘量瓶中,加盖并不断振荡处理 2h。同时进行无试样的空白试验。

(4)分别吸取上述浸渍液 10mL 于三角烧瓶中,加酚酞指示剂 2~3 滴,用 $c(HCl)=0.1mol/L$ 盐酸溶液滴定至红色刚消失为终点。记录消耗盐酸体积数。

(5)结果计算。

$$钡值=\frac{(V_0-V_1)\times W_2}{(V_0-V_2)\times W_1}\times 100$$

式中:V_1——丝光棉浸渍液耗用盐酸溶液的体积;

V_2——未丝光棉浸渍液耗用盐酸溶液的体积;

V_0——空白试验液耗用盐酸溶液的体积;

W_1——丝光棉重量;

W_2——未丝光棉重量。

五、注意事项

(1)丝光试样在测定前,必须充分水洗至中性,必要时可用甲基橙或刚果红指示剂检验,以免影响测定效果。

(2)滴定操作时,动作要迅速,否则氢氧化钡溶液容易吸收空气中的二氧化碳而变得混浊,影响滴定准确性。

(3)钡值试验应平行测试两次,每次盐酸用量相差不应超过 0.1mL,否则说明测定结果不精确,应重新做。

六、实验结果与分析

(1)将实验结果填于表 6-3。

表 6-3 不同织物或纱线的丝光钡值

实验结果	未丝光棉	半丝光棉 1#	全丝光棉 2#	碱缩棉 3#
V_0				
V_1				
V_2				
W_1				
W_2				
丝光钡值				

(2)丝光钡值反映了丝光织物的哪些性能?它与染色性能变化是否一致?

参考文献

[1]林细姣,陈晓玉.染整技术:第一册 [M].北京:中国纺织出版社,2009.
[2]蔡苏英.染整技术实验[M].北京:纺织工业出版社,2009.
[3]夏建明.染整工艺学:第一册[M].2版.北京:中国纺织出版社,2006.
[4]陶乃杰.染整工程:第一册[M].北京:中国纺织出版社,2003.
[5]王菊生.染整工艺原理:第二册[M].北京:纺织工业出版社,1990.
[6]朱世林.纤维素纤维制品的染整[M].北京:中国纺织出版社,2002.
[7]宋心远.新型染整技术[M].北京:中国纺织出版社,2001.
[8]范雪荣.纺织品染整工艺学[M].2版.北京:中国纺织出版社,2008.
[9]上海印染工业行业学会.印染手册[M].2版.北京:中国纺织出版社,2003.
[10]徐谷仓.染整织物短流程前处理[M].北京:中国纺织出版社,1999.
[11]柞蚕丝绸染整技术编写组.柞蚕丝绸染整技术[M].北京:纺织工业出版社,1987.
[12]周庭森.蛋白质纤维制品的染整[M].北京:中国纺织出版社,2006.
[13]沈淦清.染整工艺:第二册[M].北京:高等教育出版社,2002.
[14]罗巨涛.合成纤维及混纺纤维制品的染整[M].北京:中国纺织出版社,2006.
[15]宋心远.新合纤染整[M].北京:中国纺织出版社,1997.
[16]唐人成.LYOCELL纺织品染整加工技术[M].北京:纺织工业出版社,1991.
[17]刘昌龄.针织物染整工艺学[M].北京:纺织工业出版社,1990.
[18]吕淑霖.毛织物染整[M].北京:纺织工业出版社,1980.
[19]陈溥,王志刚.纺织染整助剂使用手册[M].北京:化学工业出版社,2003.
[20]陈胜慧.染整助剂新产品应用及开发[M].北京:中国纺织出版社,2002.
[21]夏建明.染整助剂及其应用[M].北京:中国纺织出版社,2013.
[22]姜繁昌,邵宽,周岩.苎麻纺纱学[M].北京:纺织工业出版社,1986.
[23]王德骥.苎麻纤维化学与工艺学[M].北京:科学出版社,2001.
[24]顾伯明.亚麻纺纱[M].北京:纺织工业出版社,1987.
[25]阎克路.染整工艺学教程:第一分册[M].北京:中国纺织出版社,2005.
[26]冯开隽.印染前处理[M].北京:中国纺织出版社,2006.
[27]盛慧英.染整机械[M].北京:中国纺织出版社,2003.
[28]吴立.染整工艺设备[M].北京:中国纺织出版社,2005.
[29]商成杰.新型染整助剂手册[M].北京:中国纺织出版社,2004.
[30]邢凤兰,徐群,贾丽华.印染助剂[M].北京:化学工业出版社,2002.
[31]徐谷仓.含氨纶弹性织物染整[M].北京:中国纺织出版社,2004.
[32]周文龙.酶在纺织中的应用[M].北京:中国纺织出版社,2002.
[33]王开苗.陈利.染整技术基础[M].上海:东华大学出版社,2015.